全国工人中级技术考核培训教材

工 具 钳 工

人力资源和社会保障部教材办公室 组织编写

中国劳动社会保障出版社

图书在版编目(CIP)数据

工具钳工/吴鹤林主编. —北京：中国劳动社会保障出版社，2011
全国工人中级技术考核培训教材
ISBN 978-7-5045-9333-7

Ⅰ.①工… Ⅱ.①吴… Ⅲ.①钳工-技术培训-教材 Ⅳ.①TG9

中国版本图书馆 CIP 数据核字(2011)第 206244 号

中国劳动社会保障出版社出版发行
(北京市惠新东街 1 号 邮政编码：100029)
出 版 人：张梦欣
*
北京市艺辉印刷有限公司印刷装订 新华书店经销
880 毫米×1230 毫米 32 开本 11.75 印张 331 千字
2011 年 10 月第 1 版 2011 年 10 月第 1 次印刷
定价：26.00 元

读者服务部电话：010-64929211/64921644/84643933
发行部电话：010-64961894
出版社网址：http：//www.class.com.cn

前　言

通过改革开放30多年的努力，我国制造业取得了令人瞩目的成就，我国制造业增加值占世界的份额已经达到一成以上，中国制造业大国地位初步确立。但是，我国仍不是制造业强国。从产业结构上看，中低端、低水平产品多，低端产能过剩，高端产品研发能力不足，产能不足。要实现由制造业大国向制造业强国的转变，调整经济结构，提升制造业核心竞争力，是“十二五”规划对我国制造业发展提出的新要求。建设制造业强国，离不开高素质的劳动者。为此，国务院先后颁发了《国家中长期人才发展规划纲要（2010—2020年)》和《国家中长期教育改革和发展规划纲要（2010—2020年)》，全面提高劳动者职业技能水平，加快技能人才队伍建设。为了适应这一技能人才培训的新形势需要，我们组织编写了《全国工人中级技术考核培训教材》，首批涉及车工、钳工、装配钳工、工具钳工、机修钳工、冷作钣金工、铣工、焊工、数控车工、数控铣工、加工中心操作工、涂装工、金属热处理工、电工、维修电工、电气设备安装工、汽车修理工、起重工等十几种职业工种。

在教材内容编排上，我们从工人岗位生产技术的实际出发，一方面加强工人相关理论知识的学习，提高工人的理论水平，为促进其更好地掌握和应用技术打下坚实的理论基础。另一方面着重阐明本工种中级技术的生产工艺、设备调整与维修等操作技能，强化操作的规范性，通过技术培训力求形成优质、高效、低耗、安全文明的生产技术能力。同时，教材及时反映行业发展的新技术、新工艺、新材料、新标准等方面的内容，使广大工人始终能把握技术发展的新动向。

为了满足工人进行国家职业鉴定考核训练的需要，根据国家职业标准，本套教材还专门编写了试题库，在试题库中安排了理论知识试题和技能考核试题，并配套编写了理论知识试题答案和技能考核试题的评分标准。

在本套教材的组织编写过程中，我们得到了来自北京、安徽、湖南、江苏、浙江、四川、内蒙古等地人力资源和社会劳动保障厅(局)、职业技能鉴定中心的大力支持，来自北京市职工技术协会、中国南车株洲电力机车有限公司、马鞍山钢铁股份有限公司、航天科技集团、航天科工集团等企业的许多工程技术专家、技师、高级技师以及许多职业技术院校都参与了本套教材的编审工作，付出了辛勤的劳动，在此我们表示衷心的感谢。

本套教材可作为企业工人中级技术培训教材，也可作为各级职业学校、培训机构开展中级工国家鉴定考核培训用书，还可作为技术工人参考工具书。衷心欢迎广大读者对教材中存在的不足提出宝贵意见和建议。

人力资源和社会保障部教材办公室

内容简介

本书参照《国家职业标准·工具钳工》中级的知识技能要求，并结合企业生产实际进行编写。内容涉及中级工具钳工所应掌握的常用量具的使用和测量、工具钳工基本操作技能、常用零件及典型机构的装配、模具的机构与制造、复杂夹具的结构与制造以及制作实例等。

本书是企业培训和中级工鉴定考核的实用教材，内容讲解简洁直观，注重理论联系实际。书中配套编写了理论知识试题和技能操作试题，并提供了参考答案和评分标准，便于学员复习或企业开展对职工考核时使用。

本书主编吴鹤林，参编鄂冰，李捷；主审王琳琳。

目　录

第一章 常用量具的使用和测量

工具钳工主要从事工具、模具、刀具的制造和修理工作，工作中对于制造件和修理件的尺寸公差和形位公差要求较高，因而要求工具钳工能熟练掌握常用量具的应用。

§1—1 游标类量具

一、基础知识

1. 游标卡尺

（1）游标卡尺的结构和功能。常见的游标卡尺如图 1—1 所示。

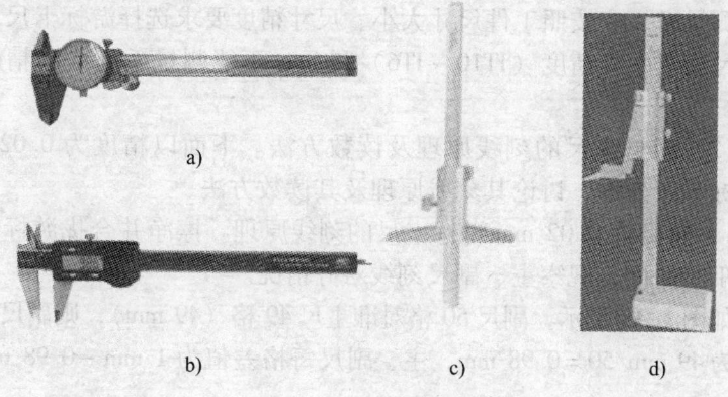

图 1—1 常见游标卡尺

a）带表游标卡尺 b）数显游标卡尺 c）游标深度尺 d）游标高度尺

图 1—2 所示为带测深杆的游标卡尺的各部分结构名称以及基本功能。

游标卡尺可以用外测量爪测量工件的外径、长度、宽度、厚度等，用内测量爪测量工件的内径、槽宽等，用测深杆测量孔深度、高度等。

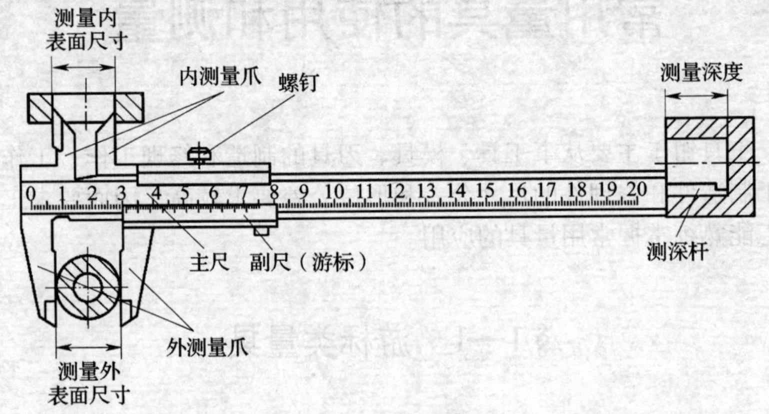

图 1—2　游标卡尺

游标卡尺的测量范围可分为 0 ~ 125 mm、0 ~ 150 mm、0 ~ 200 mm、0 ~ 300 mm、0 ~ 500 mm 等多种。测量精度可分为 0. 1 mm、0. 05 mm 和 0. 02 mm 三种。

测量时，应按照工件尺寸大小、尺寸精度要求选择游标卡尺。游标卡尺属于中等精度（IT10 ~ IT6）量具，不能测量毛坯或高精度工件。

（2）游标卡尺的刻线原理及读数方法。下面以精度为 0. 02 mm 的游标卡尺为例，讨论其刻线原理及其读数方法。

1）精度为 0. 02 mm 游标卡尺的刻线原理。擦净并合拢游标卡尺两量爪测量面，观察主、副尺刻线对齐情况。

如图 1—3 所示，副尺 50 格对准主尺 49 格（49 mm），则副尺每格长度为 49 mm/50 = 0. 98 mm，主、副尺每格差值为 1 mm − 0. 98 mm = 0. 02 mm。

主、副尺每格差值就是该游标卡尺的最小读数精确值。

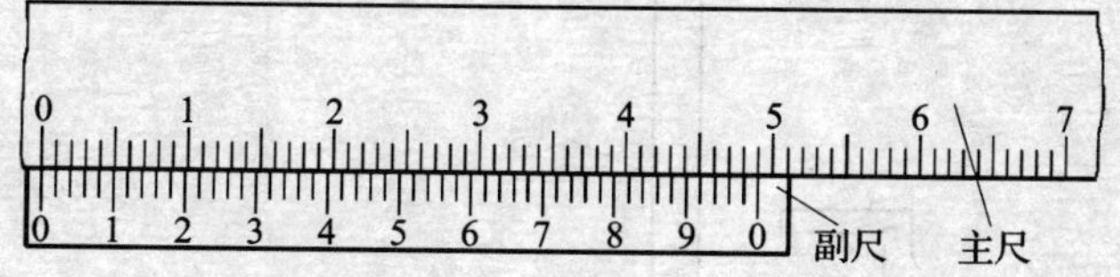

图 1—3　主、副尺刻线对齐情况

2）游标卡尺读数方法。如图 1—4 所示，游标卡尺读数方法如下。

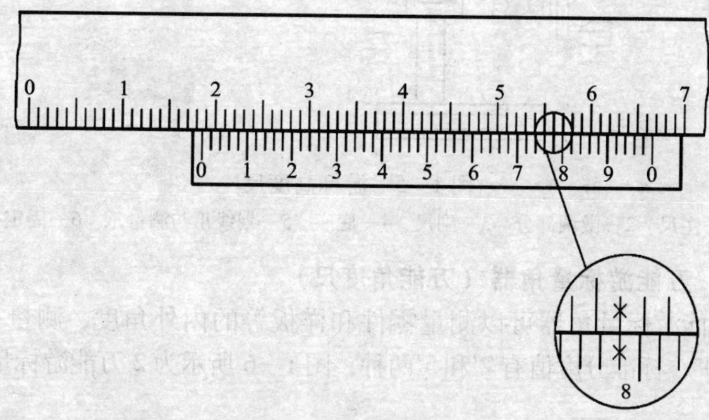

图 1—4　游标卡尺读数方法

① 读取整数值。主尺上副尺零刻线左侧整毫米数值为 18 mm。

② 读小数值。

◇ 找主、副尺对齐刻线（注意观察对齐刻线左右两侧刻线的特点）。

◇ 读小数值为 0. 7 mm + 4 × 0. 02 mm = 0. 78 mm。

③ 测量值 = 整数值 + 小数值 = 18. 78 mm。

2. 游标高度尺

游标高度尺俗称高度尺，如图 1—5 所示，常用来测量工件的高度尺寸或精密划线。游标高度尺主要由主尺、副尺、底座、划线爪、测量爪和固定螺钉等组成，它们都装在底座上（底座下面为工作平面）。测量爪有两个测量面：下测量面为平面，用来测量高度；上测量面为弧形，用来测量曲面高度。当用游标高度尺划线时，必须装上专用的划线爪。

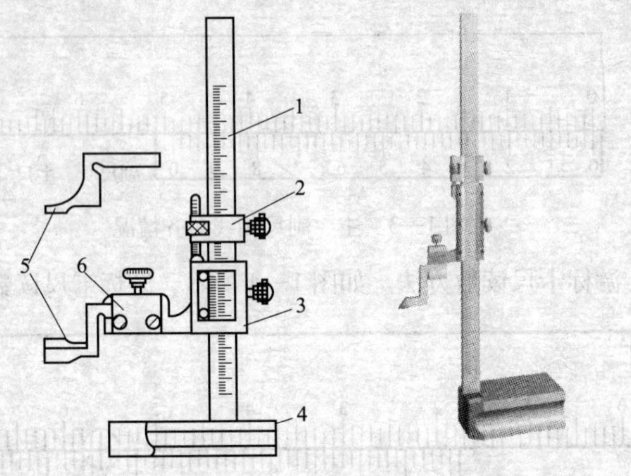

图 1—5　游标高度尺

1—主尺　2—微调部分　3—副尺　4—底座　5—划线爪与测量爪　6—固定架

3. 万能游标量角器（万能角度尺）

万能游标量角器可以测量零件和样板等的内外角度，测量范围为 0°~320°，标准分度值有 2′和 5′两种，图 1—6 所示为 2′万能游标量角器。

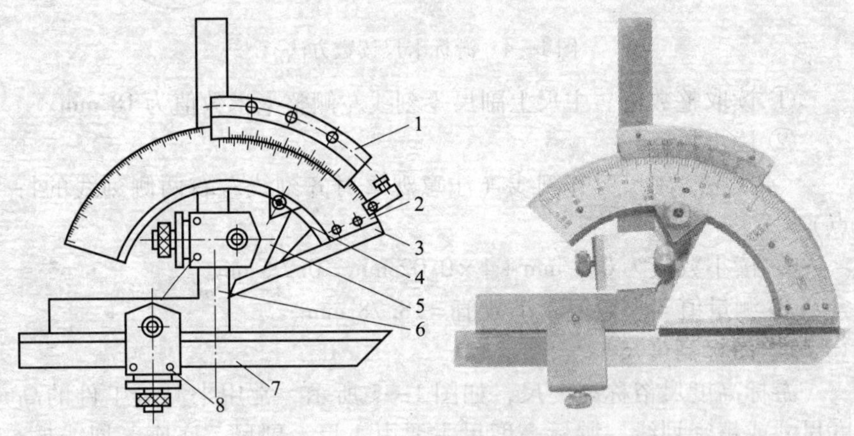

图 1—6　2′万能游标量角器

1—游标　2—扇形板　3—基尺　4—制动器　5—底板　6—角尺　7—直尺　8—夹紧块

在扇形板 2 上刻有间隙为 1°的刻度线，共 120 格。游标 1 固定在底板 5 上，它可以沿扇形板转动，上面刻有 30 格刻度线，对应扇形板上的刻度数为 29°，则游标上每格度数为 29°/30 = 58′，扇形板与游标每格相差 1° − 58′ = 2′。夹紧块 8 将角尺 6 和直尺 7 固定在底板 5 上。

二、游标卡尺的使用方法及测量注意事项

如图 1—7 所示为游标卡尺的正确使用方法。

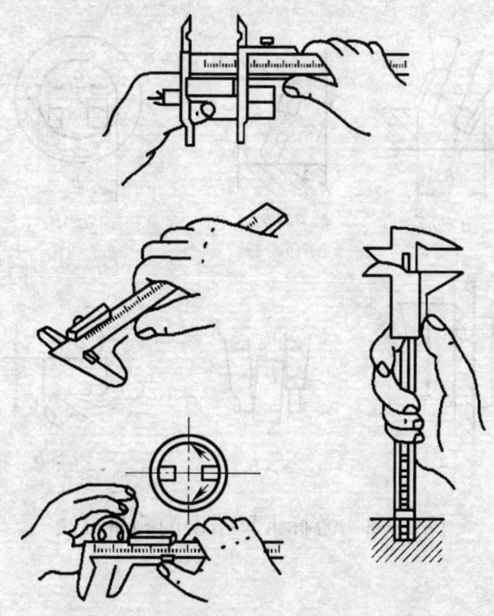

图 1—7　游标卡尺的正确使用方法

图 1—8 所示为游标卡尺错误的测量方法，图中所示的测量方法使卡尺测量面与被测面之间有歪、斜、偏等情况，使得测量值有小于真实值的，也有大于真实值的，误差很大。

使用注意事项：使用游标卡尺前，首先应检查主尺与游标的零线是否对齐，并采用透光法检查内、外测量面是否贴合。如果透光不均匀，说明卡脚量面有磨损，这样的游标卡尺不能测量出精确的尺寸。

随着科学技术的发展，出现了电子数显游标卡尺，如图 1—9 所示，它是一种测量简便、精确度高且使用方便的量具。它需要一块 1.5 V的电池，可在测量范围内任意调零，其读数值精度为 0.01 mm，测量范围为 0 ~ 150 mm，使用方法和普通卡尺一样，可直接读出测量值。

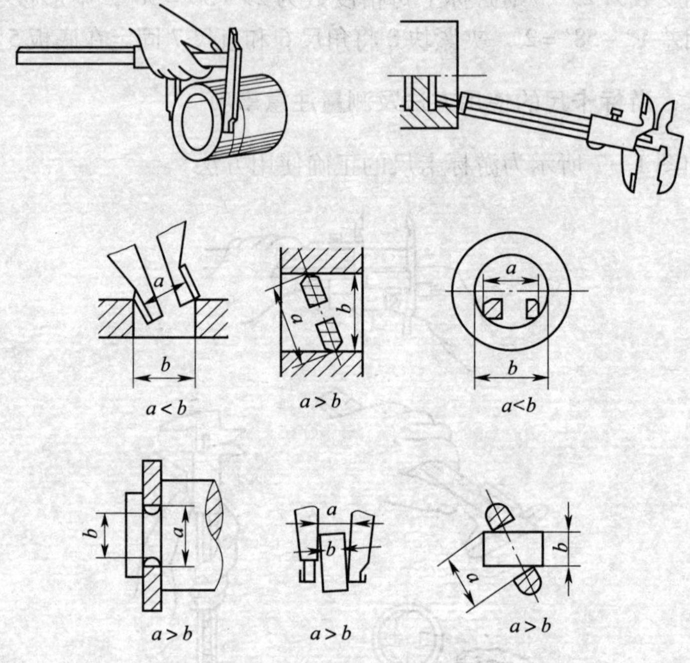

图 1—8　游标卡尺错误的测量方法

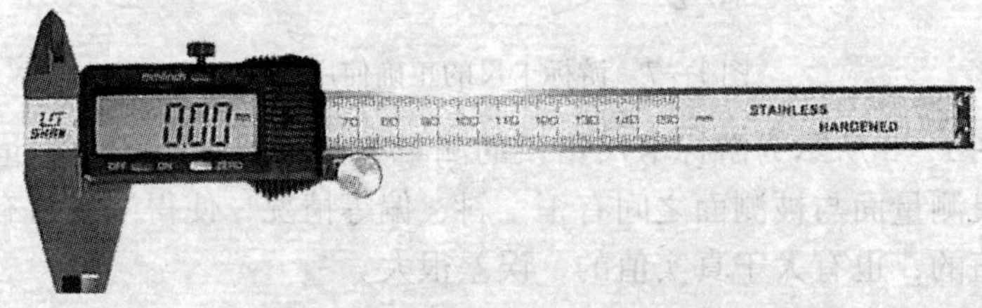

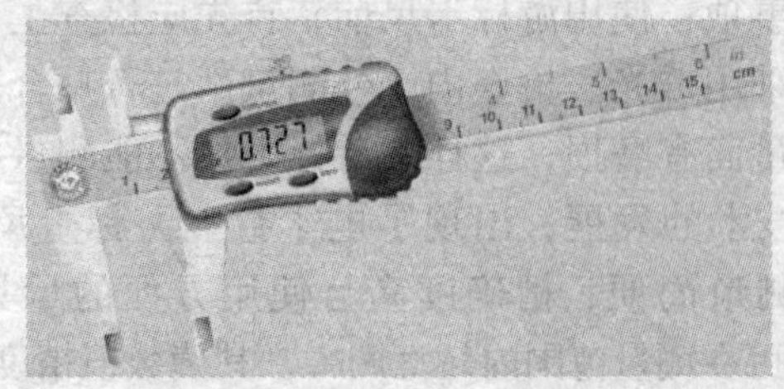

图 1—9　电子数显游标卡尺

§1—2　表类量具

工具钳工常用的表类量具有百分表（见图1—10）、杠杆百分表（见图1—11）、内径百分表（见图1—12）、千分表和杠杆千分表。

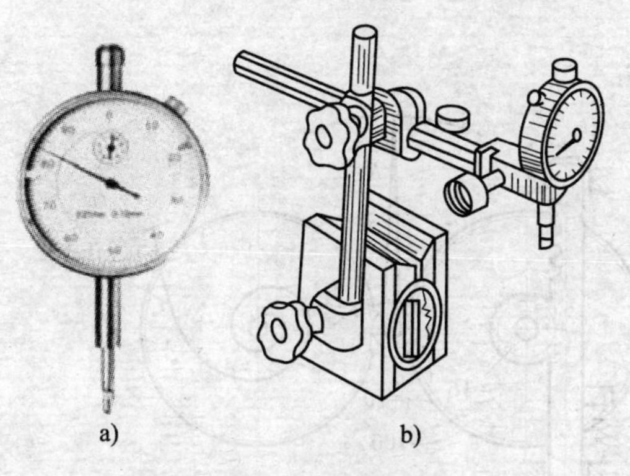

图1—10　百分表

a）百分表　b）磁性表座

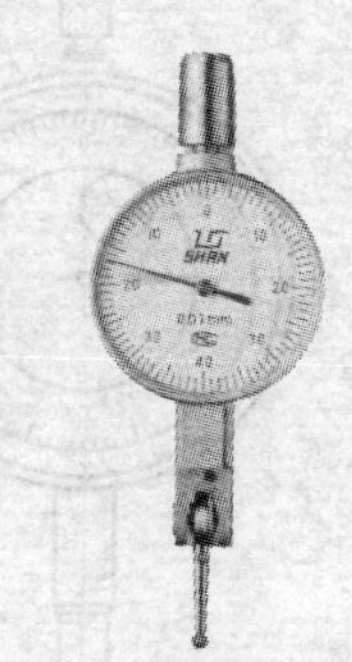

图1—11　杠杆百分表

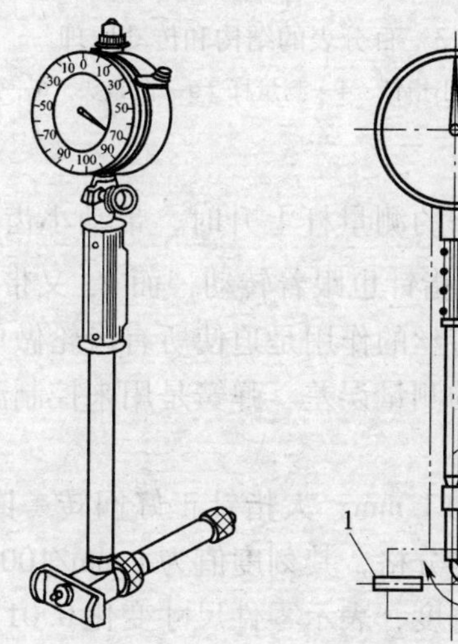

图1—12　内径百分表

1—固定测头　2—可换测头　3—摆动块　4—杆　5—弹簧　6—触头

一、基础知识

百分表使用时，一般装在专用表架（万能表架或磁性表座）上，如图 1—10b 所示。

1. 百分表的结构和传动原理

百分表的结构和传动原理如图 1—13 所示。

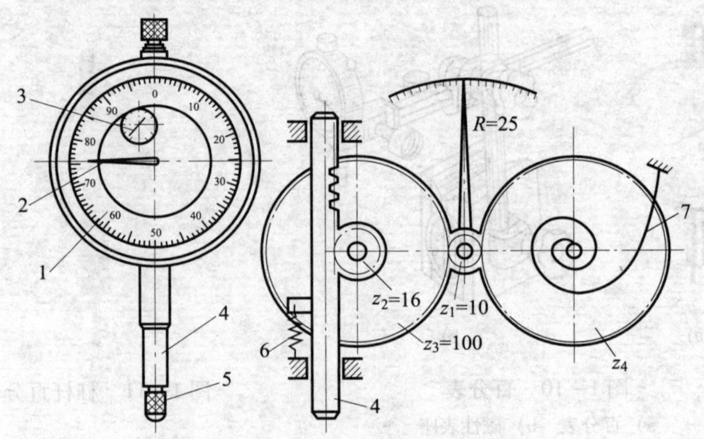

图 1—13　百分表的结构和传动原理

1—表盘　2—大指针　3—小指针　4—测量杆　5—测量头　6—弹簧　7—游丝

2. 测量原理

测量时，当带有齿条的测量杆上升时，带动小齿轮 Z_2 转动，与 Z_2 同轴的大齿轮 Z_3 及小指针也跟着转动，而 Z_3 又带动小齿轮 Z_1 及其轴上的大指针偏转。游丝的作用是迫使所有齿轮做单向啮合，以消除由于齿侧间隙而引起的测量误差。弹簧是用来控制测量力的。

3. 使用注意事项

测量时，测量杆移动 1 mm，大指针正好回转一圈，在百分表的表盘上沿圆周刻有 100 等分格，其刻度值为 1 mm/100 = 0. 01 mm。测量时，大指针转过 1 格刻度，表示零件尺寸变化 0. 01 mm。应注意测量杆要有 0. 3 ~ 1 mm 的预压缩量，以保持一定的初始测力，以免负偏差测不出来。

二、表类量具的用途和使用方法

1. 百分表、千分表的用途和使用方法

百分表主要用来测量工件的形状和位置偏差，可用做绝对测量和比较测量，分度值为 0. 01 mm。千分表的分度值有 0. 001 mm 和 0. 002 mm 两种。它的精度比百分表高，故可用来测量高精度工件。

百分表和千分表的使用：

（1）使用前，应检查百分表或千分表示值的稳定性，可用多次提起测量杆，放手后观察指针是否退缩回到原位的方法检查。

（2）进行绝对值测量时使表杆与被测表面垂直（见图 1—14），可减小测量误差。

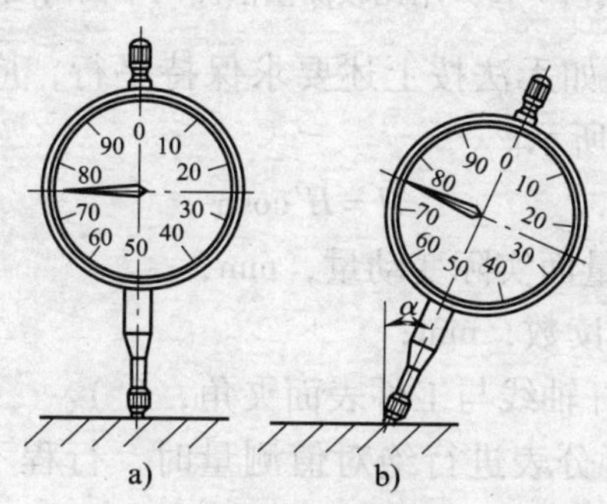

图 1—14　百分表测量杆的正确位置

a）正确　b）错误

（3）测量行程较大时，采用比较测量法，可提高测量精度，如图 1—15 所示。

2. 杠杆百分表、杠杆千分表的用途和使用方法

杠杆百分表分度值为 0. 01 mm。它的体积小，测量杆可按需要转动，并能从正反两个方向测量。因此，杠杆百分表除了可以测量一般的几何形状，还可对百分表难以测量的小孔、槽、孔距等尺寸进行测量。

（1）测量时，尽量使测量杆轴线与工件测量面保持平行，如图 1—16 所示。

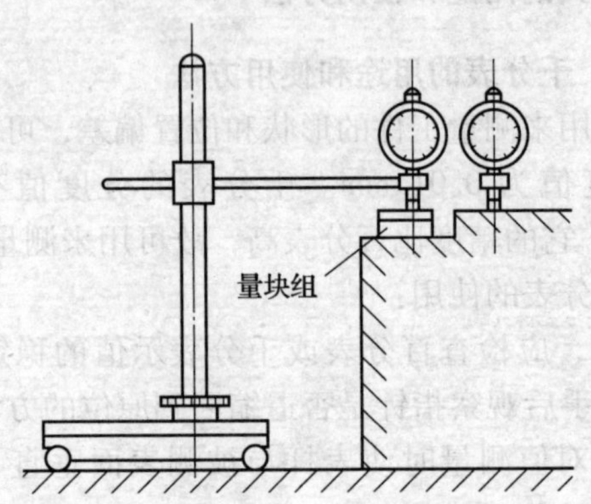

图 1—15　用比较测量法测两平面高度

（2）测量时，如无法按上述要求保持平行，应对测量读数进行修正，如图 1—17 所示。

即
$$H = H'\cos\alpha$$

式中　H——被测量面实际变动量，mm；

H'——测量读数，mm；

α——测量杆轴线与工件表面夹角，（°）。

（3）用杠杆百分表进行绝对值测量时，行程不宜太长；行程较大时，采用比较测量法，测量精度高。

3. 内径百分表的使用

内径百分表主要用于测量孔的直径和内平行平面间的距离，使用时应注意以下几点：

（1）根据测量尺寸可换测量杆，然后用环规或外径千分尺调整百分表到零位。

（2）测量时，应使内径百分表在孔的轴向截面内充分摆动，观察百分表指针示值，以其最小值作为读数，如图 1—18 所示。

（3）测量平面间距离时，也应使内径百分表的测量杆轴线在垂直于两平行平面的方向上做上下左右充分摆动，以指针示值的最小值作为读数。

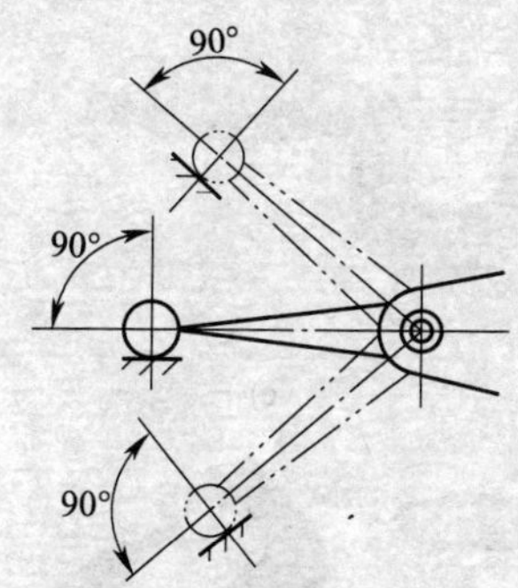

图 1—16　杠杆百分表的正确使用

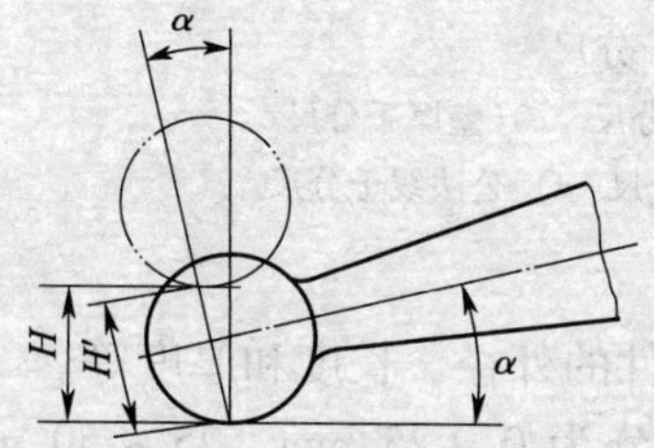

图 1—17　杠杆百分表测量读数的修正

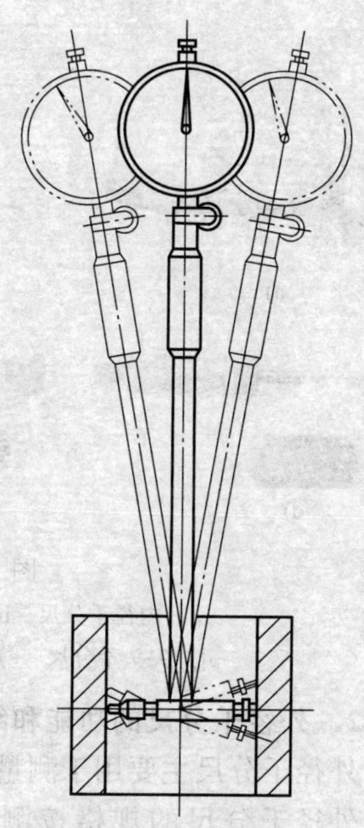

图 1—18　内径百分表的使用

§1—3　千　分　尺

一、基础知识

1. 千分尺的分类

按功能的不同，千分尺分为外径千分尺、内径千分尺、深度千分尺、壁厚千分尺、尖头千分尺、螺纹千分尺、公法线千分尺等多种，如图 1—19 所示。

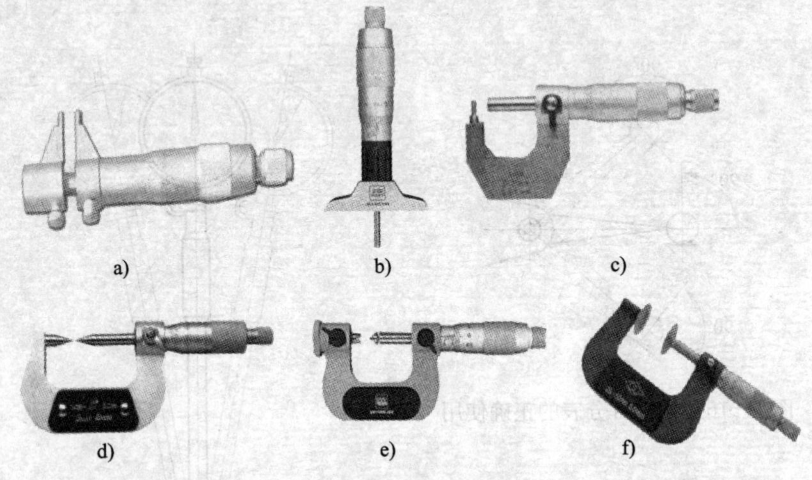

a)　b)　c)

d)　e)　f)

图 1—19　千分尺

a）内径千分尺　b）深度千分尺　c）壁厚千分尺

d）尖头千分尺　e）螺纹千分尺　f）公法线千分尺

2. 外径千分尺的功能和结构

外径千分尺主要用于测量精密工件的外径、长度和厚度等。

外径千分尺的规格按测量范围分为 0 ~ 25 mm、25 ~ 50 mm、50 ~ 75 mm、75 ~ 100 mm、100 ~ 125 mm 等，使用时按被测工件的尺寸选用。

外径千分尺的结构如图 1—20 所示，主要由尺架、固定量砧、测微螺杆、固定套管、微分筒、测力装置、锁紧手柄、隔热垫等组成。

3. 千分尺的刻线原理

千分尺测微螺杆上的螺距为 0. 50 mm，当微分筒转一圈时，测微螺杆就沿轴向移动 0. 50 mm。

固定套管上刻有间隔为 0. 50 mm 的刻线，微分筒圆锥面的圆周上共刻有 50 个格，因此微分筒每转一格，测微螺杆就移动 0. 5 mm/50 = 0. 01 mm，因此该千分尺的精度值为 0. 01 mm。

4. 千分尺的读数方法

首先读出微分筒边缘在固定套管主尺上的毫米数和半毫米数，图 1—21a 所示为 14 mm，图 1—21b 所示为 38 mm + 0. 5 mm。

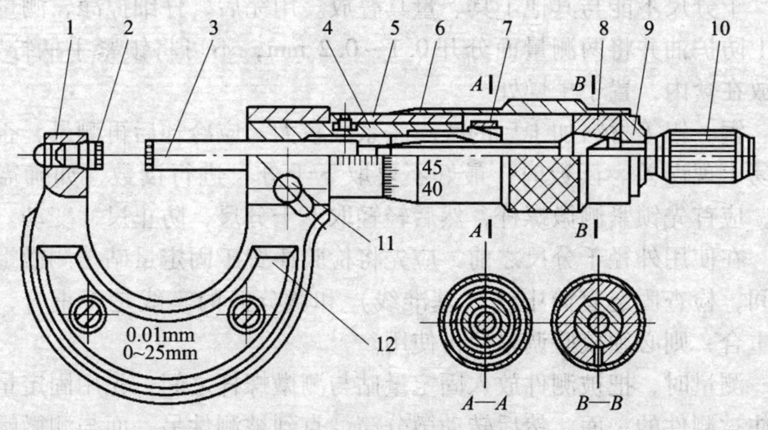

图 1—20　外径千分尺的结构

1—尺架　2—固定量砧　3—测微螺杆　4—螺套　5—固定套管　6—微分筒　7—螺母　8—锥管接头　9—垫片　10—测力装置　11—锁紧手柄　12—隔热垫

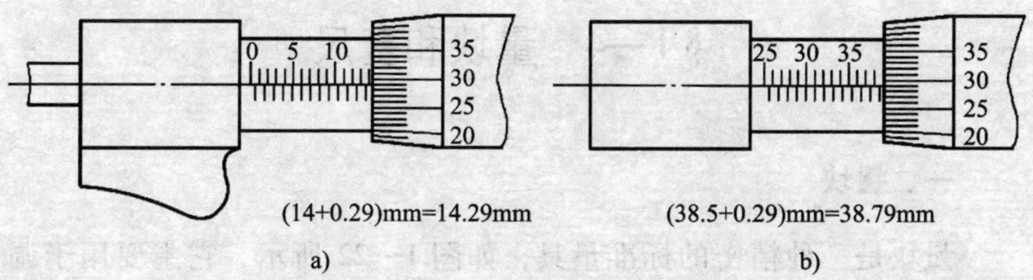

图 1—21　千分尺读数方法

然后看微分筒上哪一格与固定套管上的基准线对齐，并读出相应的不足半毫米数，图 1—21a 所示为 0. 29 mm，图 1—21b 所示为 0. 29 mm。

最后把两个读数相加就是测得的实际尺寸。

图 1—21a 所示的测量值为 14 mm +0. 29 mm =14. 29 mm，图 1—21b 所示的测量值为 38 mm +0. 5 mm +0. 29 mm =38. 79 mm。

二、千分尺的使用注意事项

按功能的不同正确使用内径千分尺、深度千分尺、壁厚千分尺、尖头千分尺、螺纹千分尺、公法线千分尺对工件进行测量。

千分尺不能与其他工具、量具叠放。用完后，仔细擦净，测量面抹上防护油并将两测量面分开 0. 1 ~ 0. 2 mm，不可将锁紧手柄拧紧，平放在盒内，置于干燥处。

铜、铝等材料加工后的线膨胀系数较大，应冷却后再测量，否则容易出现误差。读数时，最好不要取下千分尺进行读数，如确需取下，应首先锁紧测微螺杆，然后轻轻取下千分尺，防止尺寸变动。

在使用外径千分尺之前，应先将检验棒置于固定量砧与测微螺杆之间，检查固定套筒中线（基准线）和微分筒的零线是否重合，如不重合，则必须校验调整后再使用。

测量时，把被测件放入固定量砧与测微螺杆之间，先用固定量砧抵住被测件的一面，然后转动微分筒，直到被测件另一面与测微螺杆快要接触时，改用测力装置转动，测力装置里的棘轮出现空转发出“嗒嗒”的声响时，即可读数。

§1—4　量块和塞尺

一、量块

量块是一种精密的标准量具，如图 1—22 所示，它主要用于调整、校正或检验量仪、量具及各种精密工件。

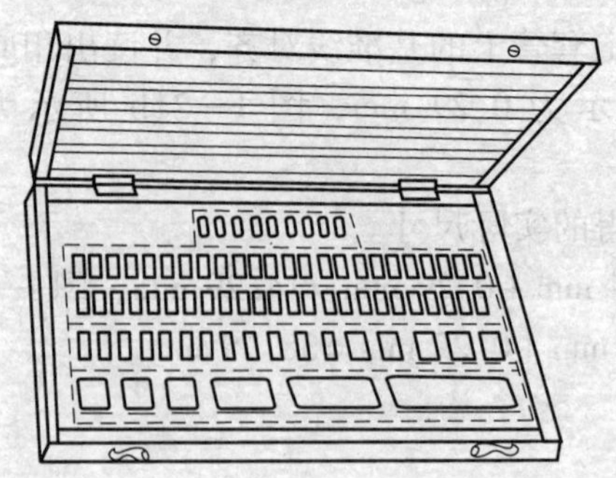

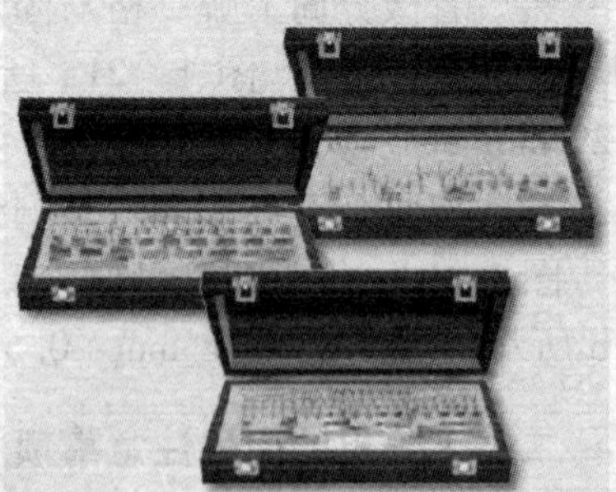

图 1—22　量块

其精度等级分为0级、1级、2级和3级。

量块的外形一般为长方体，它具有两个经精密加工、表面粗糙度值极小的平行测量面，两测量面之间的距离为测量尺寸，也就是量块的尺寸。

为了工作方便和减少测量积累误差，应尽量选最少的块数。87块一套的量块，选用一般不超过4块；42块一套的量块，选用一般不超过5块。

计算时，第一块应根据组合尺寸的最后一位数字选取，以后各块以此类推。例如，所要测量的尺寸为48.245 mm（组合尺寸），从87块一套的盒中选取1.005 mm、1.24 mm、6 mm、40 mm四块。

利用量块附件和量块调整尺寸，测量外径、内径和高度的方法如图1—23所示。

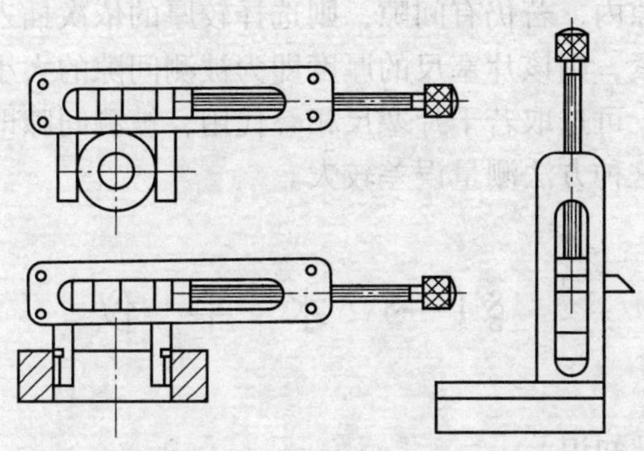

图1—23　量块附件使用方法

为了保持量块的精度，延长其使用寿命，一般不允许用量块直接测量工件。

二、塞尺

塞尺也称厚薄规，如图1—24所示，塞尺是一种用于测量两表面间隙的薄片式量具。

工具钳工常将工件放在标准平板上，通过用塞尺检测工件与平板之间的间隙来确定工件表面平面度误差。

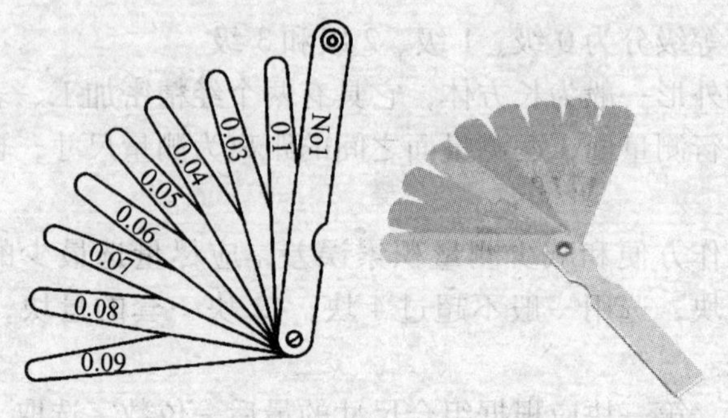

图 1—24　塞尺

塞尺有两个平行的测量平面，其长度有 50 mm、100 mm 和 200 mm，厚度为 0. 02 ~ 0. 1 mm，中间每片相隔 0. 01 mm；厚度为 0. 1 ~ 1 mm，中间每片相隔 0. 05 mm。塞尺也是一种界限量规。

使用塞尺时，应根据被测两平面间隙的大小，先选用较薄的一片插入被测间隙内，若仍有间隙，则选择较厚的依次插入，直至恰好塞进而不松不紧，则该片塞尺的厚度即为被测间隙的大小。若没有所需厚度的塞尺，可选取若干片塞尺相叠代用，被测间隙即为各片塞尺厚度之和，但这种方法测量误差较大。

§1—5　水　平　仪

一、基础知识

1. 水平仪的结构、功能

水平仪主要用来检验平面对水平或垂直位置的误差，也可用来检验机床导轨的直线度误差、机件的相互平行表面的平行度误差、相互垂直表面的垂直度误差以及机件上的微小倾角等。

水平仪有条形水平仪、框式水平仪和光学合像水平仪三种，钳工常用的是框式水平仪。

框式水平仪由框架和水准器（封闭的玻璃管）组成，如图 1—25 所示。

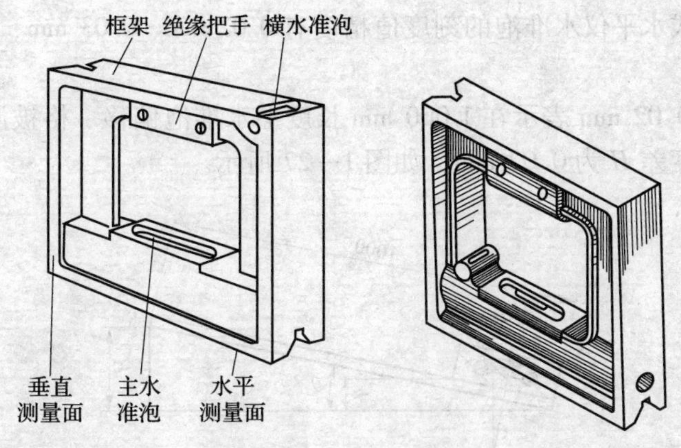

图 1—25　框式水平仪

框架的测量面上刻有 V 形槽，便于测量圆柱形零件。水准器有纵向（主水准器）和横向（横水准器）两个。

2. 水平仪的工作原理

水平仪是以主水准泡和横水准泡的偏移情况来表示测量面的倾斜程度的。水准泡的位置以弧形玻璃管上的刻度来衡量。

若水平仪倾斜一个角度，气泡就向左或向右移动，根据移动的距离（刻度格数），直接或通过计算即可知道被测工件的直线度、平面度或垂直度误差。

如图 1—26a 所示，水准泡在正中间，表示水平仪放置位置水平。图 1—26b 和 1—26c 分别表示水平仪放置位置向左和向右倾斜。

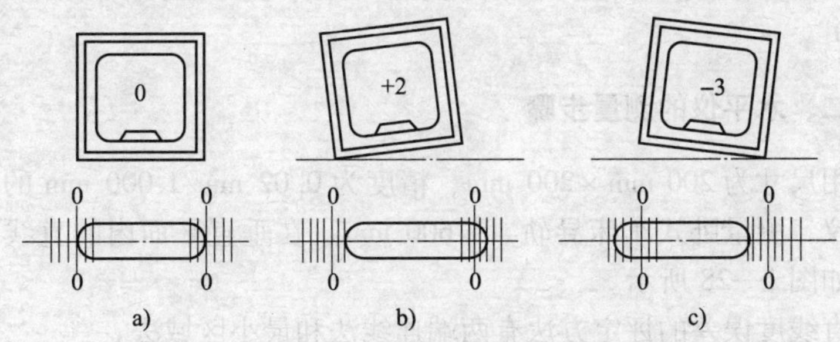

图 1—26　水平仪测量示意图

a）水准泡在正中间　b）水准泡偏右　c）水准泡偏左

框式水平仪水准泡的刻度值精度有 0.02 mm、0.03 mm、0.05 mm 三种。

如 0.02 mm 表示在 1 000 mm 长度上水准泡偏移一格被测表面倾斜的高度差 H 为 0.02 mm，如图 1—27 所示。

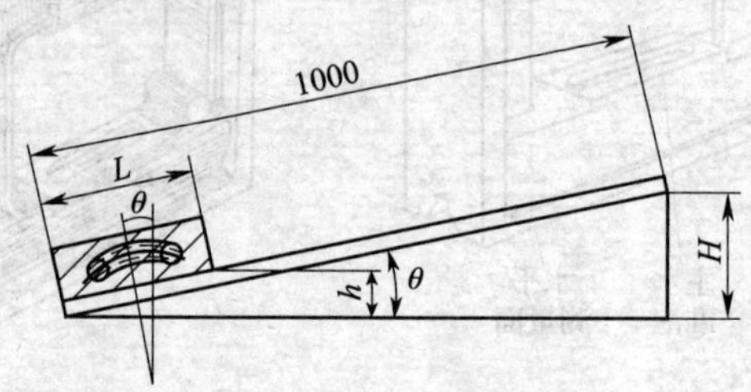

图 1—27 水平仪两端的高度差

框式水平仪的规格有 100 mm × 100 mm、150 mm × 150 mm、200 mm × 200 mm、250 mm × 250 mm、300 mm × 300 mm 五种。

3. 水平仪的读数方法

水平仪常用直接读数法，直接读数法是以气泡一端某一格线作为“0”线，把相对于“0”线的气泡实际移动格数作为读数。如图 1—26a所示，气泡两端正好在长刻线上，表示位置为“0”；若气泡移至图 1—26b 所示位置时，气泡向右移动 2 格，读数为“+2”格；若气泡移至图 1—26c 所示位置时，气泡向左移动 3 格，读数为“-3”格。

按一般读数习惯，气泡向右移为正数，气泡向左移为负数，中间为“0”。

二、水平仪的测量步骤

用尺寸为 200 mm × 200 mm、精度为 0.02 mm/1 000 mm 的框式水平仪，测量卧式车床导轨（1 600 mm）在垂直平面内的直线度误差，如图 1—28 所示。

直线度误差的评定方法有两端连线法和最小区域法。

测量卧式车床导轨（1 600 mm）在垂直平面内的直线度误差的具体测量步骤：

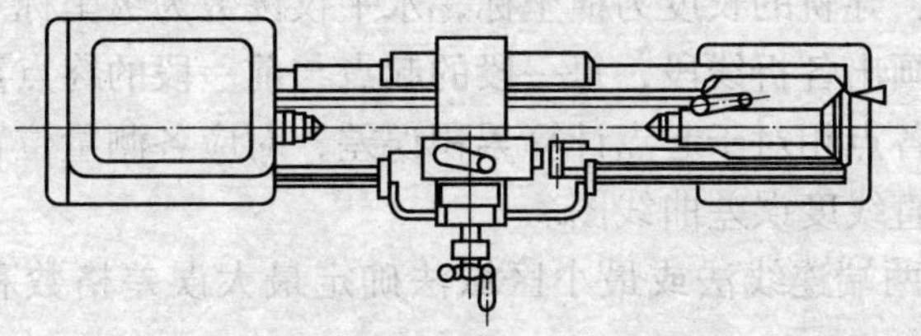

图 1—28　卧式车床导轨

（1）用一定长度（$l = 200$ mm）的垫铁安放水平仪，不能直接将水平仪置于被测表面上。

（2）将水平仪置于导轨中间，调平导轨。

（3）将导轨分成八段，其长度与垫铁长度相适应。依次首尾相接逐段测量，测得各段读数依次为 +1、+1、+2、0、−1、−1、0、−0.5，如图 1—29 所示。

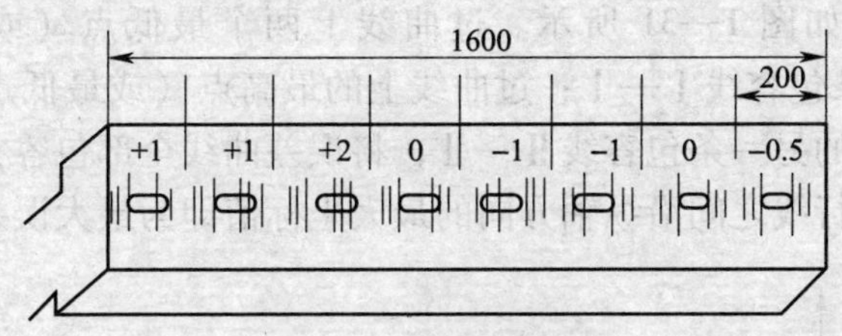

图 1—29　导轨分段测量

（4）取坐标纸，纵、横坐标分别取一定比例，画得导轨直线度曲线如图 1—30 所示。

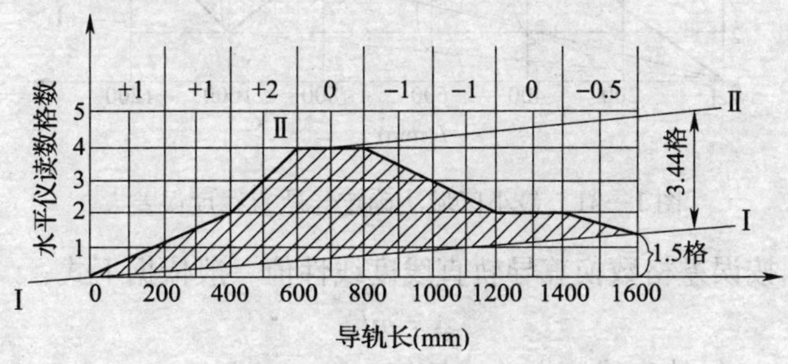

图 1—30　导轨直线度误差曲线图

作图时，导轨的长度为横坐标，水平仪读数为纵坐标。根据水平仪读数依次画出各折线段，每一段的起点与前一段的终点重合。

也可按各点相对于起点计算累积误差，对应各测量位置取点，连接各点获得直线度误差曲线图。

（5）用两端连线法或最小区域法确定最大误差格数和误差曲线形状。

1）两端连线法。若导轨直线度误差曲线呈单凸或单凹时，作首尾两端点连线Ⅰ—Ⅰ，并过曲线最高点（或最低点）作Ⅱ—Ⅱ直线与Ⅰ—Ⅰ平行。两包容线间最大坐标值即为最大误差值。如图1—30所示，最大误差在导轨长为600 mm处。曲线右端点坐标值为1.5格，按相似三角形解法，导轨600 mm处最大误差值为4 - 0.56 = 3.44格。

2）最小区域法。最小区域法在直线度误差曲线有凸有凹呈波折状时采用，如图1—31所示。过曲线上两个最低点（或两个最高点），作一条包容线Ⅰ—Ⅰ；过曲线上的最高点（或最低点）作平行于Ⅰ—Ⅰ线的另一条包容线Ⅱ—Ⅱ，将误差曲线全部包容在两平行线之间。两平行线之间沿纵轴方向的最大坐标值即为最大误差。

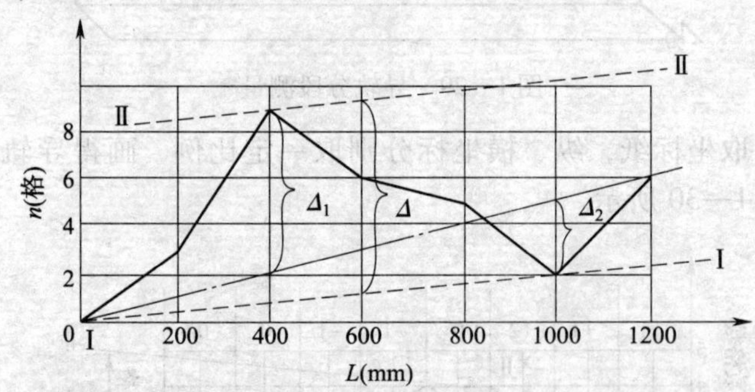

图1—31　最小区域法确定导轨直线度误差

（6）按误差格数换算导轨直线度线性值一般依据下式：

$$\Delta = nil$$

式中　Δ——导轨直线度误差线性值，mm；

n——曲线图中最大误差格数；

i——水平仪的读数精度；

l——分段长度，mm。

即：

$$\Delta = nil = 3.44 \times \frac{0.02\ \text{mm}}{1\ 000\ \text{mm}} \times 200\ \text{mm} = 0.014\ \text{mm}$$

§1—6　正　弦　规

正弦规是利用三角函数测量角度的一种精密量具，由一个矩形长方体和两个直径相等的精密圆柱组成，如图 1—32 所示。正弦规属于间接测量量具，通常用来测量带有锥度或角度的零件。两个圆柱的直径相同，其中心距要求精确，一般有 100 mm 和 200 mm 两种，中心线要与长方体平面平行。

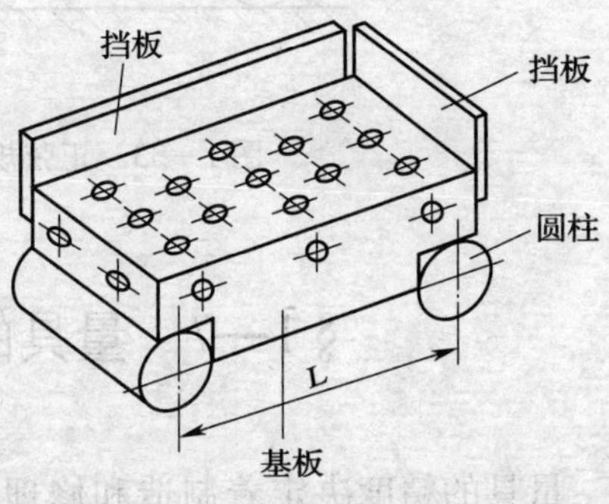

图 1—32　正弦规

用正弦规测量工件时，要在平板上测量，圆柱的一端用量块垫高，如图 1—33 所示，直到工件表面与平板表面平行。根据所垫量块的高度尺寸和正弦规中心距，用下式计算：

$$\sin\alpha = \frac{H}{L}$$

$$H = L\sin\alpha$$

式中　α——被测工件的圆锥角度，(°)；

H——所垫量块的高度，mm；

L——正弦规的中心距，mm。

正弦规的测量精度与工件角度和正弦规中心距有关，即中心距越大，工件角度越小，精度越高。

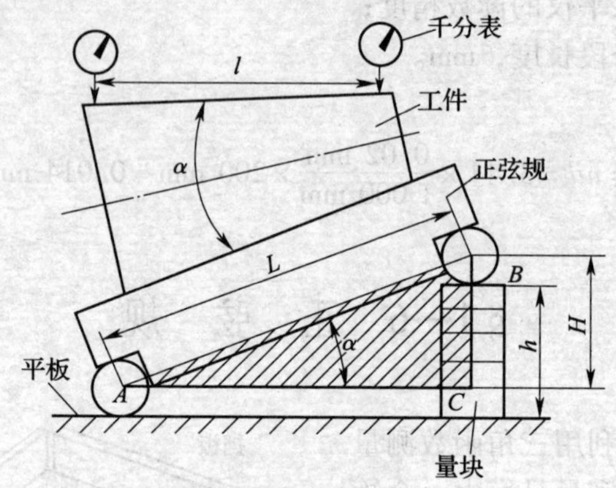

图 1—33　正弦规测量圆锥工件

§1—7　量具的维护与保养

量具的精度决定着制造和修理工具、刀具和模具产品的精度控制。量具精度不够，其测量结果就不准确，也就无法真正确认产品合格与否。正确地使用精密量具是保证产品质量的重要条件之一，为了保证量具的精度，延长量具的使用期限，除了在使用中要按照合理的方法进行操作外，还必须做好量具的维护和保养工作。

在维护与保养中应注意以下几个方面。

（1）测量前应将量具的测量面和工件被测量表面擦净，以免脏物影响测量精度和对量具产生磨损。

（2）量具在使用过程中，不要和其他工具、刀具、量具放在一起或叠放，以免损伤量具。

（3）量具是测量工具，不能作为其他工具的代用品。例如，拿游标卡尺划线，拿百分尺当小榔头，拿钢直尺旋螺钉或用钢直尺清理切屑等都是错误的。

（4）温度对量具精度影响很大，因此，量具不应放在热源（电炉、暖气片等）附近，以免受热变形而失去精度。

（5）量具用完后，应及时擦净、上油，放在专用盒中，保存在干燥处，以免生锈。

（6）精密量具应实行定期检定和保养，发现精密量具有不正常现象时，应及时送交计量室检修。

第二章 工具钳工基本操作技能

§2—1 复杂工件的划线

要求掌握箱体工件的划线方法；掌握大型工件及畸形工件的划线操作要点。

一、箱体工件划线工艺要点

在机械制造中，箱体加工占很大比重，由于箱体加工工艺较复杂，尺寸和位置精度要求较高，根据图样和工艺要求需经过多次划线。划线既是机加工前的工序，又是加工中找正的依据（单件加工时更是如此），划线的正确合理与否直接关系到箱体工件的加工质量、加工效率与经济成本，作为中级工具钳工必须掌握箱体工件的划线方法。

箱体划线应注意以下几点要求：

（1）划线前必须看懂图样，对照工件毛坯，检查毛坯质量。要研究各加工部位所划的线与加工工艺的关系，正确确定划线次数和顺序，避免所划线条被加工掉而重划。要分析各加工部位之间、加工部位与装配零件之间的相互关系，确定划线时的安放位置、划线基准面及找正部位。确定装夹装置、装夹方法和安全措施。

（2）检查各表面的加工余量是否合理，若不合理，则应借料后重新划线，直至各表面都有合理的加工余量为止。

（3）箱体的第一划线位置应选择待加工的孔和面最多的一面，

这样有利于简化划线过程、保证划线质量、提高工作效率。

（4）箱体划线一般都要划出十字找正线。即在划每一条线时，在四个面上都要划出，供下道划线和刨、铣、镗等切削加工时找正工件位置使用。十字找正线必须划在长而平直的部位，线条越长，找正越准确；所划的平面越平直，找正也越方便。通常以轴承座孔的十字中心线划在箱体的四个面上，作为十字找正线。

（5）若箱体内壁不需加工，则在划线时要特别注意找正内壁，以保证加工后能顺利装配。

二、安全措施

（1）用千斤顶支撑的箱体下面要摆放木板，并保证工件重心稳固落在各支撑点所构成的平面内。调整千斤顶高低时，严禁直接用手调节，以防工件倾倒砸伤人。

（2）对于重心位置较高的工件，为防止倾倒，应附加辅助支撑。

三、箱体工件划线实例（蜗杆减速箱箱体划线）

1. 制件实例及技术要求（见图 2—1）

2. 划线要点

（1）首先找正，分别划出箱盖和箱座接合面的加工线，以线为基准，分别加工两接合面。

（2）找正接合面，只划箱盖螺钉孔的位置线，根据位置线加工螺钉孔，将箱盖安放在箱座上，进行配划线和配加工，使螺钉孔位置完全一致，用螺栓将箱盖和箱座紧固。

（3）划 470 mm 两侧的校正线和加工线。

（4）划 ϕ230 mm、ϕ190 mm、ϕ150 mm 等位置线及尺寸加工线。

（5）以设计基准 Ⅰ—Ⅰ、Ⅱ—Ⅱ、Ⅲ—Ⅲ 为划线基准。注意接合面与紧固面之间的厚度要均匀，R377 mm 处内壁与装在 ϕ230 mm 孔上的大齿轮大径应保证有空隙，装配时不致相撞。

3. 划线步骤

（1）第一次划线

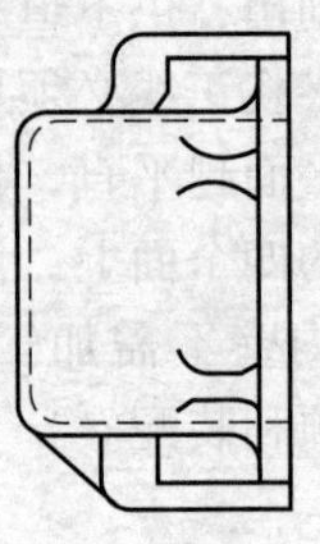

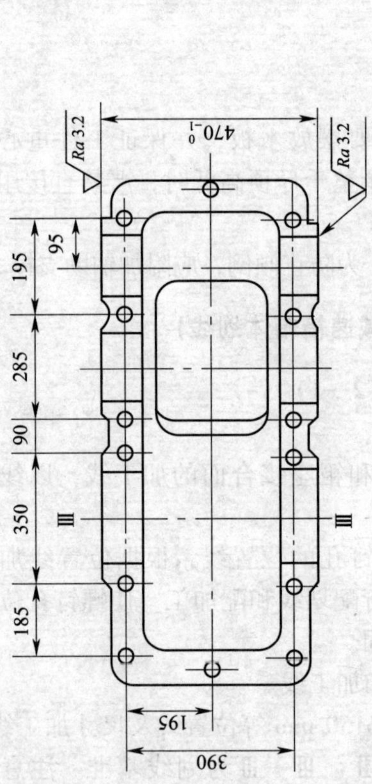

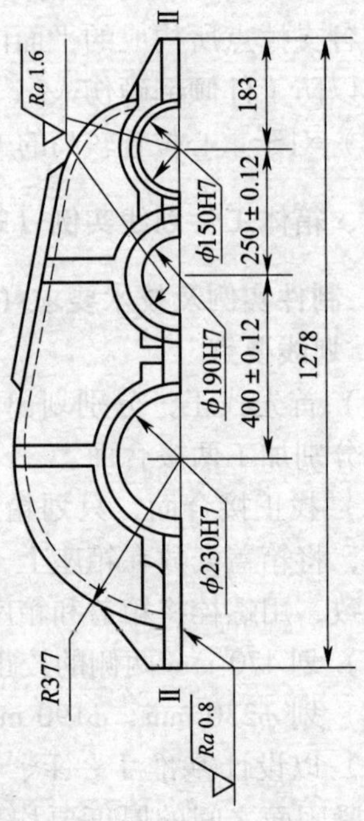

a)

Ra 3.2
470_{-1}^{0}
Ra 3.2
95
195
285
90
350
185
III
III
195
390

II
Ra 1.6
183
φ150H7
250 ± 0.12
φ190H7
400 ± 0.12
1278
φ230H7
R377
II
Ra 0.8

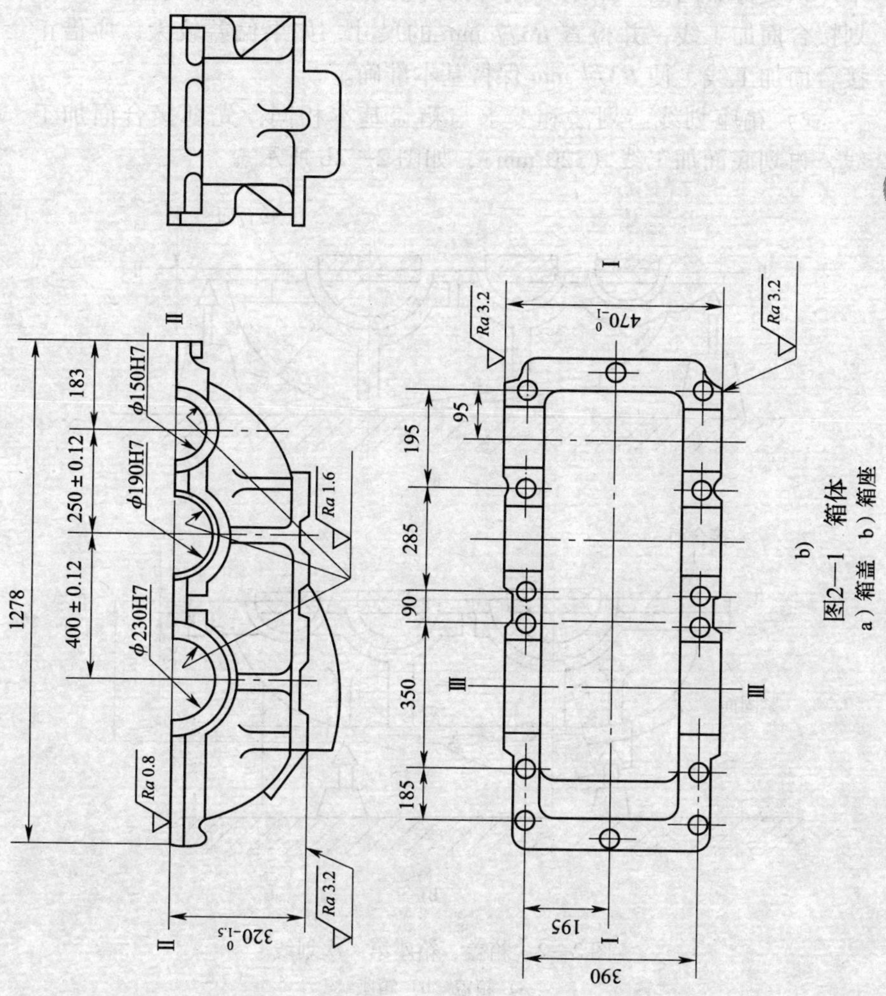

图2—1　箱体
a）箱盖　b）箱座

1）箱盖划线。将箱盖放置在平台上，如图 2—2a 所示。用三个千斤顶支撑紧固面，用划线盘弯钩找正紧固面，四角高度基本相等，划接合面加工线，并检查 *R*377 mm 的尺寸，如果偏差较大，应借正接合面加工线，使 *R*377 mm 保持基本准确。

2）箱座划线。划法和要求与箱盖基本相同，先划接合面加工线，再划底面加工线（320 mm），如图 2—2b 所示。

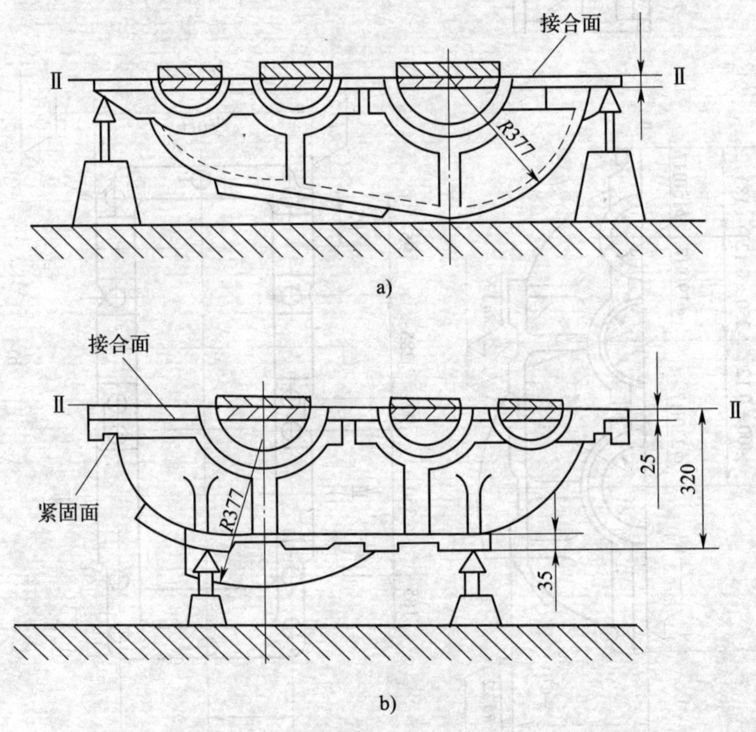

图 2—2　箱盖、箱座第一次划线

a）箱盖　b）箱座

（2）第二次划线（接合面加工后）

1）箱盖划线如图 2—3 所示，将箱盖侧面朝上，用三个千斤顶支撑在划线平台上，用 90°角尺找正接合面后，再用划线盘找正尺寸 470 mm，使两端处于等高位置，划中线Ⅰ—Ⅰ，以Ⅰ—Ⅰ为基准，划各孔位置线。划长度方向位置线时，找正方法同上。

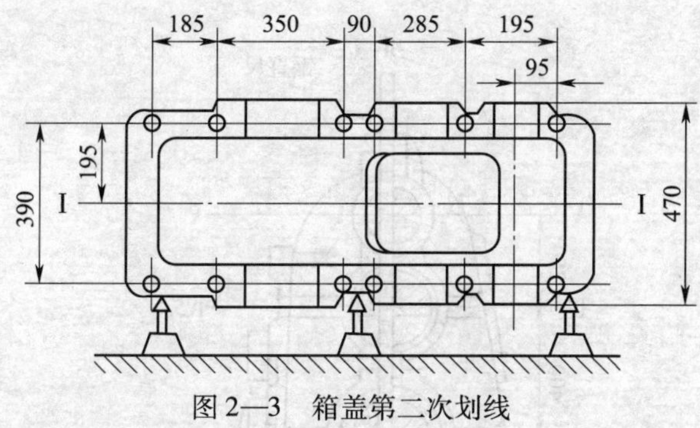

图 2—3　箱盖第二次划线

2）箱座划线方法与箱盖划线相同。箱盖钻好安装孔后，可将箱座与箱盖配划线或配钻孔。

（3）第三次划线（箱盖与箱座合成一体）。如图 2—4 所示，用三个千斤顶支撑箱体，放置在平台上，用 90°角尺找正底面，并用划线盘弯钩找正尺寸 470 mm 的毛坯平面（两端），使它与平台基本平行，重新划基准线 Ⅰ—Ⅰ，并根据 Ⅰ—Ⅰ 划 470 mm 两平面加工线，保证 470 mm 尺寸与基准线 Ⅰ—Ⅰ 对称。

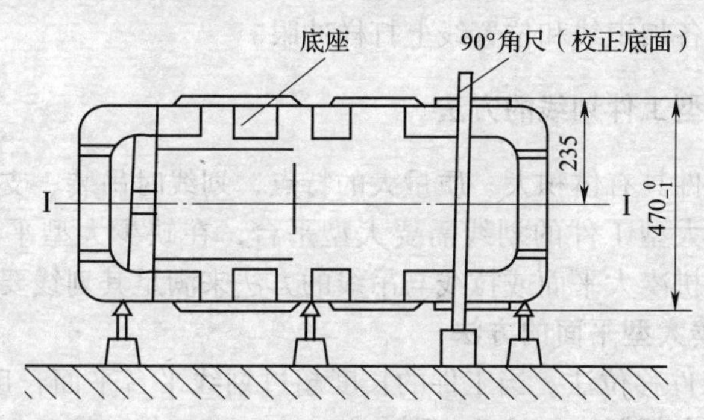

图 2—4　箱体第三次划线

（4）第四次划线（已加工 470 mm 两端平面）。如图 2—5 所示，在箱体孔中装牢中心塞块。用千斤顶将箱体竖立支撑在平台上，并用 90°角尺找正底面和三孔的两端面，与平台面垂直，找正 ϕ230 mm 孔凸台外缘，划基准线Ⅳ—Ⅳ、Ⅲ—Ⅲ、Ⅴ—Ⅴ，将箱体放平，以底面为基准，划中心线Ⅱ—Ⅱ，以各交点为圆心划各孔加工校正线。

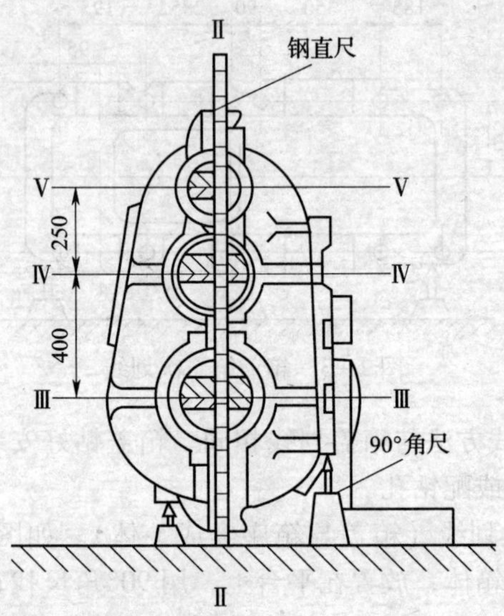

图 2—5　箱体第四次划线

当划线操作结束后，应进行尺寸校对，检查所划尺寸是否符合要求，然后在各加工线和位置线上打样冲眼。

四、大型工件划线的方法

大型工件具有体积大、质量大的特点，划线时吊装、支撑、找正都较困难。大型工件的划线需要大型平台，在缺少大型平台的情况下，可采用拼凑大平面或拉线与吊线的方法来满足其划线要求。

1. 拼凑大型平面的方法

（1）工件移位法。当工件的长度超过划线平台平面长度 1/3 时，可先在工件中部划线，然后分别向左、右移动工件，按已划出的基准线找正后，分区划出工件两端剩余线条。

（2）平台接长法。若大型工件的尺寸比划线平台略大，可将其他平台或平尺放在划线平台的外端，校准各平台工作平面间的平行度和测准相互间平面位置差，然后将工件放置在划线平台上，用划线盘或游标高度尺在接长平尺或平台上移动完成划线。

（3）条形垫铁与平尺调整法。将大型工件放置在调整垫铁上，两根加工好的条形垫铁相互平行地放在工件两端，在条形垫铁的端部和靠近工件的两侧，分别放置两根平尺，再将平尺工作面调整在同一水平面上，以平尺工作面为基准调整好工件，用划线盘或游标高度尺在平尺工作面上移动完成划线。划线完毕，必须再次测定两根平尺是否仍在同一水平面上，如果两工作面不平行，则需进行校正，重新划线。

2. 拉线与吊线法

拉线与吊线法适用于特大工件的划线，一般只需经过一次吊装、找正即能完成工件的全部划线工作。

该法采用 $\phi 0.5 \sim 1.5$ mm 的钢丝作为拉线，用 30°锥体线坠吊直尼龙线为吊线，结合使用 90°角尺和钢直尺，通过投影引线的方法来完成划线工作，其原理如图 2—6 所示。

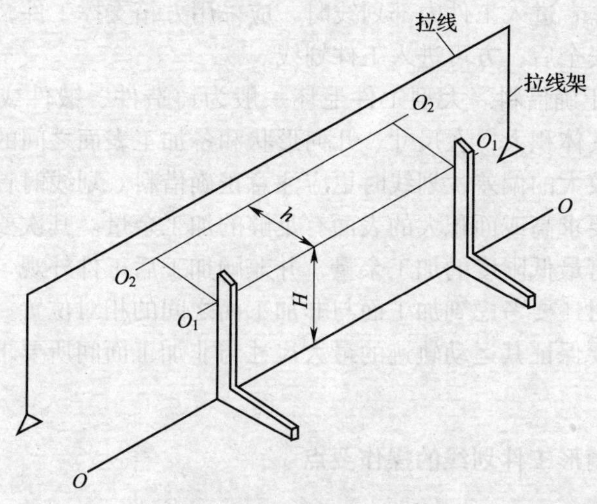

图 2—6 拉线与吊线法原理

在平台上设一基准线 $O—O$，将两只 90°角尺的测量面对准 $O—O$ 线，用钢直尺在 90°角尺上量取同一高度 H，再用拉线或钢直尺连接两点，得到平行于 $O—O$ 直线的平行线 $O_1—O_1$。若要得到距离 $O_1—O_1$ 尺寸为 h 的平行线 $O_2—O_2$，可在所需位置设一拉线，移动拉线，用钢直尺在两只直角尺的 H 点到拉线处量取 h，并使拉线与平台工作面平行即可。若 H 尺寸较高，则可用线坠代替 90°角尺。

3. 大型工件划线注意事项

大型工件划线时，应特别注意工件放置基面和支撑点的选择，以及正确借料。

（1）工件安置基面的选择。大型工件划线时，应选择大而平直的面作为安置面，以保证工件安置平稳，安全可靠。

第一划线位置确定后，若有两个安置面可供选择，则应选择安置后重心较低的一面为安置面。

（2）合理选择支撑点。一般划线均采用三点支撑，其调整方便、可靠。大型工件采用三点支撑时，应注意三点位置的分布，以确保工件重心落在三个支撑点构成的三角形的中心部位，使各支撑点受力均匀。对偏重的大型工件，则应在必要位置增设几个辅助支撑，以增加工件的稳定性。工件放置时，先用枕木或垫铁支撑，然后用千斤顶顶起。需操作者进入工件内部划线时，应采用方箱支撑工件，在确保安置平稳及安全后，方可进入工件划线。

（3）正确借料。大型工件毛坯一般为铸造件、锻件或焊接结构件等，因其体积大，在尺寸、几何形状和各加工表面之间的相对位置上易产生较大的偏差，划线时更应注意正确借料。划线时首先要保证加工精度要求高或面积大的表面有足够的加工余量。其次要保证各加工表面都有最低限度的加工余量，并兼顾加工后工件外观匀称美观。

划线时还要考虑到加工面与非加工面之间的相对位置。对一些运动工件，要保证其运动轨迹的最大尺寸与非加工面间所要求的最小间隙。

五、畸形工件划线的操作要点

1. 划线前的工艺分析

划线前应根据零件图样的技术要求进行工艺分析。这类工件往往要经过划线、加工、再划线、再加工，经多次这样的过程才能完成全部划线工作。因此，要适当地安排划线次数及顺序。确定划线顺序时，要注意应有利于下一道加工工序的装夹及校正，并兼顾划线的效率。

2. 划线基准的选择

划线的尺寸基准应尽量与设计基准相一致。必须选择过渡基准时，要考虑该选择是否会增加划线的尺寸误差和几何计算的复杂性，从而影响划线的质量和效率。

3．工件装夹方法

工件安置面应与设计基准面相一致。由于工件形状奇特，划线时往往要借助于某些夹具或辅助工具进行装夹，以便找正。划线时工件的装夹常用以下方法：

（1）工件套在心轴上用辅助工具装夹划线。利用工件上已加工的孔将工件套在心轴上，用分度头（见图 2—7）或用 V 形架（见图 2—8）等工具夹持而完成划线工作。

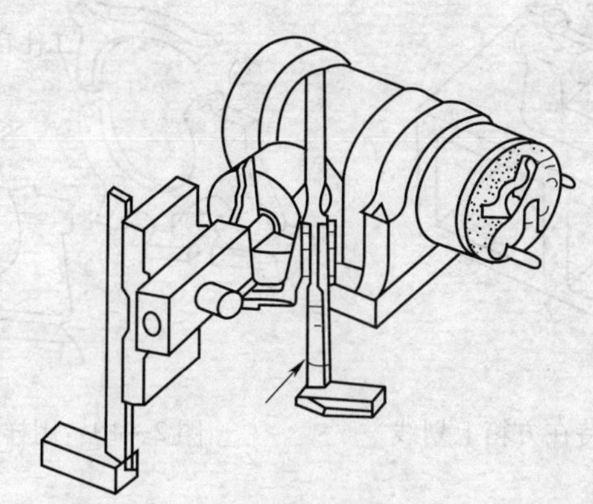

图 2—7　用分度头装夹工件划线

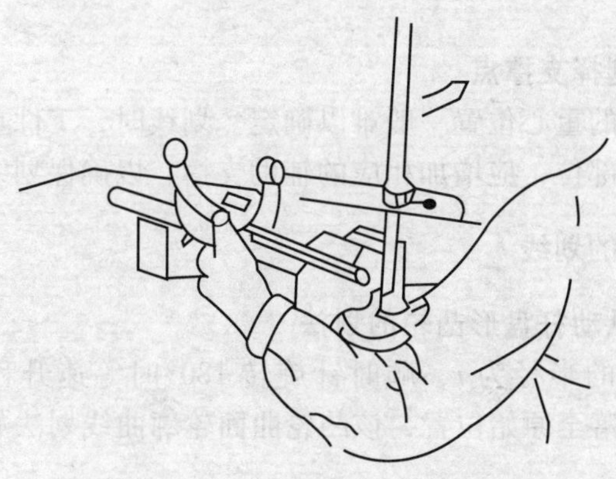

图 2—8　用 V 形架装夹工件划线

（2）工件夹持在方箱（见图2—9）、90°角铁或活动角铁上划线。将工件夹持在方箱、90°角铁或活动角铁上，找正工件垂直或水平位置，划完一个方向的线条后，只要将方箱或90°角铁翻转90°，即可划另一方向的线条。若采用可调整活动角铁装夹划线，需将活动角铁调整至需要的角度，划出另一位置的线条。

（3）用样板划线。如图2—10所示，对畸形工件，可将按要求制成的样板放在工件适当位置，调整工件，对准样板上已划好的找正线后，完成划线工作。

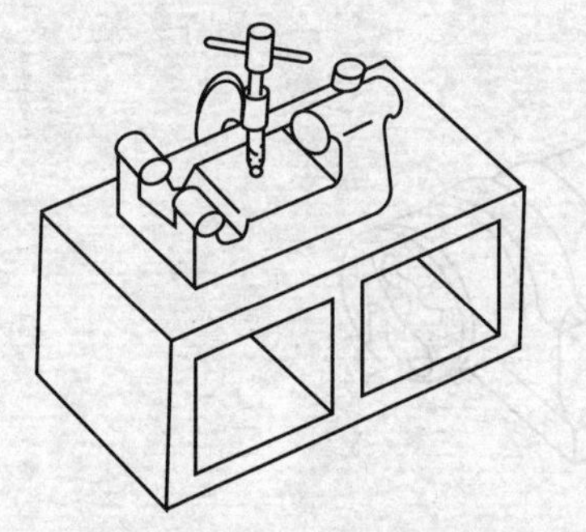

图2—9　工件夹持在方箱上划线

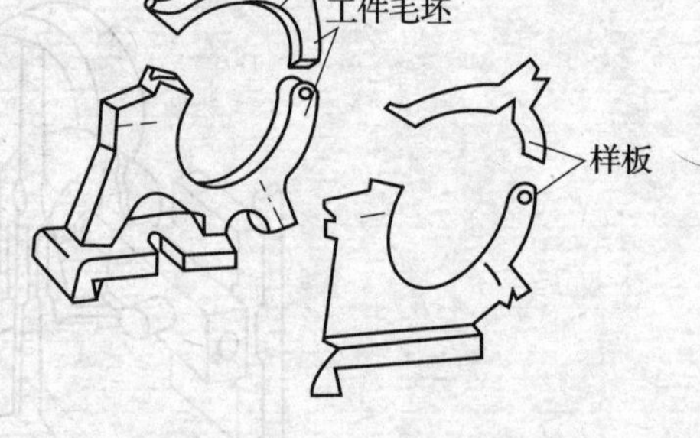

图2—10　用样板划线

4. 正确借料

畸形工件划线时要注意借料环节，借料时应考虑的因素与划大型工件时相同。

5. 合理选择支撑点

畸形工件的重心位置一般难以确定。划线时，工件重心往往会落在支撑面边缘部位，应增加相应的辅助支撑，以确保划线安全。

六、凸轮的划线

1. 尖顶从动杆盘形凸轮的划法

凸轮基圆的半径为r，顺时针旋转180°时等速升程为H，再转180°则等速回落至原始位置，该凸轮曲面轮廓曲线划法如图2—11所示，步骤如下：

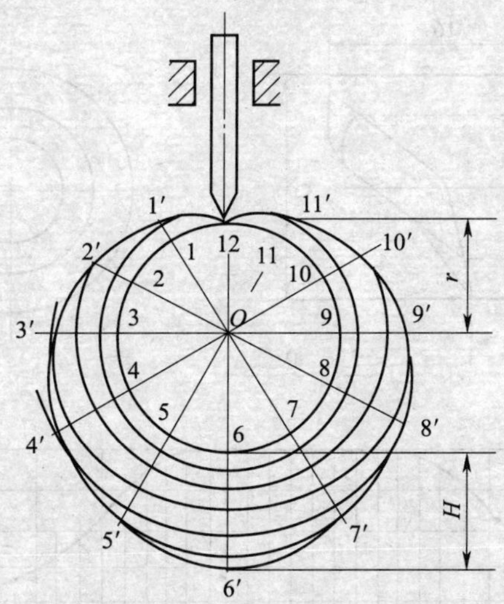

图 2—11　尖顶从动杆盘形凸轮的划线

（1）在工件毛坯上选取一点 O 为圆心，以 r 为半径划基圆，并将圆周 N 等分（$N=12$），过圆心和各等分点，分别作射线 O—1、O—2…O—12。

（2）在线段 12—6 的延长线上截 H 长并分成 $N/2$ 等份，然后以 O 为圆心，过各等分点划圆弧，分别与相应的各条射线交于 1′、2′…11′点。

（3）圆滑连接各交点得到的曲线，即为该凸轮的轮廓曲线。

2. 圆柱端面凸轮轮廓曲线的划法

圆柱端面凸轮轮廓曲线如图 2—12a 所示，划线方法如图 2—12b 所示，其划线步骤如下：

（1）取一块平整的钢箔（或铜箔），划出 Ox、Oy 坐标线。

（2）在 x 坐标线（基线）上截取长度 πD 表示周长，并将其 N 等分（$N=36$）。

（3）过各等分点分别划 y 坐标轴的平行线，并在其上对应量取已知凸轮的 y 坐标高度，依次划出各交点，然后圆滑地连接各交点，即得凸轮轮廓曲线。

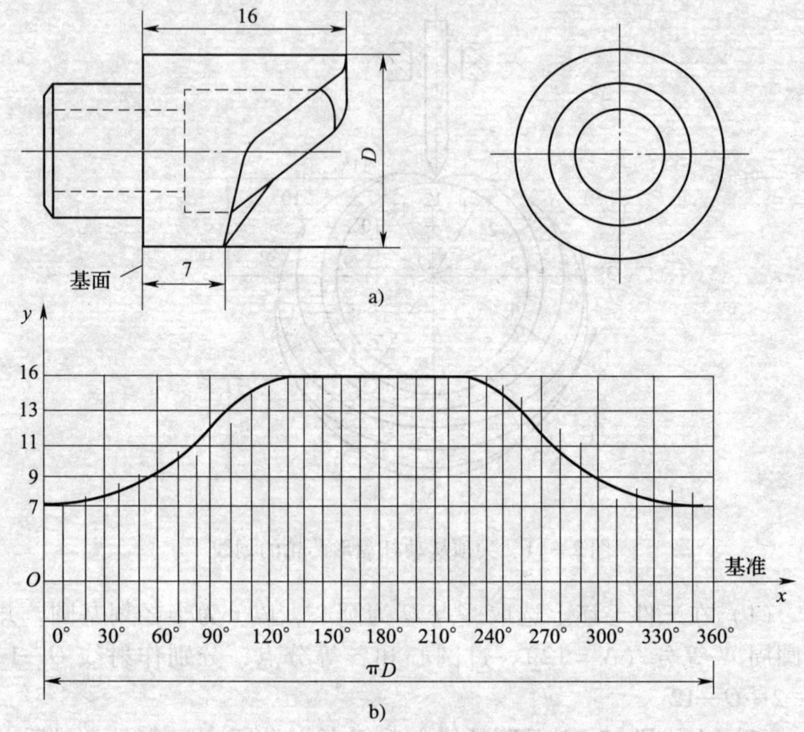

图 2—12　圆柱端面凸轮的划线

a）圆柱端面凸轮轮廓　b）划线方法

§2—2　錾削技能及训练

一、錾削工具及使用

1. 錾子

錾子是錾削中使用的主要工具。

（1）錾子的种类及用途。錾子的形状是根据工件不同的錾削要求而设计的。工具钳工常用的錾子有扁錾、尖錾和油槽錾三种类型，见表 2—1。

表 2—1　　　　錾子的种类和用途

名称	图　形	用　途
扁錾		切削部分扁平，刃口略带弧形。用来錾削凸缘、毛刺和分割材料，应用最广泛
尖錾		切削刃较短，切削刃两端侧面略带倒锥，防止在錾削沟槽时錾子被槽卡住。主要用于錾削沟槽和分割曲形板料
油槽錾		切削刃很短并呈圆弧形。錾子斜面制成弯曲形，便于在曲面上錾削沟槽，主要用于錾削油槽

（2）錾子的构造。錾子由头部、柄部及切削部分组成。头部一般制成锥形，以便锤击力能通过錾子轴心。长度一般为 150 ~ 200 mm，柄部一般制成六边形，以便操作者定向握持。

錾子的头部有一定锥度，顶部略带球形凸起，如图 2—13a 所示。这种形状的优点是受力集中，錾子不易偏斜，刃口不易损坏。为防止錾子在手中转动，錾身应稍呈扁形。不正确的头部如图 2—13b 所示。这样的头部不能保证锤击力落在錾刃的中心点上，易击偏。錾子头部没有淬火，因此，锤击多次后会打出卷曲的毛刺来，如图 2—13c 所示。出现毛刺后，应在砂轮上磨去，以免发生危险。

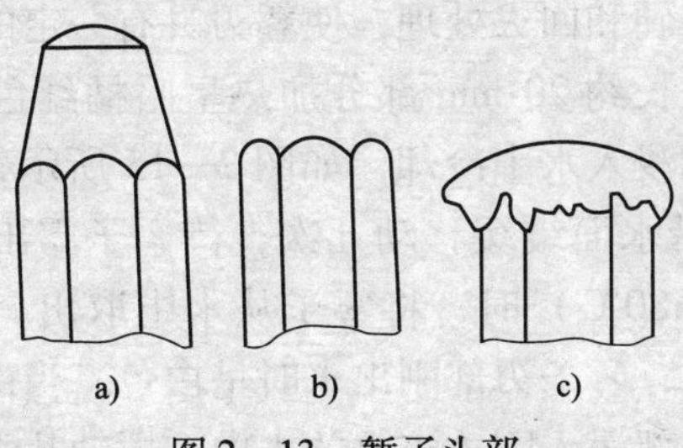

图 2—13　錾子头部

（3）錾子的切削原理。錾子切削金属必须具备两个基本条件：一是錾子切削部分材料的硬度应该比被加工材料的硬度大；二是錾子切削部分要有合理的几何角度，主要是楔角。錾子在錾削时的几何角度如图 2—14 所示。錾削材料与楔角选用范围见表 2—2。

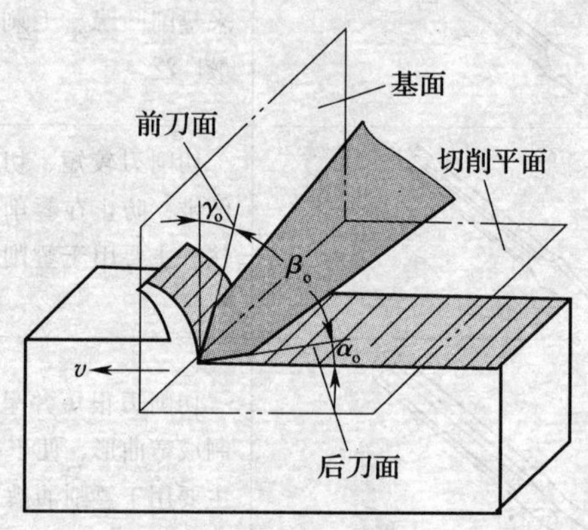

图 2—14 錾削时的角度

表 2—2 材料与楔角选用范围

材料	楔角范围
中碳钢、硬铸铁等硬材料	60°～70°
一般碳素结构钢、合金结构钢等中等硬度材料	50°～60°
低碳钢、铜、铝等软材料	30°～50°

（4）錾子的热处理和刃磨

1）錾子的热处理。錾子多用碳素工具钢（T8 或 T10）锻造而成，并经热处理淬硬和回火处理，使錾刃具有一定的硬度和韧度。淬火时，先将錾刃处长约 20 mm 部分加热呈暗橘红色（750～780℃），然后将錾子竖直地浸入水中冷却，如图 2—15 所示，浸入深度为 5～6 mm，并将錾子沿水面缓缓移动几次，待錾子露出水面的部分冷却成棕黑色（520～580℃）时，将錾子从水中取出。接着观察錾子刃部的颜色变化情况，錾子刃部刚出水时呈白色，当由白变黄，又变成蓝色时，把錾子全部浸入刚才淬火的水中，搅动几下后取出，紧接着再全部浸入水中冷却。经过热处理后的錾子刃部硬度一般可达到55HRC左右，錾身能达到30～40HRC。从开始淬火到回火处理完成，只有十几秒钟的时间，尤其在錾子变色过程中，要认真仔细地观察，掌握好火候。如果在錾子刚出水由白色变成黄色时就把錾子全部浸入水中，则经热处理的錾子虽然硬度稍高，但韧度较差，使用中容易崩刃。

2）錾子的刃磨。錾子的楔角大小应与工件的硬度相适应，新锻制的或用钝了的錾刃要用砂轮磨锐。錾子在磨削时，被磨部位必须高于砂轮中心，以防錾子被高速旋转的砂轮带入砂轮架下而引起事故。手握錾子的方法如图2—16所示。錾子的刃磨部位主要是前刀面、后刀面及侧面。刃磨时，錾子在砂轮的全宽上做左右平行移动，这样既可以保证磨出的表面平整，又能使砂轮磨损均匀。要控制握錾子的方向、位置，保证磨出所需要的楔角。刃口两面要交替刃磨，保证一样宽，刃面宽为2～3 mm，如图2—17所示，两刃面要对称，刃口要平直。刃磨应在砂轮运转平稳后进行。人的身体不准正对着砂轮，以免发生事故。按錾子的压力不能太大，不能使刃磨部分因温度太高而退火，为此，必须在刃磨錾子时经常将錾子浸入水中冷却。

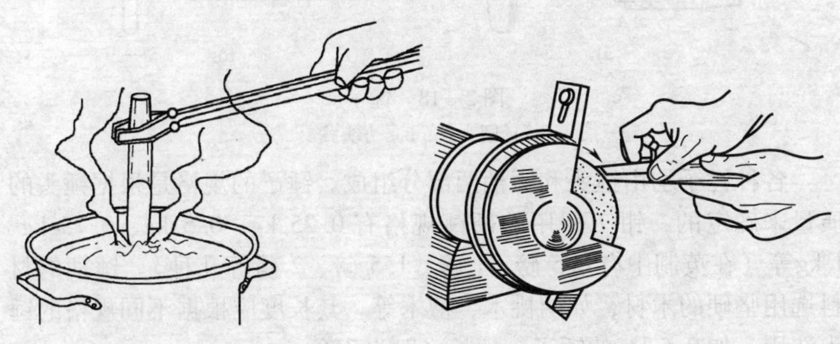

图2—15　錾子的热处理　　图2—16　錾子的刃磨

2. 锤子

錾削时依靠锤子的锤击力使錾子切入金属。锤子是錾削工作中不可缺少的工具，也是钳工装、拆零件时的重要工具。

锤子一般分为软锤和硬锤两种。软锤有铜锤、铝锤、木锤、硬橡胶锤等。软锤一般用在装配、拆卸零件的过程中。硬锤由碳钢淬硬制成。钳工所用的硬锤有圆头式和方头式两种，如图2—18所示。圆头锤一般在錾削和装拆零件时使用，方头锤一般在打样冲眼时使用。

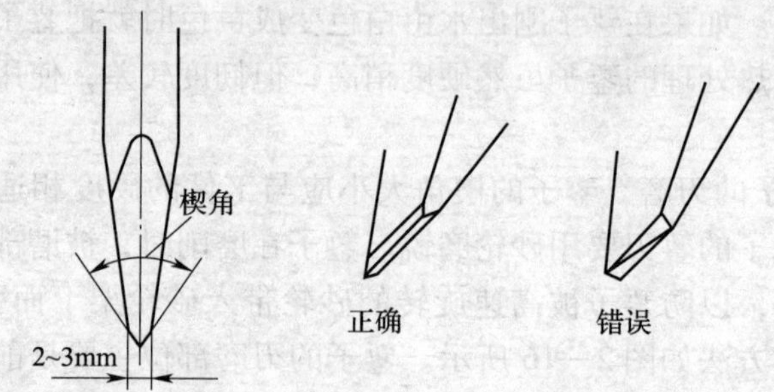

图2—17　錾子刃磨示意图

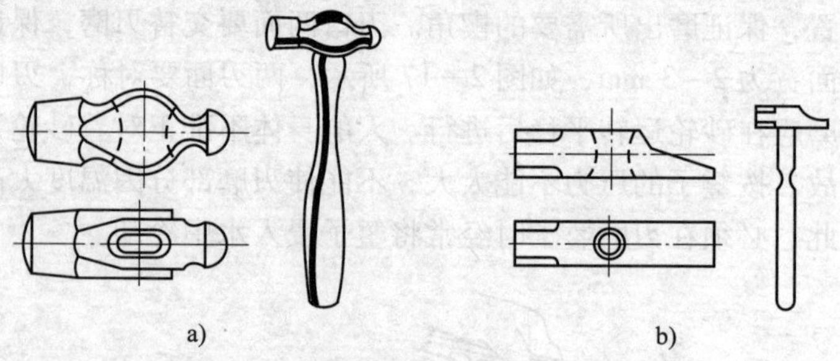

图2—18　锤子

a）圆头式　b）方头式

各种锤子均由锤头和锤柄两部分组成。锤子的规格是根据锤头的质量来确定的，钳工所用的硬锤规格有0.25 kg、0.5 kg、0.75 kg、1 kg等（在英制中有0.5磅、1磅、1.5磅、2磅等几种）。锤柄的材料选用坚硬的木材，如胡桃木、檀木等。其长度应根据不同规格的锤头选用，如0.5 kg的锤子，柄长一般为350 mm。

无论哪一种形式的锤子，锤头上装锤柄的孔都要做成椭圆形，而且孔的两端比中间大，呈凹鼓形，便于装紧。当手柄装入锤头时，柄中心线与锤头中心线要垂直，且柄的最大椭圆直径方向要与锤头中心线一致。为了紧固不松动，避免锤头脱落，必须将金属楔子（上面刻有反向棱槽）或木楔打入锤柄内加以紧固。金属楔子上的反向棱槽能防止楔子脱落，如图 2—19 所示。

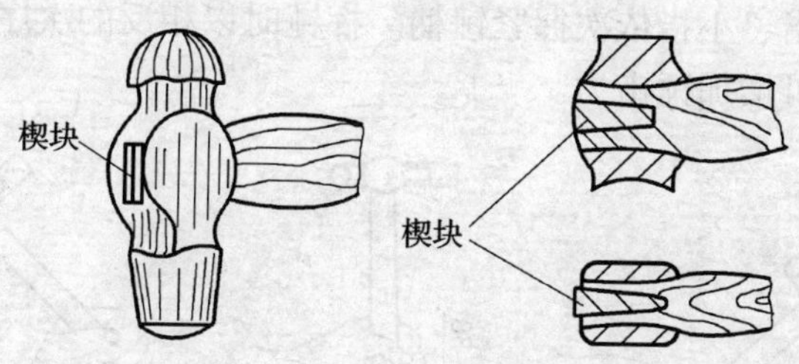

图 2—19 打入楔子的锤柄端部图

二、錾削技能基础训练

1. 錾子和锤子的握法

（1）錾子的握法。錾削就是使用锤子敲击錾子的顶部，通过錾子下部的刀刃将毛坯上多余的金属去除。

根据錾削方式和工件的加工部位不同，手握錾子和挥锤的方法也有区别。图 2—20 所示为錾削时三种不同的握錾方法，正握法如图 2—20a 所示，錾削较大平面和在台虎钳上錾削工件时常采用这种握法；反握法如图 2—20b 所示，錾削工件的侧面和进行较小加工余量錾削时常采用这种握法；立握法如图 2—20c 所示，由上向下錾削板料和小平面时多采用这种握法。

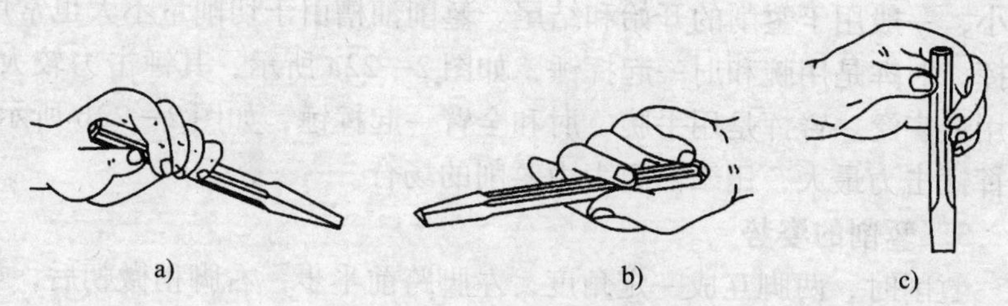

图 2—20 錾子的握法

a）正握法 b）反握法 c）立握法

（2）锤子的握法。锤子的握法分紧握法和松握法两种。紧握法如图 2—21a 所示，用右手食指、中指、无名指和小指紧握锤柄，锤柄伸出 15 ~ 30 mm，大拇指压在食指上。松握法如图 2—21b 所示，只有大拇指和食指始终握紧锤柄。锤击过程中，当锤子打向錾子时，中指、无名指、小指依次握紧锤柄。挥锤时以相反的次序放松。若此法使用熟练可增加锤击力。

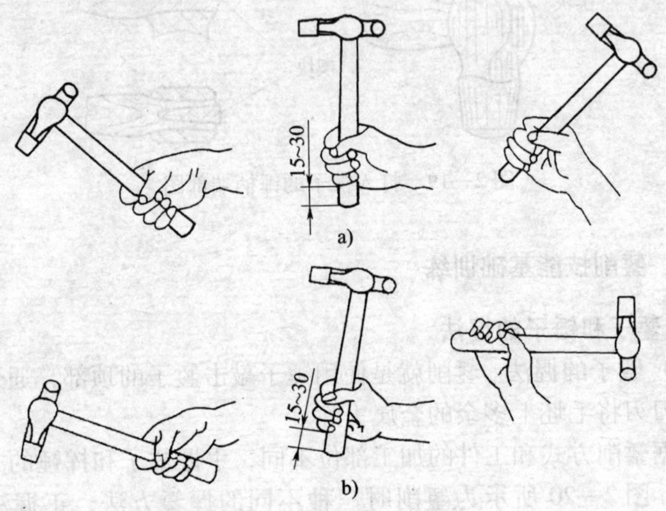

图 2—21 锤子的握法

a）紧握法 b）松握法

2. 挥锤的方法

挥锤的方法有手挥、肘挥和臂挥三种。手挥只有手腕运动，锤击力小，一般用于錾削的开始和结尾。錾削油槽由于切削量不大也常用手挥。肘挥是用腕和肘一起挥锤，如图 2—22a 所示，其锤击力较大，应用最广泛。臂挥是用手腕、肘和全臂一起挥锤，如图 2—22b 所示，臂挥锤击力最大，用于需要大力錾削的场合。

3. 錾削的姿势

錾削时，两脚互成一定角度，左脚跨前半步，右脚稍微朝后，如图 2—23a 所示，身体自然站立，重心偏于右脚。右脚要站稳，右腿伸直，左腿膝关节应稍微自然弯曲。眼睛注视錾削处，以便观察錾削的情况，而不应注视锤击处。左手捏錾使其在工件上保持正确的角度，右手挥锤，使锤头沿弧线运动，进行敲击，如图 2—23b 所示。

图 2—22　挥锤方法示意图

a）肘挥　b）臂挥

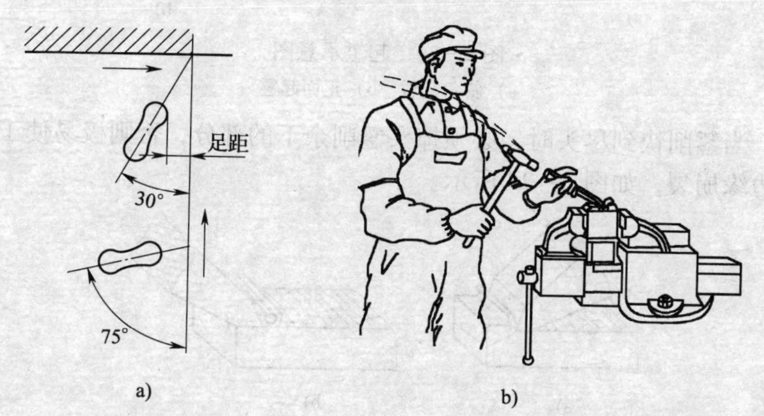

图 2—23　錾削姿势示意图

a）錾削时双脚的位置　b）錾削姿势

三、各种工件的錾削技能训练

1. 錾削平面

錾削平面主要使用扁錾，起錾时一般应从工件的边缘尖角处着手，称为斜角起錾，如图 2—24a 所示。从尖角处起錾时，由于切削刃与工件的接触面小，故阻力小，只需轻敲，錾子即能切入材料。当需要从工件的中间部位起錾时，錾子的切削刃要抵紧起錾部位，錾子头部向下倾斜，使錾子与工件起錾端面基本垂直，如图 2—24b 所示，然后再轻敲錾子，这样能够比较容易地完成起錾工作，这种起錾方法叫做正面起錾。

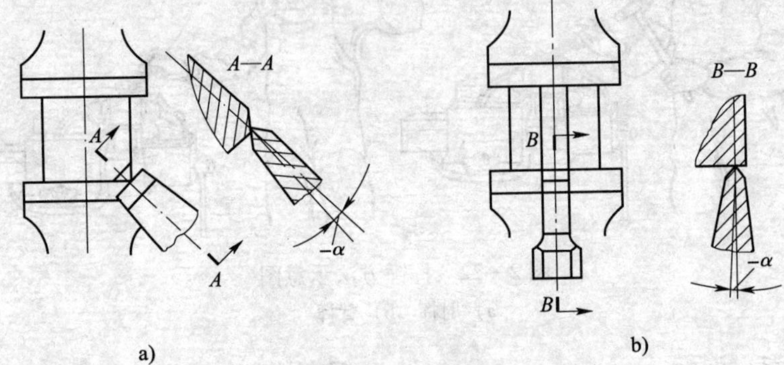

图 2—24　起錾示意图

a）斜角起錾　b）正面起錾

当錾削快到尽头时，必须掉头錾削余下的部分，否则极易使工件的边缘崩裂，如图 2—25 所示。

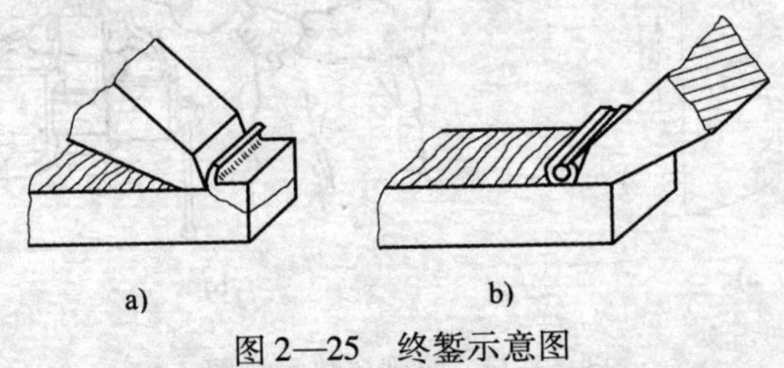

图 2—25　终錾示意图

a）错误　b）正确

当錾削大平面时，一般应先用狭錾间隔开槽，再用扁錾錾去剩余部分，如图 2—26 所示。

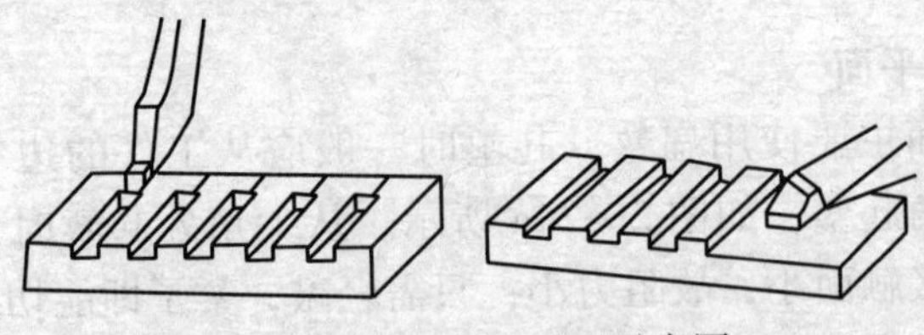

图 2—26　錾削大平面示意图

錾削小平面时一般采用扁錾，使切削刃与錾削方向倾斜一定角度，如图2—27所示，目的是使錾子容易稳定住，防止錾子左右晃动而导致錾出的表面不平。

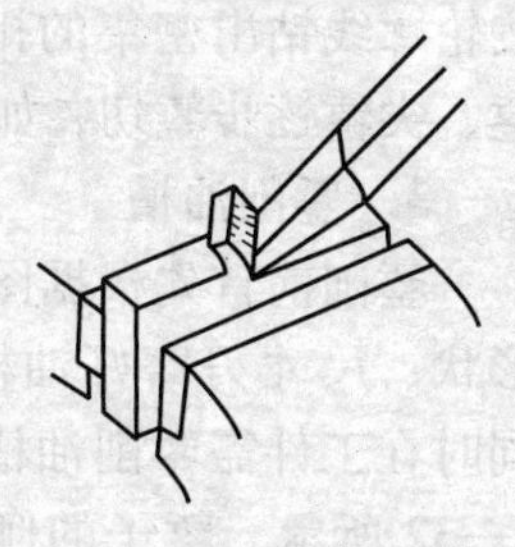

图2—27　錾削小平面示意图

錾削余量一般为0.5～2 mm。余量太小，錾子易滑出，而余量太大又使錾削太费力，且不易将工件表面錾平。

2. 錾削板料

在没有剪切设备的情况下，可用錾削的方法分割薄板料或薄板工件，常见的有以下几种情况。

（1）将薄板料牢固地夹持在台虎钳上，錾切线与钳口平齐，然后用扁錾沿着钳口并斜对着薄板料（约成45°）自右向左錾切，如图2—28所示。錾切时，錾子的刃口不能平对着薄板料錾切，否则錾切时不仅费力，而且由于薄板料的弹动和变形，易造成切断处产生不平整或撕裂，形成废品。图2—29所示为錾切薄板料的错误做法。

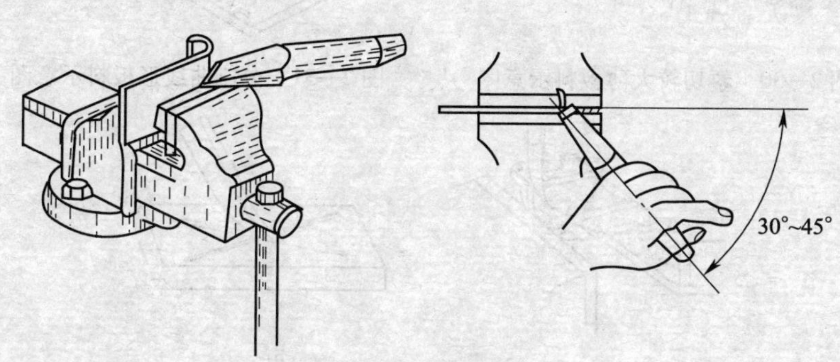

图2—28　薄板料錾切示意图

（2）当较大薄板料不能在台虎钳上进行錾切时，可用软钳铁（铝板或铜板）垫在铁板或平板上，然后从一面沿錾切线（必要时距錾切线2 mm左右留加工余量）进行錾切，如图2—30所示。

（3）当薄板工件轮廓线较复杂时，为了减小工件变形，一般先按轮廓线钻出密集的排孔，然后利用扁錾、尖錾逐步錾切，如图 2—31 所示。

3. 錾削油槽

錾削前首先根据图样上油槽的断面形状、尺寸刃磨好油槽錾的切削部分，同时在工件需錾削油槽部位划线。如图 2—32 所示，錾子的倾斜度需随着曲面而变动，保持錾削时后角不变，这样錾出的油槽光滑且深浅一致。錾削结束后，修光槽边的毛刺。

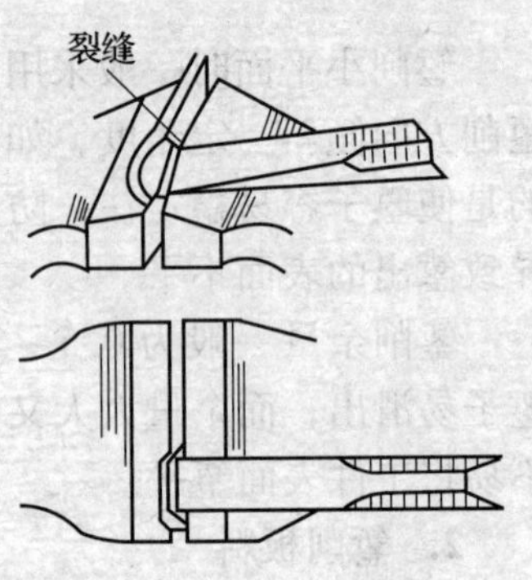

图 2—29 錾切薄板料的错误做法示意图

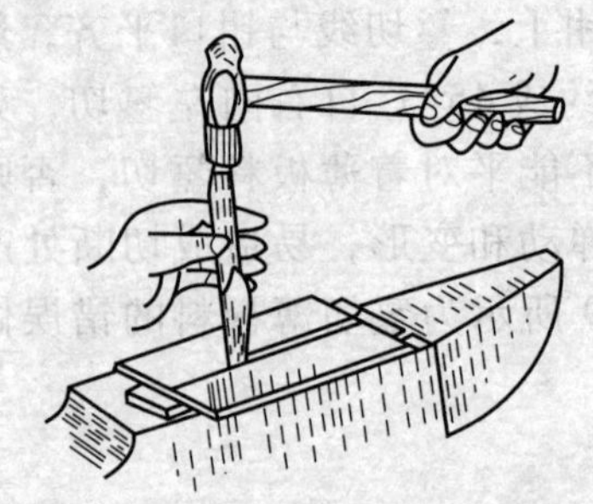

图 2—30 錾切较大薄板料示意图

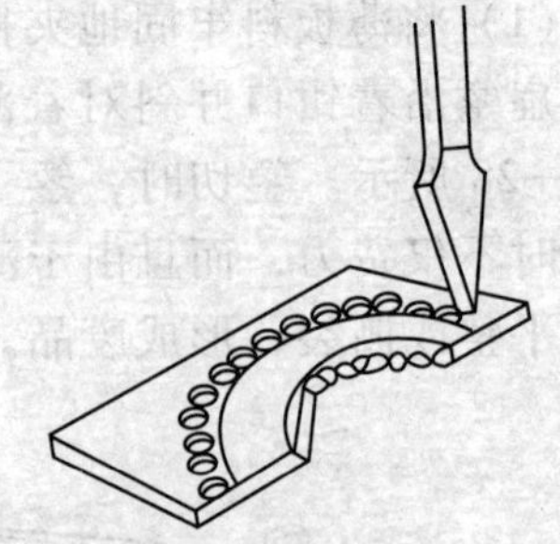

图 2—31 分割曲线形板料示意图

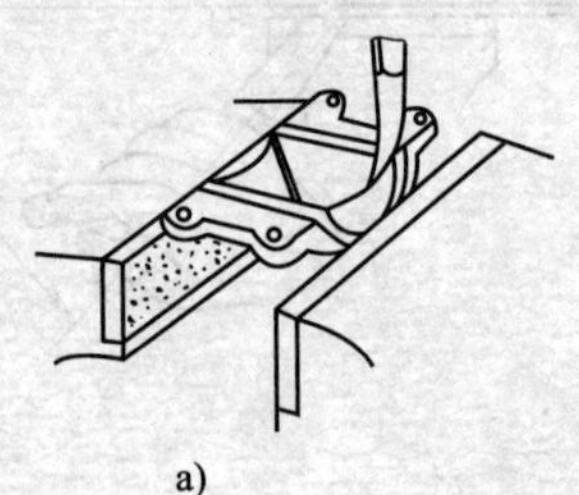

a)　　b)

图 2—32 錾削油槽

四、典型零件錾削实训

1. 錾削窄平面实训

（1）零件图。零件图如图 2—33 所示。

（2）实训准备

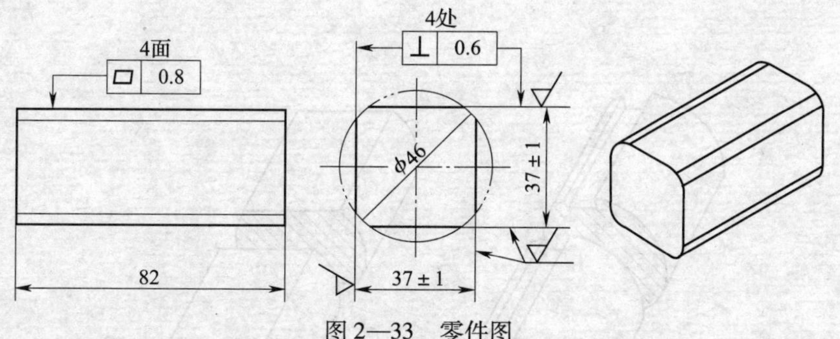

图 2—33　零件图

1）工具和量具：游标卡尺、钢直尺、90°角尺、塞尺、扁錾、锤子、划针、划线盘、划线平台等。

2）辅助工具：软钳口衬垫、涂料等。

3）备料：45 钢，毛坯尺寸为 ϕ46 mm×82 mm（车削），每人一件。

（3）操作要点

1）錾削第一面。以圆柱母线为基准划出 41 mm（46 mm－5 mm）高度的平面加工线，然后按线錾削，达到平面度要求。

2）以第一面为基准，划出相距为 37 mm 对面的平面加工线，按线錾削，达到平面度和尺寸公差要求。

3）分别以第一面及一端面为基准，用 90°角尺划出距顶面母线为 5 mm 并与第一面相垂直的平面加工线，按线錾削，达到平面度及垂直度要求。

4）以第三面为基准，划出相距为 37 mm 对面的平面加工线，按线錾削，达到平面度、垂直度及尺寸公差要求。

5）全面检查精度，并做必要的修整錾削工作。

（4）注意事项

1）掌握正确的姿势、合适的锤击速度、一定的锤击力。

2）为掌握锤击力，粗錾时每次的錾削量应在 1.5 mm 左右。

3）对工件进行錾削时，常出现锤击速度过快，左手握錾不稳，锤击无力等情况，要注意避免。

2. 錾削直槽实训

（1）按图样要求錾削零件（45 钢）。零件图如图 2—34 所示。

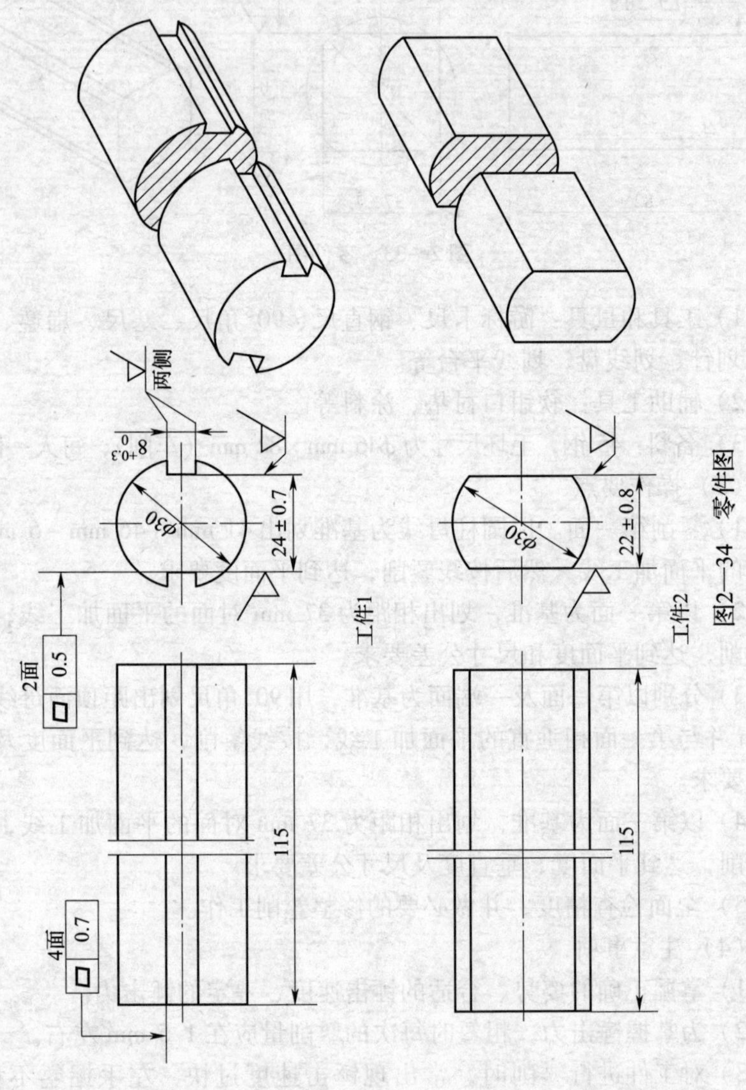

图2—34 零件图

（2）实训准备

1）工具和量具：扁錾、尖錾、钢板尺、游标卡尺、划针等。

2）辅助工具及材料：钳口衬铁、油石和涂料等。

3）备料：45 钢，毛坯尺寸为 $\phi30$ mm × 115 mm（车削），每人一件。

（3）操作要点

1）钢件是韧性材料，錾削时楔角一般可取 50°～60°。

2）錾削时可蘸油，以减少摩擦，并可对錾子进行冷却。

3）錾子刃口易梗入工件，要特别注意切削角度和切削用量的选择。

4）钢件粗錾时会产生卷屑，要注意安全，防止刺伤手。

5）狭錾刃口应小于槽宽 0.2 mm，使其有一定的锉削修整量。

6）开槽时，可先用扁錾在键槽宽度内把圆弧面錾平，以便于尖錾錾槽。

（4）操作步骤

1）对錾子进行刃磨和热处理。

2）完成工件 1 的键槽錾削。

①按图样划线。

②用扁錾将圆弧面錾平至接近槽宽。

③用尖錾加工键槽并达到要求。

3）完成工件 2 的平面錾削加工。

①划出平面加工线。

②粗、细錾削两平面至图样要求。

4）检查錾削质量。

五、錾削的安全注意事项

为了保证錾削工作的安全，操作时应注意以下几个方面：

（1）錾子经常刃磨锋利，过钝的錾子不但操作费力，錾出的表面不平整，而且容易打滑而划伤手部。

（2）錾子头部有明显的毛翘时，要及时磨掉，避免碎裂伤手。

（3）发现锤子木柄有松动或损坏时，要立即装牢或更换，以免锤头脱落飞出伤人。

（4）錾削时，最好周围设置安全网，以免碎裂金属片飞出伤人。必要时操作者可戴上防护眼镜。

（5）錾子头部、锤子头部和锤子木柄都不应沾油，以防滑出。

（6）錾削中若感觉疲劳要适当休息，否则容易击偏伤手。

（7）錾削两三次后，可将錾子退回一些，刃口不要总是顶住工件，这样可随时观察錾削的平整情况，同时可放松手臂肌肉。

§2—3 锯削技能及训练

一、锯削工具及其使用方法

锯子由锯弓和锯条两部分组成。

1. 锯弓

锯弓是用来装夹并张紧锯条的工具，有固定式和可调式两种，如图2—35所示。

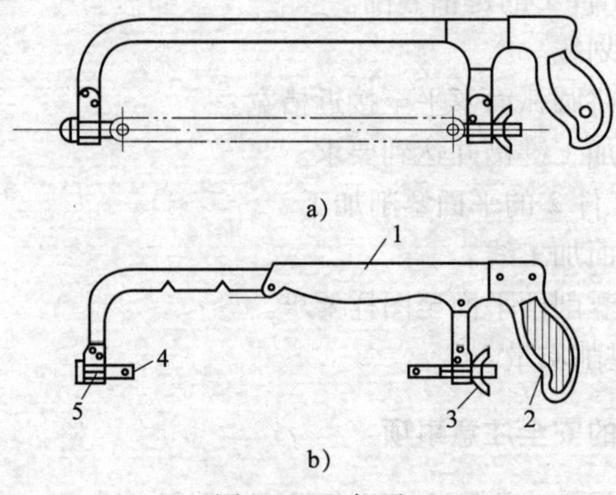

图2—35 锯弓

a）固定式 b）可调式

1—锯弓 2—手柄 3—翼形螺母 4—夹头 5—方形导管

固定式锯弓只使用一种规格的锯条；可调式锯弓因弓架由两段组成，可使用几种不同规格的锯条。因此，可调式锯弓使用较为方便。

可调式锯弓有手柄、方形导管、夹头等，夹头上安有挂锯条的销钉。活动夹头上装有拉紧螺钉，并配有翼形螺母，以便拉紧锯条。

2. 锯条

手用锯条一般是300 mm长的单向齿锯条。锯削时，锯入工件越深，锯缝的两边对锯条的摩擦阻力就越大，严重时将把锯条夹住。为了避免锯条在锯缝中被夹住，锯齿均有规律地向左右扳斜，形成波浪形或交错形的排列，称为锯路，如图2—36所示。各个齿的作用相当于一排同样形状的錾子，每个齿都起到切削的作用，如图2—37所示。前角 γ_o 一般是0°，后角 α_o 是40°，楔角 β_o 是50°。

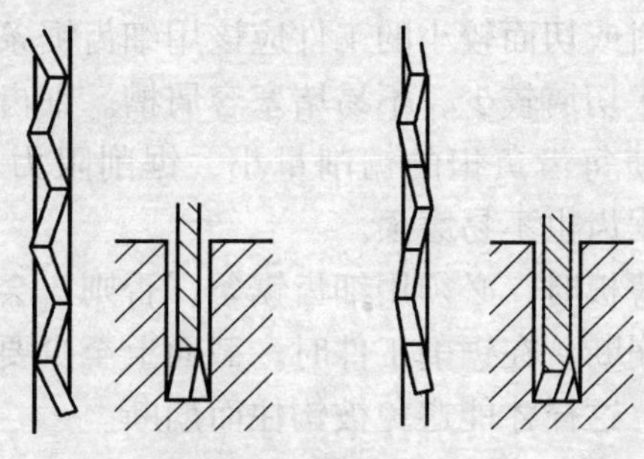

图2—36 锯齿的排列

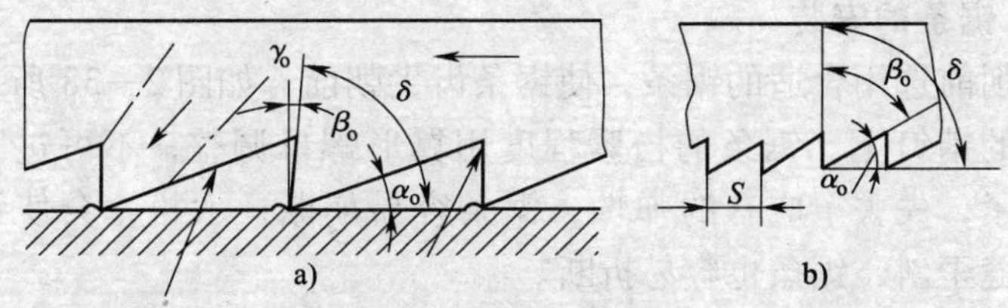

图2—37 锯齿的切削角度

为了减小锯条的内应力，充分利用锯条材料，出现了一种双面有齿的锯条。锯条两边的锯齿淬硬，中间保持较好韧性，不易折断，可延长使用寿命。

锯齿的粗细规格是以锯条每25 mm长度内的齿数来表示的，一般分粗、中、细三种，见表2—3。

表 2—3　　锯齿的粗细规格及应用

锯齿粗细	锯齿齿数/25 mm	应　用
粗	14 ~ 18	锯削软钢、黄铜、铝、铸铁、纯铜、人造胶质材料
中	22 ~ 24	锯削中等硬度钢、厚壁钢管、铜管
细	32	锯削薄片金属、薄壁管材
细变中	32 ~ 20	易于起锯

通常粗齿锯条齿距大，容屑空隙大，适用于锯削软材料或较大的切面。因为这种情况每锯一次的切屑较多，只有大容屑槽才不会堵塞而影响锯削效率。

锯削较硬材料或切面较小的工件应该用细齿锯条，因为硬材料不易锯入，每锯一次切屑较少，不易堵塞容屑槽。细齿锯条同时参加切削的齿数多，可使每齿负担的锯削量小，锯削阻力小，材料易于切除，推锯省力，锯齿也不易磨损。

锯削管子和薄板时，必须用细齿锯条，否则，会因齿距大于板厚使锯齿被钩住而崩断。在锯削工件时，截面上至少要有两个以上的锯齿同时参与锯削，这样才能避免被钩住而崩断。

二、锯削技能实训

1. 锯条的安装

锯削前选用合适的锯条，使锯条齿尖朝前，如图 2—38 所示，装入夹头的销钉上。锯条的松紧程度用翼形螺母调整，不可过紧或过松。太紧，失去了应有的弹性，锯条容易崩断；太松，会使锯条扭曲，锯缝歪斜，锯条也容易折断。

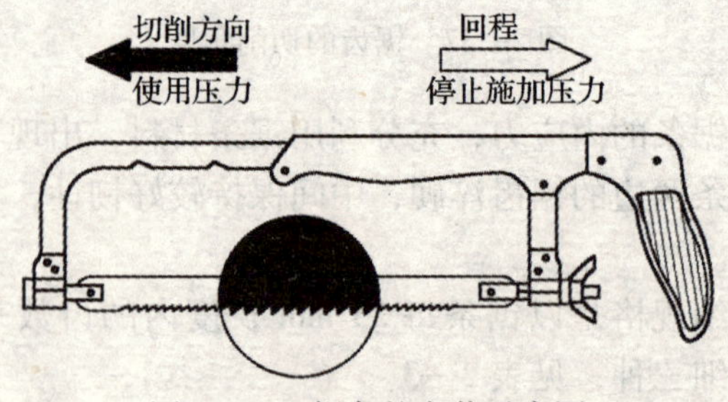

图 2—38　锯条的安装示意图

2. 锯子的握法

右手满握锯弓手柄，大拇指压在食指上。左手控制锯弓方向，大拇指在弓背上，食指、中指、无名指扶在锯弓前端，如图 2—39 所示。

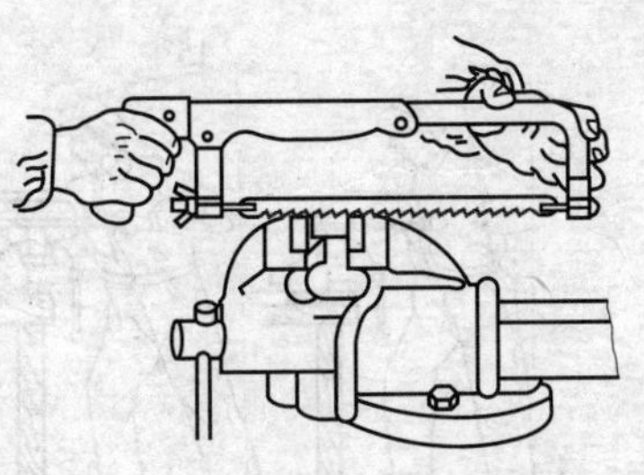

图 2—39　锯子的握法示意图

3. 锯削的姿势

锯削时，站立的位置与錾削相似。夹持工件的台虎钳高度要适合锯削时的用力需要，即从操作者的下颚到钳口的距离以一拳一肘的高度为宜，锯削时右腿伸直，左腿弯曲，身体向前倾斜，重心落在左脚上，两脚站稳不动，靠左膝的屈伸使身体做往复摆动，如图 2—40 所示。

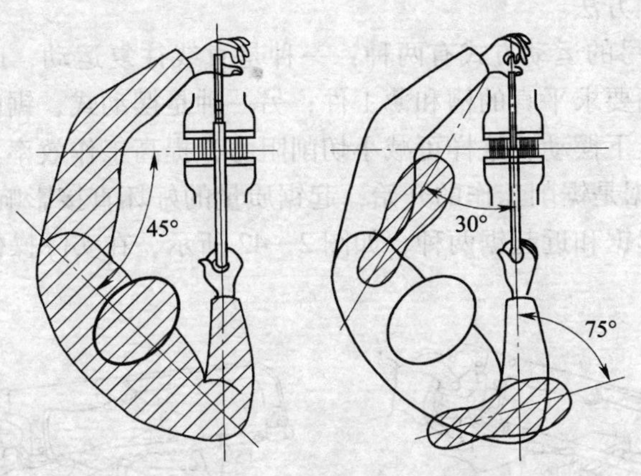

图 2—40　锯削站立位置示意图

起锯时，身体稍向前倾，与竖直方向约成 10°，此时右肘尽量向后收，如图 2—41a 所示。随着推锯的行程增大，身体逐渐向前倾斜，身体倾斜约 15°，如图 2—41b 所示。行程达 2/3 时，身体倾斜约 18°，左、右臂均向前伸出，如图 2—41c 所示。当锯削最后 1/3 行程时，用手腕推进锯弓，身体随着锯的反作用力退回到 15°位置，如图 2—41d 所示。锯削行程结束后，撤除压力，将手和身体都退回到最初位置。

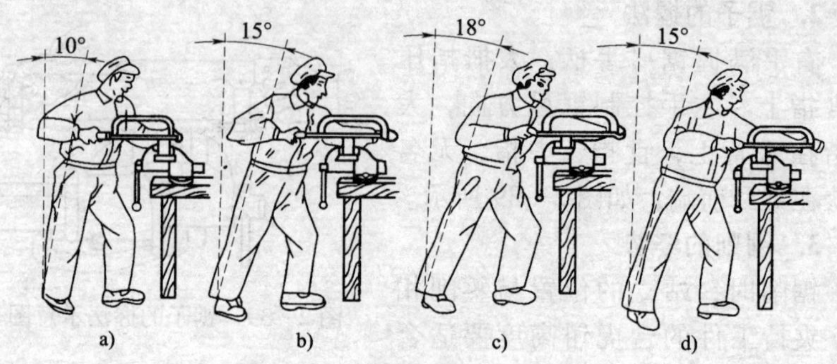

图 2—41　锯削操作姿势示意图

4．锯削的方法

（1）锯削的基本方法。锯削的基本方法包括锯削时锯弓的运动方式和起锯方法。

1）锯弓的运动方式有两种：一种是直线往复运动，此方法适用于锯缝底面要求平直的槽和薄工件；另一种是摆动式，锯削时锯弓两端可自然上下摆动，这样可减小切削阻力，提高工作效率。

2）起锯是锯削工作的开始，起锯质量的好坏直接影响锯削质量。起锯有远起锯和近起锯两种，如图 2—42 所示，在实际操作中较多采用远起锯。

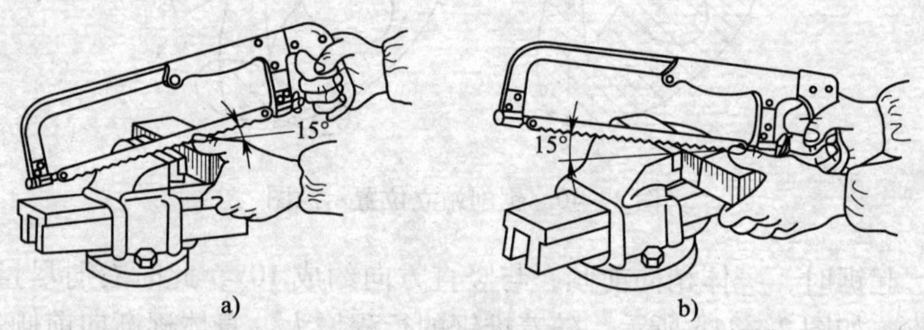

图 2—42　起锯示意图

a）远起锯　b）近起锯

无论采用哪一种起锯方法，起锯角度 θ 都要小些，一般不大于 15°，如图 2—43a 所示。如果起锯角太大，锯齿易被工件的棱边卡住，如图 2—43b 所示。起锯角 θ 太小，会由于同时与工件接触的齿数多而不易切入材料，锯条还可能打滑，使锯缝发生偏离，工件表面被拉出多道锯痕而影响表面质量，如图 2—43c 所示。起锯时压力要轻，为了使起锯平稳，位置准确，可用左手大拇指确定锯条位置，如图 2—43d 所示。起锯时要压力小，行程短。

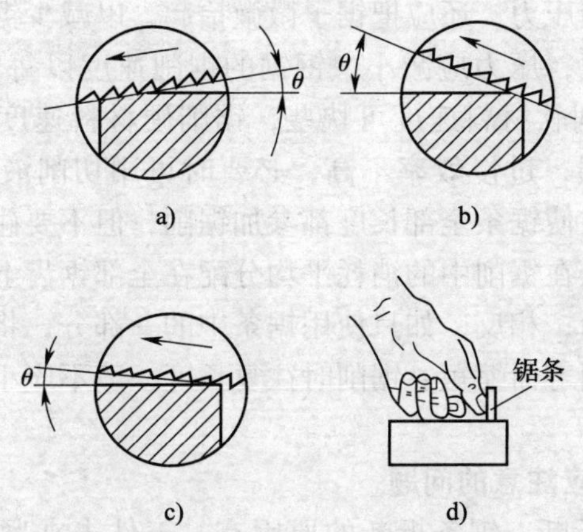

图 2—43　起锯角度和锯条位置示意图

3）发现锯齿崩裂应立即停止锯削，取下锯条，在砂轮上把崩齿的地方小心磨光，并把崩齿后面的几个齿磨低些，如图 2—44 所示。

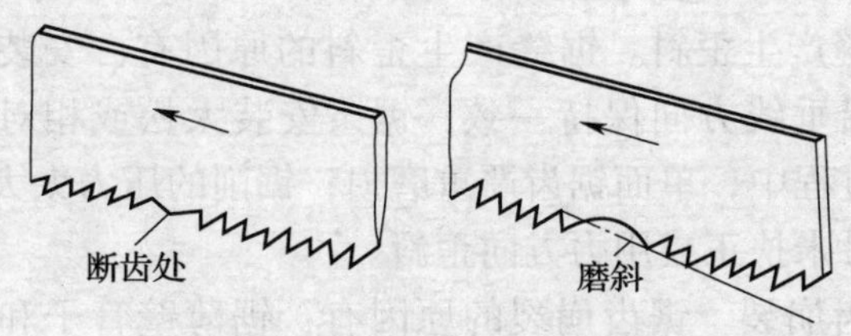

图 2—44　锯齿崩裂的处理示意图

（2）锯削操作要点

1）工件的夹持应当稳当牢固，不可有弹动。工件伸出部分要短，并将工件夹在台虎钳的左面。

2）锯削时，两手作用在锯子上的压力和锯条在工件上的往复运动速度，都将影响锯削效率。锯削时的压力和速度，必须根据工件材料的性质确定。

锯削硬材料时，因不易切入，压力应大些；锯削软材料时，压力应小些。但不管何种材料，当向前推锯时，对锯子要加压力，向后拉时，不但不要加压力，还应把锯子微微抬起，以减少锯齿的磨损。每当锯削快结束时，压力应减小。钢锯的锯削速度以每分钟往复 20 ~ 40 次为宜。锯削软材料速度可快些，锯削硬材料速度应慢些。速度过快锯齿易磨损，过慢效率不高，必要时可用切削液对锯条冷却润滑。锯削时，应使锯条全部长度都参加锯削，但不要碰撞到锯弓架的两端，这样锯条在锯削中的消耗平均分配在全部锯齿上，从而延长了锯条的使用寿命；相反，如只使用锯条中的一部分，将造成锯齿磨损不匀，锯条使用寿命缩短。锯削时往复长度一般不应小于锯条长度的 2/3。

5. 锯削时应注意的问题

（1）锯条折断。锯条折断的原因有：工件未夹紧，锯削时工件松动；锯条装得过松或过紧；锯削用力太大或锯削方向突然偏离锯缝方向；强行纠正歪斜的锯缝或换新锯条后仍在原锯缝中过猛地锯削；锯削时，锯条中段局部磨损，当拉长锯削时锯条被卡住引起折断；中途停止使用时，锯条未从工件中取出而碰断。

锯削过程中要尽量防止锯条突然折断而导致碎片崩出伤人。

（2）锯缝产生歪斜。锯缝产生歪斜的原因有：安装工件时，锯缝线未能与铅垂线方向保持一致；锯条安装太松或相对锯弓平面扭曲；在锯削过程中，单面锯齿严重磨损；锯削的压力太大而使锯条左右偏摆；锯弓未扶正或用力方向歪斜。

（3）锯齿崩裂。锯齿崩裂的原因有：锯薄壁管子和薄板料时锯齿选择不当，没有选择细齿锯条；起锯角选得太大造成锯齿被卡住或近起锯时用力过大；锯削速度快，摆角又大，造成锯齿崩裂。锯齿崩裂后，从工件锯缝中清除断齿后可继续锯削。

（4）工件锯断。工件临锯断时，锯削压力要小，以避免工件突然断开或手突然前冲造成事故。一般在小工件将锯断时，应用左手扶住工件断开部分，避免工件掉下砸脚。

6. 常用材料的锯削方法

锯削工件或材料时，应根据工件或材料的不同结构、形状采用不同的锯削方法进行锯削加工。常用材料的锯削方法见表 2—4。

表 2—4　　常用材料的锯削方法

锯削的典型零件	图　示	方　法
棒料	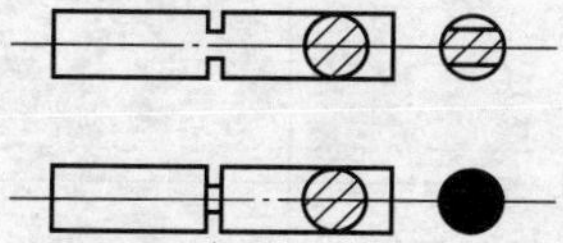	锯削前，工件夹持平稳，尽量保持水平位置，使锯条与工件保持垂直，以防锯缝歪斜 如果要求锯削的断面比较平整，应从开始连续锯到结束。若锯出的断面要求不高，锯削时可改变几次方向，使棒料转过一定角度再锯，这样，由于锯削面变小而容易锯入，可提高工作效率。锯毛坯材料时，断面质量要求不高，为了节省锯削时间，可分几个方向锯削。每个方向都不锯到中心，然后将毛坯折断
管料	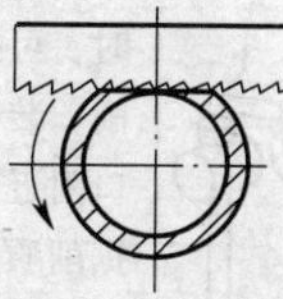 a) 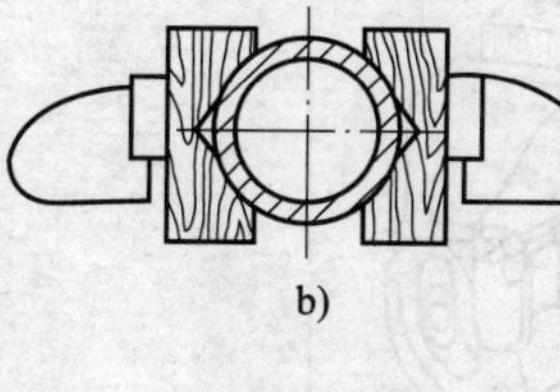 b)	锯削管子的时候首先要将管子正确夹持。对于薄壁管子和精加工过的管件，应夹在有 V 形槽的木垫之间，以防夹扁和夹坏表面 锯削时不要只在一个方向上锯，要多转几个方向，每个方向只锯到管子的内壁处，直至锯断为止

续表

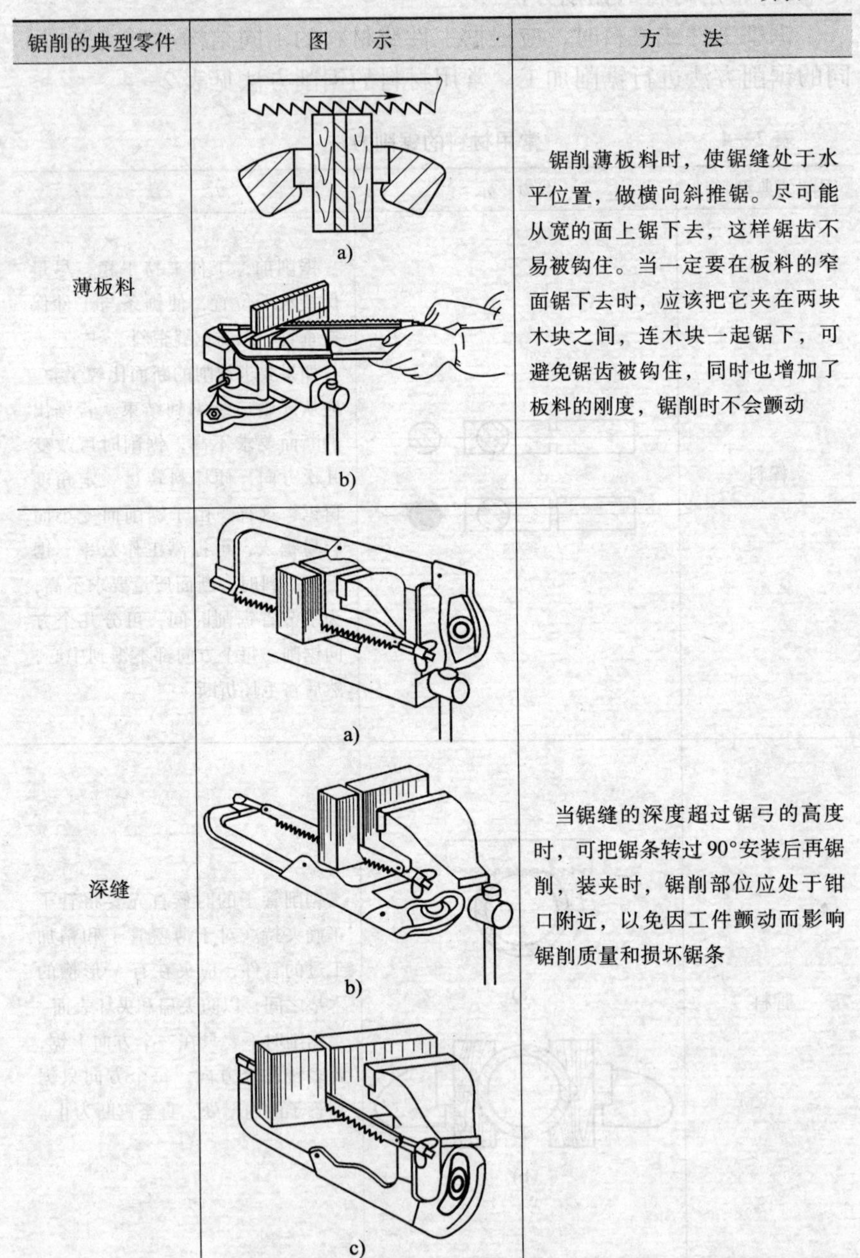

锯削的典型零件	图　示	方　法
薄板料	a) b)	锯削薄板料时，使锯缝处于水平位置，做横向斜推锯。尽可能从宽的面上锯下去，这样锯齿不易被钩住。当一定要在板料的窄面锯下去时，应该把它夹在两块木块之间，连木块一起锯下，可避免锯齿被钩住，同时也增加了板料的刚度，锯削时不会颤动
深缝	a) b) c)	当锯缝的深度超过锯弓的高度时，可把锯条转过90°安装后再锯削，装夹时，锯削部位应处于钳口附近，以免因工件颤动而影响锯削质量和损坏锯条

三、典型零件锯削实训

1. 锯削圆钢实训

（1）零件图。圆钢零件图如图 2—45 所示。

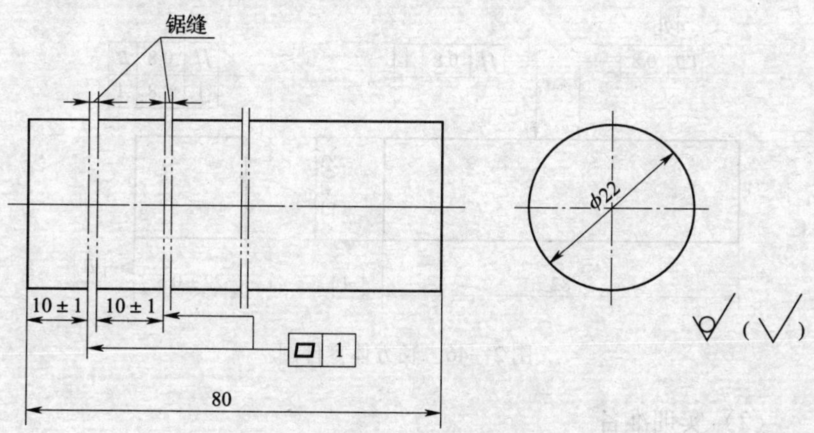

图 2—45 圆钢零件图

（2）实训准备

1）工具和量具：锯条（若干）、锯弓、钢直尺、划针等。

2）辅助工具：软钳口衬垫、V 形槽木垫、润滑油等。

3）备料：45 圆钢（ϕ22 mm × 80 mm）。

（3）操作要点

1）工件伸出台虎钳口不宜过长，工件夹在台虎钳左侧较方便。

2）检查锯条的松紧程度，有结实感又不过硬为宜。

3）适当加润滑油，以减少锯条过热磨损。

4）要求锯缝在规定的加工线内。

（4）操作步骤

1）根据图样在毛坯上划线。

2）将工件夹持稳固。

3）按划线进行锯削，锯削速度适中，工件将要锯断时，用左手扶持住工件。

4）锯割完成后，除去毛刺和飞边，检查尺寸和加工质量，达到规定要求。

2. 锯削长方体实训

（1）零件图。长方体零件图如图 2—46 所示。

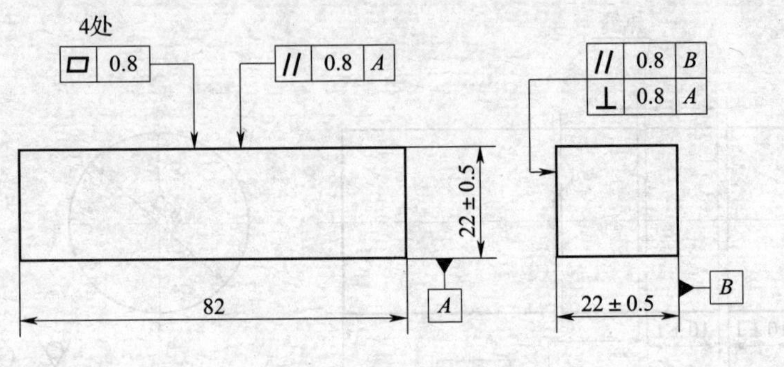

图 2—46 长方体零件图

（2）实训准备

1）工具和量具：锯条（若干）、锯弓、游标卡尺、钢直尺、90°角尺、划针等。

2）辅助工具：软钳口衬垫、V 形槽木垫、润滑油等。

3）备料：45 圆钢（ϕ36 mm × 80 mm）。

（3）操作步骤

1）在毛坯上划出平面加工线。

2）锯削 *A* 面，使之达到平面度 0. 8 mm 及与圆柱母线的尺寸要求，即 36 mm －（36 mm － 22 mm）/2 = 29 mm，注意尺寸公差尽可能控制在 1 mm 范围内。

3）锯削 *A* 面对面，使之达到平面度 0. 8 mm、平行度 0. 8 mm、尺寸（22 ±0. 5）mm 的要求。

4）锯削 *B* 面，要求同2），但同时注意控制锯割面与基准 *A* 垂直度 0. 8 mm 的要求。

5）锯削 *B* 面对面，使之达到平面度 0. 8 mm、平行度 0. 8 mm、垂直度 0. 8 mm、尺寸（22 ±0. 5）mm 的要求。

6）去毛刺，送检。

3. 锯削薄板件实训

（1）实训准备

1）工具和量具：锯条（若干）、锯弓、钢直尺、90°角尺、划针等。

2）辅助工具：台虎钳、木块、润滑油等。

3）备料：薄金属板（规格不限）。

（2）操作要点

1）锯削薄板件应从宽面上起锯。

2）若从窄面上锯削，则将板件夹在木块或木板中间，连同木块或木板一起锯削。

3）若将薄板件夹在台虎钳上，则横向斜锯削。

（3）操作步骤

1）按图样划线。

2）将工件夹在木块中间，紧固在台虎钳上。

3）锯削薄板。

4）锯削完成后，去除毛刺、飞边，检查尺寸。

4. 锯削管件实训

（1）零件图。管件零件图如图2—47所示。

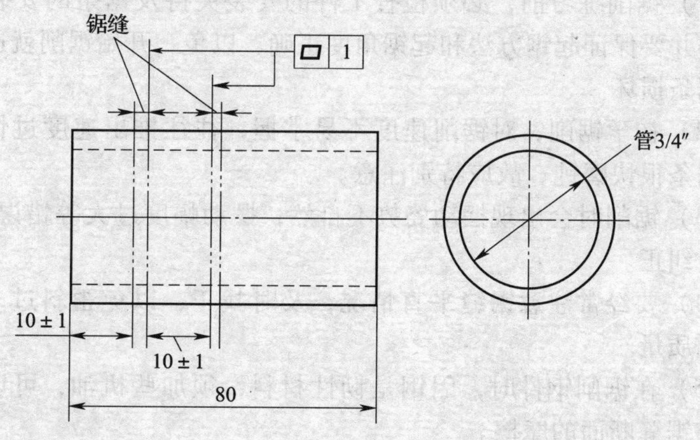

图2—47　管件零件图

（2）实训准备

1）工具和量具：细齿锯条（若干）、锯弓、钢直尺、划针等。

2）辅助工具：软钳口衬垫、V 形槽木垫、润滑油、涂料等。

3）备料：3/4″钢管，长度为 80 mm。

（3）操作要点

1）使用带 V 形槽的木垫夹持管件，夹紧力适中，以防管件被夹变形或表面出现凹痕。

2）锯削时，当锯到内壁时，应将管件转一个角度，不断转换角度，直到锯断为止。切忌一个方向将管件锯断，否则锯齿容易被管壁钩住而崩断。

3）锯削时，适当加注润滑油进行润滑，以减小锯条因过热产生的磨损。

（4）操作步骤

1）在管件上按要求划线。

2）用 V 形槽木垫夹紧工件。

3）按划线锯削。

4）去除毛刺和飞边，检查尺寸。

5．锯削实训中的注意事项

（1）锯削练习前，必须检查工件的安装夹持及锯条的安装是否正确，并要保证起锯方法和起锯角度正确，以免一开始锯削就造成废品或锯条损坏。

（2）初学锯削，对锯削速度不易掌握，往往推出速度过快，容易使锯条很快磨钝，故应特别注意。

（3）锯削时会出现摆动姿势不自然，摆动幅度过大等错误姿势，应及时纠正。

（4）要经常注意锯缝平直情况，及时找正，以免歪斜过多。影响锯削质量。

（5）在锯削钢件时，因钢是韧性材料，须加些机油，可以减少锯条与锯缝断面的摩擦。

（6）锯削完毕，应将锯条张紧螺母适当放松，但不要拆下锯条，防止锯弓上的零件遗失。

§2—4　锉削技能及训练

一、锉削工具及其使用方法

锉削的加工范围包括内外平面、内外曲面、内外角、沟槽及各种复杂形状的表面。

锉削的主要工具是锉刀。锉刀用高碳工具钢 T12、T12A、T13A 等制成，经热处理淬硬，硬度可达 62HRC 以上。由于锉削应用较广，目前使用的锉刀规格已标准化。

1. 锉刀的组成

锉刀主要由锉齿、锉刀面、锉刀尾、锉刀把等组成，如图 2—48 所示。

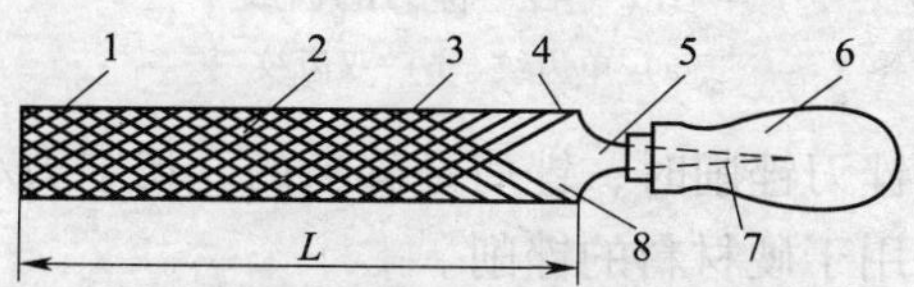

图 2—48　锉刀的组成

1—锉齿　2—锉刀面　3—锉刀边　4—底齿　5—锉刀尾　6—锉刀把　7—锉刀舌　8—面齿

（1）锉刀面。指锉刀主要工作面，它的长度 L 就是锉刀的规格（圆锉的规格参考直径的大小而定，方锉的规格参考方头尺寸而定）。

（2）锉刀边。指锉刀上的窄边，有的边有齿，有的边没齿。没齿的边，称为安全边或光边。

（3）锉刀尾。指锉刀上没齿的一端，和锉刀舌相连。

（4）锉刀舌。指锉刀尾部，像一把锥子插入手柄中。

（5）锉刀把。装在锉刀舌上，便于用力。它的一端装有铁箍，以防锉刀把劈裂。

2. 锉齿和锉纹

锉刀有无数个锉齿，锉削时每个锉齿都相当于一把錾子在对材料进行切削。

锉纹是锉齿有规则排列的图案。锉刀的齿纹有单齿纹和双齿纹两种，如图 2—49 所示。

单齿纹指锉刀只有一个方向上的齿纹，锉削时全齿宽同时参加切削，切削力大，因此常用来锉削软材料，如图 2—49a 所示。

双齿纹锉刀有两个方向上排列的齿纹，齿纹浅的为底齿纹，齿纹深的为面齿纹，如图 2—49b 所示。底齿纹和面齿纹的方向和角度不一样，锉削时能使每一个齿的锉痕交错而不重叠，使锉削表面粗糙度值小。

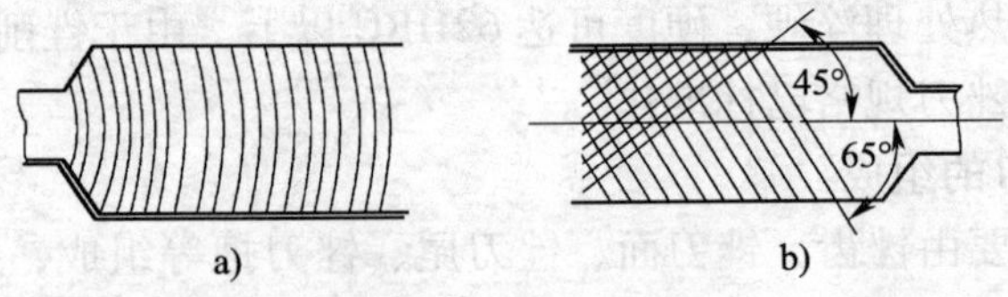

图 2—49　锉刀的齿纹

a）单齿纹　b）双齿纹

采用双齿纹锉刀锉削时，锉屑是碎断的，切削力小，再加上锉齿强度高，所以适用于硬材料的锉削。

3. 锉刀的种类、形状和用途

锉刀的种类、形状和用途见表 2—5。

表 2—5　　　　锉刀的种类、形状和用途

名称	锉刀的种类和断面形状图	用　　途
钳工锉（普通锉）	扁锉　方锉 半圆锉　圆锉　三角锉	用于加工金属零件的各种表面，加工范围广
异形锉（特种锉）		主要用于锉削工件上特殊的表面

续表

名称	锉刀的种类和断面形状图	用　途
整形锉（什锦锉）		主要用于机械、模具、电器和仪表等零件的整形加工，通常一套分 5 把、6 把、9 把或 12 把等几种

4. 锉刀的规格及选用

锉刀的规格分尺寸规格和齿纹粗细规格两种。

方锉刀的尺寸规格以方形尺寸表示，圆锉刀的尺寸规格用直径表示，其他锉刀的尺寸规格则以锉身长度表示。钳工常用锉刀的锉身长度有 100 mm、125 mm、150 mm、200 mm、250 mm、300 mm、350 mm、400 mm 等多种。

齿纹粗细规格以锉刀每 10 mm 轴向长度内主锉纹的条数表示。主锉纹指锉刀上起主切削作用的齿纹；而另一个方向上起分屑作用的齿纹，称为辅助齿纹。

锉刀的齿纹规格及适用场合见表 2—6。

表 2—6　　锉刀的齿纹规格及适用场合

锉刀的齿纹规格	适用场合		
	锉削余量（mm）	尺寸精度（mm）	表面粗糙度 *Ra*（μm）
1 号（粗齿锉刀）	0.5～1	0.2～0.5	100～25
2 号（中齿锉刀）	0.2～0.5	0.05～0.2	25～6.3
3 号（细齿锉刀）	0.1～0.3	0.02～0.05	12.5～3.2
4 号（双细齿锉刀）	0.1～0.2	0.01～0.02	6.3～1.6
5 号（油光锉刀）	0.1 以下	0.1 以下	1.6～0.8

每种锉刀都有其主要的用途，应根据工件表面形状和尺寸大小来选用，其具体选择见表 2—7。

表 2—7　　锉刀形状的选用

类别	图　示	用　途
扁锉	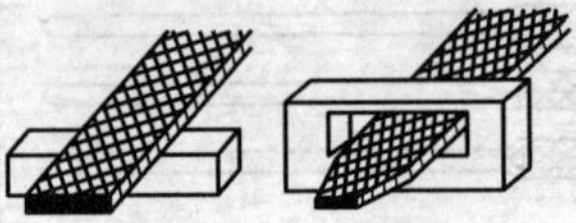	锉平面、外圆、凸弧面
半圆锉	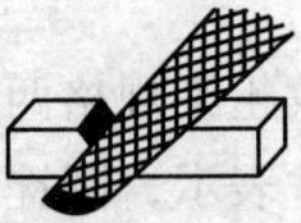	锉凹弧面、平面
三角锉	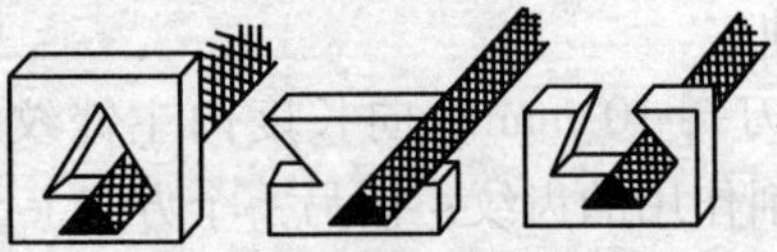	锉内角、三角孔、平面
方锉		锉方孔、长方孔
圆锉	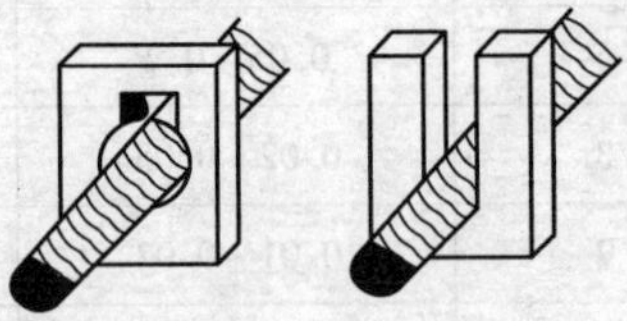	锉圆孔、半径较小的凹弧面、内椭圆面

续表

类别	图　　示	用　　途
菱形锉		锉菱形孔、锐角槽
刀口锉		锉内角、窄槽、楔形槽，锉方孔、三角孔、长方孔的平面

5. 锉刀的保养

为了延长锉刀的使用寿命，必须遵守下列规则。

（1）不准用新锉刀锉硬金属。

（2）不准用锉刀锉淬火材料。

（3）对有硬皮或粘砂的锻件和铸件，须将硬皮或粘砂去掉后，才可用半锋利的锉刀锉削。

（4）新锉刀先使用一面，当该面磨钝后，再用另一面。

（5）锉削时，要经常用钢丝刷清除锉齿上的切屑。

（6）使用锉刀时速度不宜过快，否则，容易过早磨损。

（7）细锉刀不允许锉软金属。

（8）使用整形锉时用力不宜过大，以免折断。

（9）锉刀要避免沾水、油和其他脏物；锉刀不可叠放或者和其他工具堆放在一起。

6. 手提式锉削机

手提式锉削机外形如图 2—50 所示，结构如图 2—51 所示。将锉刀插在接头的槽内，用螺钉将其紧固。锥齿轮 1 上有个偏心孔，孔内的销子与连杆连接，锥齿轮 1 与装在电动机轴上的锥齿轮 2 啮合。当插销插上电源，电动机启动后，由锥齿轮 1 通过销子做曲拐转动，从而带动连杆和接头进行直线移动，锉刀即做往复运动，进行锉削。

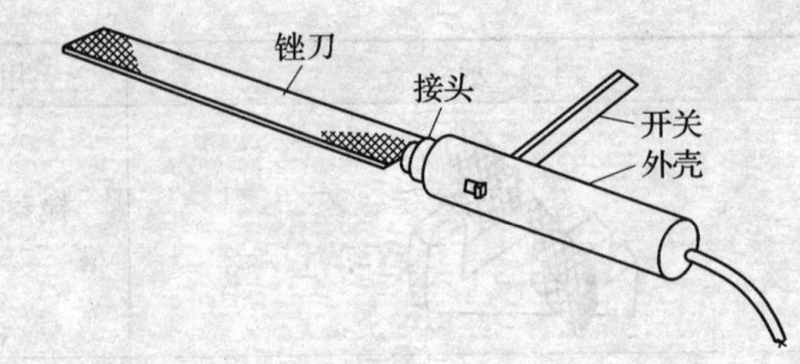

图 2—50　手提式锉削机外形图

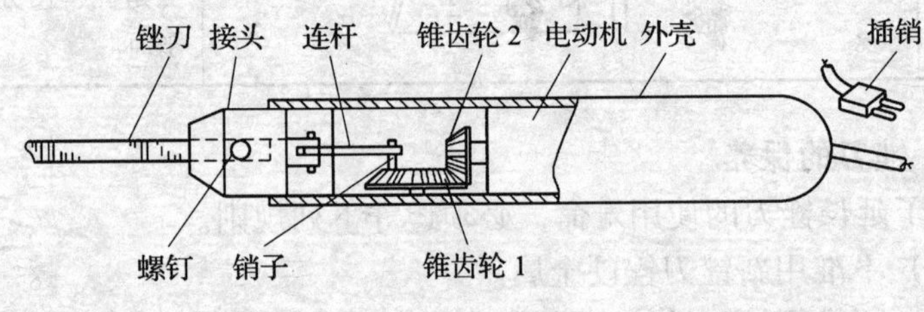

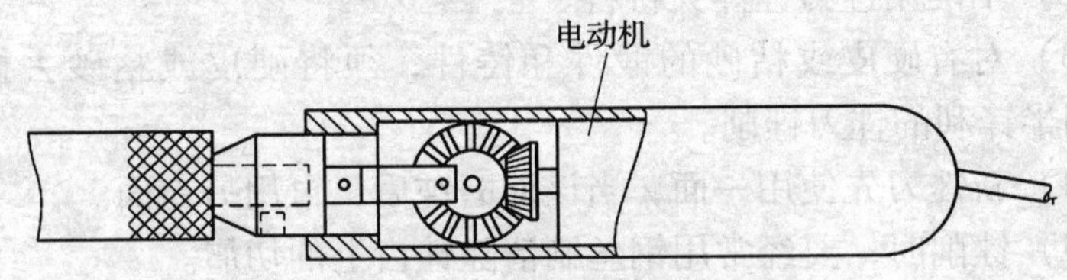

图 2—51　手提式锉削机结构图

二、锉刀的握法

1. 较大锉刀

较大锉刀一般指锉刀长度大于 250 mm 的锉刀。较大锉刀握法如图 2—52 所示，右手握着锉刀柄，将柄外端顶在拇指根部的手掌上，大拇指放在手柄上，其余手指由下而上握住手柄。左手在锉刀上的握法有三种：左手掌斜放在锉梢上方，拇指根部肌肉轻压在锉刀刀头上，中指和无名指抵住梢部右下方；左手掌斜放在锉梢部，大拇指自然伸出，其余各指自然弯曲，小拇指、无名指、中指抵住锉刀前下方；左手掌斜放在锉梢上，各指自然平放。

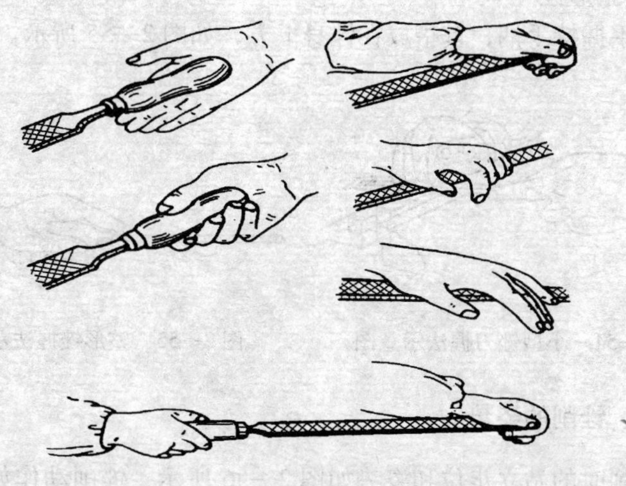

图 2—52　较大锉刀握法示意图

2. 中型锉刀

右手与较大锉刀握法相同，左手的大拇指和食指轻轻扶持锉刀，如图 2—53 所示。

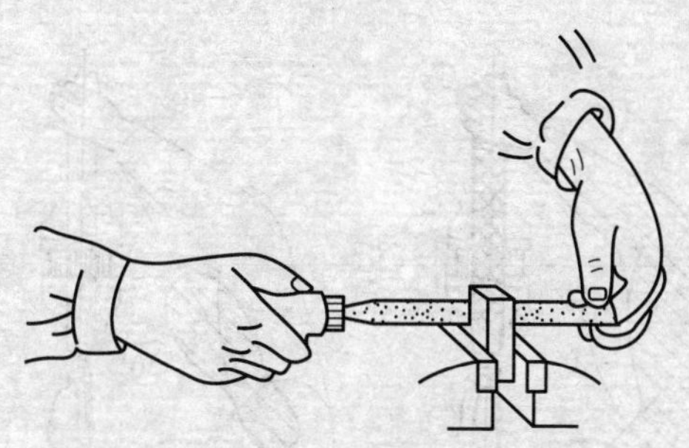

图 2—53　中型锉刀握法示意图

3. 小型锉刀

右手的食指平直扶在手柄外侧面，左手手指压在锉刀的中部，以防锉刀弯曲，如图 2—54 所示。

4. 整形锉

单手握持手柄，食指放在锉身上方，如图 2—55 所示。

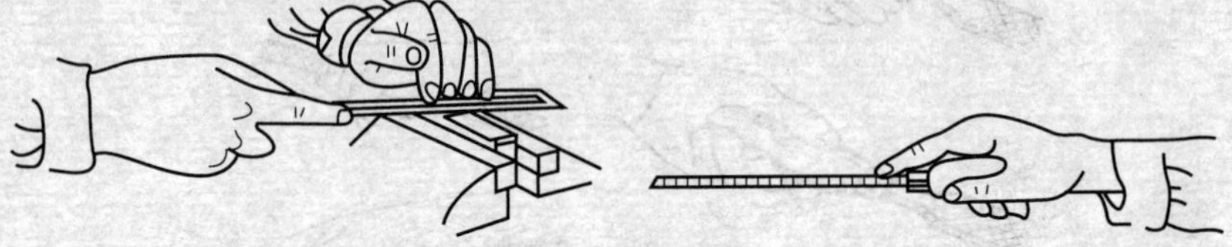

图 2—54 小型锉刀握法示意图　　图 2—55 整形锉握法示意图

三、锉削的姿势

锉削时的站立步位和姿势如图 2—56 所示，锉削动作如图 2—57 所示。两手握住锉刀放在工件上，左臂弯曲；锉削时，身体先于锉刀并与之一起向前，右腿伸直并向前倾，重心在左脚，左膝弯曲；当锉刀锉至约 3/4 行程时，身体停止前进，两臂继续将锉刀向前锉到头，同时，左脚伸直，重心后移，恢复原位，并将锉刀收回。然后进行第二次锉削。

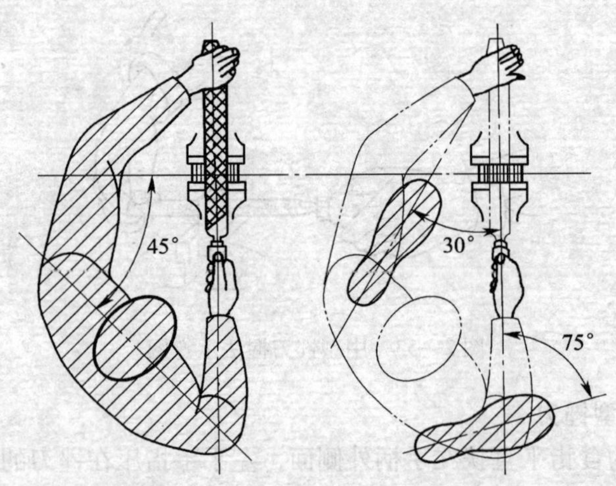

图 2—56 锉削时的站立步位和姿势示意图

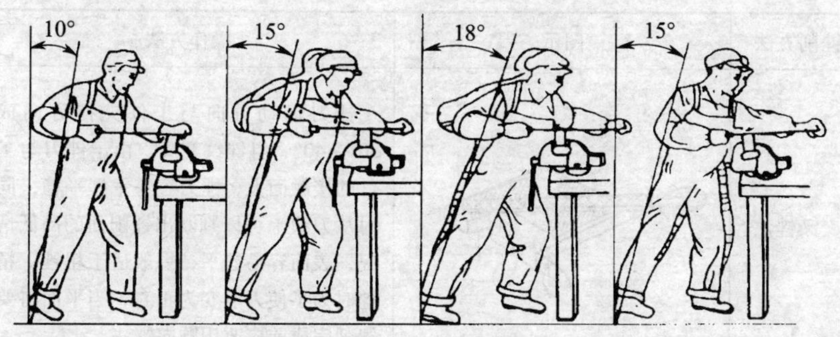

图 2—57　锉削动作示意图

四、锉削方法

1. 工件的装夹

（1）工件尽量夹持在台虎钳钳口宽度方向中间。

（2）装夹要稳固，用力适当，以防工件变形。

（3）锉削面靠近钳口，以防锉削时产生振动。

（4）对于形状不规则工件、已加工表面或精密工件，要加合适的衬垫（铜皮或铝皮）后夹紧。

2. 平面的锉削

平面的锉削方法有顺向锉、交叉锉和推锉三种，见表 2—8。

表 2—8　　平面的锉削方法

锉削方法	图示	操作方法
顺向锉法		锉刀运动方向与工件夹持方向始终一致。在锉宽平面时，每次退回锉刀时应在横向做适当的移动。顺向锉法的锉纹整齐一致，比较美观，是最基本的锉削方法，不大的平面和最后锉光都用这种方法

续表

锉削方法	图示	操作方法
交叉锉法	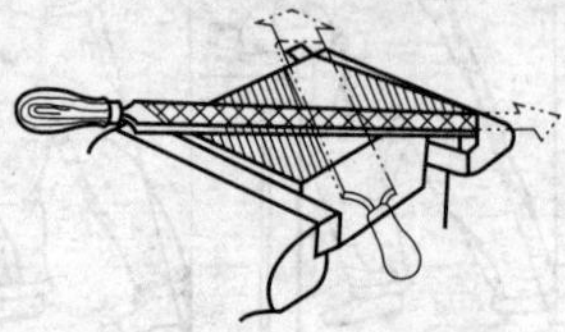	锉刀运动方向与工件夹持方向成30°～40°，且锉纹交叉。由于锉刀与工件的接触面大，锉刀容易掌握平稳，同时从刀痕上可以判断出锉削面的高低情况，表面容易锉平，一般适于粗锉。精锉时为了使刀痕变为正直，当平面将要锉削完成前应改用顺向锉法
推锉法	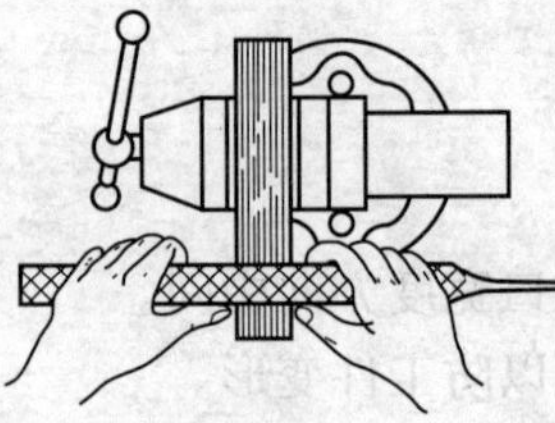	用两手对称横握锉刀，用大拇指推动锉刀顺着工件长度方向进行锉削，此法一般用来锉削狭长平面

3. 曲面的锉削

常见的曲面是单一的外圆弧面和内圆弧面，其锉法分为两种，见表2—9。

表2—9　　曲面的锉削方法

锉削方法	图示	操作方法
外圆弧面锉法	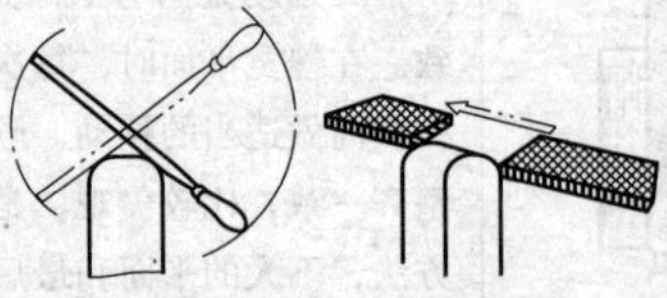 a)　b)	当余量不大或对外圆弧面做修整时，一般用锉刀顺着圆弧锉削，如图a所示，在锉刀做前进运动时，还应绕工件圆弧的中心摆动 当锉削余量较大时，可先进行横向锉削，如图b所示，按圆弧要求锉成多棱形，然后再顺着圆弧锉削，精锉成圆弧

续表

锉削方法	图示	操作方法
内圆弧面锉法		锉刀要同时完成三个运动：前进运动、向左或向右的移动和绕锉刀中心线的转动（按顺时针或逆时针方向转动约90°） 三种运动须同时进行，才能锉好内圆弧面，如不同时完成上述三种运动，就不能锉出合格的内圆弧面
球面锉法		推锉时，锉刀对球面中心线摆动，同时又做弧形运动

4. 曲面锉削质量的检测

对于锉削加工后的内、外圆弧面，可采用曲面样板检查曲面的轮廓度，曲面样板通常包括凸面样板和凹面样板两类，如图 2—58 所示。其中曲面样板左端的凸面样板用于测量内圆弧面，曲面样板右端的凹面样板用于测量外圆弧面。测量时，要在整个弧面上测量，综合进行评定，如图 2—59 所示。

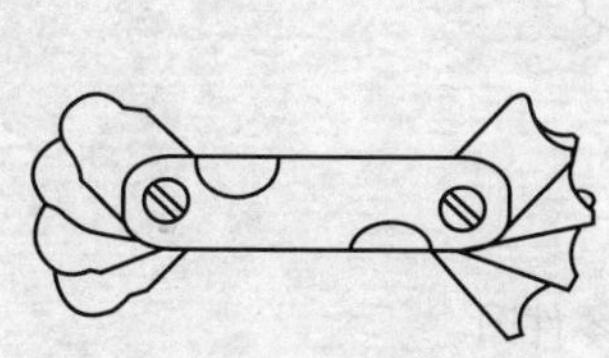

图 2—58　曲面样板

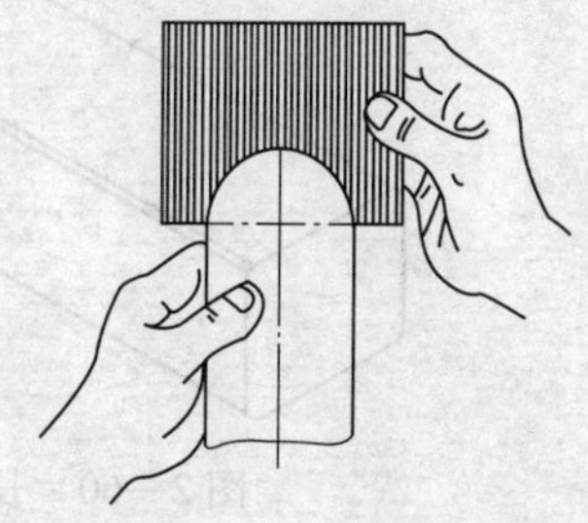

图 2—59　用曲面样板检查曲面的轮廓度

五、锉削注意事项

（1）禁止使用无手柄或手柄松动的锉刀，防止锉舌刺伤使用者。

（2）锉刀表面产生积屑瘤阻塞刀刃时，禁止用力敲打锉刀，应用钢丝刷去除积屑。

（3）锉削过程中，禁止用嘴吹工件上的铁屑，防止铁屑飞进眼睛。

（4）锉削过程中，禁止用手触摸锉面，以防锉刀打滑。

（5）禁止将锉刀放在工作台以外和台虎钳上，以免滑落损坏锉刀或伤脚。

六、典型零件锉削实训

1. 锉削长方体

（1）零件图。长方体零件图如图 2—60 所示。

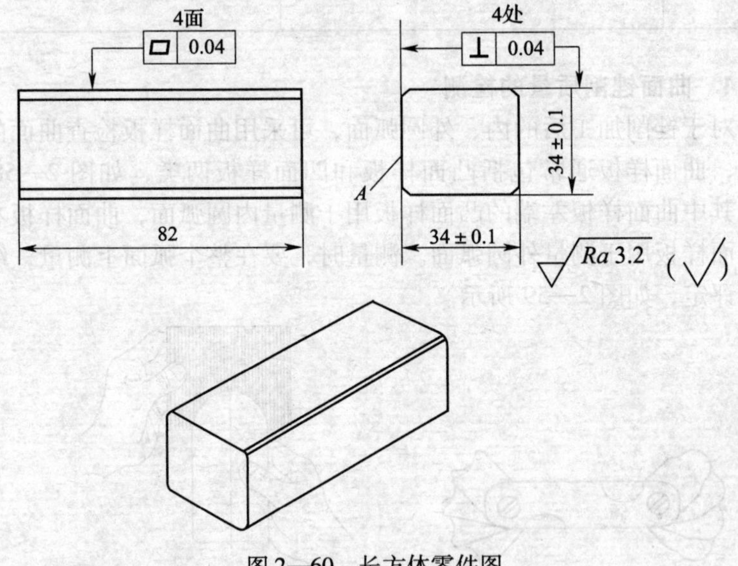

图 2—60　长方体零件图

（2）实训准备

1）工具和量具：游标卡尺、千分尺、游标高度尺、90°角尺、刀口形 90°角尺、塞尺、整形锉、钳工锉、划针等。

2）辅助工具：软钳口衬垫、锉刷、涂料等。

3）备料：45 钢，毛坯尺寸为（37 ±1）mm（錾削），每人一件。

（3）操作要点

1）粗、精锉基准面 *A*。粗锉用 300 mm 粗齿扁锉，精锉用 250 mm细齿扁锉。达到平面度 0.04 mm、表面粗糙度 *Ra* 值≤3.2 μm 要求。

2）粗、精锉基准面 *A* 的对面。用游标高度尺划出相距 34 mm 的平面加工线，先粗锉，留 0.15 mm 左右的精锉余量，再精锉达到图样要求。

3）粗、精锉基准面 *A* 的任一邻面。用 90°角尺和划针划出平面加工线，然后锉削达到图样要求（垂直度用 90°角尺检查）。

4）粗、精锉基准面 *A* 的另一邻面。先以相距 34 mm 的尺寸划平面加工线，然后粗锉，留 0.15 mm 左右的精锉余量，再精锉达到图样要求。

5）全部复检，并做必要的修整锉削。最后将两端锐边均匀倒角。

（4）注意事项

1）加工件夹紧时，要在台虎钳上垫好软金属衬垫，避免工件表面夹伤。

2）在锉削时要正确掌握加工余量，仔细检查尺寸等情况，避免精度超差；要采取顺向锉法，并使锉刀在有效全长上进行加工。

3）基准面是加工其余各面时的尺寸、位置精度的测量基准，故必须使它达到规定的平面要求后，才能加工其他面。

4）为保证取得正确的垂直度，各面的横向尺寸差值必须首先尽可能获得较高的精度；测量时锐边必须去毛刺并倒棱，保证测量的准确性。

2. 锉削六方

（1）零件图。六角体零件图如图 2—61 所示。

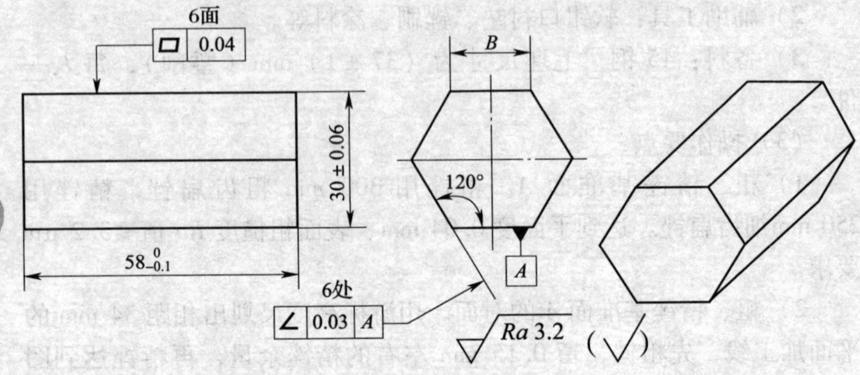

技术要求

1. 30mm 尺寸处，其最大与最小尺寸的差值不得大于 0. 06mm。

2. 六个边长 B 应相等，允差为 0. 1mm。

3. 各锐边均匀倒棱。

图 2—61　六角体零件图

（2）实训准备

1）工具和量具：钳工锉、游标卡尺、钢直尺、刀口形 90°角尺、塞尺、90°角尺、角度样板、万能角度尺、常用划线工具等。

2）辅助工具：软钳口衬垫、锉刷、涂料等。

3）备料：45 钢，毛坯尺寸为 $\phi36$ mm × 60 mm，每人一件。

（3）操作要点

1）用游标卡尺检查来料直径 d。

2）粗、精锉第一面（基准面），如图 2—62a 所示，平面度达到 0. 04 mm，表面粗糙度 Ra 值≤3. 2 μm，同时保证与圆柱母线的距离 $M\left(M = d - \dfrac{d-30}{2} = \dfrac{d+30}{2}\right)$，如图 2—63 所示。

3）粗、精锉削第一面的相对面，如图 2—62b 所示，以第一面为基准划出相距 30 mm 的平面加工线，然后锉削。在保证自身平面度和表面粗糙度的同时，重点检查其相对于基准的尺寸（30 ± 0. 06）mm和平行度要求。

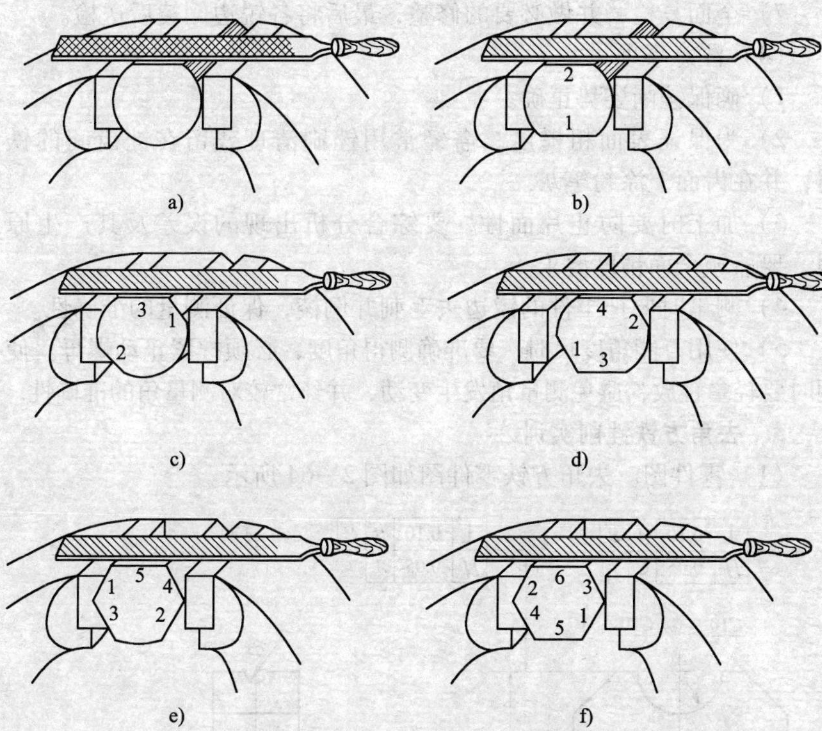

a)　b)　c)　d)　e)　f)

图 2—62　六角体加工步骤示意图

a）粗、精锉削六角体第一面　b）粗、精锉削第一面的相对面
c）粗、精锉削第三面　d）粗、精锉削第三面的相对面
e）粗、精锉削第五面　f）粗、精锉削第五面的相对面

4）粗、精锉削第三面，如图 2—62c 所示，达到技术要求，同时保证尺寸 M，并用万能角度尺或角度样板检查控制其与第一面的夹角 120°。

5）粗、精锉削第三面的相对面，如图 2—62d 所示，达到技术要求。

6）用同样方法粗、精锉削第五面和第六面，如图 2—62e、f 所示，达到技术要求。

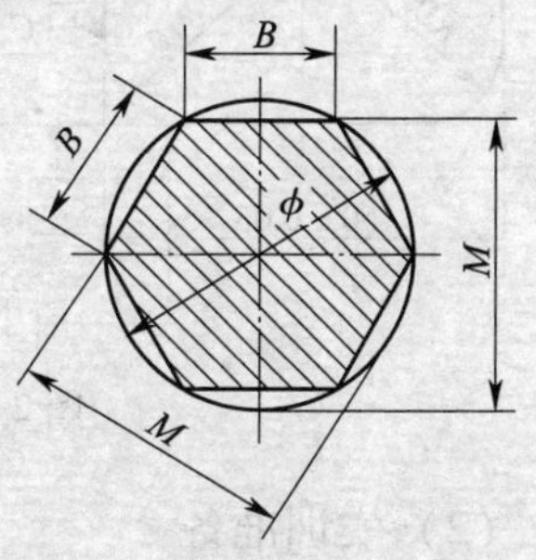

图 2—63　以外圆为定位基准控制六角体边长

7）全面复检，并做必要的修整，最后将各锐边倒棱后送检。

（4）注意事项

1）确保锉削姿势正确。

2）为保证表面粗糙度，需经常用锉刷清理残留在锉齿间的铁屑，并在齿面上涂粉笔灰。

3）加工时要防止片面性，要综合分析出现的误差及其产生原因，要兼顾全面精度要求。

4）测量时要把工件的锐边去毛刺并倒棱，保证测量的准确性。

5）使用万能角度尺时，要准确测得角度，必须拧紧止动螺母。使用时要轻拿轻放，避免测量角发生变动，并经常校对测量角的准确性。

3. 去角方铁锉削实训

（1）零件图。去角方铁零件图如图 2—64 所示。

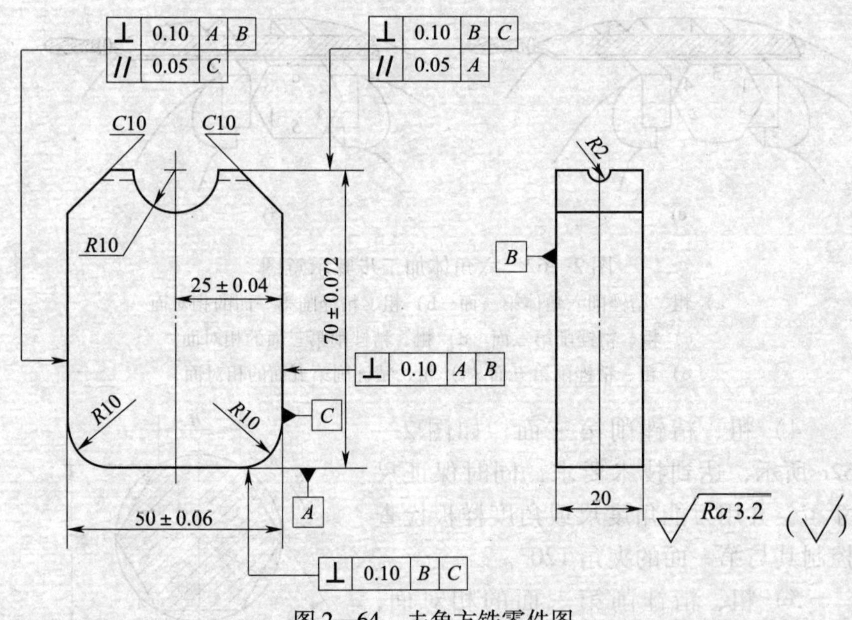

图 2—64　去角方铁零件图

（2）实训准备

1）工具和量具：游标卡尺、钢直尺、90°角尺、刀口形 90°角尺、塞尺、样冲、锤子、钳工锉、划规、划针、划线盘、粉笔、砂纸等。

2）辅助工具：软钳口衬垫、锉刷、涂料等。

3）备料：45 钢，毛坯尺寸为 54 mm × 74 mm × 20 mm，每人一件。

（3）操作要点

1）锉削左右两侧平行面

①锉削基准面 *C*，使之达到与 *B* 面垂直度为 0. 1 mm 和表面粗糙度 *Ra* 值≤3. 2 μm 的要求。

②锉削 *C* 面的对面，使之达到距 *C* 面（50 ± 0. 06）mm，与 *C* 面的平行度为 0. 05 mm，与 *A* 面、*B* 面的垂直度为 0. 1 mm 和表面粗糙度 *Ra* 值≤3. 2 μm 的要求。

③锉削过程中，要按零件图的要求边锉边检。

2）锉削上、下两侧平行平面

①锉削 *A* 面使之达到与 *B* 面、*C* 面的垂直度为 0. 1 mm 和表面粗糙度 *Ra* 值≤3. 2 μm 的要求。

②锉削 *A* 面的对面，使之达到距 *A* 面（70 ± 0. 072）mm，与 *A* 面的平行度为 0. 05 mm，与 *B* 面、*C* 面的垂直度为 0. 1 mm 和表面粗糙度 *Ra* 值≤3. 2 μm 的要求。

③锉削过程中，要按零件图的要求边锉边检。

3）锉削两个斜面

①锉削左侧斜面，使之达到 *C*10 mm 和表面粗糙度 *Ra* 值≤3. 2 μm的要求。

②锉削右侧斜面，使之达到 *C*10 mm 和表面粗糙度 *Ra* 值≤3. 2 μm的要求。

③锉削过程中，要按零件图的要求边锉边检。

4）锉削两个*R*10 mm的凸圆弧

①锉削左侧凸圆弧，使之达到 *R*10 mm 和表面粗糙度 *Ra* 值≤3. 2 μm的要求。

②锉削右侧凸圆弧，使之达到 *R*10 mm 和表面粗糙度 *Ra* 值≤3. 2 μm的要求。

③锉削过程中，要按零件图的要求边锉边检。

5）锉削 $R10$ mm 的凹圆弧

①锉削凹圆弧，使之达到 $R10$ mm、（25 ±0.04）mm 和表面粗糙度 Ra 值≤3.2 μm 的要求。

②锉削过程中，要按零件图的要求边锉边检。

4. 曲面锉削实训

（1）零件图。零件图如图 2—65 所示。

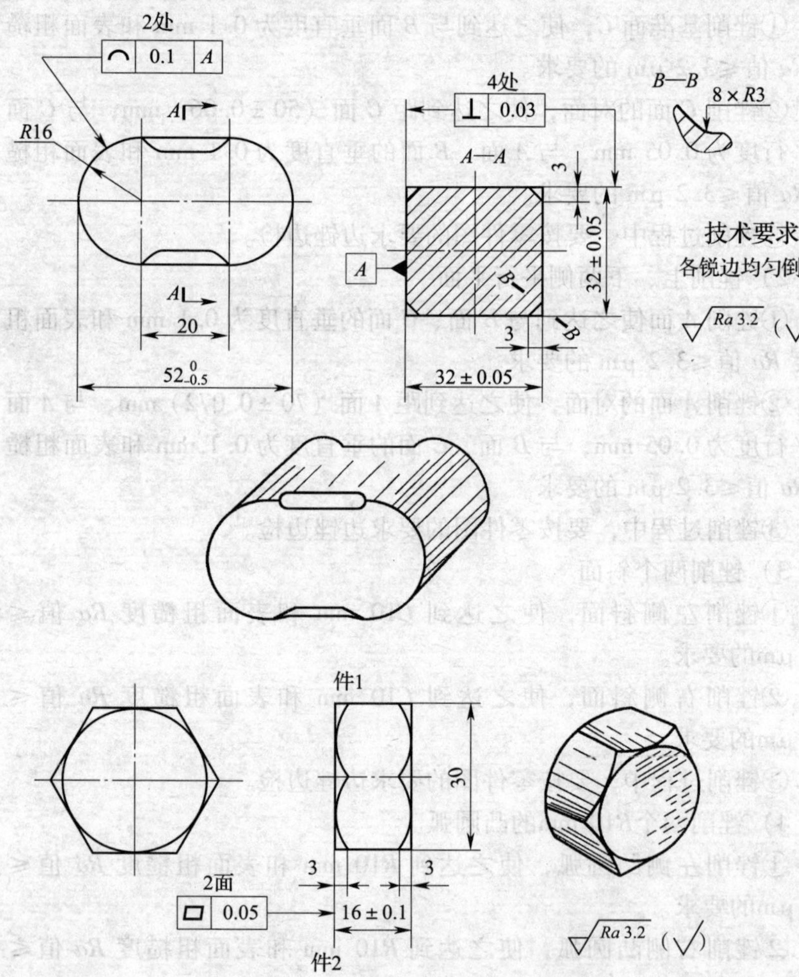

图 2—65　件 1 键形体和件 2 六角螺母

(2) 实训准备

1) 工具和量具：游标卡尺、千分尺、90°角尺、刀口形90°角尺、塞尺、异形锉、钳工锉、划规等。

2) 辅助工具：软钳口衬垫、锉刷、涂料等。

3) 备料：45 钢，毛坯尺寸为 $\phi53$ mm × 33 mm、$\phi36$ mm × 16 mm（车削），每人各一件。

(3) 操作要点

1) 加工件1

①用铁皮每人做一件 $R16$ mm 及 $R3$ mm 样板。

②按图样要求锉削对边尺寸为（32 ±0.05）mm 的四方体。

③锉两端面，使之达到尺寸 52 mm，并按图样尺寸划 $R16$ mm 尺寸线、四处 3 mm 倒角线及 $R3$ mm 圆弧位置的加工线。

④用异形锉粗锉 8 × $R3$ mm 内圆弧面，然后用钳工锉进行粗、细锉倒角至加工线，再细锉 $R3$ mm 圆弧并与倒角平面光滑连接，最后用 150 mm 异形锉做推锉，达到锉纹全部成为直向，表面粗糙度 Ra 值≤3.2 μm 的要求。

⑤用 300 mm 钳工锉横着圆弧方向锉削，粗锉两端圆弧面至接近 $R16$ mm 加工线，然后顺着圆弧锉正圆弧面，并留适当余量，再用 250 mm 细钳工锉修整，达到各项技术要求。

⑥全部精度复检，并做必要的修整锉削，最后将各锐边均匀倒角。

2) 加工件2

①选较平整的面先锉，达到平面度 0.05 mm、表面粗糙度 Ra 值≤3.2 μm 的要求，并保证与六角面基本垂直。

②锉相对的另一面，达到图样有关要求。

③划六角内切圆及圆弧倒角尺寸的加工线，并按加工线倒好两端圆弧角。

④用同样方法加工其他各面。

(4) 注意事项

1) 划线线条要清晰。

2) 在锉件1两端的 $R16$ mm 圆弧面时，可先用倒角方法倒至接近划线线条，再继续锉削。

3）在锉 $R16$ mm 外圆弧面时，不要只注意锉圆而忽略了与基准面 A 的垂直度。

4）在顺着圆弧锉削时，锉刀上翘下摆的幅度要大，以便易于锉圆。

5）在锉 $R3$ mm 内圆弧面时，横向锉削一定要把形体锉正，以便推锉圆弧面时容易锉光。推锉圆弧时，锉刀要做些转动，防止端部坍角。

6）圆弧锉削中常出现以下几种缺陷：圆弧不圆，呈多角形；圆弧半径过大或过小；圆弧横向直线度和与基准面的垂直度误差大；不按划线加工造成位置尺寸不正确；表面粗糙度值大，纹理不整齐等。

5．锉配实训

（1）零件图。锉配凸凹件零件图如图 2—66 所示。

（2）实训准备

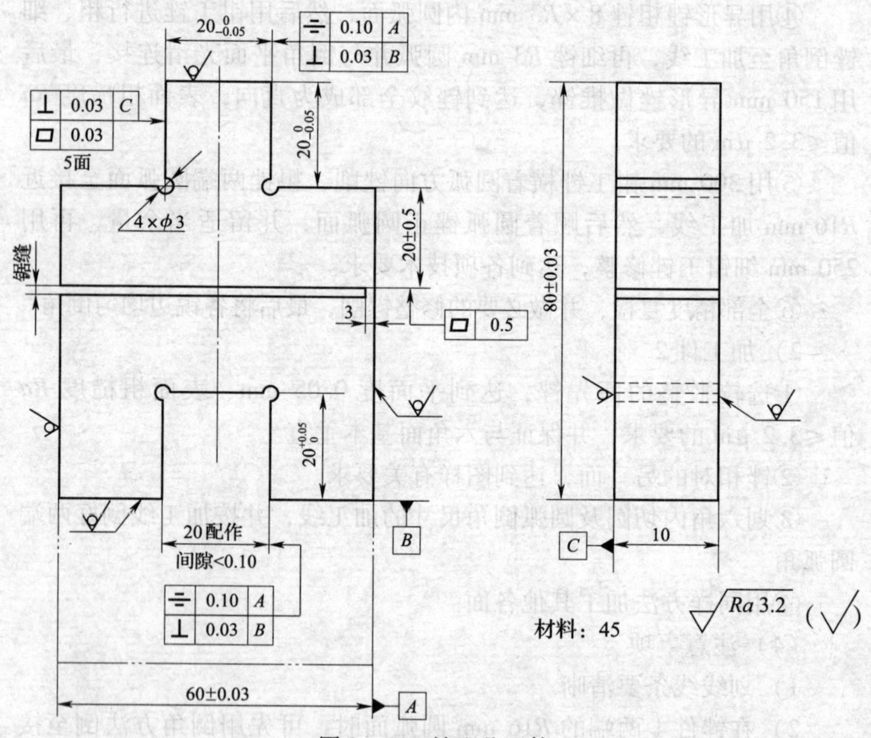

图 2—66　锉配凸凹件

1）工具和量具：游标卡尺、千分尺、90°角尺、刀口形 90°角尺、塞尺、钻头、整形锉、异形锉、钳工锉、划针等。

2）辅助工具：软钳口衬垫、锉刷、涂料等。

3）备料：45 钢，毛坯尺寸为$80^{+0.5}_{+0.1}$ mm × $60^{+0.5}_{+0.1}$ mm ×（10 ± 0.1）mm（刨削），每人一件。

（3）操作要点

1）为对 20 mm 凸、凹形的对称度进行测量控制，60 mm 处的实际尺寸必须测量准确，并应取其各点实测值的平均数值。

2）采用间接测量法来控制工件的尺寸精度，必须控制好有关的工艺尺寸。例如，为保证 20 mm 凸形面的对称度要求，加工时只能先去掉一垂直角余料，通过控制凸形面的实际尺寸来保证对称度要求，如图 2—67 所示。图 2—67a 所示为凸形面的最大与最小工艺控制尺寸；图 2—67b 所示为在最大工艺控制尺寸下，取得对称度误差最大左偏差值为 0. 05 mm；图 2—67c 所示为在最小工艺控制尺寸下，取得对称度误差最大右偏差值为 0. 05 mm。

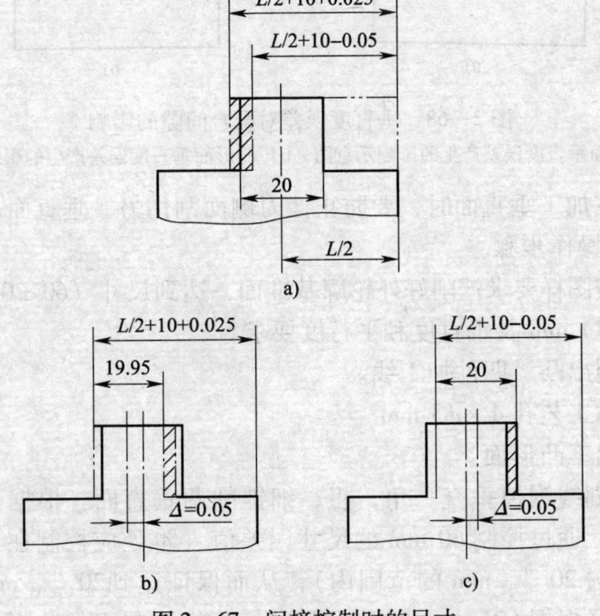

图 2—67　间接控制时的尺寸

对称度间接工艺控制尺寸计算公式：

$$M_{min}^{max} = \frac{L + T_{min}^{max}}{2} \pm \Delta$$

式中 M——对称度间接工艺控制尺寸，mm；

L——工件两基准间尺寸，mm；

T——凸台或被测面间尺寸，mm；

Δ——对称度误差最大允许值，mm。

3）必须控制凸、凹件的尺寸误差，保证互配件的间隙要求。

4）必须控制垂直度误差在最小范围内，保证配合后转位互换精度。否则，由于凹、凸形面没有控制好垂直度，互换配合后会出现最大间隙，如图2—68所示。

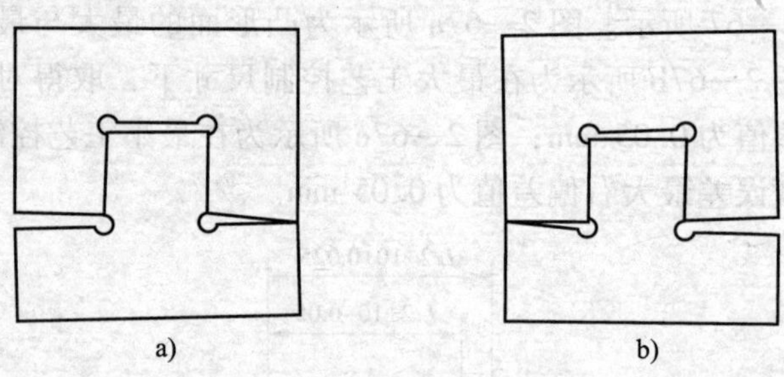

图2—68 垂直度误差对配合间隙的影响

a）凸形面垂直度误差产生的影响示意图 b）凹形面垂直度误差产生的影响示意图

5）在加工垂直面时，要防止锉刀侧面刮伤另一垂直面。

（4）操作步骤

1）按图样要求锉削好外轮廓基准面，达到尺寸（60 ±0. 03）mm、（80 ±0. 03）mm 及垂直度和平行度要求。

2）划出凸、凹件加工线。

3）钻工艺孔 $4 \times \phi 3$ mm。

4）加工凸形面

①按划线锯掉垂直一角，粗、细锉削两垂直面。根据 80 mm 的实际尺寸，通过控制 60 mm 的尺寸误差值（本处应控制在 80 mm 实际尺寸减去 $20_{-0.05}^{0}$ mm 的范围内），从而保证达到$20_{-0.05}^{0}$ mm 的尺寸要求；同样根据 60 mm 处的实际尺寸，通过控制 40 mm 的尺寸误差

值（本处应控制在$\frac{1}{2}\times60$ mm 的实际尺寸加$10^{+0.025}_{-0.05}$ mm 的范围内），从而保证在取得尺寸$20^{\ 0}_{-0.05}$ mm 的同时，又能保证其对称度在0.1 mm 内。

②按划线锯掉另一垂直角，粗、细锉两垂直面。严格控制尺寸，保证 20 mm 的尺寸要求。

5）加工凹形面

①用钻头钻出排孔，锯除凹形面的多余部分，然后粗锉到接触线条。

②细锉凹形顶端面，根据 80 mm 的实际尺寸，控制 60 mm 的尺寸误差值（本处与凸部的两垂直面一样控制尺寸），从而保证达到与凸件端面的配合精度要求。

③细锉两侧垂直面，两面同样根据外形 60 mm 和凸件 20 mm 的实际尺寸，通过控制 20 mm 尺寸误差（如凸件的尺寸为 19.95 mm，一侧面可用$\frac{1}{2}\times60$ mm 尺寸减去$10^{+0.05}_{-0.01}$ mm，而另一侧面必须控制在$\frac{1}{2}\times60$ mm 尺寸减去$10^{+0.01}_{-0.05}$ mm），从而保证达到与凸件 20 mm 的配合精度要求，同时也能保证其对称度在 0.1 mm 内。

6）全部锐边倒角，检查全部尺寸精度。

7）锯割，达到尺寸（20 ±0.05）mm 要求，锯面平面度 0.5 mm，留有 3 mm 不锯，最后修去锯口毛刺。

§2—5　孔加工技能及训练

一、钻削概述

钻孔时，钻头装夹在钻床主轴上，依靠钻头与工件之间的相对运动来完成钻削加工。钻头的切削运动分为主运动和进给运动，如图 2—69 所示。

钻头绕轴心所做的旋转，也就是切下切屑的运动称为主运动。钻头对着工件所做的直线前进运动称为进给运动。

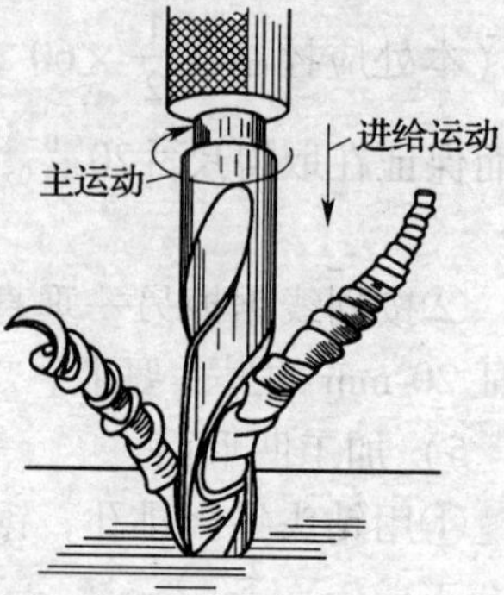

钻头的种类较多，常见的有麻花钻、扁钻、深孔钻、中心钻等，麻花钻是最常用的一种钻头，下面介绍麻花钻的组成及切削角度。

图 2—69　钻孔时钻头的运动

1. 麻花钻的组成

麻花钻主要由柄部、颈部和工作部分组成，其结构如图 2—70 所示。

（1）柄部。钻头的柄部是与钻孔机械的连接部分，钻孔时用来传递所需的转矩和轴向力。柄部分圆柱形和圆锥形（莫氏圆锥）两种形式，钻头直径小于 13 mm 的采用圆柱形，钻头直径大于 13 mm 的一般采用圆锥形。

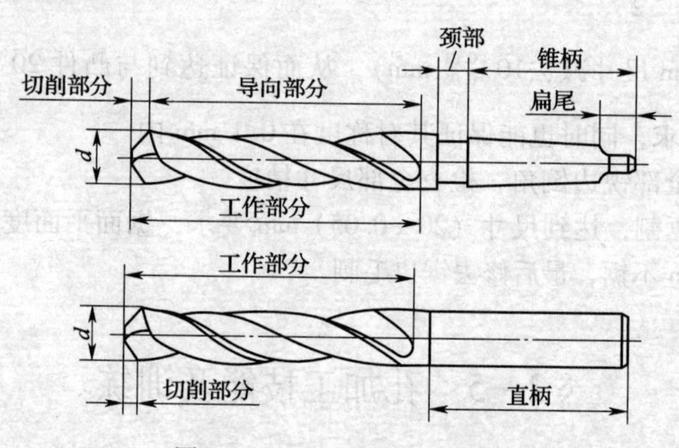

图 2—70　麻花钻结构示意图

（2）颈部。钻头的颈部在磨制钻头时供砂轮退刀用，一般也用来打印商标和规格。

（3）工作部分。工作部分由切削部分和导向部分组成。切削部分由两条主切削刃、一条横刃、两个前刀面和两个后刀面组成，如图 2—71 所示，其作用主要是切削工件。导向部分有两条螺旋槽和两条窄的螺旋形棱边与螺旋槽表面相交成两条棱刃（副切削刃）。导向部分在切削过程中使钻头保持正直的钻削方向并起修光孔壁的作用，通过螺旋槽排屑和输送切削液，导向部分还是切削部分的后备部分。

2. 麻花钻的切削角度

掌握麻花钻的切削角度，首先要确定表示切削角度的辅助平面的位置，即基面、切削平面、主截面和柱截面的位置。

（1）麻花钻的辅助平面。辅助平面为麻花钻主切削刃上任意一点的基面、切削平面和主截面的相互位置，三者互相垂直，如图2—72所示。

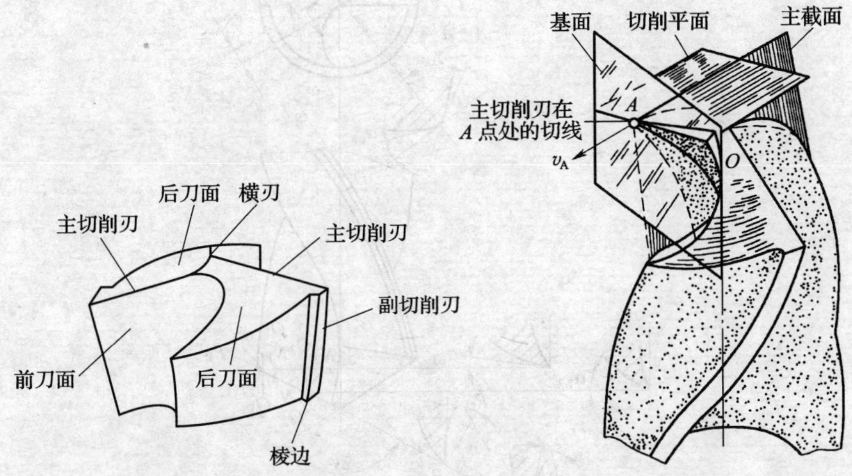

图2—71　麻花钻切削部分的构成示意图　　图2—72　麻花钻的辅助平面

1）基面。主切削刃上任意一点的基面，是通过该点而又与该点切削速度方向垂直的平面，实际上是通过该点与钻心连线的径向平面。

2）切削平面。主切削刃上任意一点的切削平面是由该点的切削运动方向和这点上切削刃的切线所构成的平面。

钻头主切削刃上任意一点的切削速度方向是以该点到钻心的距离为半径、钻心为圆心所作圆周的切线方向，也就是该点与钻心连线的垂线方向。标准麻花钻钻刃上任意一点的切线就是钻刃本身。

3）主截面。通过主切削刃上任意一点并垂直于切削平面和基面的平面为主截面。

（2）标准麻花钻的切削角度等参数。标准麻花钻的切削部分顶角为 118°±2°，横刃斜角为 40°~60°，后角为 8°~20°。

1）前角。主切削刃上任意一点的前角，是指在主截面内前刀面与基面间的夹角，如图 2—73 所示。如在 N_1—N_1 中的 γ_{o1}，N_2—N_2 中的 γ_{o2}。

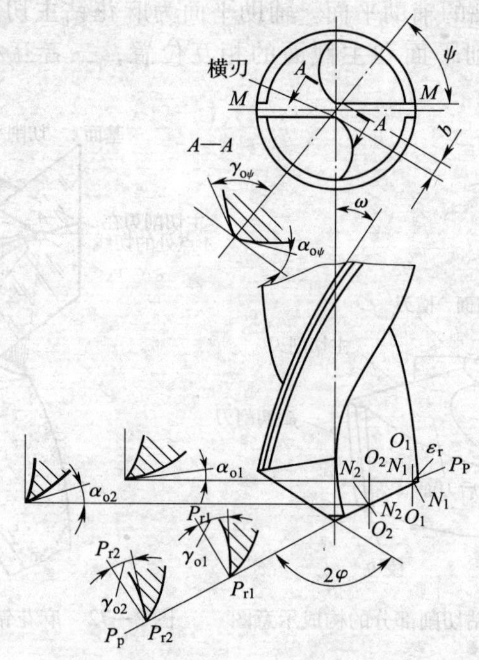

图 2—73　标准麻花钻的切削角度

主切削刃各点的前角不等，外缘处的前角最大，可达 30°左右，自外缘向中心处前角逐渐减小。在钻心 $D/3$ 范围内为负值，横刃处前角为 −54° ~ −60°，接近横刃处前角为 −30°。

前角大小决定了切除材料的难易程度和切屑在前刀面上的摩擦阻力大小。前角越大，切削越省力。

2）后角 α_o。在柱截面内，后刀面与切削平面之间的夹角称为后角。

主切削刃上各点的后角不等。刃磨时，应使外缘处后角较小，越接近钻心后角越大。外缘处 $\alpha_o = 8° \sim 14°$，钻心处 $\alpha_o = 20° \sim 26°$，横刃处 $\alpha_o = 30° \sim 36°$。

后角的大小影响后刀面与工件切削表面之间的摩擦程度。后角越小，摩擦越严重，但切削刃强度越高。因此，钻硬材料时，后角可适当小些，以保证刀刃强度；钻软材料时，后角可稍大些，以使钻削省力；但钻有色金属材料时，后角不宜太大，以免产生自动扎刀现象。不同直径的麻花钻，直径越小，后角越大。

下面是在一般情况下，不同直径的麻花钻外缘处的后角大小：

当 $D < 15$ mm 时，$\alpha_o = 10° \sim 14°$。

当 D 为 15 ~ 30 mm 时，$\alpha_o = 9° \sim 12°$。

当 $D > 30$ mm 时，$\alpha_o = 8° \sim 11°$。

3）顶角。顶角又称锋角或钻尖角，它是两主切削刃在其平行平面 MM 上的投影之间的夹角，如图 2—73 所示。

顶角的大小可根据加工条件在钻头刃磨时决定。标准麻花钻的顶角 $2\varphi = 118° \pm 2°$，这时主切削刃呈直线形。当 $2\varphi > 118°$时，主切削刃呈内凹形；当 $2\varphi < 118°$时，主切削刃呈外凸形。

顶角的大小影响主切削刃上轴向力的大小。顶角越小，则轴向力越小，外缘处刀尖角 ε 大，有利于散热和提高钻头耐用度；但顶角减小后，在相同条件下，钻头所受的转矩增大，切屑变形加剧，排屑困难，会妨碍冷却液的进入。

4）横刃斜角 ψ。横刃斜角是横刃与主切削刃在钻头端面内的投影之间的夹角。它是在刃磨钻头时自然形成的，其大小与后角和顶角的大小有关。

5）螺旋角。麻花钻的螺旋角如图 2—74 所示。螺旋角是指主切削刃上最外缘处螺旋线的切线与钻头轴线之间的夹角。

标准麻花钻的螺旋角，直径在 10 mm 以上的，$\omega = 30°$；直径在 10 mm 以下的，$\omega = 18° \sim 30°$。直径越小，ω 也越小。

在钻头的不同半径处，螺旋角的大小是不等的。从钻头的外缘到中心逐渐减小（如图中 $\omega_x < \omega$）。螺旋角越小，在其他条件相同时，钻头的强度越高。螺旋角一般以外缘处的数值来表示。

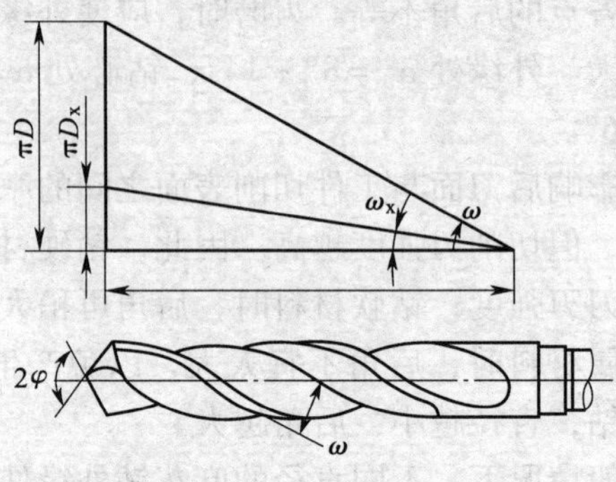

图 2—74 麻花钻的螺旋角

6）横刃长度。横刃的长度既不能太长，也不能太短。太长会增大钻削的轴向阻力，对钻削工作不利；太短会降低钻头的强度。标准麻花钻的横刃长度 $b=0.18D$。

7）钻心厚度 d。两螺旋形刀瓣中间的实心部分称为钻心，钻心厚度是指钻头的中心厚度。钻心厚度大，会自然增大横刃长度；而厚度太小又削弱了钻头的刚度。为此，钻头的钻心做成锥形，它的直径向柄部逐渐增大，以增强钻头的强度和刚度。

标准麻花钻的钻心厚度约为：切削部分 $d=0.125D$，柄部 $d=0.2D$。

8）副后角。副切削刃上副后面的切线与孔壁切线之间的夹角称为副后角。标准麻花钻的副后角为0°，即副后面与孔壁是贴合的。

二、钻头的刃磨

标准麻花钻头在使用过程中为了满足使用要求或钻头磨损后，通常对其切削部分进行修磨，以改善切削性能。因此，钻头刃磨也成为工具钳工的必备技能之一。

1. 造成钻头磨损的原因

钻头的切削刃和横刃严重磨钝，刃带拉毛，以致整个切削部分呈暗蓝色，表明钻头烧损（严重磨损）。造成钻头磨损的主要原因如下。

（1）因为钻孔是一种半封闭式切削，切屑不易排出，切屑、钻头与工件间摩擦很大，易形成高温。一般高速钢钻头只能在560℃左右保持原有硬度，钻孔中如果转速过高，切削速度过快，当钻削温度超过560℃时，钻头硬度就会下降，降低切削性能，这时如钻头继续与工件摩擦，就会导致钻头烧损。

（2）在钻头主切削刃上，越接近外径，切削速度越大，温度越高。本来钻孔时切削液就难以直接浇注到切削区，若切削液过少或冷却的位置不对，也会引起钻头烧损。

（3）钻头的副后角为0°，靠近切削部分的棱边与孔壁的摩擦比较严重，容易发热和磨损。

（4）主切削刃外缘处的刀尖角 ε 较小，前角很大，刀齿薄弱，而此处的切削速度却最高，产生的切削热最多，磨损极为严重。

（5）被加工工件材料硬度过高，切削刃很快被磨钝，失去切削性能，相互摩擦，以致烧损。

（6）钻头钻心横刃过长，轴向力增加，切削刃后角修磨得太低，使钻头后刀面与被加工材料的接触面相互挤压，也容易使钻头烧损。

2. 钻头刃磨对加工的影响

钻头磨损后就需要进行刃磨。刃磨钻头就是使用砂轮机将钻头上的烧损处磨掉，恢复钻头原有的锋利和正确的角度。

钻头刃磨后的角度是否正确，直接影响钻孔质量和效率。若锋角和切削刃刃磨得不对称（即锋角偏了），钻削时钻头两切削刃所承受的切削力也就不相等，会出现偏摆甚至是单刃切削，使钻出的孔变大或钻成台阶孔，锋角偏得越多，这种现象越严重。图2—75所示为钻头刃磨得正确与否对钻孔的影响情况，图a为刃磨正确，所以钻出的孔也规范；图b为两个锋角磨得不对称，一个大，一个小；图c为两个主切削刃长度刃磨得不一致；图d为两个锋角不对称，并且主切削刃长度也不一致。钻头刃磨得不正确，都会影响钻孔质量。若后角磨得太小，甚至成为负后角，磨出的钻头就不能使用。刃磨钻头时，使用的砂轮粒度一般为46～80，最好采用中软级的氧化铝砂轮，且砂轮圆柱面和侧面都要平整。砂轮在旋转中不得跳动，在跳动很厉害的砂轮上是磨不好钻头的。

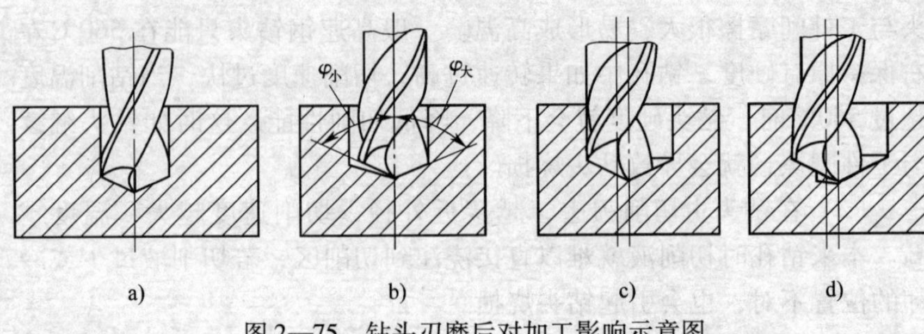

图 2—75　钻头刃磨后对加工影响示意图

a）正确　b）、c）、d）错误

3. 麻花钻的修磨方法

钻头使用后变钝或根据不同的钻削要求而需要改变钻头切削部分的几何形状时，需要对钻头进行修磨，具体修磨部位和方法见表 2—10。

表 2—10　　麻花钻的修磨

修磨部位	图示	修磨效果
修磨横刃并增大靠近钻心处的前角	τ　$\gamma_{o\tau}$　b　内刃 a) b)	修磨后横刃的长度 b 为原来的 1/5 ~ 1/3，以减小轴向抗力和挤刮现象，提高钻头的定心作用和切削的稳定性。同时，在靠近钻心处形成内刃，内刃斜角 τ = 20° ~ 30°，内刃处前角 $\gamma_{o\tau}$ = 0° ~ −15°，切削性能得以改善，如图 a 所示。一般直径在 5 mm 以上的钻头均须修磨横刃。工件材料硬，横刃可少磨去些；工件材料软，横刃可多磨去些 修磨横刃时，磨削点大致在砂轮水平中心面以上，钻头与砂轮的相对位置如图 b 所示。钻头与砂轮侧面成 15°角（向左偏），与砂轮中心面约成 55°角。刃磨开始时，钻头刃背与砂轮圆角接触，磨削点逐渐向钻心处移动，直至磨出内刃前面。修磨中，钻头略有转动，磨削量由大到小。当磨至钻心处时，应保证内刃前角、内刃斜角、横刃长度准确。磨削动作要轻，以防止刀口退火或钻心过薄

续表

修磨部位	图示	修磨效果
修磨主切削刃	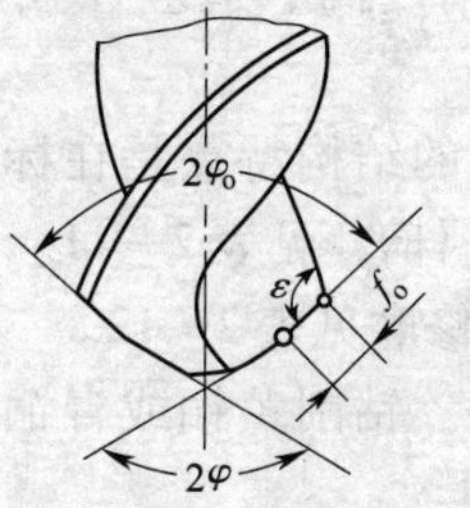 $2\varphi_o$ ε f_o 2φ	修磨主切削刃主要是磨出第二顶角 $2\varphi_o$（70°~75°）。在钻头外缘处磨出过渡刃（$f_o=0.2D$），以增大外缘处的刀尖角，改善散热条件，增加刀齿强度，提高切削刃与棱边交角处的耐磨性，延长钻头耐用度，减小孔壁的残留面，有利于减小孔的表面粗糙度值
修磨棱边	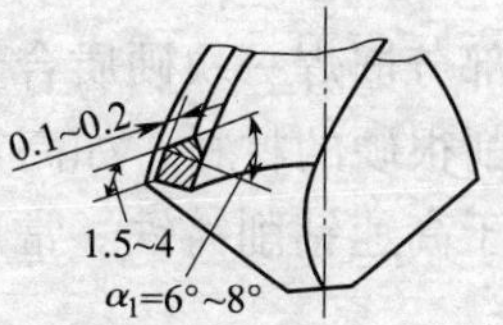 0.1~0.2 1.5~4 $\alpha_1=6°\sim8°$	在靠近主切削刃的一段棱边上，磨出副后角 $\alpha_1=6°\sim8°$，并保留棱边宽度为原来的1/3~1/2，以减少对孔壁的摩擦，提高钻头耐用度
修磨前刀面	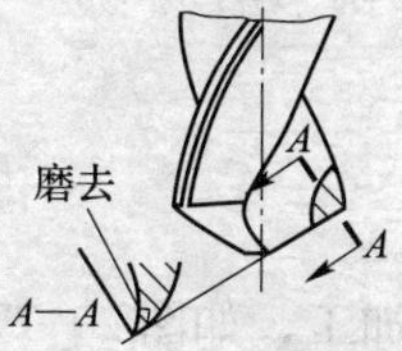 磨去 A A A—A	修磨外缘处前刀面，可以减小此处的前角，提高刀齿的强度。钻削黄铜时，可以避免扎刀现象
修磨分屑槽	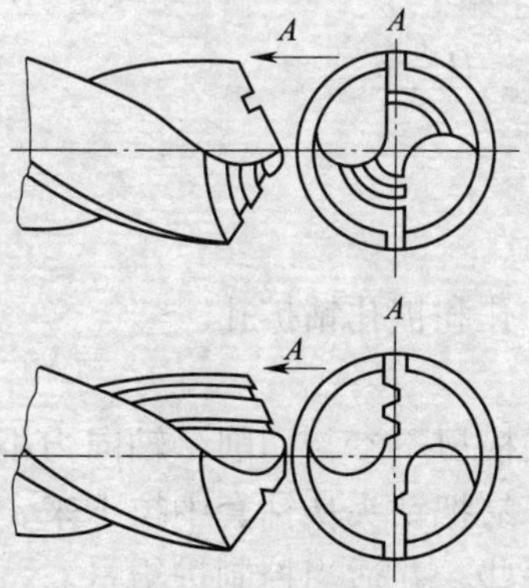 A A A A	在后刀面或前刀面上磨出几条相互错开的分屑槽，使切屑变窄，以利排屑。直径大于15 mm的钻头都可磨出分屑槽

4. 标准群钻

群钻是对麻花钻革新后的一种新型钻头，是利用标准麻花钻合理刃磨而成的生产率高、加工精度高、适应性强、耐用度高的钻头。

（1）标准群钻修磨。标准群钻的结构特点是在标准麻花钻上磨出月牙槽，修磨横刃和磨出单面分屑槽，见表 2—11。

（2）薄板群钻修磨。薄板群钻修磨见表 2—12。

（3）钻削黄铜或青铜群钻修磨。钻削黄铜或青铜群钻修磨见表 2—13。

（4）钻削铸铁群钻修磨。钻削铸铁群钻修磨见表 2—14。

5. 硬质合金钻头

硬质合金钻头是在麻花钻切削部分嵌焊一块硬质合金刀片而制成的，如图 2—76 所示。它适用于钻削很硬的材料，如高锰钢和淬硬钢等，由于硬质合金耐磨性好，也适于高速钻削铸铁。常用的硬质合金刀片材料是 YG8 或 YW2。

硬质合金钻头切削部分的几何参数为：$\gamma_o = 0° \sim 5°$；$\alpha_o = 10° \sim 15°$；$2\varphi = 110° \sim 120°$；$\psi = 77°$；主切削刃磨成 $R0.5$ mm 的小圆弧，以增加强度。

三、扩孔

扩孔是对工件上已有孔进行扩大加工，如图 2—77 所示。

扩孔时切削深度 a_p 按下式计算：

$$a_p = \frac{D - d}{2}$$

式中 D——扩孔后直径，mm；

d——预加工孔直径，mm。

常用的扩孔方法有麻花钻扩孔和扩孔钻扩孔。

1. 麻花钻扩孔

用麻花钻扩孔时，由于钻头横刃不参与切削，轴向力小，进给省力。但因钻头外缘处前角较大，易把钻头从钻套中拉下来，所以应把麻花钻外缘处的前角修磨得小一些，并适当控制进给量。

表 2—11　标准群钻修磨

修磨部位	图　　示	修磨效果
修磨月牙槽	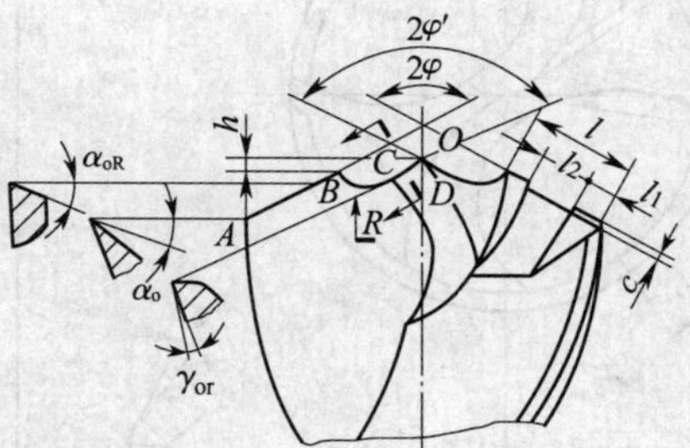	在钻头的后刀面上，对称地磨出月牙槽，把主切削刃分成三段，即外直刃（图中 *AB* 段）、圆弧刃（图中 *BC* 段）、内直刃（图中 *CD* 段），圆弧刃是群钻最显著的特点 由于磨出圆弧刃，增大了靠近钻心处的前角，减少了挤刮现象，使切削省力，主切削刃分成几段有利于断屑和排屑。钻孔时圆弧刃在孔底上切削出一道圆环筋，能稳定钻头的方向，限制钻头的摆动，加强定心作用。磨月牙槽时，降低了钻尖高度，这样可以把槽刃处磨得较锋利，且不致影响钻尖强度
修磨短横刃	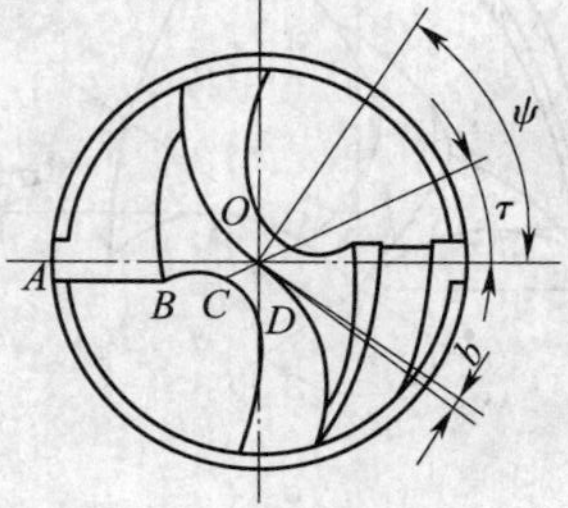	使横刃为原来的 1/7 ~ 1/5，同时使新形成的内刃上的前角也大大增加。减小轴向抗力，改善定心作用，提高切削能力
修磨单边分屑槽		在一条外刃上磨出凹形分屑槽，有利于排屑和减小切削力

表 2—12　**薄板群钻修磨**

修磨部位	图　示	修磨效果
修磨两主切削刃，磨成圆弧形切削刃	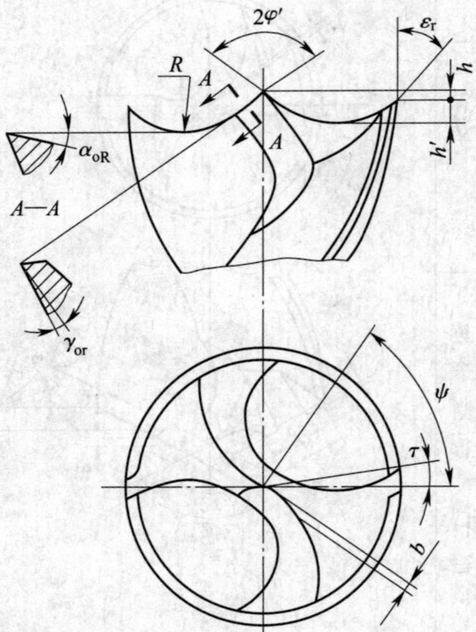	修磨后，钻尖高度磨低，切削刃外缘磨成两个锋利的刃尖，与钻心的高度相差0.5 ~1.5 mm，形成三尖。当钻头钻穿工件时，两切削刃已在工件上切削出圆环槽，加强了定心作用，轴向力不会突然减小。在两锋利的外尖和圆弧刃的转动切削下，把薄板孔中间的圆片切离，孔圆整、光洁

表 2—13　　钻削黄铜或青铜群钻修磨

修磨部位	图　示	修磨效果
修磨远离钻心的切削刃，使其前角变小	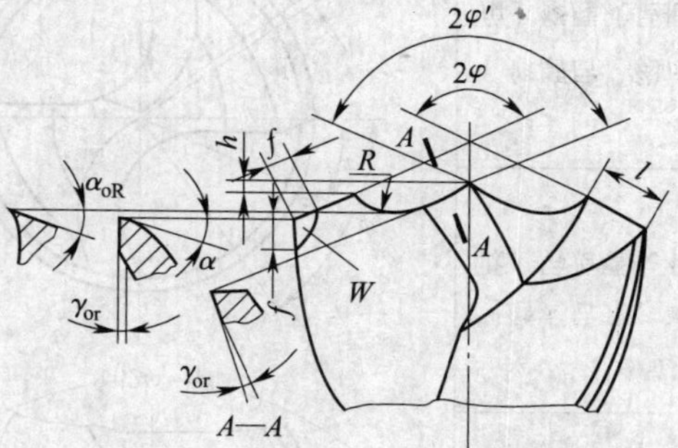	避免发生扎刀
修磨出过渡刃	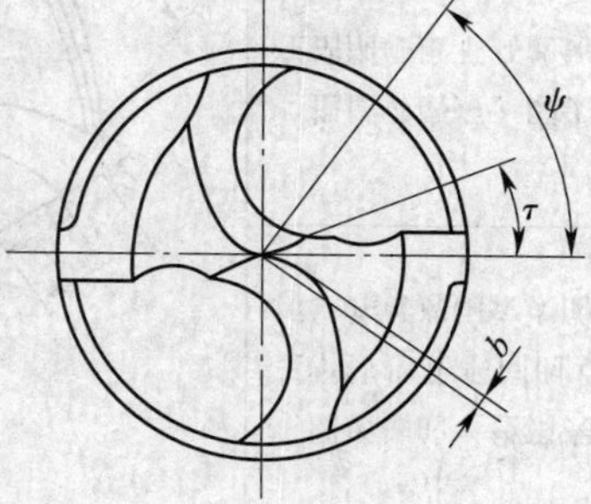	主、副切削刃的交角处磨成过渡圆弧，改善钻孔表面质量

表 2—14　　钻削铸铁群钻修磨

修磨部位	图　示	修磨效果
刃磨月牙形圆弧槽	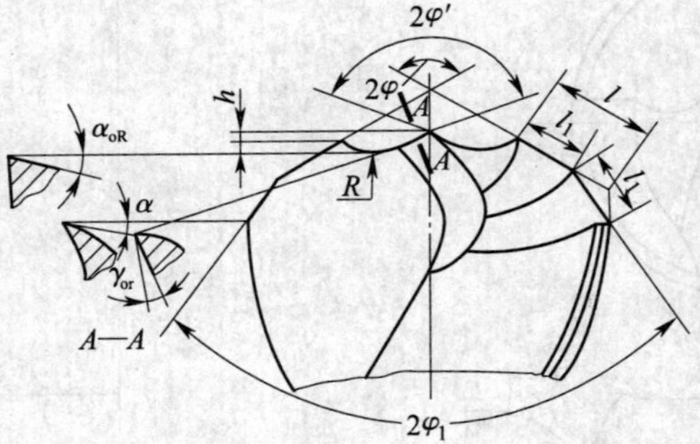	圆形槽的半径稍大，钻心高度 h 磨得很小，钻削时使三个钻心几乎同时切入工件，保护钻心不易磨损、崩坏，并可选用较大的进给量
修磨横刃		把横刃磨短、磨尖，使钻心处的切削刃更锋利，使得在钻削硬度不高的铸铁时，切削抗力增强
修磨后角	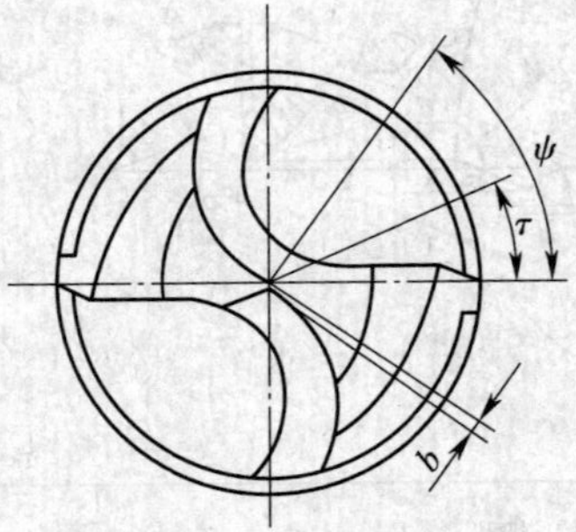	磨大后角，减小后刀面与工件的摩擦。铸铁的强度低，后角磨大不会影响钻头的强度
修磨外直刃为两段直刃		修磨后，构成三个顶角 2φ、$2\varphi'$、$2\varphi_1$，成为三重顶角。修磨就是把切割刃、棱边转角与工件磨损最大的部位先磨掉，提高钻头寿命，还因轴向抗力减小而增大切削的进给量

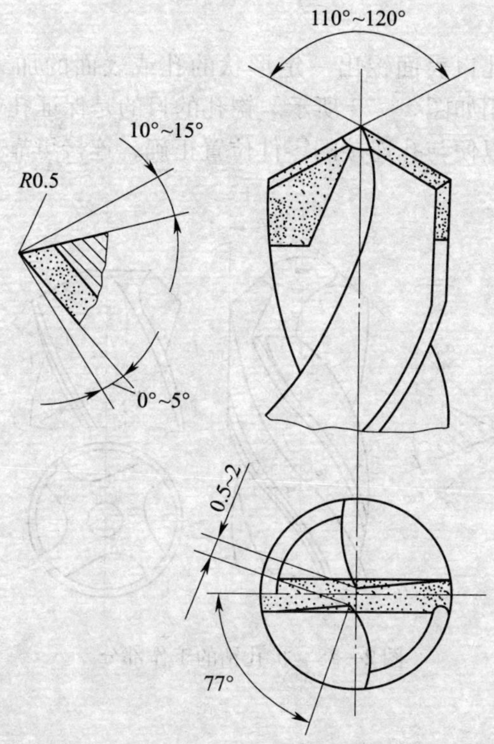

图 2—76　硬质合金钻头

2. 扩孔钻扩孔

扩孔钻与麻花钻相比，没有横刃，钻心较粗，刚度大，且刀齿较多（3 ~ 4 齿），导向性好，切削平稳，如图 2—78 所示。

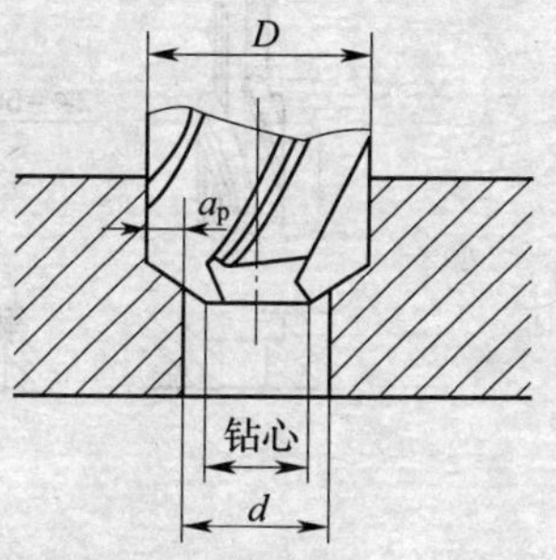

图 2—77　扩孔

用扩孔钻扩孔，生产效率高，加工质量好，精度可达 IT10 ~ IT9，表面粗糙度 *Ra* 值可达 25 ~ 6. 3 μm，常作为孔的半精加工及铰孔前的预加工。

四、锪孔

用锪钻在孔口表面锪出一定形状的孔或表面的加工方法称为锪孔，锪孔的应用如图 2—79 所示。锪孔的目的是保证孔端面与孔中心线的垂直度，以便与孔连接的零件位置正确，连接可靠。

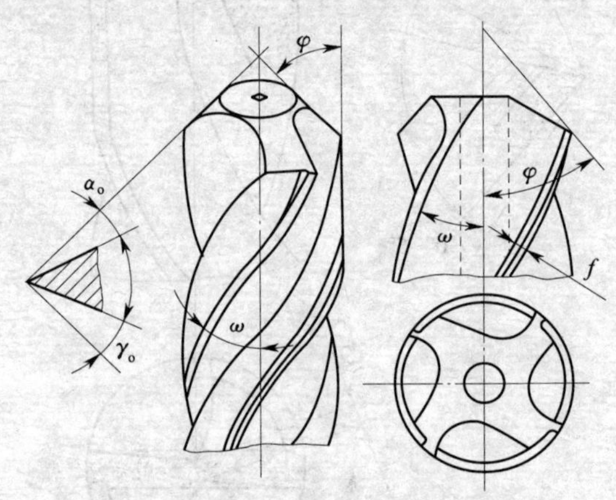

图 2—78　扩孔钻的工作部分

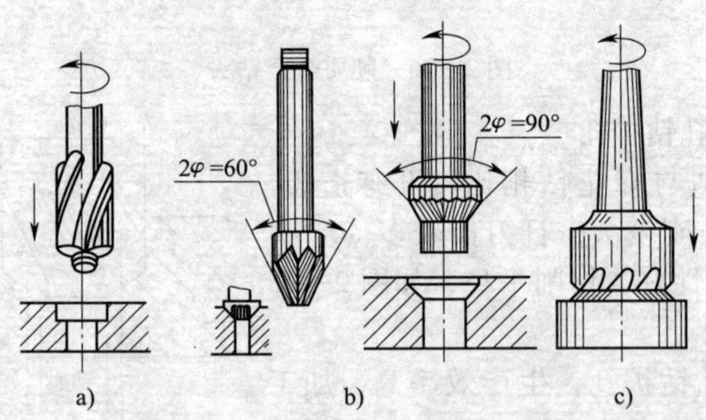

图 2—79　锪孔的应用

a）锪圆柱形孔　b）锪锥形孔　c）锪凸台平面

1. 锪钻的种类和特点

锪钻分柱形锪钻、锥形锪钻和端面锪钻三种。

（1）柱形锪钻。用来锪柱形沉孔的锪钻称为柱形锪钻，如图 2—79a 所示，其结构如图 2—80 所示。柱形锪钻具有主切削刃和副切削刃：端面切削刃 1 为主切削刃，起主要切削作用；外圆切削刃 2 为副切削刃，起修光孔壁的作用。锪钻前端有导柱，导柱直径与工件原有的孔采用基本偏差为 f 的间隙配合，以保证锪孔时有良好的定心和导向作用。导柱分整体式和可拆式两种，可拆式导柱能按工件原有孔直径的大小进行调换，使锪钻应用灵活。

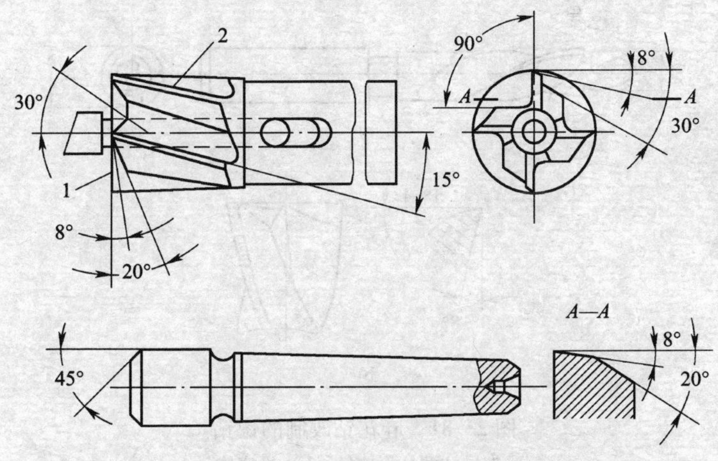

图 2—80　柱形锪钻的结构

1—端面切削刃（主切削刃）　2—外圆切削刃（副切削刃）

柱形锪钻的螺旋角就是它的前角，即 $\gamma_o = 15°$，后角 $\alpha_o = 8°$，副后角 $\alpha_o' = 8°$。柱形锪钻也可用麻花钻改制，如图 2—81 所示。带导柱的柱形锪钻，如图 2—81a 所示，导柱直径 d 与工件原有的孔采用基本偏差为 f 的间隙配合。端面切削刃须在锯片砂轮上磨出，后角 $\alpha_o = 8°$，导柱部分两条螺旋槽锋口须倒钝。麻花钻也可改制成不带导柱的平底锪钻，如图 2—81b 所示，用来锪平底不通孔。

（2）锥形锪钻。用来锪锥形沉孔的锪钻称为锥形锪钻，如图 2—79b所示，其结构如图 2—82 所示，按其锥角大小可分 50°锥形锪钻、70°锥形锪钻、90°锥形锪钻和 120°锥形锪钻四种，其中 90°锥形锪钻使用最多，直径 $d=12\sim60$ mm，齿数为 4～12 个。锥形锪钻的前角 $\gamma_o=0°$，后角 $\alpha_o=6°\sim8°$。为了增加近钻尖处的容屑空间，每隔一切削刃将此处的切削刃磨去一块。锥形锪钻也可用麻花钻改制，锥角大小按工件锥孔度数磨出，后角和外缘处前角磨得小些，避免锪孔时产生振痕。

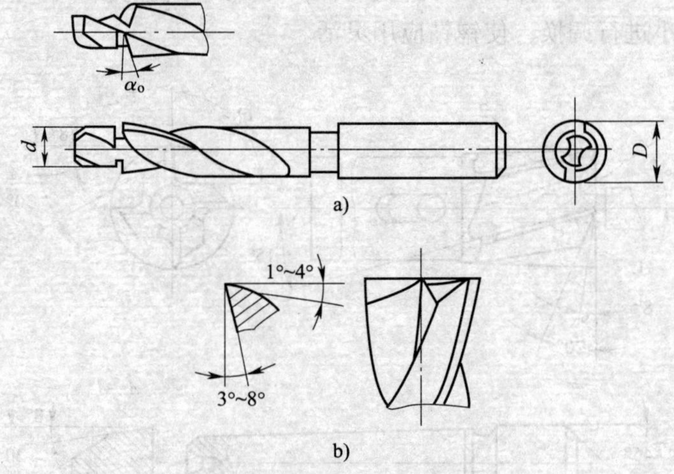

图 2—81　麻花钻改制的锪钻

a）带导柱的柱形锪钻　b）平底锪钻

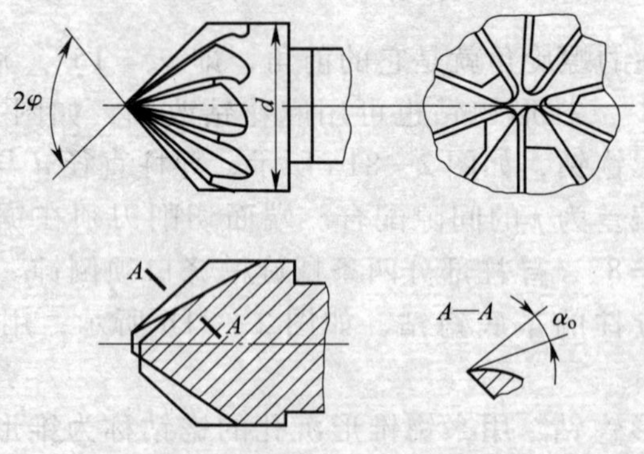

图 2—82　锥形锪钻

（3）端面锪钻。用来锪平孔端面的锪钻称为端面锪钻。端面锪钻有多齿型端面锪钻和简易型端面锪钻两种。多齿型端面锪钻如图2—79c所示，其端面刀齿为切削刃，前端导柱用来定心、导向以保证加工后的端面与孔中心线垂直。简易型端面锪钻如图2—83所示。刀杆与工件孔配合端的直径采用基本偏差为f的间隙配合，保证良好的导向作用。刀杆上的方孔尺寸要准确，与刀片采用基本偏差为h的间隙配合，并且保证刀片装入后，切削刃与刀杆轴线垂直。前角由工件材料决定，锪铸铁时 $\gamma_o=5°\sim10°$；锪钢件时 $\gamma_o=15°\sim25°$。后角 $\alpha_o=6°\sim8°$。

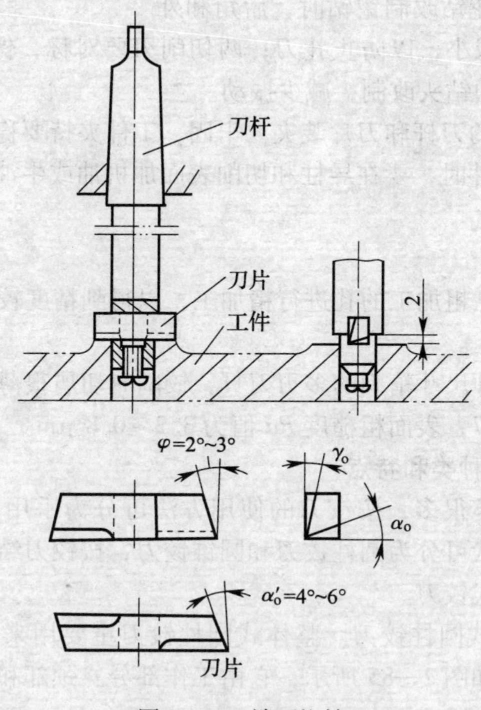

图2—83　端面锪钻

在锪孔的下端面时，锪钻的安装位置如图2—84所示，刀杆与钻轴或其他设备的连接要采用一定的装置，防止锪削时脱落。

2. 锪孔工作要点

锪孔方法与钻孔方法基本相同，但锪孔时刀具容易振动，特别是使用麻花钻改制的锪钻，使所锪端面或锥面产生振痕，影响锪削质量，故锪孔时应注意以下几点。

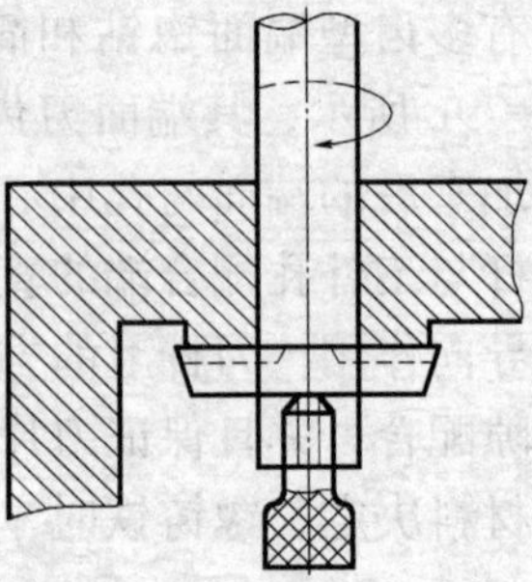

（1）由于锪孔的切削面积小，锪钻的切割刃多，所以进给量为钻孔的 2～3 倍，切削速度为钻孔的 1/3～1/2。

图 2—84　锪孔口下端面

（2）用麻花钻改制锪钻时，后角和外缘处前角适当减小，以防止扎刀；两切削刃要对称，保持切削平稳；尽量选用较短的钻头改制，减少振动。

（3）锪钻的刀杆和刀片装夹要牢固，工件夹持要稳定。

（4）锪钢件时，要在导柱和切削表面加机油或牛油润滑。

五、铰孔

用铰刀对已粗加工的孔进行精加工，以得到精度较高的孔的加工方法，叫做铰孔。

铰刀是一种尺寸精确的多刃刀具，铰削时切屑很薄，通常铰孔精度可达 IT9～IT7，表面粗糙度 Ra 值为 3.2～0.8 μm。

1. 铰刀的种类和特点

铰刀的种类很多，按铰刀的使用方法可分为手用铰刀和机用铰刀，按铰刀形状可分为圆柱铰刀和圆锥铰刀，按铰刀结构可分为整体式铰刀和可调式铰刀。

（1）整体式圆柱铰刀。整体式圆柱铰刀主要用来铰削标准系列的孔，其结构如图 2—85 所示，它由工作部分、颈部和柄部三个部分组成。

工作部分包括引导部分、切削部分和校准部分。

1）引导部分在工作部分前端，呈 45°倒角，其作用是便于铰刀开始铰削时放入孔中，并保护切削刃。

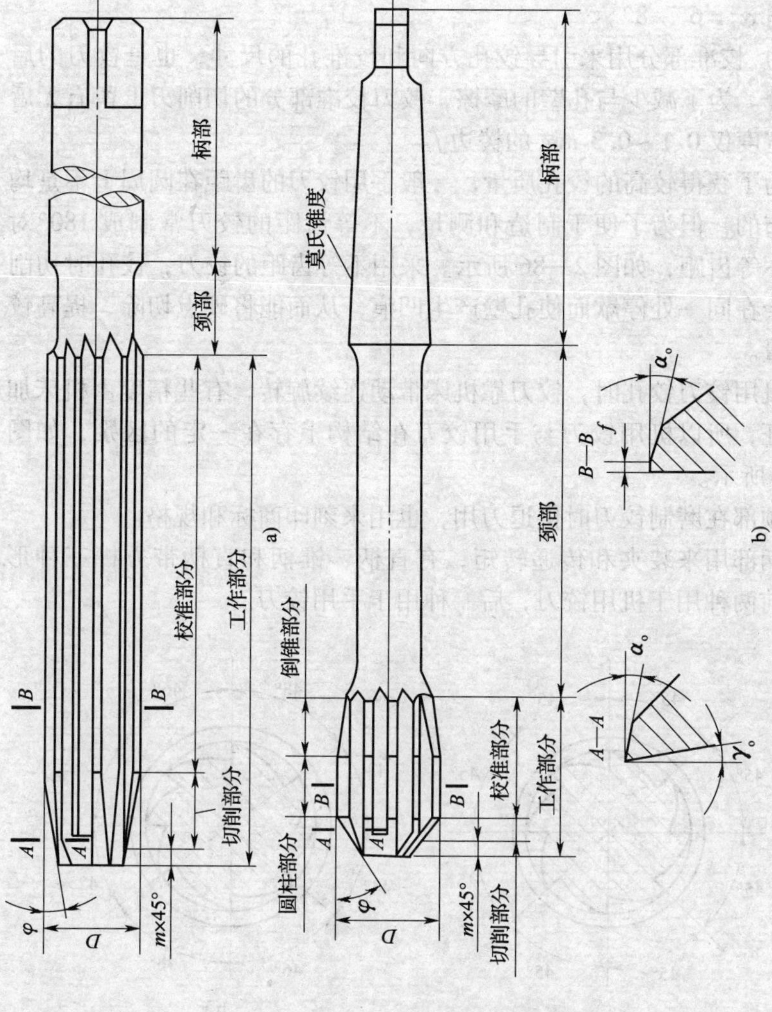

图 2—85　整体式圆柱铰刀

a）手用铰刀　b）机用铰刀

2）切削部分担负主要切削工作。锋角 2φ 很小，一般手用铰刀 $\varphi=30'\sim1°30'$，切削部分较长，这样定心作用好。铰削时轴向力小，工作省力。铰刀的前角 $\gamma_o=0°$，使铰削近于刮削，从而降低孔壁表面粗糙度值。为了减少铰刀与孔壁的摩擦，铰刀切削部分和校准部分的后角 $\alpha_o=6°\sim8°$。

3）校准部分用来引导铰孔方向和校准孔的尺寸，也是铰刀的后备部分。为了减少与孔壁的摩擦，铰刀校准部分的切削刃上留有无后角、宽度仅 0.1～0.3 mm 的棱边 f。

为了获得较高的铰孔质量，一般手用铰刀的齿距在圆周上不是均匀分布的，但为了便于制造和测量，不等齿距的铰刀常制成 180°对称的不等齿距，如图 2—86 所示。采用不等齿距的铰刀，铰孔时切削刃不会在同一处停歇而使孔壁产生凹痕，从而能将硬点切除，提高铰孔质量。

机用铰刀铰孔时，铰刀靠机床带动连续旋转，有些精度由机床加以保证，所以机用铰刀与手用铰刀在结构上存在一定的区别，如图 2—85 所示。

颈部在磨制铰刀时供退刀用，也用来刻印商标和规格。

柄部用来装夹和传递转矩，有直柄、锥柄和直柄带方榫三种形式，前两种用于机用铰刀，后一种用于手用铰刀。

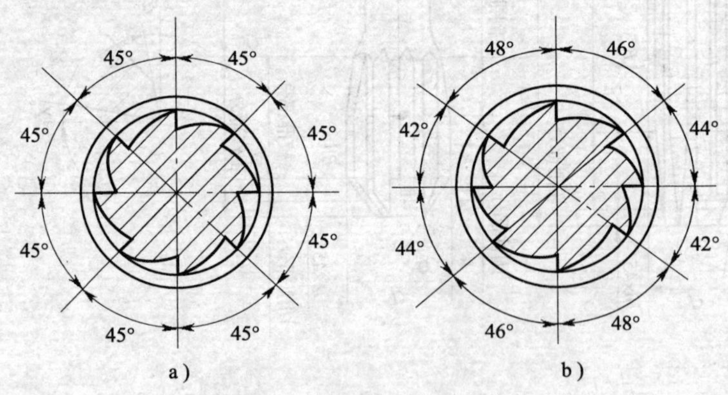

图 2—86　铰刀刀齿分布

a）均匀分布　b）不均匀分布

（2）可调式手用铰刀。可调式手用铰刀在单件生产和修配工作中用来铰削非标准孔，其结构如图 2—87 所示，它由刀体、刀齿条及调节螺母等组成。刀体上开有六条斜底直槽，具有相同斜度的刀齿条嵌在槽内，两端用螺母压紧，固定刀齿条，调节两端螺母可使刀齿条在槽中沿料槽移动，从而改变铰刀直径。标准可调式手用铰刀，其直径范围为 6 ~ 54 mm。

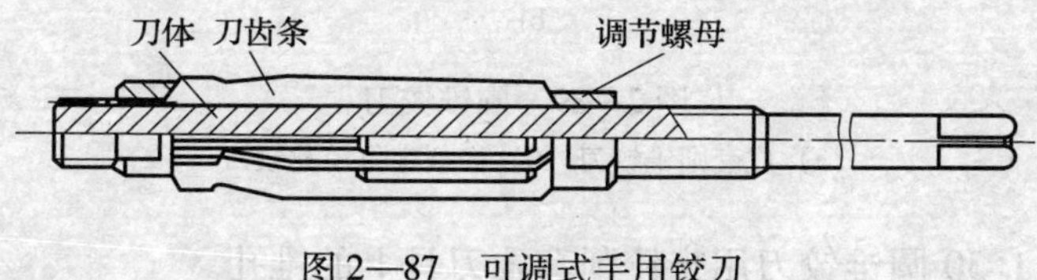

图 2—87 可调式手用铰刀

可调式手用铰刀刀体用 45 钢制作。直径小于或等于 12. 75 mm 的刀齿条，用合金工具钢制作；直径大于 12. 75 mm 的刀齿条，用高速钢制作。

（3）螺旋槽手用铰刀。螺旋槽手用铰刀用来铰削带有键槽的圆柱孔。用普通铰刀铰削带有键槽的孔时，切削刃易被键槽边钩住，造成铰孔质量降低或无法铰削。螺旋槽手用铰刀的切削刃沿螺旋线分布，如图 2—88 所示。铰削时，多条切削刃同时与键槽边产生点接触，切削刃不会被键槽边钩住，铰削阻力沿圆周均匀分布，铰削平稳，铰出的孔光滑。铰刀螺旋槽的方向一般是左旋，可避免铰削时因铰刀顺时针转动而产生自动旋进的现象，左旋的切削刃还能将铰下的切屑推出孔外。

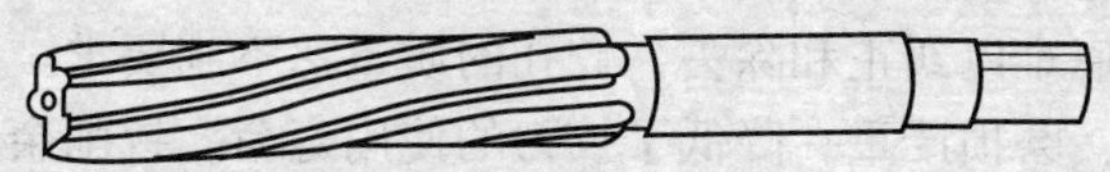

图 2—88 螺旋槽手用铰刀

（4）圆锥铰刀。圆锥铰刀用来铰削圆锥孔，如图 2—89 所示。常用的圆锥铰刀有以下四种。

1）1∶10 圆锥铰刀用来铰削联轴器上与锥销配合的锥孔。

2）莫氏圆锥铰刀用来铰削 0 号 ~6 号莫氏锥孔。

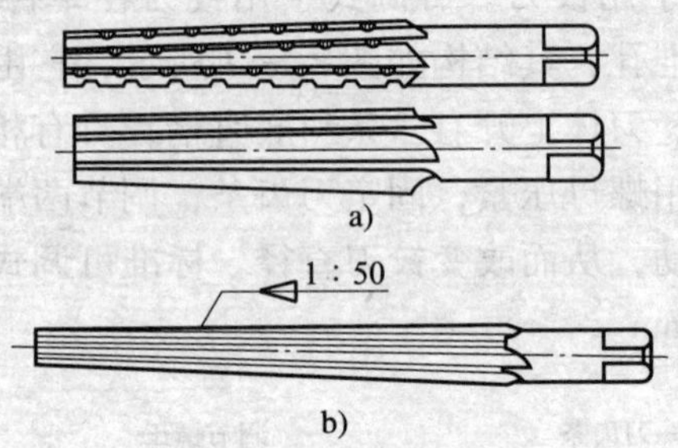

图 2—89　圆锥铰刀
a）成套圆锥铰刀　b）铰削定位销孔铰刀

3）1∶30 圆锥铰刀用来铰削套式刀具上的锥孔。

4）1∶50 圆锥铰刀用来铰削定位销孔。

对尺寸较小的圆锥孔，铰孔前可按小端直径钻出圆柱孔，然后再用圆锥铰刀铰削。对尺寸和深度较大或锥度较大的圆锥孔，铰孔前的底孔应钻成阶梯孔，如图 2—90 所示。阶梯孔的最小直径按圆锥铰刀小端直径确定，其余各段直径可根据锥度公式推算。

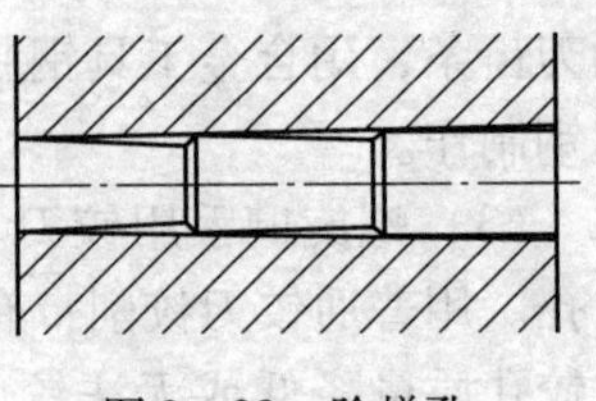

图 2—90　阶梯孔

2. 铰孔方法

（1）铰削余量确定。铰削余量是指上道工序（钻孔或扩孔）完成后，在直径方向所留下的加工余量。

铰削余量不宜太小或太大。铰削余量太小，上道工序残留的变形和加工的刀痕难以纠正和除去，铰孔的质量达不到要求。同时铰刀处于啃刮状态，磨损严重，降低了铰刀的使用寿命。铰削余量太大，则增加了每一刀齿的切削负荷，增加了切削热，使铰刀直径变大，孔径也随之扩大。同时切屑呈撕裂状态，使铰削表面粗糙。正确选择铰削余量，应按孔径的大小，同时考虑铰孔的精度、表面粗糙度、材料的软硬和铰刀类型等多种因素。

铰削余量的选择见表 2—15。

表 2—15　　铰削余量　　mm

铰孔直径	<5	5~20	21~32	33~50	51~70
铰孔余量	0.1~0.2	0.2~0.3	0.3	0.5	0.8

此外，铰削余量的确定与上道工序的加工质量有很大关系。因此，对铰削精度要求较高的孔，必须经过扩孔或粗铰，才能保证最后的铰孔质量。

（2）切削速度和进给量。铰孔时切削速度和进给量要选择适当，过大或过小都将直接影响铰孔质量和铰刀的使用寿命。

使用普通高速钢铰刀铰孔，工件材料为铸铁时，切削速度不应超过 10 m/min，进给量在 0.8 mm/r 左右；工件材料为钢时，切削速度不应超过 8 m/min，进给量在 0.4 mm/r 左右。

3. 切削液

铰削的切屑一般都很细碎，容易黏附在切削刃上，甚至夹在孔壁与校准部分的棱边之间，将已加工表面拉毛。切削过程中，热量积累过多也将引起工件和铰刀的变形或孔径扩大。因此，铰削时必须加入适当的切削液，以减少摩擦和散发热量，同时将切屑及时冲掉。

切削液的选择见表 2—16。

表 2—16　　铰孔时的切削液选用

工件材料	切削液
钢	①体积分数为 10%~20% 的乳化液 ②铰孔要求较高时，可采用体积分数为 30% 的菜油和 70% 的乳化液 ③高精度铰削时，可用菜油、柴油、猪油
铸铁	①不用 ②煤油，但会引起孔径缩小（最大缩小量为 0.02~0.04 mm） ③低浓度乳化液
铝	煤油
铜	乳化液

4. 铰孔加工时的注意事项

（1）工件要夹正，夹紧力适当，防止工件变形，以免铰孔后零件变形部分回弹，影响孔的几何精度。

（2）手铰时，两手用力要均衡，保持铰削的稳定性，避免由于铰刀的摇摆而造成孔口呈喇叭状和孔径扩大。

（3）随着铰刀旋转，两手轻轻加压，使铰刀均匀进给，同时不断变换铰刀每次停歇位置，防止连续在同一位置停歇而造成的振痕。

（4）铰削过程中或退出铰刀时，要始终保持铰刀正转，不允许反转，否则将拉毛孔壁，甚至使铰刀崩刃。

（5）铰定位锥销孔时，两结合零件应位置正确。铰削过程中要经常用相配的锥销来检查铰孔尺寸，以防将孔铰深。一般用手按紧锥销时，其头部应高于工件表面 2 ~3 mm，然后用铜锤敲紧。根据具体要求，锥销头部可略低或略高于工件平面。

（6）机铰时，要注意机床主轴、铰刀和工件孔三者同轴度是否符合要求。当上述同轴度不能满足铰孔精度要求时，铰刀应采用浮动装夹方式，调整铰刀与所铰孔的中心位置。

（7）机铰结束，铰刀应退出孔外后停机，否则孔壁会有刀痕，而且孔会被拉毛。

（8）铰孔过程中，按工件材料和铰孔精度要求合理选用切削液。

5. 铰孔产生废品的原因分析

铰孔精度和表面粗糙度的要求都很高，如所用铰刀质量不好，铰削余量及切削液选择不合理，操作不当，都会产生铰孔废品。

铰孔废品的形式及产生原因见表 2—17。

表 2—17　铰孔废品的形式及产生原因

废品形式	废品产生原因
孔壁表面粗糙度超差	①铰削余量太大或太小 ②铰刀切削刃不锋利或粘有积屑瘤，切削刃崩裂 ③切削速度太高 ④铰削过程中或退刀时铰刀反转 ⑤没有合理选用切削液
孔呈多棱形	①铰削余量太大 ②工件前道工序加工孔的圆度超差 ③铰孔时，工件夹持太紧造成变形

续表

废品形式	废品产生原因
孔径扩大	①机铰时，铰刀与孔轴线不重合，铰刀偏摆过大 ②铰孔时两手用力不均匀，使铰刀晃动 ③切削速度太高，冷却不充分，铰刀温度上升，直径增大 ④铰锥孔时，未用常用锥销试配、检查，铰孔过深
孔径缩小	①铰刀磨钝或磨损 ②铰削铸铁时用煤油作为切削液，造成孔径收缩

六、钻削加工基础知识

1. 钻削的切削用量

钻削的切削用量是指在钻削过程中的切削速度（v）、进给量（f）和切削深度（a_p），如图2—91所示。

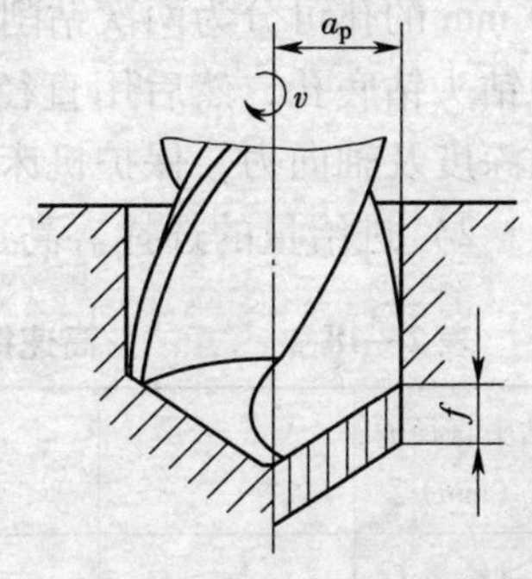

图2—91　切削用量示意图

（1）钻削时的切削速度（v）指钻孔时钻头直径上一点的线速度。可由下式计算：

$$v = \frac{\pi D n}{1\,000}\ (\mathrm{m/min})$$

式中　D——钻头直径，mm；

n——钻床主轴转速，r/min。

（2）钻削时的进给量（f）指主轴每转一转钻头相对工件沿主轴轴线方向的移动量，单位为mm/r。

（3）切削深度（a_p）指已加工表面与待加工表面之间的垂直距离，钻削时，$a_p = \dfrac{D}{2}$。

2. 切削用量的选择

（1）切削用量的选择原则。选择切削用量的目的，是在保证加工精度和表面粗糙度，保证钻头合理耐用的前提下，提高生产率，同时不允许超过机床的功率和机床刀具、工件等的强度和刚度。

钻孔时，由于切削深度已由钻头直径确定，所以只需选择切削速度和进给量。

切削速度和进给量对钻孔生产率的影响是相同的。对钻头耐用度的影响，切削速度比进给量大。对钻孔粗糙度的影响，进给量比切削速度大。因为进给量越大，加工表面的残留面积越大，表面越粗糙。综合以上各影响因素，钻孔时选择切削用量的基本原则是：在允许范围内，尽量先选用较大的进给量（f）；当进给量受到表面粗糙度和钻头刚度限制时，再考虑较大的切削速度。

（2）切削用量的选择方法。具体选择时，应根据钻头直径、钻头材料、工件材料、表面粗糙度等方面来决定，一般情况下可查表选取。必要时，可做适当的修正或由试验确定。

1）钻头的选择。直径小于 30 mm 的孔一次钻出，直径为 30 ~ 80 mm 的孔可分为两次钻削，先用（0.5 ~0.7）D（D 为要求的孔径）的钻头钻底孔，然后用直径为 D 的钻头将孔扩大。这样可以减小切削深度及轴向力，保护机床，同时提高钻孔质量。

2）进给量的选择。高速钢标准麻花钻的进给量见表 2—18。

表 2—18　　高速钢标准麻花钻的进给量

钻头直径 D（mm）	<3	3 ~6	>6 ~12	>12 ~25	>25
进给量 f（mm/r）	0.025 ~0.05	>0.05 ~0.10	>0.10 ~0.18	>0.18 ~0.38	>0.38 ~0.62

孔的精度要求较高和表面粗糙度值要求较小时，应取较小的进给量；钻孔较深、钻头较长、刚度和强度较差时，也应取较小的进给量。

3）切削速度的选择。当钻头的直径和进给量确定后，切削速度应按钻头的寿命选取合理的数值，一般根据经验选取，见表 2—19。孔深较大时，应取较小的切削速度。

（3）切削液。钻孔时，由于加工材料和加工要求不同，所用的切削液的种类和作用也不同。

表 2—19　　　　高速钢标准麻花钻的切削速度

加工材料	硬度 HB	切削速度 v（m/min）
低碳钢	100 ~ 125 >125 ~ 175 >175 ~ 225	27 24 21
中、高碳钢	125 ~ 175 >175 ~ 225 >225 ~ 275 >275 ~ 325	22 20 15 12
合金钢	175 ~ 225 >225 ~ 275 >275 ~ 325 >325 ~ 375	18 15 12 10
灰铸铁	100 ~ 140 >140 ~ 190 >190 ~ 220 >220 ~ 260 >260 ~ 320	33 27 21 15 9
可锻铸铁	110 ~ 160 >160 ~ 200 >200 ~ 240 >240 ~ 280	42 25 20 12
球墨铸铁	140 ~ 190 >190 ~ 225 >225 ~ 260 >260 ~ 300	30 21 17 12
低碳铸钢 中碳铸钢 高碳铸钢		24 18 ~ 24 15
铝合金		75 ~ 90
铜合金		20 ~ 48
高速钢	200 ~ 250	13

钻孔一般属于粗加工，又是半封闭状态加工，摩擦严重，散热困难，使用切削液的目的是冷却润滑，以冷却为主。

在高强度材料上钻孔时，因钻头前刀面要承受较大压力，要求润滑膜有足够的强度，以减少摩擦和钻削阻力。因此，可在切削液中增加硫、二硫化钼等成分，如硫化切削油。

在塑性、韧性较大的材料上钻孔，要求加强润滑作用，在切削液中可加入适当的动物油和矿物油。

孔的精度要求较高和表面粗糙度值要求很小时，应选用主要起润滑作用的切削液，如菜油、猪油等。

钻削各种材料所用的切削液见表2—20。

表2—20　　　　钻削各种材料所选用的切削液

工件材料	切削液种类
各类结构钢	3%～5%乳化液，7%硫化乳化液
不锈钢、耐热钢	3%肥皂加2%亚麻油水溶液，硫化切削油
纯铜、黄铜、青铜	不用或用5%～8%乳化液
铸铁	不用或用5%～8%乳化液，煤油
铝合金	不用或用5%～8%乳化液，煤油，煤油与菜油混合油
有机玻璃	5%～8%乳化液，煤油

3. 钻头刃磨的姿势和技巧

麻花钻的前角是由钻头上的螺旋角来确定的，通常不刃磨。麻花钻的锋角、后角和横刃斜角，通过磨钻头的后面时一起磨出。

初学磨钻头，可取新的标准钻头，在砂轮停止转动的时候，将标准钻头与砂轮水平中心面的外圆处接触，按照标准钻头上的角度和后面，以刃磨的姿势缓慢转动，并始终使钻头与砂轮之间贴合，通过这样的一比一磨，一磨一比，掌握刃磨要领。

刃磨时，右手握住钻头的头部作为定位支点，使钻头的主切削刃保持水平状态。钻刃轻轻地接触砂轮水平中心面的外圆，如图2—92a所示，即磨削点在砂轮中心的水平位置。钻头中心线和砂轮轴线之间的夹角等于顶角的一半（58°～59°）。左手握住钻头柄部，以右手为定心支点，如图 2—92b 所示，慢慢地使钻头绕中心转动，把钻尾往下压，如图 2—92c 所示，并做上下扇形摆动，摆角约等于钻头后角角度，同时顺时针转动约 45°，转动时逐渐加重手指的力量，将钻头压向砂轮，这一动作要协调，直到钻头符合要求为止。

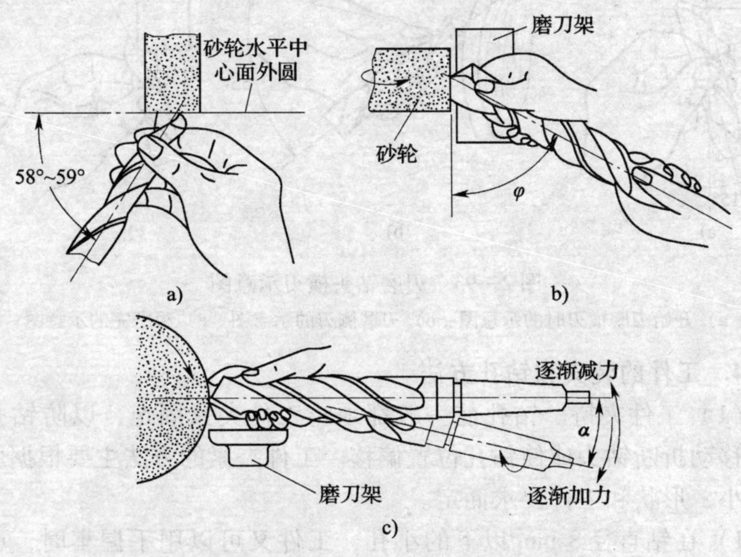

图 2—92　麻花钻刃磨姿势示意图

a）刃磨时钻头的握法　b）磨钻头时以磨刀架为支点　c）向下压麻花钻尾部

麻花钻的钻心较薄，尾部较厚，当钻头磨短之后，横刃就会变长。横刃长了，切削条件变差，轴向抗力大，定心不好，因此，使用短钻头时应该对横刃进行修磨。修磨后的横刃长度，可等于钻头直径的 0.1 倍，其修磨方法是：钻头轴线左摆，刃背（钻头后面的外缘）靠上砂轮的右角，在水平面内与砂轮侧面夹角约为 15°，如图 2—93a 所示；在垂直面内与砂轮中心线夹角约为 55°，如图 2—93b 所示。磨削点由外刃背沿棱线逐渐向钻心移动，并慢慢转动钻头，逐渐减小压力，磨至内刃前面。磨至钻心时要保证内刃与砂轮侧面的夹角约为 25°，如图 2—93c 所示，并要防止钻心磨得过薄。修磨的横刃应在正中，两侧修磨量要均匀对称。修磨量不要过多，注意保持内刃的强度。对称性要求较高的大直径钻头，磨完后应夹到钻床上试一试，用手扳动主轴，把横刃对准工件上的钻孔处，看它是否在钻孔中心旋转，如果偏向一边，则需进一步修磨。

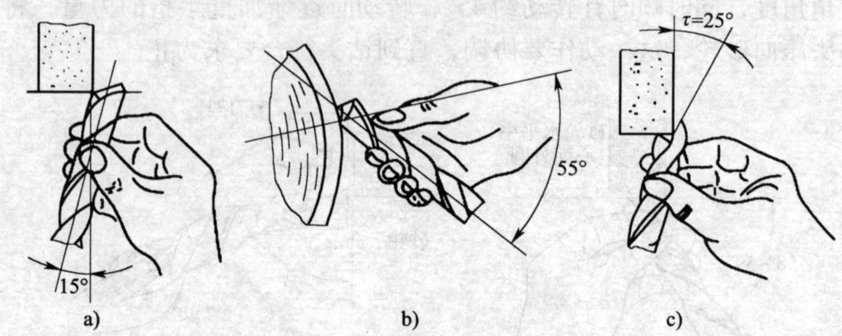

图 2—93　刃磨钻头横刃示意图

a）开始刃磨横刃时的示意图　b）刃磨侧刃的示意图　c）刃磨完的示意图

4. 工件的装夹和钻孔方法

（1）工件夹持。钻孔前一般都须将工件夹紧固定，以防钻孔时工件移动折断钻头或使钻孔位置偏移。工件夹紧的方法主要根据工件的大小、形状和工件要求而定。

1）在钻直径 8 mm 以下的小孔，工件又可以用手握牢时，可用手握住工件钻孔。此方法比较方便，但工件上锋利的边、角必须倒钝。有些长工件虽可用手握住，但还应在钻床台面上用螺钉靠住，如图 2—94 所示。当孔将要钻穿时减慢进给速度，以防发生事故。

2）用机床用平口虎钳夹持工件。在平整工件上钻孔，一般把工件夹持在机床用平口虎钳上，如图 2—95 所示。钻孔直径较大时，可将机床用平口虎钳用螺钉固定在钻床工作台上，以减少钻孔时的振动。

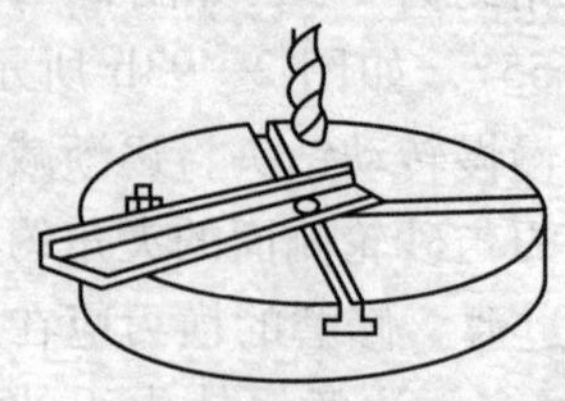

图 2—94　长工件用螺钉靠住

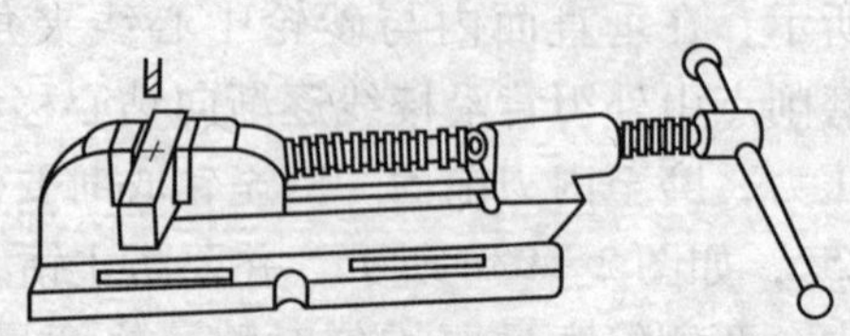

图 2—95　用机床用平口虎钳夹持工件

3）用 V 形块配以压板夹持工件。在套筒或圆柱形工件上钻孔，一般把工件放在 V 形块上并配以压板压紧，以免工件在钻孔时转动。用 V 形块配以压板夹持圆柱形工件的几种形式如图 2—96 所示。

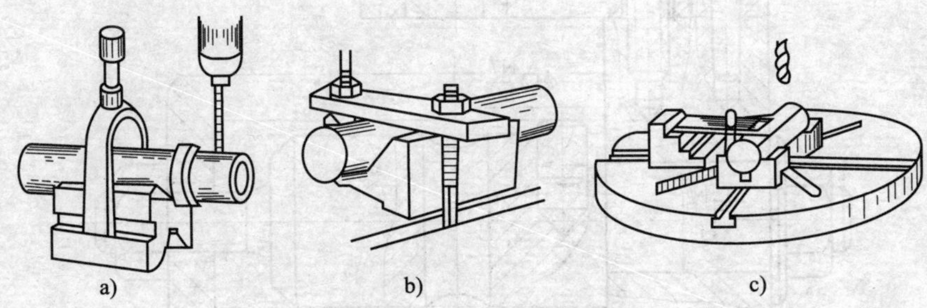

图 2—96　用 V 形块、压板夹持圆柱形工件

4）用压板夹持工件。钻大孔或不适宜用机床用平口虎钳夹持的工件，可直接用压板、螺栓把工件固定在钻床工作台上，如图 2—97 所示。使用压板时要注意以下几点。

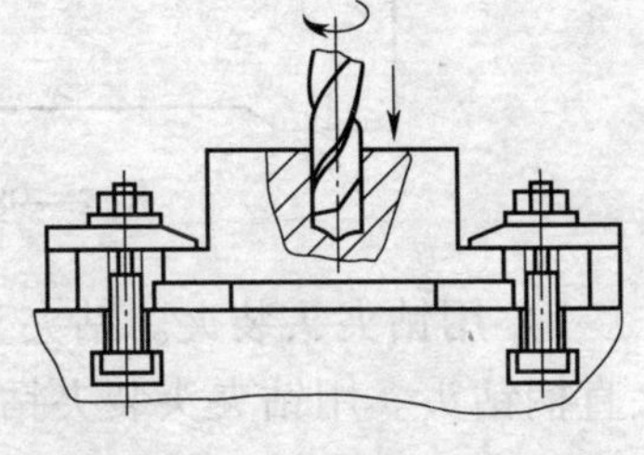

图 2—97　用压板夹持工件

①螺栓应尽量靠近工件，使压紧力较大。

②垫铁应比工件的压紧表面稍高，这样即使压板略有变形，着力点也不会偏在工件边缘处，而且有较大的压紧面积。

③对已精加工过的压紧表面应垫以铜皮等物，以免压出印痕。

5）用钻夹具夹持工件。对一些钻孔要求较高，零件批量较大的工件，可根据工件的形状、尺寸、加工要求，采用专用的钻夹具来夹持工件，如图 2—98 所示。利用钻夹具夹持工件，可提高钻孔精度，尤其是孔与孔之间的位置精度，并节省划线等辅助时间，提高了劳动生产率。

（2）钻头的装拆。钻头的柄部形状和直径大小不同，在钻床上装夹钻头时，常采用钻夹头、钻套进行装夹或直接装入钻床主轴锥孔内。

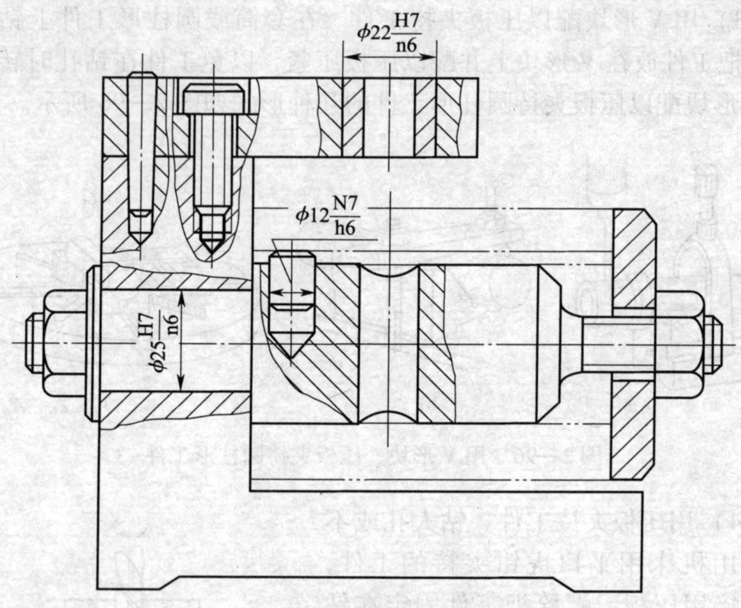

图 2—98　钻夹具夹持工件

1）用钻夹头装夹。钻夹头又称钻帽，如图 2—99a 所示，用于装夹直柄钻头。用钻夹头装夹钻头时，夹持长度不应小于 15 mm。钻夹头安装在钻头主轴上如图 2—99b 所示。

2）用钻套装夹或直接装夹。当锥柄钻头柄部的莫氏锥体与钻床主轴锥孔的尺寸及锥度一致时，可直接将钻头插入到主轴锥孔内。当锥度不一致时，应加钻套或几个钻套（数量以较少为好，这样连接刚度较大）进行过渡连接，如图 2—99c、d 所示。不管是否加钻头套，在装夹前都必须将锥柄和主轴锥孔擦干净，并使扁尾对准腰形孔，然后利用加速冲力一次装接，才能保证连接可靠。拆卸钻头或钻头套时，要将斜铁敲入腰形孔内，斜铁斜面向下，利用斜面的推力使其分离，即可拆下钻头或钻头套，如图 2—99e 所示。

（3）一般工件的钻孔方法。钻孔前应在工件上划出所要钻孔的十字中心线和直径。在孔的圆周上（90°位置）打四个样冲眼，用于钻孔后的检查。孔中心的样冲眼用于钻头定心，应大而深，使钻头在钻孔时不要偏离中心。

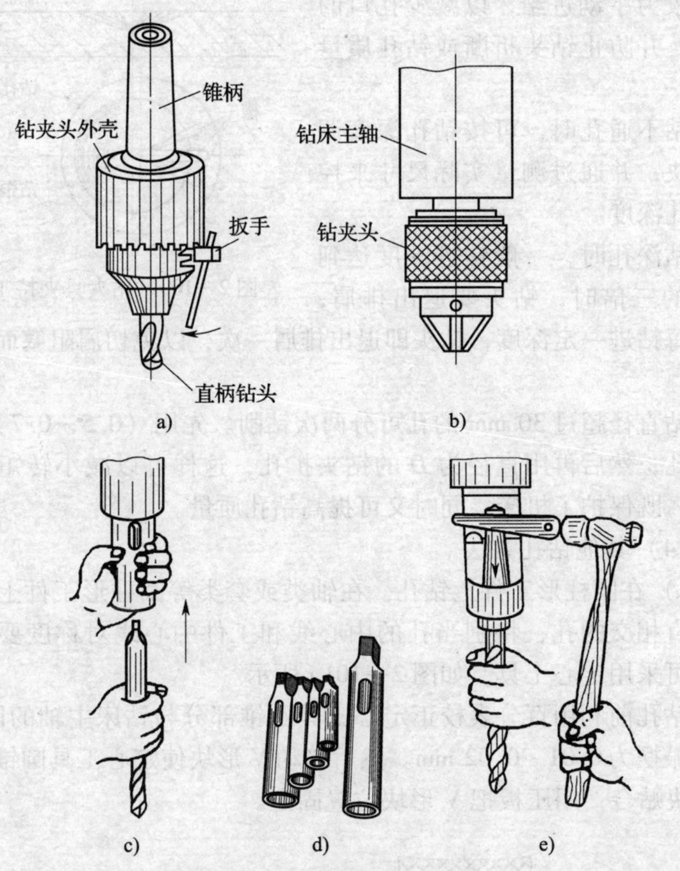

图 2—99　钻头的装拆

a）钻夹头装夹直柄钻头　b）钻夹头安装在钻床主轴上

c）用钻套装夹　d）钻套　e）用斜铁拆下钻头

钻孔开始时，先调正钻头或工件的位置，使钻尖对准钻孔中心，然后试钻一浅坑，如果钻出的浅坑与所划的钻孔圆周线不同心，可移动工件或钻床主轴予以找正。若钻头较大，或浅坑偏得较多，用移动工件或钻头的方法很难取得效果，这时可在原中心孔上用样冲加深样冲眼深度或用油槽錾錾几条沟槽，如图 2—100 所示，以减少此处的切削阻力使钻头偏移过来，达到找正的目的。当试钻达到同心要求后继续钻孔，孔将要钻穿时，必须减小进给量，如采用自动进给，此时

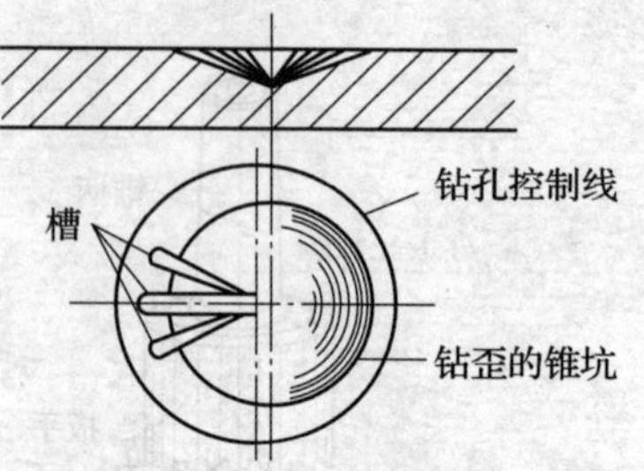

图 2—100　钻夹具夹持工件

最好改为手动进给，以减少孔口的毛刺，并防止钻头折断或钻孔质量降低。

钻不通孔时，可按钻孔深度调整挡块，并通过测量实际尺寸来控制钻孔深度。

钻深孔时，一般钻进深度达到直径的三倍时，钻头要退出排屑，以后每钻进一定深度，钻头即退出排屑一次，以免切屑阻塞而扭断钻头。

钻直径超过 30 mm 的孔可分两次钻削。先用 (0.5 ~ 0.7)D 的钻头钻孔，然后再用直径为 D 的钻头扩孔，这样可以减小转矩和轴向阻力，既保护了机床，同时又可提高钻孔质量。

(4) 其他钻孔方法

1) 在圆柱形工件上钻孔。在轴类或套类等圆柱形工件上钻与轴线垂直相交的孔，特别当孔的中心线和工件中心线对称度要求较高时，可采用定心工具，如图 2—101a 所示。

钻孔前利用百分表校正定心工具圆锥部分与钻床主轴的同轴度，使其振摆为 0.01 ~ 0.02 mm。然后移动 V 形块使定心工具圆锥部分与 V 形块贴合，用压板把 V 形块位置固定。

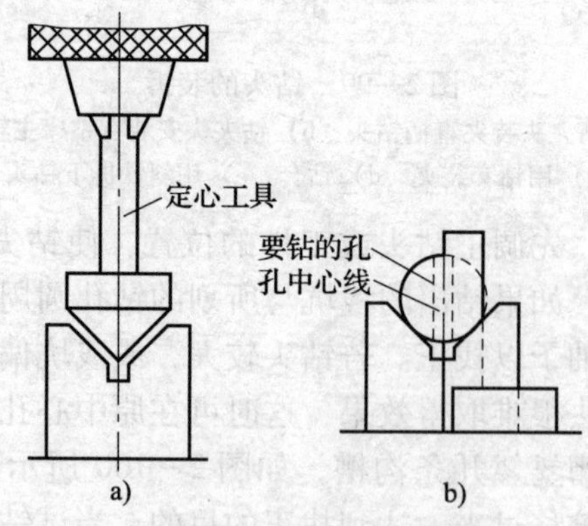

图 2—101　在圆柱形工件上钻孔

在钻孔工件的端面划出所需的中心线，用90°角尺找正端面中心线使其保持竖直，如图2—101b所示。换上钻头，将钻尖对准钻孔中心后，再把工件压紧。然后试钻一个浅坑，检查中心位置是否正确，如有偏差，可调整工件后再试钻，直至位置正确后钻孔。

对称度要求不高时，不必用定心工具，而用钻头的顶尖来找正V形块的中心位置，然后用90°角尺找正工件端面的中心线，并使钻尖对准钻孔中心，压紧工件，进行试钻和钻孔。

2）钻半圆孔。若所钻半圆孔在工件的边缘，可把两工件合起来夹持在机床用平口虎钳内钻孔。若只需一件，可取一块相同材料与工件拼合夹持在机床用平口虎钳内钻孔，如图2—102a所示。如在工件上钻半圆孔，则可先用同样材料嵌入工件内，与工件合钻一个圆孔，然后去掉嵌入材料，工件上即留下半圆孔，如图2—102b所示。

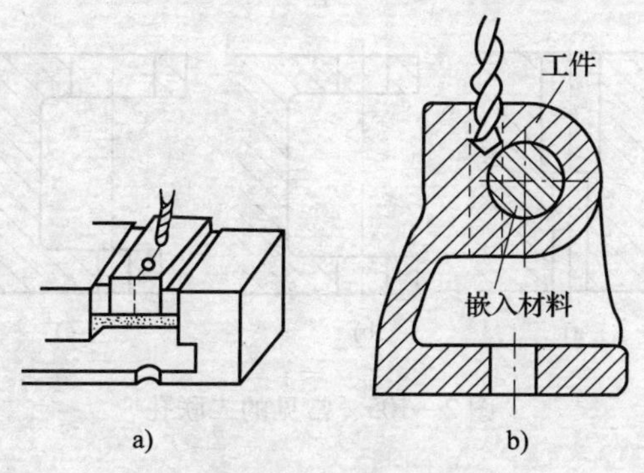

图2—102　钻半圆孔

3）斜面上钻孔。为了在斜面上钻出合格的孔，可用立铣刀或錾子在斜面上加工出一小平面。然后先用中心钻或小直径钻头在小平面上钻出一个浅坑，最后用钻头钻出所需要的孔，如图2—103所示。

4）钻骑缝孔。在钻壳体和衬套之间的骑缝螺纹底孔或销钉孔时，由于壳体和衬套的材料一般不相同，此时样冲眼应打在略偏向于硬材料的一边，以抵消因阻力小而引起的钻头向软材料方向的偏移，如图2—104所示。同时要选用短钻头，以增强钻头刚度，钻头的横刃要磨短，增加钻头的定心作用，减少偏移。

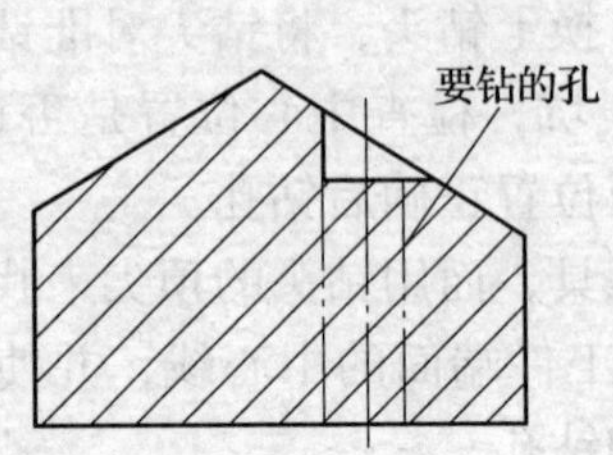

图 2—103 斜面上钻孔示意图

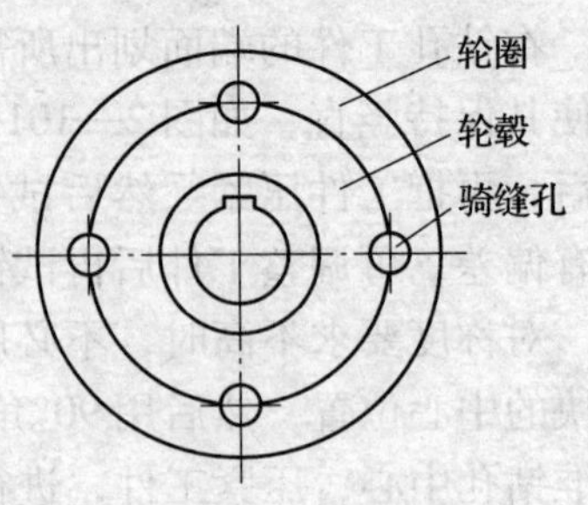

图 2—104 钻骑缝孔

5）钻二联孔。常见的二联孔有三种情况，如图 2—105 所示。由于两孔比较深或距离比较远，钻孔时钻头伸出很长，容易产生摆动，且不易定心，还容易弯曲使钻出的孔倾斜，同轴度达不到要求，此时可采用以下方法钻孔。

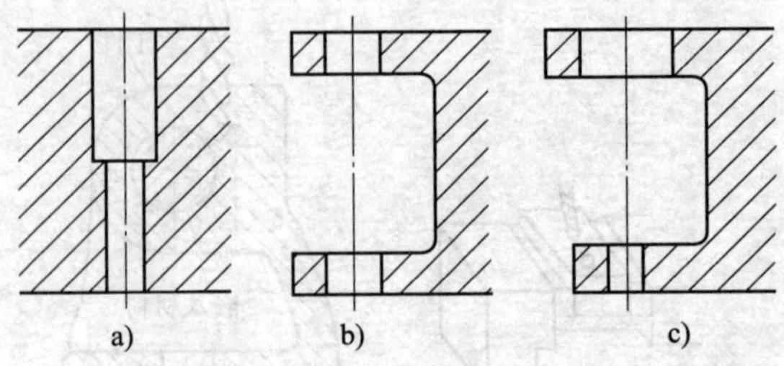

图 2—105 常见的二联孔

钻图 2—105a 所示的二联孔时，可先用较短的钻头钻小孔至大孔深度，再改用长的小钻头将小孔钻完，然后钻大孔，再锪平大孔底平面。

钻图 2—105b 所示的二联孔时，先钻出上面的孔，再用一个外径与上面孔配合较严密的大样冲插进上面的孔中，冲出下面孔的冲眼，然后用钻头对正冲眼慢速钻出一个浅坑，确认正确后，再高速钻孔。

钻图 2—105c 所示的二联孔时，若为成批生产，可制一根接长钻杆，其外径与上面的孔为动配合。先钻完上面的大孔后，再换上装有小钻头的接长钻杆，以上面的孔为引导，钻出下面的小孔，也可采用钻图 2—105b 所示二联孔的方法钻孔。

6）配钻。在有装配关系的两个零件中，一个孔已加工好，按此孔需要，在另一工件上钻出相应孔的钻削过程称为配钻。常见的配钻情况如图 2—106 所示，主要是要求两相应孔的同轴度。

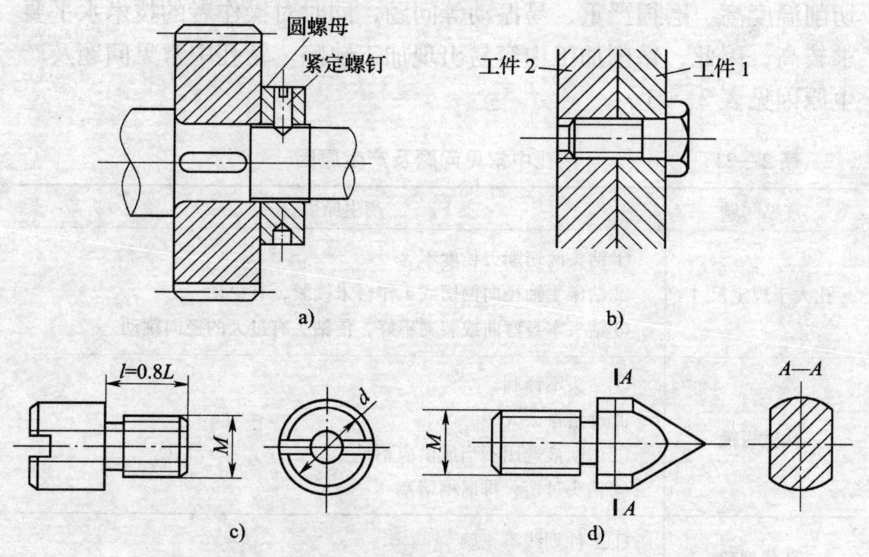

图 2—106　常见的配钻情况

配钻图 2—106a 所示轴上紧定螺钉的锥孔（或圆柱孔）时，先把圆螺母拧紧到所要求位置，用外径略小于紧定螺钉孔内径的样冲插入螺孔内，在轴上冲出样冲孔，卸下螺母后钻出锥坑或圆柱孔。也可以把圆螺母拧紧后配钻底孔，卸下后再在螺母上攻螺纹。

配钻图 2—106b 所示工件 1 上的光孔时（工件 2 上的螺纹孔已加工好），可先做一个与工件螺纹孔相配合的专用钻套，如图 2—106c 所示。从左面拧在工件 2 上，把 1、2 两个工件相互位置对正并夹紧在一起，用一个与钻套孔径 d 相配合的钻头通过钻套在工件 1 上钻一个小孔，再把两个工件分开，按小孔定心钻出光孔。若工件上的螺纹孔为盲孔，则可加工一个与工件 2 螺纹孔相配合的专用样冲，如图 2—106d 所示，螺纹部分的长度约为直径的 1.5 倍，锥尖处硬度为 56 ~ 60HRC。使用时，将专用样冲拧进工件 2 的螺纹孔内，再把露在外的样冲顶尖的高度调整好，然后将工件 1、2 的相互位置对准并将二者放在一起，用木锤击打工件 1 或 2，样冲便会在工件 1 上打出样冲孔，然后按样冲孔钻出光孔。

（5）钻孔中常见的问题及产生原因。钻削加工具有切削条件差、切削温度高、磨损严重、易振动等问题，同时对操作者的技术水平要求较高，因此，钻削加工中容易出现加工缺陷。钻孔中常见问题及产生原因见表 2—21。

表 2—21　　钻孔中常见问题及产生原因

常见问题	产生原因
孔大于规定尺寸	①钻头两切削刃长度不等 ②钻床主轴径向偏摆或工作台未锁紧，有松动 ③钻头本身弯曲或装夹不好，使钻头有过大的径向跳动
孔壁粗糙	①钻头不锋利 ②进给量太大 ③切削液选用不当或供应不足 ④钻头过短，排屑槽堵塞
孔位偏移	①工件划线不正确 ②钻头横刃太长，定心不准，起钻过偏而没有纠正
孔歪斜	①工件上与孔垂直的平面与主轴不垂直，或钻床主轴与工作台面不垂直 ②工件安装时安装接触面上的切屑未清除干净 ③工件装夹不牢，钻孔时产生歪斜或工件有砂眼 ④进给量过大使钻头产生弯曲变形
钻孔呈多角形	①钻头后角太大 ②钻头两主切削刃长短不一，角度不对称
钻头工作部分折断	①钻头用钝仍继续钻孔 ②钻孔时未经常清理接触面上的切屑，切屑阻塞在钻头螺旋槽内 ③孔将要钻通时没有减小进给量 ④进给量过大 ⑤工件未夹紧，钻孔时产生松动 ⑥在钻黄铜等软金属时，钻头后角太大，前角又没有修磨小而造成扎刀现象

续表

常见问题	产生原因
切削刃迅速磨损或崩裂	①切削速度太高 ②没有根据工件材料硬度来刃磨钻头角度 ③工件表面或内部硬度高或有砂眼 ④进给量过大 ⑤切削液不足

七、典型零件孔类加工实训

1. 钻孔实训

（1）零件图。零件图如图 2—107 所示。

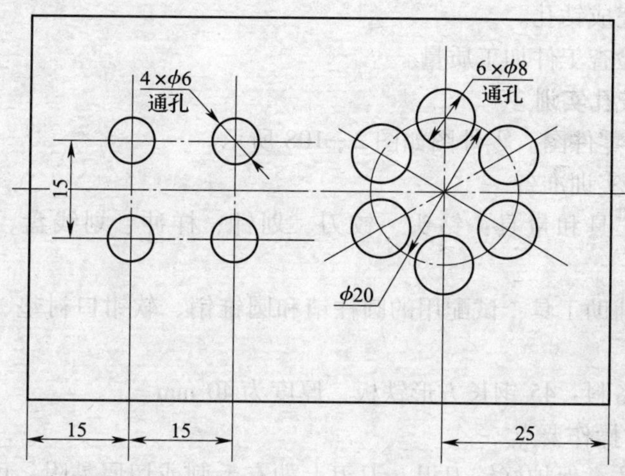

图 2—107　零件图

（2）实训准备

1）工具和量具：钻头、划针、样冲、划线盘和钢直尺等。

2）辅助工具：压板、螺栓、切削液及涂料等。

3）备料：45 钢长方形铁板，厚度为 60 mm。

（3）操作要点

1）首先进行钻头刃磨练习，做到刃磨姿势、钻头几何形状和角度正确。

2）装夹钻头要用钻夹头钥匙，不得用楔铁和锤子敲击，以免损坏钻夹头。

3）钻头用钝后必须及时进行修磨。

4）钻孔时，手动进给的压力应根据钻头的工作情况以目测和感觉进行控制。

5）注意钻孔操作安全事项。

（4）操作步骤

1）刃磨钻头，要求几何形状和角度正确。

2）按毛坯形状和尺寸检查，清理表面，涂色。

3）按要求划钻孔加工线。

4）调整钻床达到要求。

5）完成钻孔。

6）检查工件加工质量。

2. 铰孔实训

（1）零件图。零件图如图 2—108 所示。

（2）实训准备

1）工具和量具：钻头、铰刀、划针、样冲、划线盘、钢直尺等。

2）辅助工具：试配用的圆柱销和圆锥销、软钳口衬垫、油石和涂料等。

3）备料：45 钢长方形铁板，厚度为 40 mm。

（3）操作要点

1）注意保护好铰刀刃，刀刃上如有毛刺或切屑黏附，可用油石小心磨去。

2）起铰后，右手垂直加压，左手转动，两手用力均匀，速度不可过快，保持稳定。

3）适当控制进给量，以防铰刀被卡住。

4）从锥孔中取出铰刀时，顺时针旋转，不可倒转。

（4）操作步骤

1）按图样划出孔位置加工线。

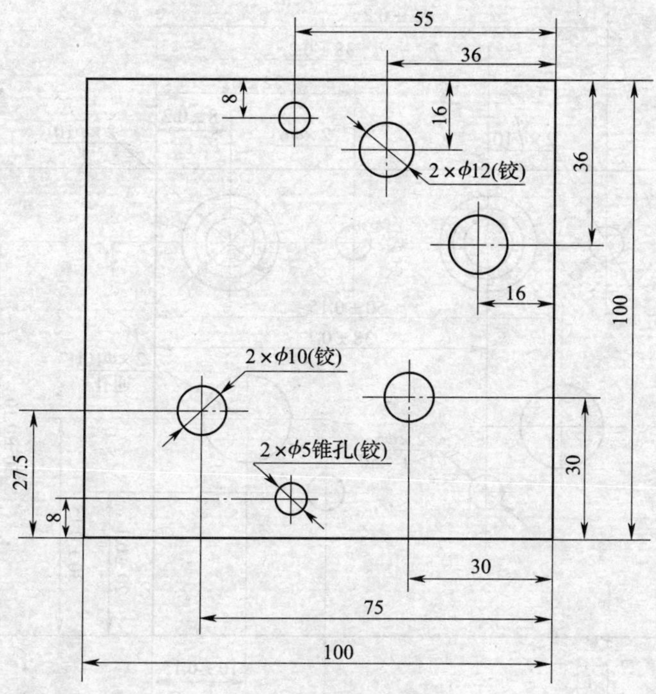

图 2—108　零件图

2）钻孔，合理选定各钻头的规格，留一定的铰孔余量，对孔口进行 C0.5 mm 倒角。

3）铰各圆柱孔，用圆柱销试配检验。

4）铰锥销孔，用圆锥销试配检验，达到正确的配合尺寸要求。

3. 钻孔、锪孔、铰孔综合实训

（1）零件图。钻孔、锪孔和铰孔综合实训图如图 2—109 所示。

（2）实训准备

1）工具和量具：钻头、直铰刀、锥铰刀（1∶50）、锤子、划规、样冲、钢直尺、游标卡尺、90°角尺和刀口形 90°角尺等。

2）辅助工具：软钳口衬垫、毛刷等。

3）备料：45 钢板，尺寸为 60 mm × 60 mm × 20 mm，垂直度、平行度为 0.05 mm，每人各一件。

（3）操作步骤

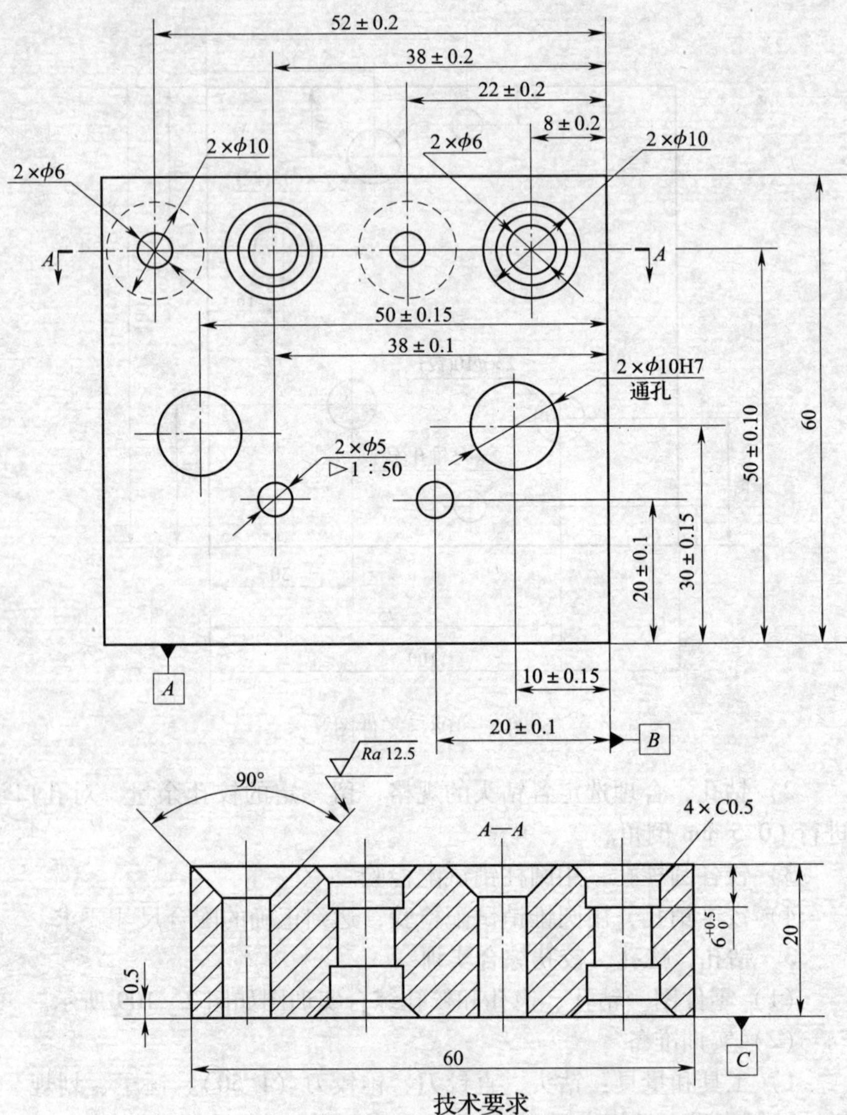

技术要求

1. A、B、C面相互垂直，且垂直度公差不大于0.05 mm。

2. A、B、C的对应面相对于A、B、C面的平行度公差不大于0.05 mm。

图 2—109　钻孔、锪孔和铰孔综合实训图

1）检查毛坯，做必要修整。

2）以 A、B 为基准面，划 $2\times\phi5$ mm 通孔中心线、$2\times\phi10$ mm 通孔中心线、$4\times\phi6$ mm 通孔中心线，用游标卡尺检查，使孔距准确。

3）用样冲打中心样冲眼。

4）用划规分别划 $2\times\phi5$ mm、$6\times\phi10$ mm、$4\times\phi6$ mm 通孔的圆，孔间距须达到图样要求。

5）用柱形锪钻锪 $2\times\phi10$ mm 的孔，用 90°锥形锪钻锪 90°孔。

6）将零件翻转 180°，按上述方法锪另一面。

7）用手用铰刀铰 $2\times\phi10H7$ 通孔和 1∶50 锥孔。

（4）钻孔、锪孔和铰孔综合件质量检查的内容和成绩评定。钻孔、锪孔和铰孔综合件质量检查评分表见表 2—22。

表 2—22　钻孔、锪孔和铰孔综合件质量检查评分表

姓名：		日期：	总分：		
序号	评定内容	评定标准	检测结果	配分	得分
1	钻孔	每处超差扣 2 分		8	
2	铰孔	每处超差扣 4 分		16	
3	锪孔	每处超差扣 2 分		8	
4	锪锥孔	每处超差扣 2 分		8	
5	孔距（10 处）	每处超差扣 5 分		50	
6	安全文明生产	违者酌情扣 1 ~ 10 分		10	

§2—6　刮削、研磨技能及训练

一、刮削

工具钳工在对磨损后的标准精度平板进行修复时，可采用刮削使其恢复精度。

1．刮削概述

（1）刮削原理。将工件与基准件（如标准平板、校准平尺或已加工过的相配件）互相研合，通过显示剂显示出表面上的高点、次高点，然后用刮刀削掉高点、次高点。再互相研合，把又显示出的高点、次高点刮去，经反复多次研刮，从而使工件表面获得较高的几何形状精度和表面接触精度。

（2）刮削的特点和作用

1）在刮削过程中，工件表面多次受到具有负前角的刮刀的推挤和压光作用，使工件表面的组织变得紧密，并在表面产生加工硬化，从而提高了工件表面的硬度和耐磨性。

2）刮削是间断的切削加工，具有切削量小、切削力小的特点，这样就可避免工件在机械加工中的振动和受热、受力变形，提高了加工质量。

3）刮削能消除高低不平的表面，减小表面粗糙度值，提高表面接触精度，保证工件达到各种配合的要求。因此，它广泛应用于机床导轨滑行面、滑动轴承的接触面、工具的工作表面及密封用配合表面等的加工和修理工作中。

4）刮削后的工件表面形成了比较均匀的微浅凹坑，具有良好的存油条件，从而可改善相对运动件之间的润滑状况。

（3）刮削余量。刮削是一项繁重的手工操作，每刀刮削的量又很少，因此，刮削余量不能太大，应以能消除上道工序所残留的几何形状误差和切削痕迹为准，过多或过少都会造成浪费工时、增加劳动强度或达不到加工质量的要求。刮削余量一般为 0.05 ~0.40 mm，具体数值见表 2—23 或依据经验来确定。在确定刮削余量时应考虑以下因素：

1）工件面积大时余量取大些。

2）刮削前加工误差大时余量取大些。

3）工件刚度差、易变形时，余量取大些。

（4）刮削的种类。刮削可分为平面刮削和曲面刮削两种，平面刮削有单个平面刮削（如平板、工作台面等）和组合平面刮削（如 V 形导轨面、燕尾槽面等），曲面刮削有内圆柱面刮削、内圆锥面刮削和球面刮削等。

表 2—23　　　　平面和孔的刮削余量　　　　mm

平面的刮削余量					
平面宽度	平面长度				
	100 ~ 500	500 ~ 1 000	1 000 ~ 2 000	2 000 ~ 4 000	4 000 ~ 6 000
100 以下	0. 10	0. 15	0. 20	0. 25	0. 30
100 ~ 500	0. 15	0. 20	0. 25	0. 30	0. 40

孔的刮削余量			
孔　径	平面长度		
	100 以下	100 ~ 200	200 ~ 300
80 以下	0. 05	0. 08	0. 12
80 ~ 180	0. 10	0. 15	0. 25
180 ~ 360	0. 15	0. 20	0. 35

2. 刮削工具

刮削工具主要有刮刀、校准工具和显示剂等。

(1) 刮刀。刮刀是刮削的主要工具，有平面刮刀和曲面刮刀两类。

1) 平面刮刀。平面刮刀用于刮削平面和刮花，一般用 T12A 钢制成。当工件表面较硬时，也可以焊接高速钢或硬质合金刀头，如图 2—110 所示。刮刀头部形状和角度如图 2—111 所示。

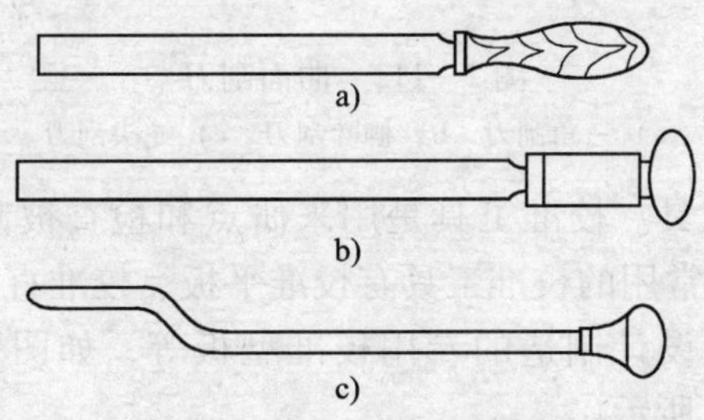

图 2—110　平面刮刀

a)、b) 直头刮刀　c) 弯头刮刀

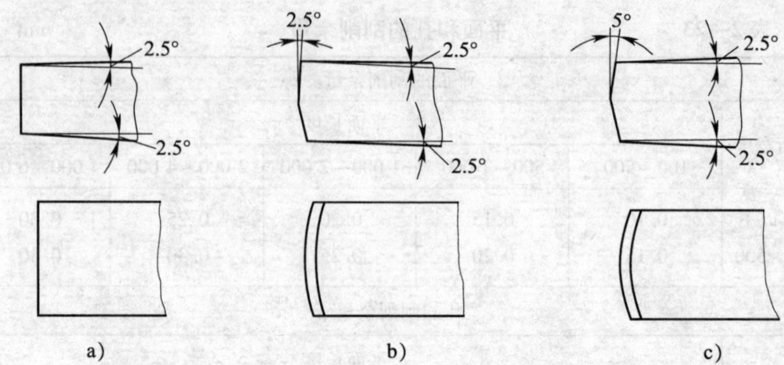

图 2—111　刮刀头部形状和角度

a）粗刮刀　b）细刮刀　c）精刮刀

2）曲面刮刀。曲面刮刀用于刮削内曲面，常用的有三角刮刀、柳叶刮刀和蛇头刮刀，如图 2—112 所示。

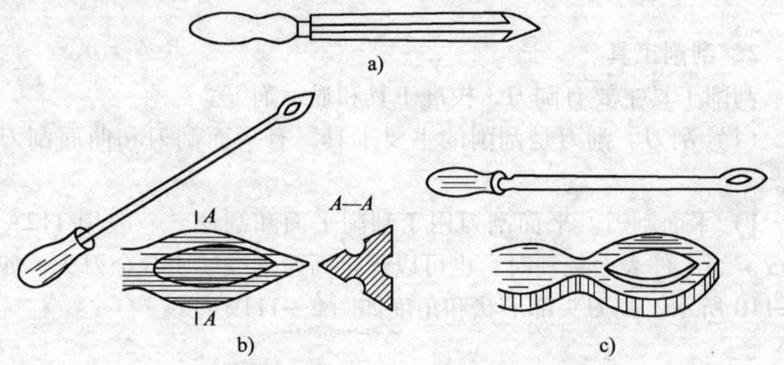

图 2—112　曲面刮刀

a）三角刮刀　b）柳叶刮刀　c）蛇头刮刀

（2）校准工具。校准工具是用来研点和检查被刮面准确性的工具，也称研具。常用的校准工具有校准平板、校准直尺、角度直尺及根据被刮面形状设计制造的专用校准型板等，如图 2—113、图 2—114 和图 2—115 所示。

（3）显示剂。工件和校准工具对研时，所加的涂料称为显示剂，其作用是显示工件误差的位置和大小。

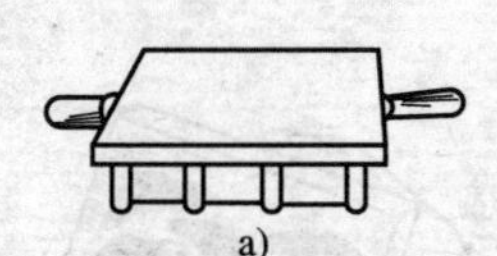

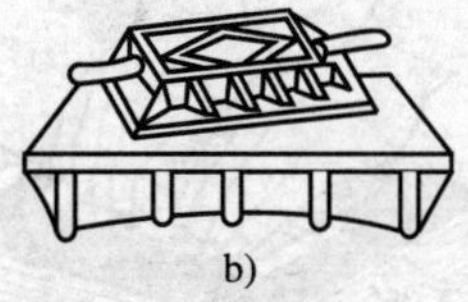

图 2—113　校准平板

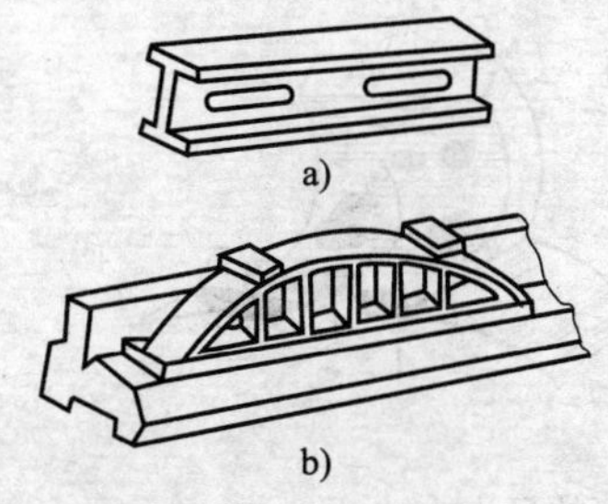

图 2—114　校准直尺

a）工字形直尺　b）桥式直尺

图 2—115　角度直尺

1）显示剂的种类

①红丹粉。红丹粉分铅丹（氧化铅，呈橘红色）和铁丹（氧化铁，呈红褐色）两种，颗粒较细，用机油调和后使用，广泛用于钢和铸铁工件。

②蓝油。蓝油是用蓝粉和蓖麻油及适量机油调和而成的，呈深蓝色，其研点小而清楚，多用于精密工件和有色金属及其合金的工件。

2）显示剂的用法。刮削时，显示剂可以涂在工件表面上，也可以涂在校准件上。前者在工件表面显示的结果是红底黑点，没有闪光，容易看清，适于精刮时选用。后者只在工件表面的高处着色，研点暗淡，不易看清，但切屑不易黏附刀刃上，刮削方便，适于粗刮时选用。

在调和显示剂时应注意：粗刮时，可调得稀些，这样在刀痕较多的工件表面上便于涂抹，显示的研点也大；精刮时，应调得干些，涂抹要薄而均匀，这样显示的研点细小，否则研点会模糊不清。

3）显点方法。显点方法应根据不同形状和刮削面积的大小有所区别。平面与曲面的显点方法如图 2—116 所示。

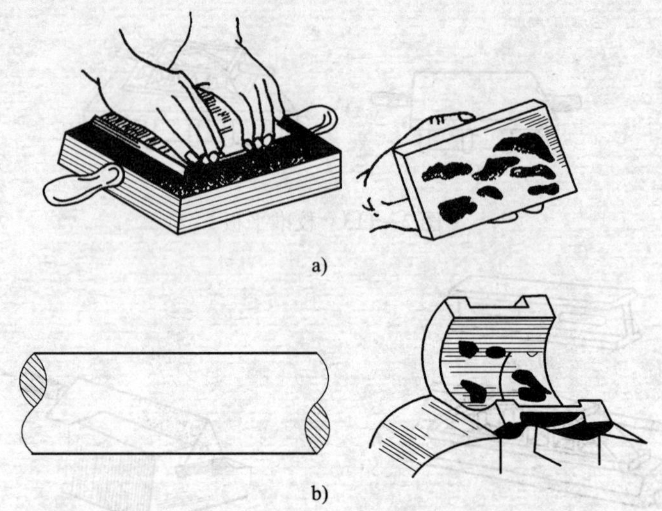

图 2—116　平面与曲面的显点方法

a）平面显点法　b）曲面显点法

①中小型工件的显点。一般是校准平板固定不动，工件被刮面在平板上推研。推研时压力要均匀，避免显示失真。如果工件被刮面小于平板面，推研时最好不超出平板；如果被刮面等于或稍大于平板面，允许工件超出平板，但超出部分应小于工件长度的 1/3，如图 2—117 所示。推研应在整个平板上进行，以防止平板局部磨损。

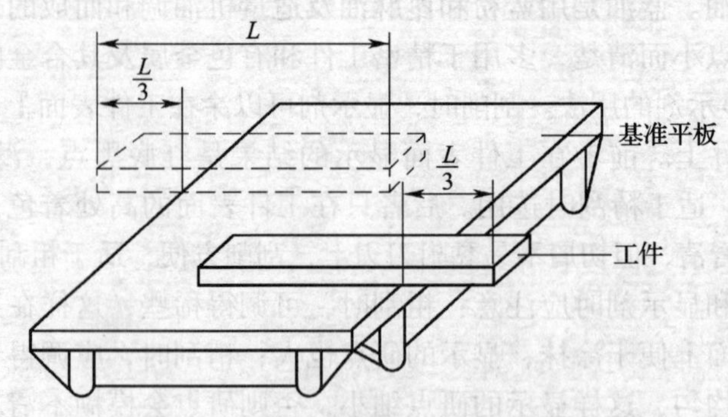

图 2—117　工件在平板上显点

②大型工件的显点。将工件固定，平板在工件的被刮面上推研。推研时，平板超出工件被刮面的长度应小于平板长度的 1/5。对于面

积大、刚度低的工件，平板的质量要尽可能减轻，必要时还要采取卸荷推研。

③形状不对称工件的显点。推研时应在工件某个部位托或压，如图2—118所示，但用力的大小要适当、均匀。显点时还应注意，如果两次显点有矛盾，应分析原因，认真检查推研方法，小心处理。

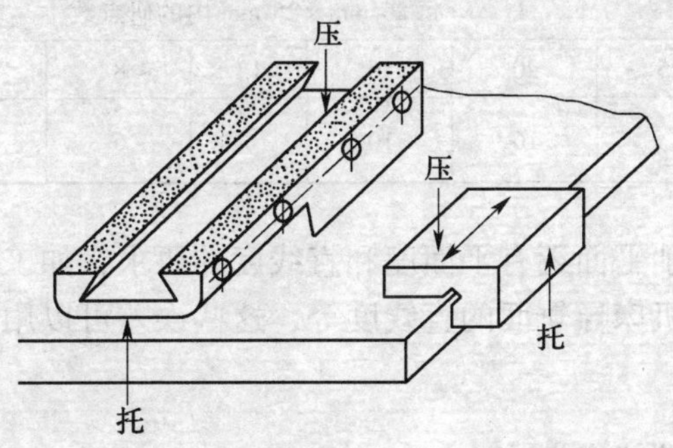

图2—118　形状不对称工件的显点

3. 刮削精度的检验

刮削精度包括尺寸精度、形位精度、接触精度、配合间隙及表面粗糙度等。接触精度常用25 mm×25 mm正方形方框内的研点数检验。各种平面接触精度研点数见表2—24；曲面刮削中，常见的滑动轴承的研点数见表2—25。

表2—24　　各种平面接触精度研点数

平面种类	每25 mm×25 mm内的研点数	应　用
一般平面	2～5	较粗糙机件的固定接合面
	>5～8	一般接合面
	>8～12	机器台面、一般基准面、机床导向面、密封接合面
	>12～16	机床导轨及导向面、工具基准面、量具接触面
精密平面	>16～20	精密机床导轨、直尺
	>20～25	1级平板、精密量具
超精密平面	>25	0级平板、高精度机床导轨、精密量具

注：表中1级平板、0级平板指通用平板的精度等级。

表 2—25　　　　滑动轴承的研点数

轴承直径（mm）	机床或精密机械主轴轴承			锻压设备和通用机械的轴承		动力机械和冶金设备的轴承	
	高精度	精密	普通	重要	普通	重要	普通
	每 25 mm×25 mm 内的研点数						
≤120	25	20	16	12	8	8	5
＞120		16	10	8	6	6	2

大多数刮削平面还有平面度和直线度的要求，如工件平面大范围内的平面度、机床导轨面的直线度等，这些误差可以用框式水平仪检查。

二、刮削技能实训

1. 刮削前的准备工作

（1）刮削场地。刮削场地要清洁、平整，具有良好的采光条件，光线的亮度以不影响视力为宜。放置精密或重型工件的场地要坚实，以防工件倾斜。

（2）清理工件表面。清除工件表面的油污和杂质。工件上的飞边要倒掉，以防刮伤手指。

（3）安放工件。工件的安放要平稳，尤其是安放重型或大型工件时，一定要选好支撑点，保证放置平稳。刮削面位置的高度要以操作者的身高来确定，一般在操作者腰部比较适宜。刮削较小的工件时，应用台虎钳或其他方法将其夹持牢固后，再进行刮削。

（4）刃磨刮刀。工作过程中，随时检查刮刀是否锋利，如磨钝，需进行刃磨。如果刮刀硬度不够，要进行淬火处理，或者更换锋利的刮刀。

2. 平面刮削的姿势和步骤

（1）平面刮削的姿势。刮削前首先要熟悉和掌握刮削操作的姿势，常用的平面刮削姿势有两种：挺刮法和手刮法。

1）挺刮法。挺刮法动作要领如图 2—119 所示。将刮刀柄顶在小腹右下侧肌肉外，双手握住刀身，左手距刀刃 80 mm 左右。刮削时，利用腿力和臀部的力量将刮刀向前推进，双手对刮刀施加压力。在刮刀向前推进的瞬间，用右手引导刮刀前进的方向，随之左手立即将刮刀提起，这时刮刀便在工件表面上刮去一层金属，完成了挺刮的动作。

挺刮法的特点是使用全身力量，动作协调，用力大，每刀刮削量大，所以适合大余量的刮削。其缺点是身体总处于弯曲状态，容易疲劳。

2）手刮法。手刮法动作要领如图 2—120 所示。右手如握锉刀柄，左手四指向下弯曲握住刀身，距刀刃处 50 mm 左右。刮刀与刮削面成 25°～30°。同时，左脚向前跨一步，身子略向前倾，以增加左手压力，也便于看清刮刀前面的研点情况。刮削时，利用右臂和上身摆动向前推动刮刀，左手下压，同时引导刮刀方向，左手随着研点被刮削的同时，以刮刀的反弹作用迅速提起刀头，刀头提起高度为 5～10 mm，完成一个手刮动作。这种刮削方法动作灵活、适应性强，可用于各种位置的刮削，对刮刀长度要求不太严格。但手刮法的推、压和提起动作，都是靠两手臂力量来完成的，因此，要求操作者臂力较大。在刮削大面积工件时，一般都采用挺刮法刮削。

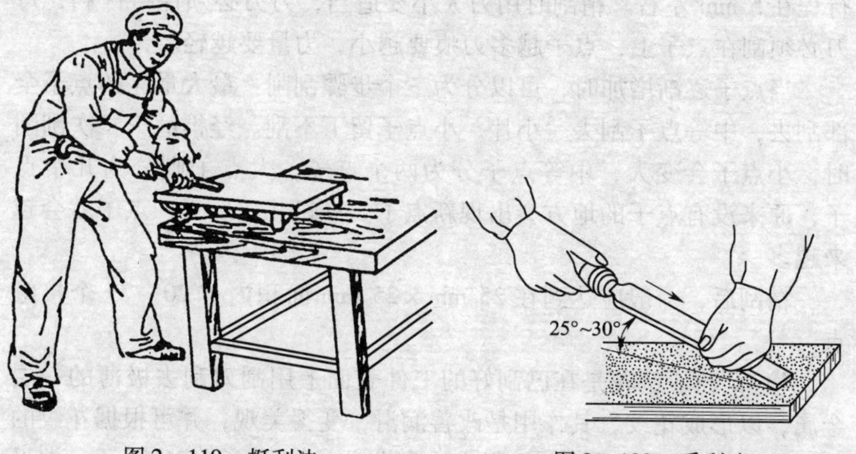

图 2—119　挺刮法　　　　图 2—120　手刮法

综上所述，挺刮刮削量大，手刮灵活性大。可根据工件刮削面的大小和高低情况采用某种刮法或混合使用来完成刮削。

（2）平面刮削的步骤。平面刮削可分为三个步骤：粗刮、细刮和精刮。

1）粗刮。由于工件表面有显著的加工痕迹或已生锈，加工余量较大，所以，要先进行粗刮。方法是采用长柄刮刀，可以加大压力或行程，使刮屑厚而宽，去屑量多。压力用得恰当时，刮下的铁屑发热，刀口有青烟。刮时刀痕要连成一片，不可重复。每刮四五遍以后，平面的四周就会比中间高些，所以，四周必须多刮两次。刮后擦净表面，用显示剂检查接触点的分布情况，并按点子修刮，一直刮到每 25 mm×25 mm 的面积内有 2～3 个接触点时为止，粗刮阶段完成。

2）细刮。粗刮后的工件表面高低相差很大，显示后接触的点子很少。细刮是刮去粗刮后高的接触点，以得到更多的接触点。

细刮时刀痕的宽度在 6 mm 左右，刮刀行程 5～10 mm。在刮削过程中，要按一定方向刮，每刮完一遍要变换一下方向，以形成 45°～60°的网纹。当刮到每 25 mm×25 mm 面积内有 12～15 个点，就可以精刮了。刮削时，高的接触点子周围也应刮去，点子越疏，刮削面应越大。

3）精刮。使用小刮刀进行，刀痕宽度一般在 4 mm 左右，刀的行程在 5 mm 左右。精刮时用力大小要适当，刀刃必须保持锋利，每刀必须刮在点子上，点子越多刀痕要越小，力量要越轻。

当点子逐渐增加时，可以分为三个步骤刮削：最大最亮的点子全部刮去，中等点子刮去一小片，小点子留下不刮。经推磨第二次刮削时，小点子会变大，中等点子分为两个点子，大点子则分为几个点子，原来没有点子的地方会出现新点子。经过几次反复，点子就会越来越多。

精刮后，一般应达到在 25 mm×25 mm 面积内有 20～25 个接触点。

4）刮花。刮花是在已刮好的工件表面上用刮刀刮去极薄的一层金属，以形成花纹，其作用是改善润滑，变得美观，并可根据花纹的磨损和消失情况来判断磨损程度。刮花花纹如图 2—121 所示，常见花纹有斜纹、鱼鳞纹、半月纹、燕子纹等。刮花时多用带有弹性的刀杆，刃口较窄而锋利的刮刀。

图 2—121　刮花花纹

（3）原始平板刮削。原始平板（又称标准平板）刮削一般采用渐进法，即不用标准平板，而以三块平板依次循环互研，达到平面度的要求，称为“三面互研”。

刮削原始平板和刮削一般平板相似，所不同的是多了一个研配。首先，每刮一个阶段后，必须改变基准，否则不能提高精度；其次，每一个阶段中，均以一块为基准刮另外两块；三块原始平板的刮研可分为正研和对角线研两个步骤。

1）刮削步骤。刮削步骤如图 2—122 所示。

2）正研。正研（纵向、横向）用三块平板轮换合研显示，如图 2—123 所示，以消除纵横起伏误差，通过多次循环刮削，达到各平面显点一致。正研按照一定顺序研配，刮后显点虽能符合要求，但有同向扭曲现象。这种现象的产生，是由于正研中平板的高处（凸）正好和低处（凹）重合所造成，影响继续提高平板的精度。

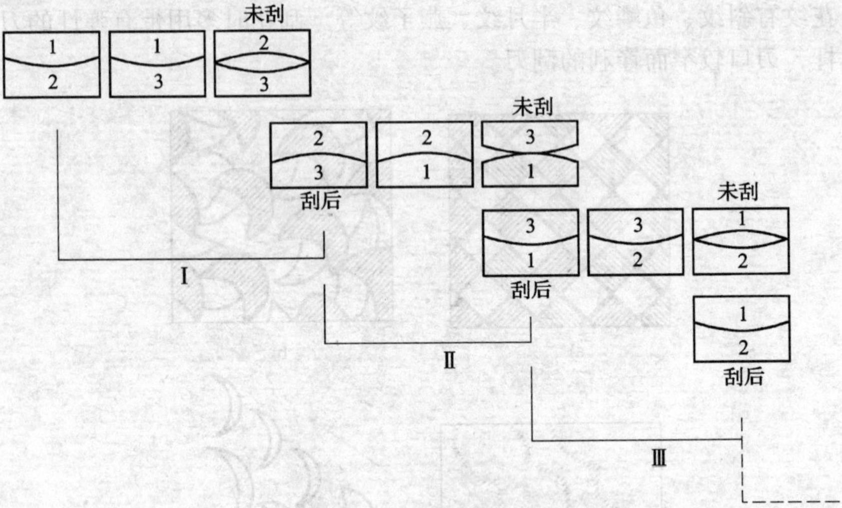

未刮
1
2
1
3
2
3
未刮
2
3
刮后
2
1
3
1
未刮
3
1
刮后
3
2
1
2
1
2
刮后
Ⅰ
Ⅱ
Ⅲ

图 2—122　原始平板的刮削法

2
1
a)
3
1
b)
3
2
c)

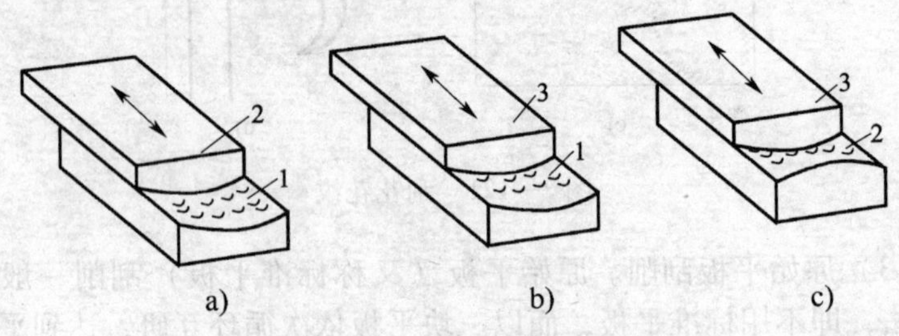

图 2—123　正研刮削示意图

3）对角研。为了消除同向扭曲现象，在经过几次正研循环后，必须采用对角研的方法进行刮削，如图 2—124 所示。研磨时，要高角对高角，低角对低角，根据研点修刮，直至三块板相互间无论用直研、调头研、对角研，研点情况完全相同，消除扭曲，研点数符合要求为止。

3．曲面刮削的方法

曲面刮削的原理和平面刮削一样，但是刮削内曲面时，刀具所做的运动是螺旋运动。用标准轴或配合的轴作为内曲面研磨点子的工具，研磨时，将显示剂均匀地涂在轴面上，轴在轴孔中来回旋转，点子即可显示出来，如图 2—125a 所示，然后可以针对高点刮削。

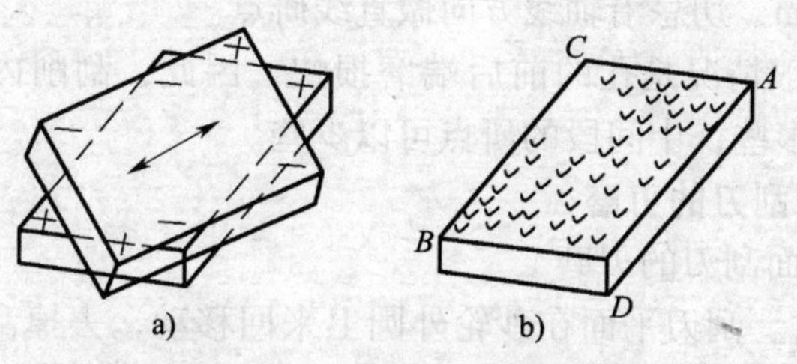

图 2—124　对角研刮削示意图

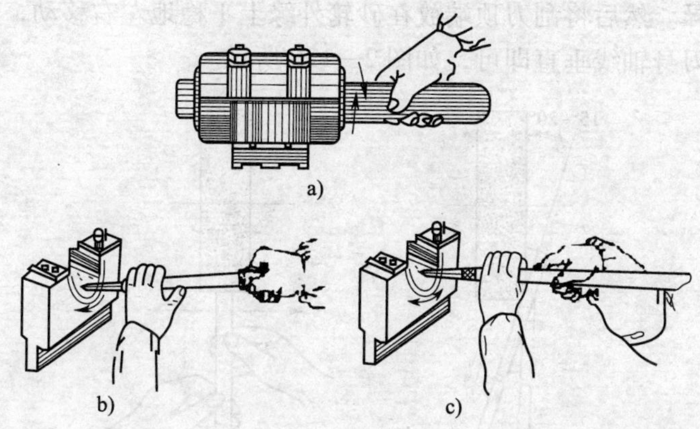

图 2—125　曲面刮削

曲面刮削的方法有两种：短杆握刀法和长杆握刀法。短杆握刀法如图 2—125b 所示，右手握住刀柄，左手手掌向下用四指横握刀杆。刮削时右手做半圆转动，左手顺着曲面的方向拉动或推动刀杆（图中箭头方向所示），与此同时，刮刀在轴向还要移动一些（即刮刀做螺旋运动）。长杆握刀法如图 2—125c 所示，刀杆放在右手臂上，双手握住刀身。刮削时动作与前一种方法一样。

曲面刮削注意事项如下：

（1）刮削时用力不可太大，以不发生抖动，不产生振痕为宜。

（2）交叉刮削，刀痕与曲面内孔中心线约为 45°，以防止刮面产生波纹，研点也不会为条状。

（3）研点时相配合的轴应沿曲面做来回转动，精刮时转动弧长应小于 25 mm，切忌沿轴线方向做直线研点。

（4）一般情况是孔的前后端磨损快，因此，刮削内孔时，前后端的研点要多些，中间段的研点可以少些。

4. 平面刮刀的刃磨

（1）平面刮刀的刃磨

1）粗磨。刮刀平面在砂轮外圆上来回移动，去掉刮刀平面上的氧化皮，将刮刀平面贴在砂轮侧面磨平，注意控制刮刀的厚度和两平面的平行度，厚度应控制在 1.5 ~4 mm，目测在全长上看不出明显的厚薄差异。然后将刮刀顶端放在砂轮外缘上平稳地左右移动，刃磨使顶端与刀身轴线垂直即可，如图 2—126 所示。

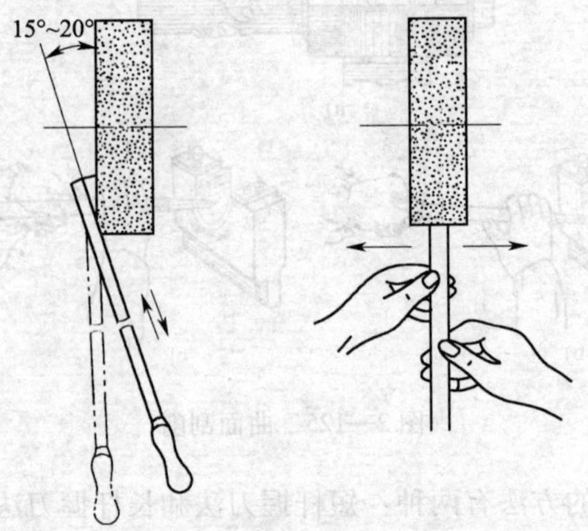

图 2—126 粗磨刮刀

2）热处理。刮刀作为一种切削工具，要求刃部有较高的硬度，因此，除合理地选用材料外，还要进行淬硬处理。

将粗磨好的刮刀头部约 25 mm 长放入炉中加热，缓慢加热到 780 ~800℃（呈樱桃红色），然后取出，迅速放入冷水中冷却（浸入深度 8 ~16 mm）。刮刀应在水中缓慢移动和间断少许上下移动，可使淬硬与不淬硬的界线处不发生断裂。当露出水面部分颜色呈黑色时，即可将刮刀全部浸入水中冷却，直至常温取出，刮刀硬度可达 60HRC。

3）细磨。在细砂轮上细磨时，刮刀形状和几何角度须达到要求。刃磨时，要常蘸水冷却，以防刃口退火。

4）精磨。精磨刮刀时，首先在油石上加注润滑油，使刀身平贴在油石上，如图 2—127a 所示，按箭头方向前后移动，直到将平面刃磨到平整光洁，无砂轮磨痕为止。图 2—127b 所示的刃磨方法是错误的，这样会使平面磨成弧面，刃部也不锋利。刃磨顶端部，操作方法如图 2—127c 所示，用右手握住刀身前端，左手握刀柄，使刮刀刀身中心线与油石平面基本垂直，略向前倾斜。右手握紧刮刀，往返移动，左手扶正。在油石上往复移动距离约为 75 mm。刃磨时，右手握紧刮刀用力向前推进，拉回时，刀身可略提起一些，以免磨损刀刃。图 2—127d 所示的刃磨方法是两手紧握刮刀，向后拉时刃磨刀刃，前移时，提起刮刀，这种方法初学者容易掌握，但刃磨速度较慢。

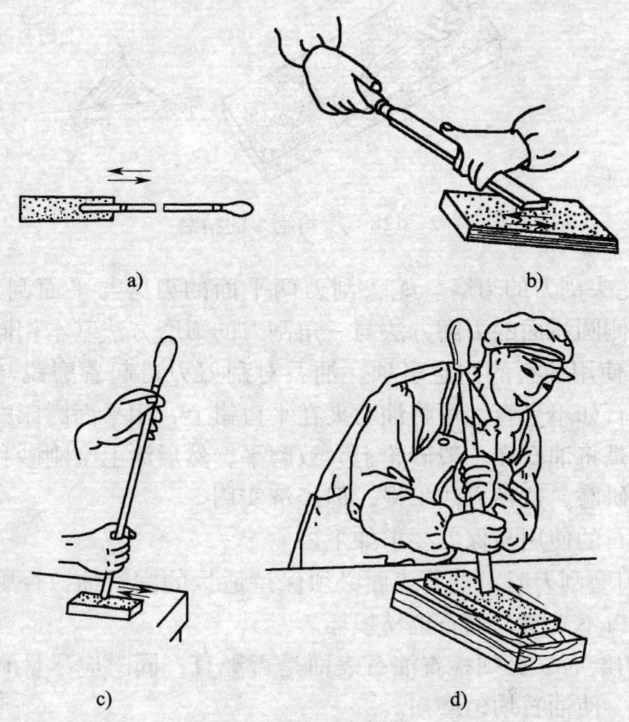

图 2—127　精磨刮刀

刃磨刮刀顶端时，它和刀头平面形成刮刀的楔角的大小一般应按粗、细和精刮的不同要求而定。

（2）曲面刮刀的刃磨

1）三角刮刀的刃磨。三角刮刀很少自己制作，而广泛使用标准化的成品刮刀，所以无须进行粗磨，只进行精磨即可。精磨的方法，如图 2—128 所示，用右手握持刮刀柄，左手轻压刀头部分，使两刀刃顺油石长度方向推移，依刀刃的弧面进行摆动，直至刀刃锋利，表面光洁为止。

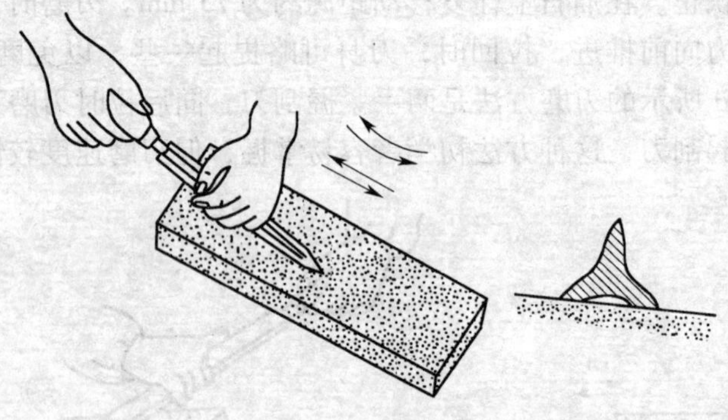

图 2—128　三角刮刀的精磨

2）蛇头刮刀的刃磨。蛇头刮刀两平面的刃磨与平面刮刀相同，而刀头两侧圆弧面的刃磨方法与三角刮刀的刃磨方法基本相同。

（3）使用油石的注意事项。油石对刮刀刃口起着磨锐与磨光的作用，油石如不平直，可将油石夹在平口钳上，用平面磨床磨平；另一种方法是将油石在一般砂轮上大致磨平，然后涂上金刚砂和水在平板上进行研磨，这种方法虽慢，但经济实用。

对油石的使用与保养要求如下。

1）刃磨刮刀时，油石表面必须保持适量的润滑油，否则，磨出的刮刀刃口不光滑，油石也易损坏。

2）刃磨时，必须检查油石表面是否平直，同时应尽量利用油石的有效面，使油石均匀磨损。

3）刃磨后，应将污油擦去，如已嵌入铁屑，可用煤油或汽油洗去，如无效，可用砂布擦去。油石表面的油层应保持清洁。

4）新油石使用前应放在油中浸泡，用完后应放入盒内或浸入油中。

5）刃磨时，应根据加工件精度要求选用适当粒度的油石。

5. 刮削质量的分析

刮削是一种精密加工，每刀去除余量较少，不易产生废品。常见的刮削面缺陷和产生的原因见表 2—26。

表 2—26　　刮削面缺陷和产生的原因

缺陷	特征	产生原因
深凹痕	刮削面研点局部稀少或刀痕与显示研点高低相差太多	①粗刮时用力不均，局部落刀太重或多次刀痕重叠 ②刀刃弧形过大
撕痕	刮削面上有粗糙的条状刮痕，较正常刀痕深	刀刃不光洁、不锋利或刀刃有缺口、裂纹
振痕	刮削面上出现有规则的波纹	多次同向刮削，刀迹没有交叉
划痕	刮削面上划出深浅不一的直线	研点时夹有砂粒
出现假点子	显点情况无规律的改变	①推研点时表面受力不均 ②研具伸出工件太多或研具面积不够 ③研具本身不准确、精度不够 ④研具过重或工件刚度太差

三、研磨

在工具制造中，研磨主要用于表面粗糙度值要求很低，磨石磨削又难以达到要求的压铸模和塑料模表面。模具钳工的研磨一般都是手工操作。

1. 研磨概述

研磨是使用研磨工具（研具）和研磨剂，从工件表面上磨掉一层极薄的金属，使工件达到精度要求的尺寸、准确的几何形状和很小的表面粗糙度的加工方法。

（1）研磨的基本原理。研磨是一种微量的金属切削运动，它的基本原理包含着物理和化学的综合作用。

1）物理作用。物理作用即磨料对工件的切削作用，研磨时，要求研具材料比被研磨的工件软，这样受到一定压力后，研磨剂中微小颗粒（磨料）被压嵌在研具表面上。这些细微的磨料小颗粒具有较高的硬度，成为无数个刀刃。由于研具和工件的相对运动，半固定或浮动的磨粒则在工件和研具之间做运动轨迹很少重复的滑动和滚动，对工件产生微量的切削作用，均匀地从工件表面切去一层极薄的金属。借助于研具的精确型面，从而使工件逐渐得到准确的尺寸精度及合格的表面粗糙度。

2）化学作用。当研磨剂采用氧化铬、硬脂酸等化学研磨剂进行研磨时，与空气接触的工件表面很快形成一层极薄的氧化膜，而且氧化膜又很容易被研磨掉，这就是研磨的化学作用。

在研磨过程中，氧化膜迅速形成（化学作用），又不断地被磨掉（物理作用）。经过这样的多次反复，工件表面很快达到预定要求。由此可见，研磨加工实际体现了物理和化学的综合作用。

（2）研磨作用

1）细化表面粗糙度。各种不同加工方法所得表面粗糙度的比较见表 2—27。

表 2—27　各种加工方法所得表面粗糙度的比较

加工方法	加工情况	表面放大的情况	表面粗糙度 Ra 值/μm
车	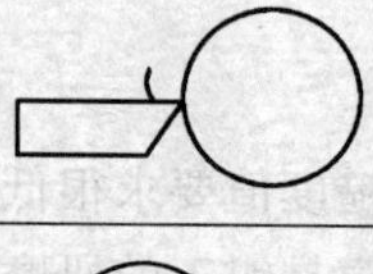	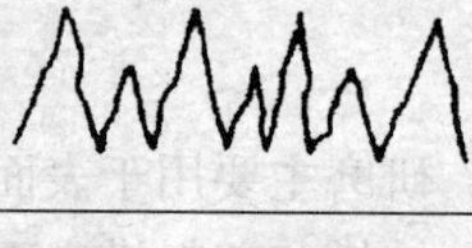	1.6～80
磨	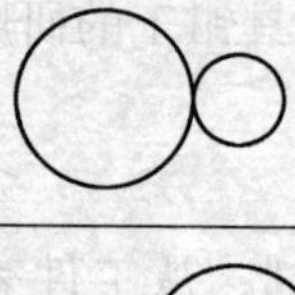	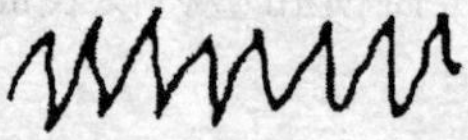	0.4～5
压光	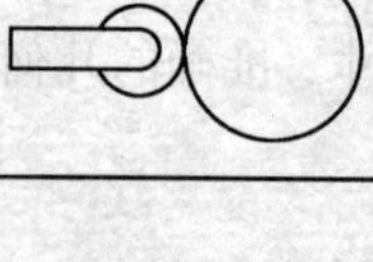		0.1～2.5

续表

加工方法	加工情况	表面放大的情况	表面粗糙度 *Ra* 值/μm
珩磨			0.1～1.0
研磨			0.05～0.2

2）能达到精确的尺寸。通过研磨后的工件尺寸精度可以达到0.001～0.005 mm。

3）提高零件几何形状的准确性。工件在机械加工中产生的形状误差可以通过研磨的方法校正。

由于经过研磨后的工件表面粗糙度值很小，所以工件的抗腐蚀能力和抗疲劳强度也相应得到提高，从而延长了零件的使用寿命。

（3）研磨余量。研磨的切削量很小，一般每研磨一遍所能磨去的金属层不能超过0.002 mm，所以研磨余量不能太大。否则，会使研磨时间增加，并且研磨工具的使用寿命也要缩短。通常研磨余量在0.005～0.03 mm范围内比较适宜，有时研磨余量保留在工件的公差以内。

研磨余量应根据如下主要方面来确定：工件的研磨面积及复杂程度；零件的精度要求；零件是否有工装及研磨面的相互关系等。一般情况下的研磨余量见表2—28。

表2—28　　研磨余量　　mm

平面长度	平面宽度		
	≤25	26～75	75～150
≤25	0.005～0.007	0.007～0.010	0.010～0.014
26～75	0.007～0.010	0.010～0.014	0.014～0.020
76～150	0.010～0.014	0.014～0.020	0.020～0.024
151～260	0.014～0.018	0.020～0.024	0.024～0.030

2. 研具

在研磨加工中，研具是保证研磨工件几何形状正确的主要因素，因此对研具的材料和几何精度要求较高，而表面粗糙度值要小。

（1）研具材料。研具材料应满足如下技术要求：材料的组织要细致均匀，要有很高的稳定性和耐磨性，具有较好的嵌存磨料的性能，工作面的硬度应比工件表面硬度稍低。

常用的研具材料有如下几种。

1）灰铸铁。它有润滑性好，磨耗较慢，硬度适中，研磨剂在其表面容易涂布均匀等优点，是一种研磨效果较好、价廉易得的研具材料，因此得到广泛的应用。

2）球墨铸铁。它比一般灰铸铁更容易嵌存磨料，且更均匀、牢固、适度，同时还能增加研具的耐用度。采用球墨铸铁制作研具已得到广泛应用，尤其适用于精密工件的研磨。

3）软钢。它的韧性较好，不容易折断，常用来制作小型的研具，如研磨螺纹和小直径工具、工件等。

4）铜。性质较软，表面容易被磨料嵌入，适于制作研磨软钢类工件的研具。

（2）研具的类型。生产中需要研磨的工件是多种多样的，不同形状的工件应用不同类型的研具。常用的研具有以下几种。

1）研磨平板。主要用来研磨平面，如研磨块规、精密量具的平面等，它分有槽的和光滑的两种，如图 2—129 所示。有槽的研磨平板用于粗研，研磨时易于将工件压平，可防止将研磨面磨成凸弧面；精研时，则应在光滑的平板上进行。

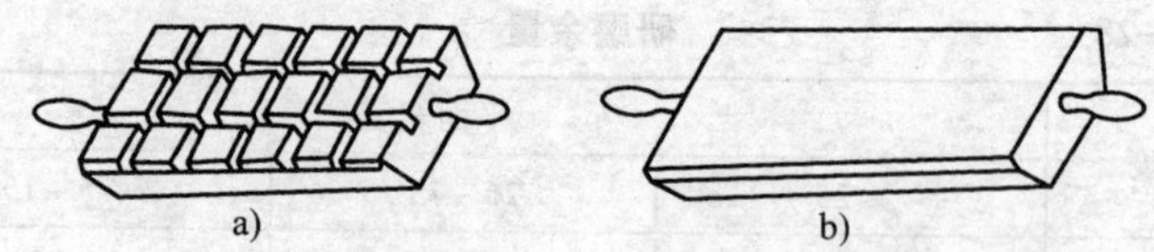

图 2—129　研磨平板

a）有槽平板　b）光滑平板

2）研磨环。主要用来研磨外圆柱表面。研磨环的内径应比工件的外径大 0.025 ~0.05 mm，其结构如图 2—130 所示。当研磨一段时间后，若研磨环内孔磨大，拧紧调节螺钉 3，可使孔径缩小，以达到所需间隙，如图 2—130a 所示。图 2—130b 所示的研磨环孔径的调整则靠右侧的螺钉。

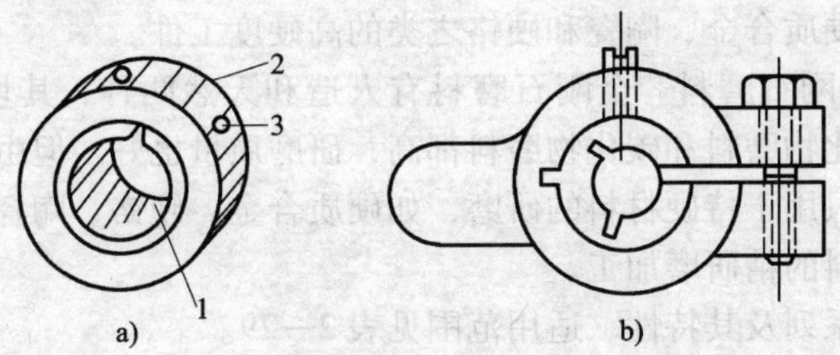

图 2—130　研磨环

1—开口调节圈　2—外圈　3—调节螺钉

3）研磨棒。主要用于圆柱孔的研磨，有固定式和可调式两种，如图 2—131 所示。

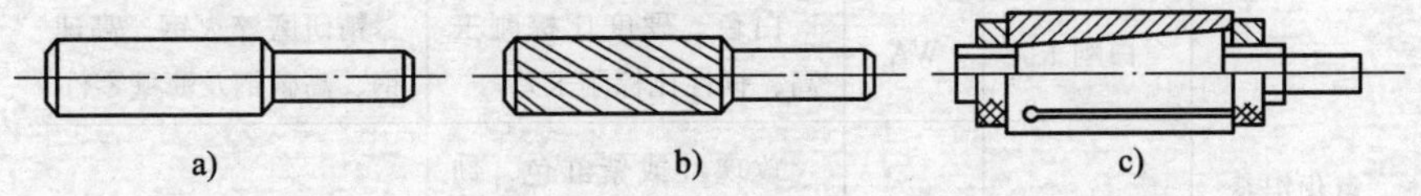

图 2—131　研磨棒

a）固定式光滑研磨棒　b）固定式带槽研磨棒　c）可调节式研磨棒

固定式研磨棒制造容易，但磨损后无法补偿，多用于单件研磨或机修中。对工件上某一尺寸孔径的研磨，需要两三个预先制好的有粗、半精、精研磨余量的研磨棒来完成，有槽的用于粗研，光滑的用于精研。

3. 研磨剂

研磨剂是由磨料和研磨液调和而成的混合剂。

（1）磨料。磨料是一种粒度很小的粉状硬质材料，在研磨中起切削作用，研磨加工的效率和精度都与磨料有直接的关系。常用的磨料一般有以下三类。

1）氧化物磨料。常用的氧化物磨料有氧化铝（白刚玉）和氧化铬等，有粉状和块状两种。它具有较高的硬度和较好的韧性，主要用于碳素工具钢、合金工具钢、高速钢和铸铁工件的研磨，也可用于研磨铜、铝等各种有色金属。

2）碳化物磨料。碳化物磨料呈粉状，常见的有碳化硅、碳化硼，它的硬度高于氧化物磨料，除用于一般钢铁制件的研磨外，主要用来研磨硬质合金、陶瓷和硬铬之类的高硬度工件。

3）金刚石磨料。金刚石磨料有人造和天然两种，其切削能力、硬度比氧化物磨料和碳化物磨料都高，研磨质量也好。但由于价格昂贵，一般只用于特硬材料的研磨，如硬质合金、硬铬、陶瓷和宝石等高硬度材料的精研磨加工。

磨料系列及其特性、适用范围见表2—29。

表2—29　　　　磨料系列及其特性、适用范围

系列	磨料名称	代号	特性	适用范围
氧化铝系	棕刚玉	A	棕褐色，硬度高，韧性大，价格便宜	粗、精研磨钢、铸铁和黄铜
	白刚玉	WA	白色，硬度比棕刚玉高，韧性比棕刚玉差	精研磨淬火钢、高速钢、高碳钢及薄壁零件
	铬刚玉	PA	玫瑰红或紫红色，韧性比白刚玉高，磨削粗糙度值低	研磨量具、仪表零件
	单晶刚玉	SA	淡黄色或白色，硬度和韧性比白刚玉高	研磨不锈钢、高钒高速钢等强度高、韧性大的材料
碳化物系	黑碳化物	C	黑色有光泽，硬度比白刚玉高，脆而锋利，导热性和导电性良好	研磨铸铁、黄铜、铝、耐火材料及非金属材料
	绿碳化物	GC	绿色，硬度和脆性比黑碳化硅高，具有良好的导热性和导电性	研磨硬质合金、宝石、陶瓷、玻璃等材料
	碳化硼	BC	灰黑色，硬度仅次于金刚石，耐磨性好	粗研磨和抛光硬质合金、人造宝石等硬质材料

续表

系列	磨料名称	代号	特性	适用范围
金刚石系	人造金刚石	JR	无色透明或淡黄色、黄绿色、黑色，硬度高，比天然金刚石略脆，表面粗糙	粗、精研磨硬质合金、人造宝石、半导体等高硬度脆性材料
	天然金刚石	JT	硬度最高，价格昂贵	
其他	氧化铁		红色至暗红色，比氧化铬软	精研磨或抛光钢、玻璃等材料
	氧化铬		深绿色	

磨料的粗细用粒度表示，有磨粒、磨粉和微粉三个组别。其中，磨粒和磨粉的粒度以号数表示，一般是在数字的右上角加“#”表示，如100#、240#等。这类磨料用过筛法取得，粒度号为单位面积上筛孔的数目。因此，号数大，磨料细；号数小，磨料粗。而微粉的粒度则是用微粉尺寸（μm）的数字前加“W”表示，如W10、W15等。此类磨料采用沉淀法取得，号数大，磨料粗；号数小，磨料细。磨料的颗粒尺寸见表2—30。

表2—30　　　　磨料的颗粒尺寸

组别	粒度号数	颗粒尺寸/μm
磨粒	12#	2000～1600
	14#	1600～1250
	16#	1250～1000
	20#	1000～800
	24#	800～630
	30#	630～500
	36#	500～400
	46#	400～315
	60#	315～250
	70#	250～200
	80#	200～160

续表

组别	粒度号数	颗粒尺寸/μm
磨粉	100#	160 ~ 125
	120#	125 ~ 100
	150#	100 ~ 80
	180#	80 ~ 63
	240#	63 ~ 50
	280#	50 ~ 40
微粉	W40	40 ~ 28
	W28	28 ~ 20
	W20	20 ~ 14
	W14	14 ~ 10
	W10	10 ~ 7
	W7	7 ~ 5
	W5	5 ~ 3. 5
	W3. 5	3. 5 ~ 2. 5
	W2. 5	2. 5 ~ 1. 5
	W1. 5	1. 5 ~ 1
	W1	1 ~ 0. 5
	W0. 5	0. 5 ~ 更细

（2）研磨液。研磨液在加工过程中起调和磨料、冷却和润滑的作用，它能防止磨料过早失效和减少工件（或研具）的发热变形。常用的研磨液有煤油、汽油、10 号和 20 号机械油、锭子油。

四、研磨技能实训

1. 研磨场地的要求

（1）温度。研磨场地温度应维持 20℃的恒温。

（2）湿度。场地要求干燥，防止工件表面生锈，同时禁止场地有酸性物质溢出。

（3）尘埃。保持场地洁净，必要时配备空气过滤装置。

（4）振动。要求场地和研磨设备本身都不应有振动，避免影响研磨质量。精密研磨场地应选择在坚实的防振基础上。

（5）操作者。操作者必须注意自身清洁卫生，不把尘埃带入场地。精研时，手渍会造成工件的锈蚀，要采取必要的措施加以避免。

2. 研磨的方法

研磨分手工研磨和机械研磨两种。手工研磨时，要使工件表面各处都受到均匀的切削，应合理选用运动轨迹，这对提高研磨效率、工件表面质量和研具的耐用度都有直接影响。

（1）手工研磨。手工研磨的运动轨迹有直线形、摆动式直线形、螺旋形、8 字形或仿 8 字形等多种，如图 2—132 所示。它们的共同特点是工件的被加工面与研具的工作面在研磨中始终保持相密合的平行运动。这样的研磨运动既可获得比较理想的研磨效果，又能保持平板的均匀磨损，提高平板的使用寿命。

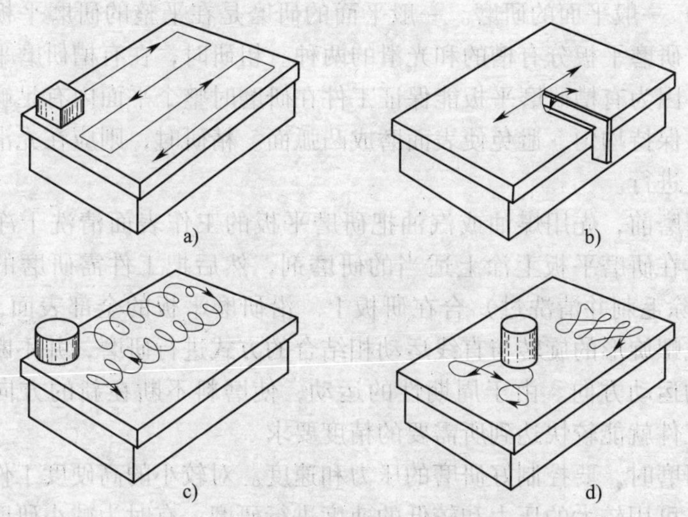

图 2—132　研磨运动轨迹

a）直线形　b）摆动式直线形　c）螺旋形　d）8 字形或仿 8 字形

1）直线形研磨运动轨迹。图 2—132a 所示为直线形研磨运动轨迹，直线运动的轨迹不会交叉，容易重叠，使工件难以获得较小的表面粗糙度，但可获得较高的几何精度，常用于窄长平面或窄长台阶平面的研磨。

2）摆动式直线形研磨运动轨迹。图2—132b所示为摆动式直线形研磨运动轨迹，工件在直线往复运动的同时进行左右摆动，常用于研磨直线度要求高的窄长刀口形工件，如刀口尺、刀口直角尺及样板角尺测量刃口等的研磨。

3）螺旋形研磨运动轨迹。图2—132c所示为螺旋形研磨运动轨迹，适用于研磨圆片形或圆柱形工件的表面，如研磨千分尺的测量面等，可获得较高的平面度和较小的表面粗糙度。

4）8字形或仿8字形研磨运动轨迹。图2—132d所示为8字形或仿8字形研磨运动轨迹，这种运动能使研磨表面保持均匀接触，有利于提高工件的研磨质量，使研具均匀磨损，适于小平面工件的研磨和研磨平板的修整。

（2）平面的研磨

1）一般平面的研磨。一般平面的研磨是在平整的研磨平板上进行的，研磨平板分有槽的和光滑的两种。粗研时，在有槽研磨平板上进行，因为有槽研磨平板能保证工件在研磨时整个平面内有足够的研磨剂并保持均匀，避免使表面磨成凸弧面。精研时，则应在光滑研磨平板上进行。

研磨前，先用煤油或汽油把研磨平板的工作表面清洗干净并擦干，再在研磨平板上涂上适当的研磨剂，然后把工件需研磨的表面（已去除毛刺并清洗过）合在研板上。沿研磨平板的全部表面，以8字形或螺旋形的旋转与直线运动相结合的方式进行研磨，并不断变更工件的运动方向。由于周期性的运动，使磨料不断在新的方向起作用，工件就能较快达到所需要的精度要求。

研磨时，要控制好研磨的压力和速度。对较小的高硬度工件或粗研时，可用较大的压力和较低的速度进行研磨。有时为减小研磨时的摩擦阻力，对自重大或接触面积较大的工件，研磨时，可在研磨剂中加入一些润滑油或硬脂酸起润滑作用。

在研磨中，应防止工件发热，若稍有发热，应立即暂停研磨，避免工件因发热而产生变形。同时，工件在发热时所测尺寸也不准确。

2）窄平面的研磨。在研磨窄平面时，应采用直线研磨运动轨迹。为保证工件的垂直度和平面度，应用金属块作为导靠，使金属块和工件紧紧地靠在一起，并跟工件一起研磨，如图 2—133a 所示。导靠金属块的工作面与侧面应具有较高的垂直度。

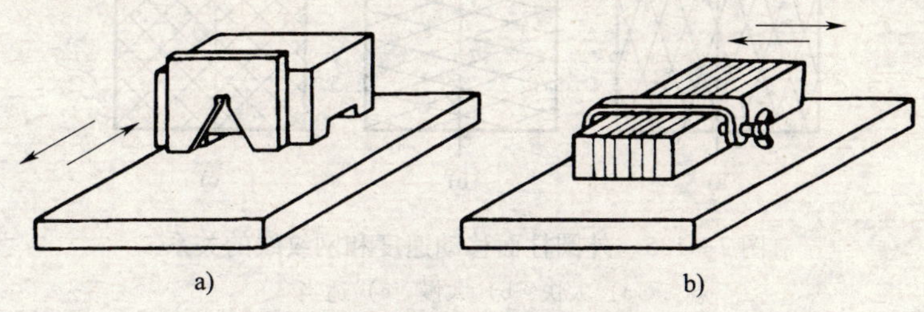

图 2—133　窄平面的研磨
a）使用导靠件　b）使用 C 形夹

若研磨工件的数量较多时，可用 C 形夹将几个工件夹在一起同时研磨。对一些易变形的工件，可用两块导靠将其夹在中间，然后用 C 形夹头固定在一起进行研磨，如图 2—133b 所示，这样既可保证研磨的质量，又提高了研磨效率。

（3）曲面的研磨

1）外圆柱面的研磨。外圆柱面的研磨一般采用手工和机械相配合的研磨方法进行，即将工件装夹在车床或钻床上，用研磨环进行研磨，如图 2—134 所示。研磨环的内径尺寸比工件的直径大 0. 025 ~ 0. 05 mm，其长度是直径的 1 ~ 2 倍。

外圆柱面的研磨方法是将研磨的圆柱形工件牢固地装夹在车床或钻床上，然后在工件上均匀地涂敷研磨剂（磨料），套上研磨环（配合的松紧度以能用手轻轻推动为宜）。工件在机床主轴的带动下做旋转运动（直径在 80 mm 以下，转速为 100 r/min；直径大于 100 mm 时，转速以 50 r/min 为宜），用手扶持研磨环，在工件上做轴向直线往复运动。研磨环运动的速度以在工件表面上磨出 45°交叉的网纹线为宜。研磨

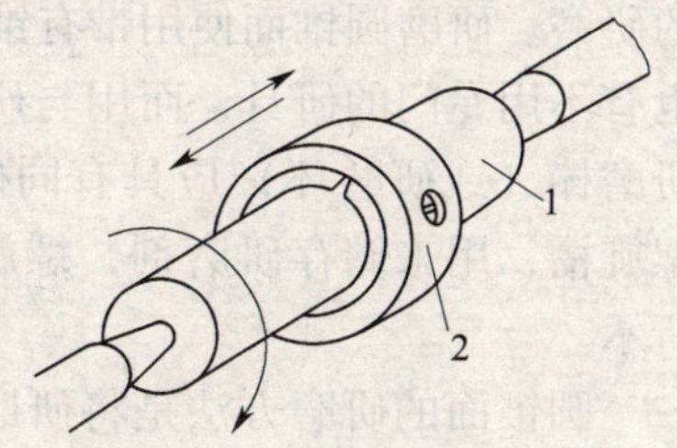

图 2—134　外圆柱面的研磨
1—工件　2—研磨环

环移动速度过快时，网纹线与工件轴线的夹角小于45°；研磨速度过慢，则网纹线与工件轴线的夹角大于45°，如图2—135所示。

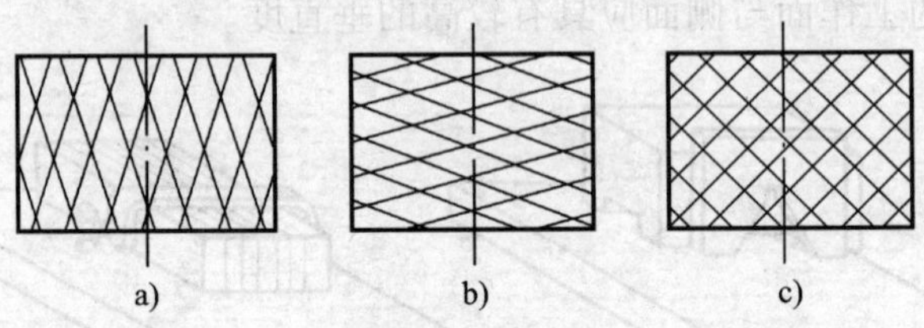

图2—135　外圆柱面移动速度和网纹线的关系

a）太快　b）太慢　c）适当

2）内圆柱面的研磨。研磨圆柱孔的研具是研磨棒，它是将工件套在研磨棒上进行研磨的。研磨棒分为固定式和可调式两种。研磨棒的直径应比工件的内径小0.01 ~0.025 mm，工作部分的长度为工件长的1.5 ~2倍。圆柱孔的研磨方法同圆柱面的研磨方法类似，不同的是将研磨棒装夹在机床主轴上。对直径较大、长度较长的研磨棒同样应用尾座顶尖顶住。将研磨剂（磨料）均匀涂布在研磨棒上，然后套上工件，按一定的速度开动机床旋转，用手扶持工件在研磨棒上沿轴线做直线往复运动。研磨时，要经常擦干挤到孔口的研磨剂，以免造成孔口的扩大，或采取将研磨棒两端都磨小的办法。研磨棒与工件相配合的间隙要适当，配合太紧，会拉毛工件表面，降低工件研磨质量；配合过松会将工件磨成椭圆形，达不到要求的几何形状。间隙大小以用手推动工件不费力为宜。

3）圆锥面的研磨。圆锥面的研磨包括圆锥孔的研磨和外圆锥面的研磨。研磨圆锥面使用带有锥度的研磨棒（或研磨环）进行研磨。也有不用专门的研具，而用与研磨件相配合的表面直接进行研配的。研磨棒（或研磨环）应具有同研磨表面相同的锥度，研磨棒上开有螺旋槽，用来储存研磨剂，螺旋槽有右旋和左旋之分，如图2—136所示。

圆锥面的研磨方法是将研磨棒（或研磨环）均匀地涂上一层研磨剂（磨料），然后插入工件孔中（或套在圆锥体上），要顺着研具的螺旋槽方向进行转动（也可装夹在机床上），每转动4 ~5圈后，

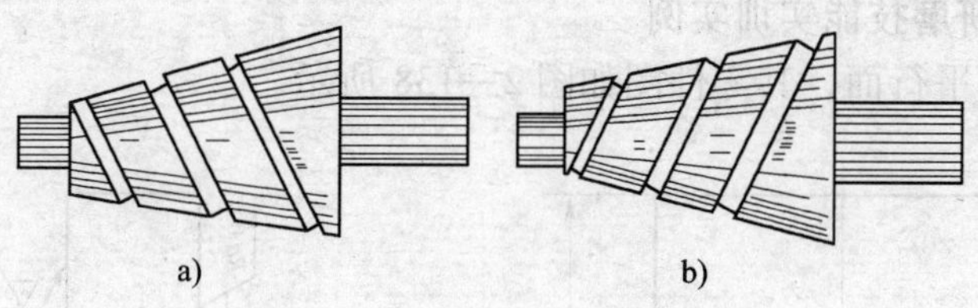

图 2—136　圆锥面研磨棒
a）右旋　b）左旋

便将研具稍稍拔出些。之后再推入旋转研磨。当研磨接近要求时，可将研具拿出，擦干净研具或工件，然后再重新装入锥孔（或套在锥体上）研磨，直到表面呈银灰色或发亮为止，如图 2—137 所示。

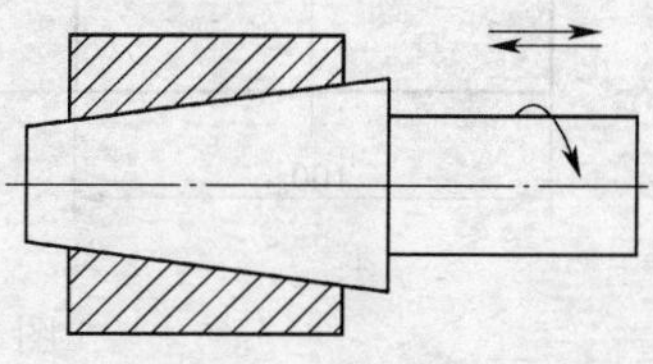

图 2—137　圆锥面研磨

3. 研磨缺陷分析

研磨时产生缺陷的形式、原因及预防措施见表 2—31。

表 2—31　研磨时产生缺陷的形式、原因及预防措施

缺陷形式	产生原因	预防措施
表面不光洁	①磨料过粗 ②研磨液不当 ③研磨剂涂得太薄	①正确选用磨料 ②正确选用研磨液 ③研磨剂涂布应适当
表面拉毛	研磨剂中混入杂质	做好清洁工作
平面呈凸形或孔口扩大	①研磨剂涂得太厚 ②孔口或工件边缘被挤出的研磨剂未擦去就连续研磨 ③研磨棒伸出孔口太长	①研磨剂应涂得适当 ②被挤出的研磨剂应擦去后再研磨 ③研磨棒伸出长度要适当
孔呈椭圆形或有锥度	①研磨时没有更换方向 ②研磨时没有掉头研	①研磨时应变换方向 ②研磨时应掉头研
薄形工件拱曲变形	①工件发热了仍继续研磨 ②装夹不正确引起变形	①不使工件温度超过 50℃，发热后应暂停研磨 ②装夹要稳定，不能夹得太紧

4. 研磨技能实训实例

研磨平行面，其零件图如图 2—138 所示。

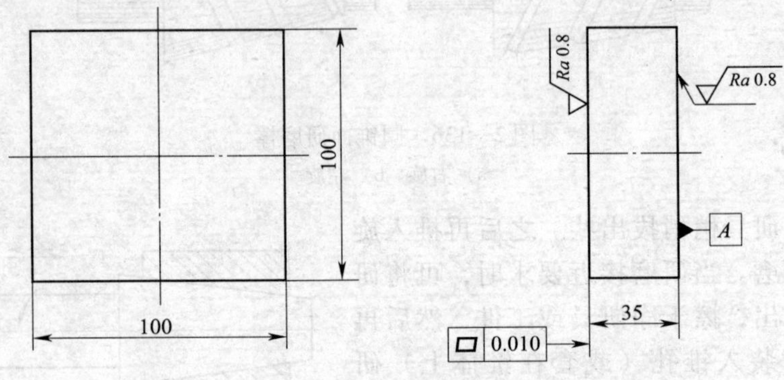

图 2—138　零件图

（1）实训准备

1）工具和量具：研磨平板、千分尺、千分表、量块等。

2）辅助材料：研磨剂等。

3）备料：经刮削或磨削的 100 mm × 100 mm × 35 mm 铸铁平板（HT150），两个平面的平行度为 0.01 mm，表面粗糙度 *Ra* 值为 1.6 μm，每人一块。

（2）操作要点

1）研磨剂每次上料不宜太多，并要分布均匀。

2）研磨时要特别注意清洁工作，不要使杂质混入研磨剂中，以免划伤工件。

3）注意控制研磨时的速度和压力，应使工件均匀受压。

（3）操作步骤

1）用千分尺检查工件的平行度，观察其表面质量，确定研磨方法。

2）准备磨料。粗研用 100# ~200#范围内的磨粉；精研用 W20 ~ W40 的微粉。

3）研磨基准面 *A*。分别用各种研磨运动轨迹进行研磨练习，直到达到表面粗糙度 *Ra* 值≤0.8 μm 的要求。

4）研磨另一大平面。先打表测量其对基准的平行度，确定研磨量，然后再进行研磨。保证 0.010 mm 的平面度要求和 *Ra* 值≤0.8 μm 的表面粗糙度要求。

5）用量块全面检测研磨精度，送检。

第三章 常用零件及典型机构的装配

要求熟练掌握装配的一般工艺过程和方法；掌握旋转零部件平衡的作用和方法；熟练掌握常用零部件和典型机构的装配方法。

按照规定的技术要求，将若干零件通过各种形式结合成组件、部件，最终组成一台完整的机器的工艺过程称为装配。

装配工作是机器制造过程中的最后一道工序。装配工作的好坏对机器的质量起着决定性的作用，它是一项非常重要而又细致的工作，必须认真做好。

装配工艺由准备、装配、调试、涂漆四个阶段组成。

装配方法有完全互换法、选配法、调整法和修配法四种。工艺装备（简称工装）的制造多为单件生产，常用调整法和修配法进行装配。

调整法是指装配时通过调整一个或几个零件的位置来消除其他零件的累积误差，从而达到装配要求的方法。它的优点是零件可按经济精度加工，装配时不需进行任何修配加工就能达到很高的装配精度，如图3—1所示为用垫片调整，图3—2所示为用衬套调整。

修配法是指装配时通过修配某一零件的尺寸来抵消其他零件间的累积误差，以达到规定的装配精度。它的优点是在有精度要求的单件、小批量生产中，为了降低产品成本可不提高零件的加工精度而通过修配法达到要求，因而被广泛采用。缺点是增加了装配时的修配工作量，如图3—3所示为修刮尾座底板。

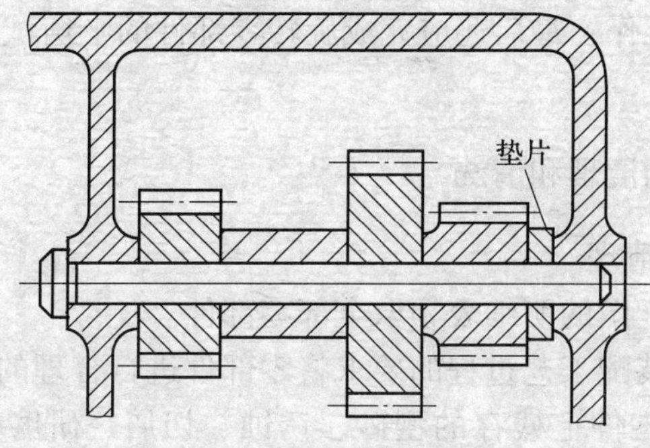

图 3—1　用垫片调整

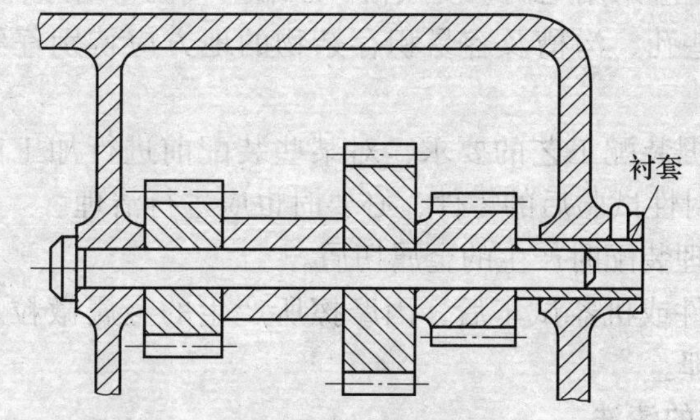

图 3—2　用衬套调整

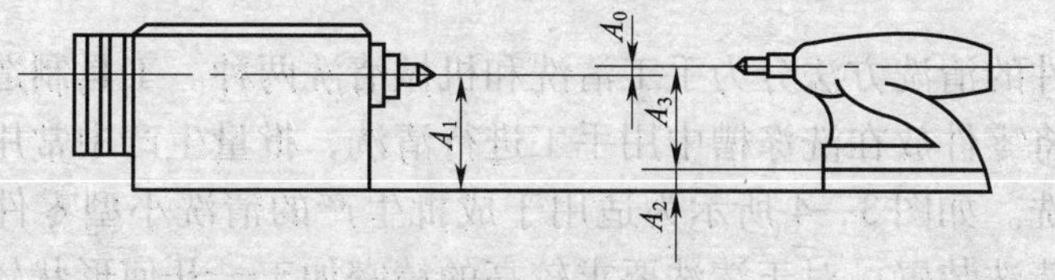

图 3—3　修刮尾座底板

§3—1　装配前的准备工作

装配前的准备工作包括熟悉装配图样和技术要求；了解零件间的相互关系，准备好工具和工装；完成零件的刮削、修配，并对零件进行清理和清洗工作；最后还应完成旋转零部件的平衡试验及密封零件的密封性试验。

一、零件的清理和清洗

1. 零件的清理

（1）按装配图的明细表领取全部零部件。

（2）根据装配工艺过程的要求将零部件进行合理的分类排列。

（3）清除零件上残存的型砂、锈蚀、切屑、研磨剂、涂料、灰砂等。清理非加工面时可用錾子、钢丝刷等工具，清理加工面时为了保持其精度，应采用毛刷、皮风箱、压缩空气机、刮刀、锉刀、砂布等工具。一些孔、沟槽及容易积存杂物的地方应特别仔细地进行清理。

（4）根据装配工艺的要求，对某些装配前进行加工以及做过平衡试验、密封性试验后的零件，必要时也应进行清理。

（5）清理装配时产生的金属切屑。

（6）部件或机器试车后，因摩擦所产生的金属微粒及其他污物也应进行清理。

2. 零件的清洗

精度较高的配合面应进行洗涤，然后用压缩空气吹干并涂以防锈油。

零件的清洗方法分为手工清洗和机械清洗两种。工具制造过程中一般可将零件放在洗涤槽中用手工进行清洗，批量生产中常用清洗机进行清洗。如图 3—4 所示为适用于成批生产的清洗小型零件的固定式喷嘴清洗装置。对于清洗要求较高的精密加工、几何形状较复杂的零件，可用如图 3—5 所示的超声波清洗装置清洗。

常用的清洗液有汽油、煤油、轻柴油和化学清洗液。汽油用于清洗较精密零部件的油脂、污垢和一般黏附的机械杂质。煤油、轻柴油的清洗力不如汽油，清洗后零件干得比较慢，但其使用较安全，可用于一般零件的清洗。化学清洗剂含有表面活性剂，对油脂、水溶性污垢具有良好的清洗能力，常用的有 105 或 6501 化学清洗剂，主要用于清洗钢制零件上以机油为主的油垢和机械杂质。

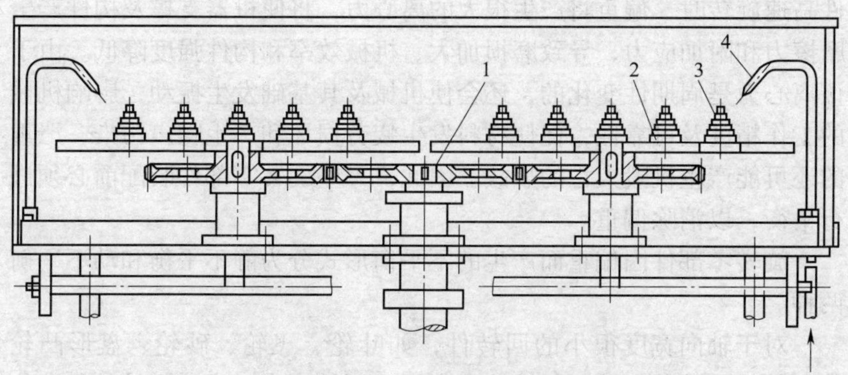

图 3—4　固定式喷嘴清洗装置

1—传动主轴　2—转盘　3—工件　4—喷嘴

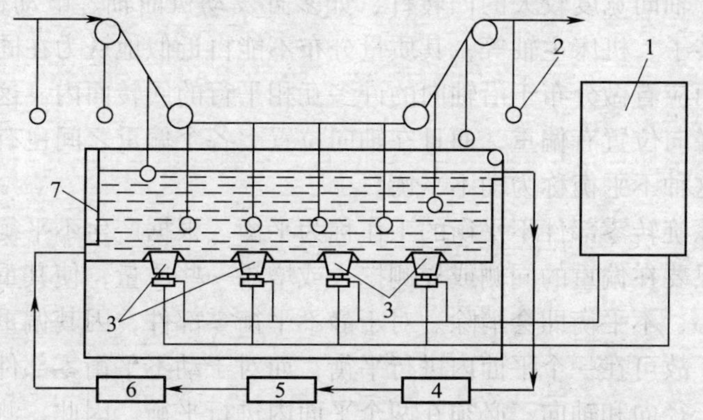

图 3—5　超声波清洗装置

1—超声波发生器　2—零件　3—换能器　4—过滤器

5—泵　6—加热器　7—清洗器

在零件的清洗过程中，要防止零件表面精度被破坏，油孔必须疏通，洗后用清洁的纱布塞在孔口，以防止污物、切屑进入。

二、旋转零部件的平衡要求

由于旋转零部件（如带轮、齿轮、曲轴、砂轮、磨头轴等）材料内部组织、密度不均匀，外部形状不对称，以及设计计算和加工、装配误差等原因，将引起重心与旋转中心的偏离，称为偏重。当零部件高速旋转时，偏重将产生很大的离心力，将使机器支撑及构件产生摩擦力和附加应力，导致磨损加大、机械效率和构件强度降低。由于该离心力是周期性变化的，还会使机械及其基础发生振动，影响机械的工作精度及可靠性，促使材料发生疲劳损坏和产生噪声污染，严重的还可能产生机毁人亡的事故。因此，一些旋转零部件装配前必须进行平衡，以消除偏重。

旋转零部件因偏重而产生的不平衡形式分为静不平衡和动不平衡两种。

对于轴向宽度很小的回转件，如叶轮、飞轮、砂轮、盘形凸轮等，其质量的分布可近似地认为在同一回转面内。当该回转件径向位置有偏重时称为静不平衡。工具制造中的回转零件多出现静不平衡。

对于轴向宽度较大的回转件，如多缸发动机曲轴、电动机转子、汽轮机转子、机床主轴等，其质量分布不能再近似地认为在同一回转面内，而应看做分布于沿轴向的许多互相平行的回转面内。这种回转件不仅径向位置有偏重，而且在轴向位置上各个偏重之间也有一定的距离。这种不平衡称为动不平衡。

消除旋转零部件不平衡的工作称为平衡。根据产生不平衡原因的分析，只要在偏重的同侧或异侧挖去或增添一些质量，使其重心移至回转中心，不平衡即会消除。对于静不平衡零部件，因其偏重在一个平面内，故可在一个平面内进行平衡；而对于动不平衡零部件，因其偏重处于径向和轴向，必须在两个平面内进行平衡。因此，测试偏重大小和方位以及增减质量是平衡工作的两个重要步骤。

1. 静平衡

实现回转件静平衡的装置为静平衡架，如图 3—6 所示。由于偏重处于径向位置，因此，把回转件置于平衡架上，其偏重总是停留在铅垂方向的最低位置。若在该方向去除一些质量或在相反方向增加一些质量，就会使偏重减少直至消除。具体表现为回转件在平衡架任意位置均能停下来，称为随遇平衡。

影响平衡精度的主要因素是平衡架的导轨必须互相平行且在同一个水平面上。因此，其安装、调整精度要求较高。

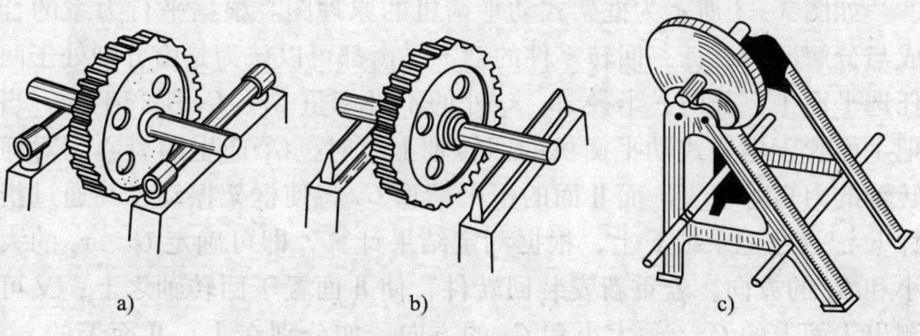

图 3—6　静平衡装置

a）圆柱体平衡架　b）棱形平衡架　c）盘式平衡架

静平衡试验法的主要步骤如下：

（1）将旋转零件装上心轴，放在平衡架上。

（2）缓慢地转动零件，待静止后在正下方做一记号 S。

（3）重复转动多次，若 S 始终处于下方，则此方向即为偏重的方向，如图 3—7 所示为静平衡方法。

（4）在偏重方向或相反方向的某一特定位置上粘上一定质量的橡皮泥（平衡块），重新试验。经过多次反复试验，增减橡皮泥质量，直至旋转零件可以在任意位置上停下来为止。

（5）去掉橡皮泥后，在橡皮泥所在位置加上与橡皮泥质量相等的重块（加平衡重）或在其对称位置的偏重处钻孔，去除与橡皮泥质量相等的金属（除去不平衡质量法），使回转件获得平衡。

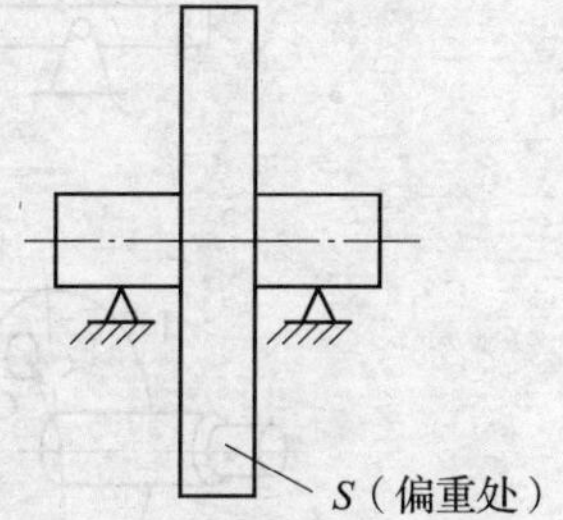

图 3—7　静平衡方法

2. 动平衡试验法

对于长径比很小的零件，进行静平衡就可以了；对于长径比很大的旋转零件或部件，只进行静平衡试验是不够的，还必须进行动平衡试验。

动平衡试验是零部件旋转时在动平衡机上进行的。动平衡机有框架式、弹性支梁式、摆动式和电子式等。

如图 3—8 所示为框架式动平衡机的原理图。根据平行力系的合成与分解原理，任一回转零件的动不平衡都可以认为是由分别处于两任选平面Ⅰ、Ⅱ内，半径 r_1、r_2 处的不平衡重 G_1、G_2 所产生的。当把Ⅰ面置于框架式动平衡机的回转轴上方时，G_1 产生的离心力对回转轴的力矩等于零。而Ⅱ面的不平衡重 G_2 将使框架振动，并通过指针 E 记录在记录纸 F 上，根据测定结果计算，即可确定 G_2、r_2 的大小和 G_2 的方向。若重新安装回转件，使Ⅱ面置于回转轴之上，又可测出Ⅰ面上的 G_1、r_1 大小和 G_1 的方向。如分别在Ⅰ、Ⅱ面上的 r_1、r_2 处加平衡重 G_1'、G_2' 就能实现回转件的动平衡。

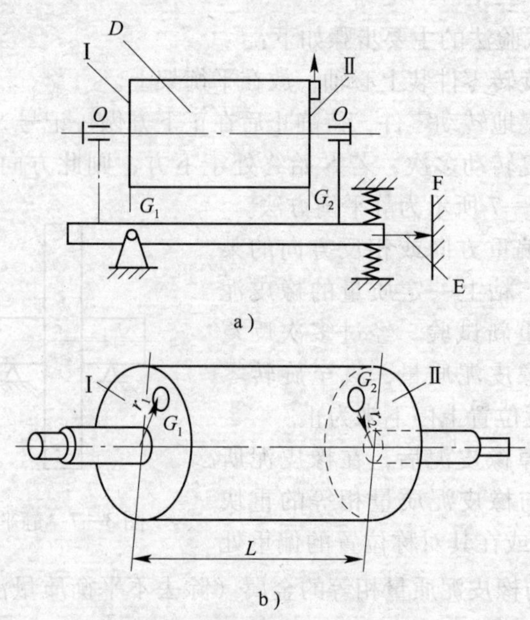

图 3—8 框架式动平衡机的原理图

如图 3—9 所示为电子式动平衡机的原理图。回转件支撑在两个具有弹性支架的轴承上，由动不平衡重所引起的力矩造成支架摆动，与支架相连接的线圈在磁场内切割磁力线，产生脉冲微电压，经放大后在仪器上显示出不平衡重的大小。再通过闪光灯 3 发出同步闪光，测出重心偏移的位置。然后可用配重法或去重法使零件得到平衡。

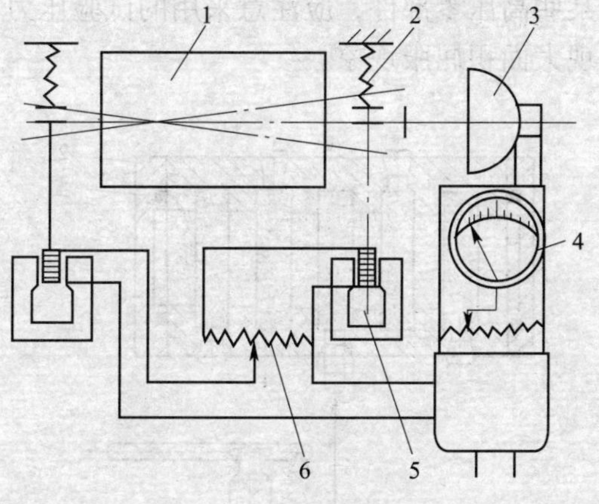

图 3—9　电子式动平衡机

1—零件　2—弹性支架　3—闪光灯　4—仪器　5—线圈　6—开关

三、零部件的密封性试验

要求密封的零部件包括气动和液压夹具的气缸、液压缸及各种阀类、泵类等。它们必须在一定压力下工作而不允许有泄漏，因此，在装配前必须进行密封性试验。

密封性试验常用的方法有气压法和液压法两种。

1. 气压法

如图 3—10 所示的气压试验用于承受工作压力较小的零部件。试验时先将零件的各孔用塞头或闷塞封闭，然后放入水中，通入压缩空气进行试验。密封性好的零件应没有气泡冒出。如有泄漏，则可根据压力和气泡来判断是否满足密封的技术要求。

2. 液压法

如图 3—11 所示的液压试验用于承受工作压力较大的零部件。试验前先将被试零部件上的各孔用塞头或压盖封闭，用接头与泵相连接，然后注入油或水，调整压力，通过压力的变化情况即可检查其密

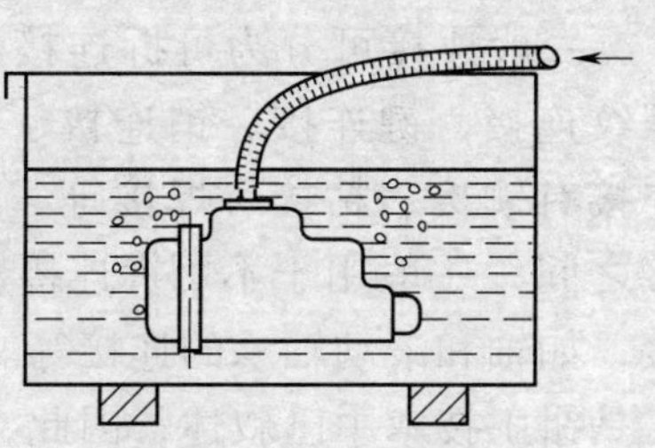

图 3—10　气压试验

封状况。对于某些高压零部件，应注意采用的试验压力不应造成零部件内部材料出现大面积屈服现象。

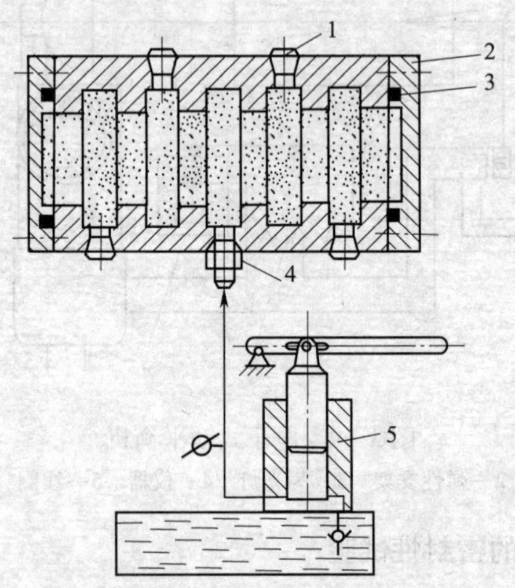

图 3—11 液压试验

1—锥螺塞 2—端盘 3—密封圈 4—接头 5—手动油泵

§3—2 常用固定连接件的装配工艺

机器中有相当多的零件需要彼此连接，连接件间不能做相对运动的称为静连接，能按一定运动形式做相对运动的称为动连接。通常所谓的连接主要是指静连接。

一般连接可分为可拆连接和不可拆连接两大类。可拆连接有螺纹连接、键连接、销连接、弹性环连接、夹紧连接等，不可拆连接有铆接、粘接、焊接等。过盈连接介于可拆连接和不可拆连接之间，一般用于不可拆连接，但过盈量小的连接也可用做可拆连接，如轴和滚动轴承的连接等。不可拆连接中的铆接、粘接在初级工具钳工技术中已叙述，因此，本书仅涉及可拆连接中的几种主要方式。

一、螺纹连接的装配工艺

螺纹连接是利用螺纹零件构成的可拆连接，应用广泛。

螺纹连接的主要类型有螺栓连接、双头螺柱连接、螺钉连接和紧定螺钉连接等。

螺纹连接虽然有多种类型，但其装配要点都是相似的，现以双头螺柱装配为例加以说明。

1. 双头螺柱的装配要点

（1）螺柱紧固端的装配要点

1）应保证双头螺柱和机体螺纹的配合有足够的紧固性，以保证在装拆螺母过程中双头螺柱不能有任何松动现象。因此，双头螺柱的紧固端多采用过渡配合、台肩形式或利用最后几圈较浅的螺纹以达到配合的紧固性，如图 3—12 所示。

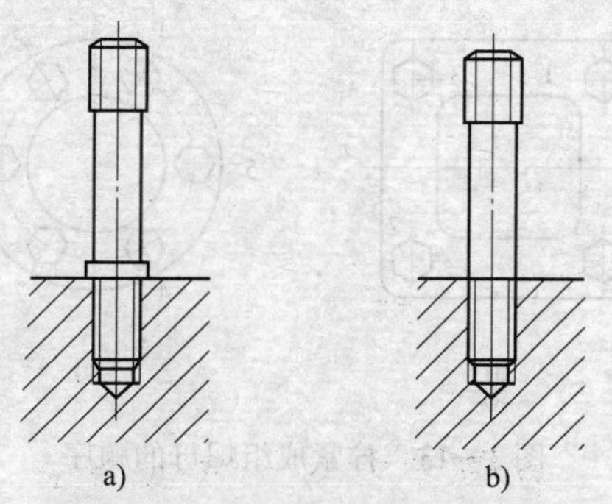

图 3—12　双头螺柱的紧固形式

a）带台肩　b）带过盈或末几圈螺纹较浅

2）装配时必须保证螺柱轴线与机体表面垂直。通常用 90° 角尺进行检验。若有小偏差可用丝锥校正螺孔。

3）装入双头螺柱时必须用润滑油润滑，以免拧入时发生咬住现象，且后期拆卸及更换方便。

（2）螺母的装配要点

1）螺母与零件贴合面要光洁、平整，应经过加工。

2）螺母与零件贴合面要保持清洁，螺孔内的污物应清理干净。

3）拧紧成组螺母时须按照一定的顺序进行，并做到分次逐步拧紧（一般分三次拧紧），以防止零件受力不均匀，甚至产生塑性变形。在拧紧呈长方形布置的成组螺母时，须从中间开始，逐渐向两边对称地扩展；在拧紧呈圆形或方形布置的成组螺母时，必须对称地进行。如图 3—13 所示为拧紧成组螺母的顺序。

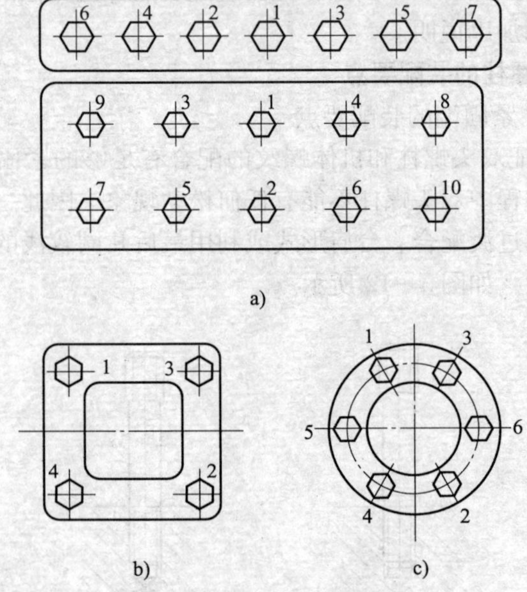

图 3—13　拧紧成组螺母的顺序

2. 螺纹连接的预紧和防松

（1）螺纹连接的预紧。绝大多数螺纹连接在装配时需要拧紧，使连接件在承受工作载荷之前预先受到力的作用，这个预加作用力称为预紧力。预紧的目的是增大连接的紧密性和可靠性。此外，适当地提高预紧力，还能提高螺栓的疲劳强度。一般的紧固连接可用普通扳手或电动、风动扳手拧紧，而对于有控制拧紧力矩要求的螺纹连接，应使用测力矩扳手或定力矩扳手等工具拧紧。

（2）螺纹连接的防松。在静载荷作用下，螺纹连接能满足防松要求。而在振动、冲击、变载荷或大温差条件下工作的螺纹连接则有可能松动，甚至松脱，必须采用防松装置。防松的方法很多，根据防松机理不同可分为摩擦锁紧（如双螺母、弹簧垫圈、金属或尼龙圈锁紧等）、直接锁紧（如止动垫片、串联金属丝缠绕、开口销与槽形螺母等）和破坏螺纹副关系锁紧（焊接、冲压、粘住螺纹副）三种。

二、键连接的装配工艺

键连接是用于轴和轮毂零件（如齿轮、蜗轮等）实现周向固定以传递转矩的轴毂连接。键连接分为松键连接（平键和半圆键）、紧键连接（楔键）和花键连接三种形式。

1．松键连接的装配

松键连接使用的平键和半圆键均为标准件。其中普通平键和半圆键用于静连接（见图 3—14、图 3—15）；导向平键、滑键用于动连接（见图 3—16、图 3—17）。松键连接的特点是依靠键的侧面来传递转矩，对轴上零件实现周向定位。它不能实现轴上零件的轴向定位，也不能传递轴向力。因此，轴上零件只能靠附加紧定螺钉、定位环等定位零件来实现轴向定位。如图 3—18 所示为普通平键和半圆键连接的应用及轴向固定。

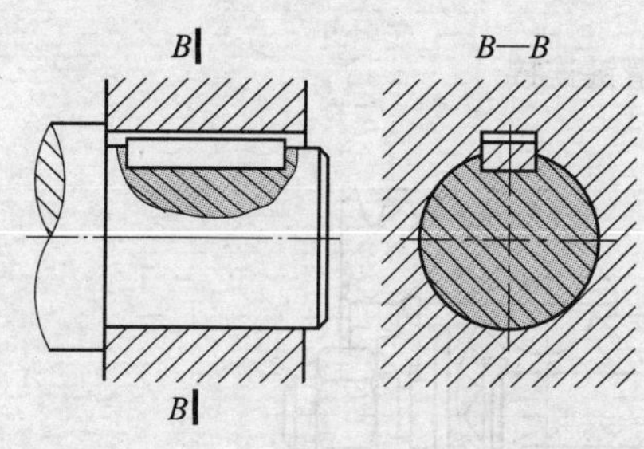

图 3—14　普通平键连接

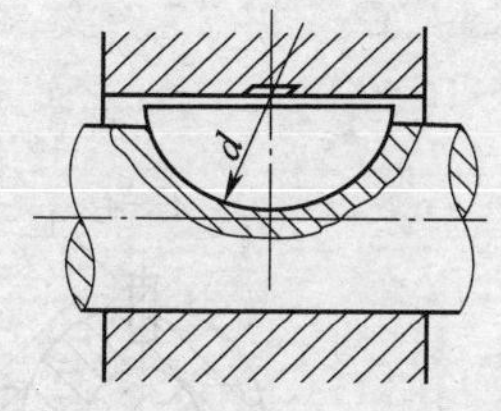

图 3—15　半圆键连接

（1）松键连接的配合性质。根据机构的工作性质决定键和轴槽、键与轮毂槽的配合性质。对于静连接，键一般固定在轴上或同时固定在轴与轮毂上，并以键的极限尺寸为基准，通过改变轴槽、轮毂槽的极限尺寸来得到各种不同的配合要求。对于动连接，键可以固定在轴上（导向平键）或固定在轮毂上（滑键）。表 3—1 为键与轴槽、轮毂槽的配合性质。

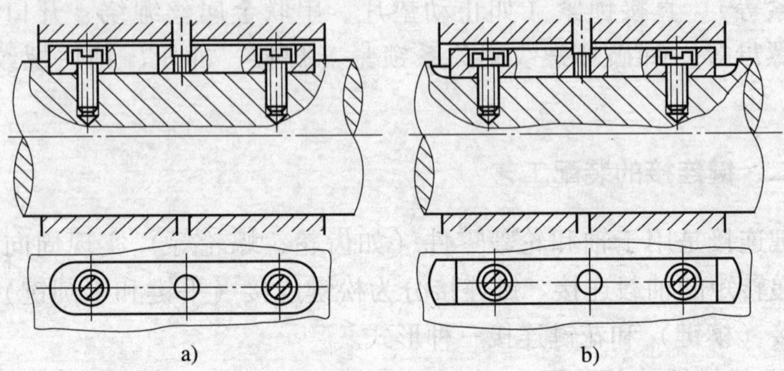

图 3—16 导向平键连接

a）圆头 b）方头

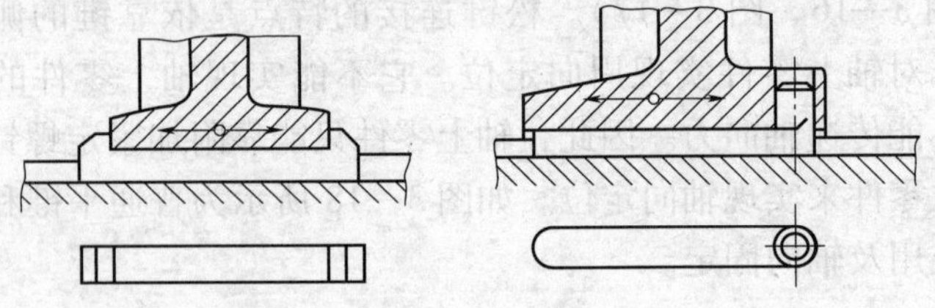

图 3—17 滑键连接

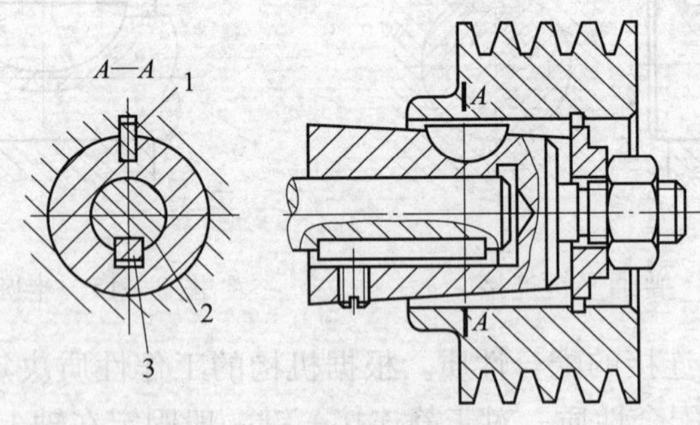

图 3—18 普通平键和半圆键连接的应用及轴向固定

1—半圆键 2—电动机轴 3—普通平键

表 3—1　　键与轴槽、轮毂槽的配合性质

配合性质	宽度 b 的极限尺寸性质			适用范围
	键	轴槽	轮毂槽	
较松键连接（间隙配合）	h9	H9	D10	导向平键
一般键连接（过渡配合）	h9	N9	JS9	固定在轴上的键
较紧键连接（过渡配合）	h9	P9	P9	同时固定在轴和轮毂上的键

滑键适用于轴向移动距离较长的场合。通常滑键固定在轮毂槽中（过渡配合），键与轴槽两侧面为间隙配合 F9/h9，以保证滑动时能正常工作。

（2）松键连接的装配步骤

1）清理键和键槽的毛刺，检验键的加工精度。

2）检验、修配键与键槽，要求普通平键、半圆键应紧嵌在轴槽中。对于圆头平键，应锉配键的长度，使键头与轴槽有 0.1 mm 左右的间隙。

3）装配键。清洗键与键槽，在配合面加润滑油，用铜棒或带软垫的台虎钳将键压入键槽中，对于导向平键还需用螺钉将其固定在轴槽中。

4）按装配要求试装配并安装套件（如齿轮、带轮等），对于方头平键还需用紧定螺钉紧固。

2. 紧键连接的装配

紧键连接又称楔键连接。常用的有楔键和切向键两种，它们的工作面是上下两面，工作时分别依靠摩擦力和偏压或挤压力来传递转矩。楔键连接的主要缺点是引起轴上零件与轴的配合偏心，在冲击、振动或变载下易松动，应用受到限制，如图 3—19 所示。

（1）楔键连接的装配。楔键上表面及与它相连接的轮毂槽底面均制有 1∶100 的斜度，键侧与键槽之间有一定的间隙。楔键分为平头和钩头两种，钩头楔键便于装拆。

装配楔键时用涂色法检查楔键与轮毂槽斜面的接触情况，并用锉刀、刮刀修整键槽。然后装上楔键，使键的上、下表面与轴槽和轮毂

槽的底部贴紧，而侧面应留有一定的间隙。对于钩头楔键，应使钩头与轮毂间留有一定的距离，以便于拆卸。

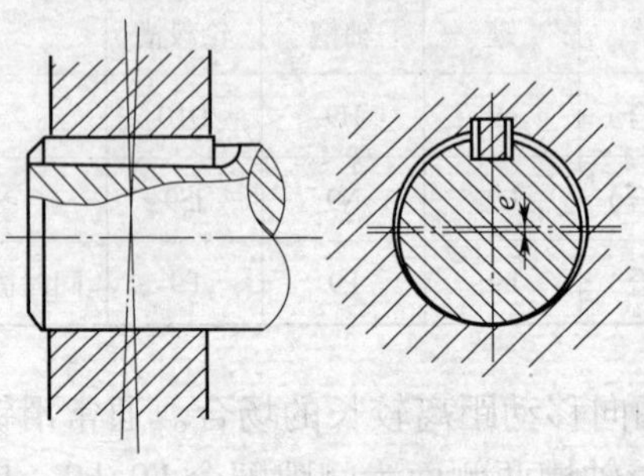

图 3—19　楔键连接

（2）切向键连接的装配。切向键是由两个斜度为 1∶100 的单边倾斜楔键组成的。切向键的上、下两面为工作面。

装配时用涂色法检查切向键与槽及键与键之间的接触情况，并用锉刀、刮刀修整键槽。锉削、刮削修整时必须保证一个工作面处于包含轴线的平面之内。然后装上切向键，使两楔键以其斜面相互贴合，共同楔紧在轴毂之间，而键侧与键槽之间有一定的间隙，如图 3—20 所示。

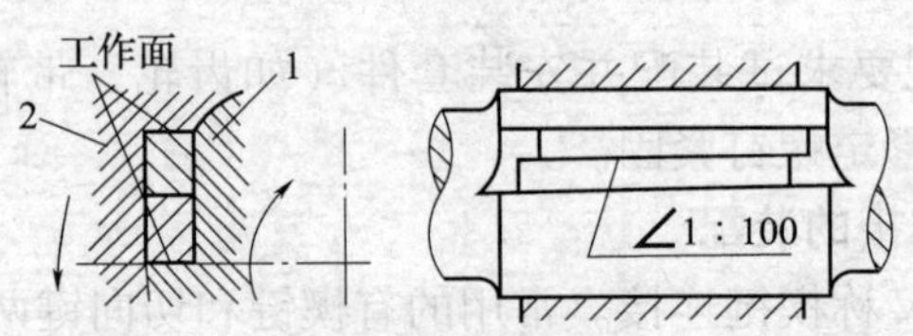

图 3—20　切向键连接

1—轴　2—毂

3. 花键连接的装配

花键连接的特点是轴的强度高，传递转矩大，对中性及导向性好，但制造成本高，多用在机床、汽车和飞机中。

按工作方式不同，花键有静连接和动连接两种；按齿形形式不同，花键分矩形、渐开线和三角形三种；按定心方式不同，花键又分为外径定心、内径定心和键侧定心三种，一般情况下常采用外径定心。矩形花键连接及其定心方式如图 3—21 所示。

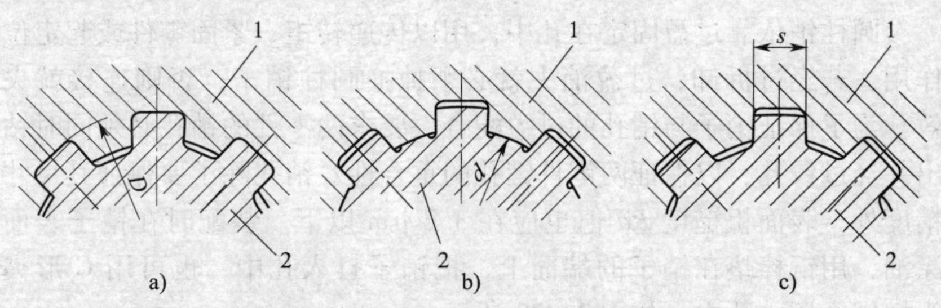

图 3—21 矩形花键连接及其定心方式

a）按外径定心 b）按内径定心 c）按侧面定心

1—毂 2—轴

在成批生产中，花键轴在滚切或铣削后一般还需要进行磨削加工。花键槽是用拉刀拉制而成的。

在装配时，首先应清除花键和花键槽的毛刺和锐边，以防止装配时发生咬住的现象。

装配静连接花键时，禁止用锤子猛击，以防止轮毂倾斜，甚至擦伤花键。过盈量小的可用铜棒轻轻地打入套件。过盈量较大时，可将套件加热至 80 ~ 120℃，然后进行装配。套件与花键轴之间一般允许有少量过盈，但不宜过紧；否则将拉伤配合表面。

对于动连接花键，套件与花键轴为间隙配合，因此，只要将套件套在花键轴上即可。装配好后，应使套件在轴上能滑动自如，没有阻滞现象；但又不能太松，用手摇动套件不允许有晃动现象，不能感觉到有间隙。装配时，要确保套件在全长上移动时松紧程度均匀、一致。可用涂色法检查修整配合情况，也可用花键推刀修整花键孔以达到技术要求。

三、销连接的装配工艺

销连接是指用销子把被连接件连接在一起，使它们之间不能相互移动和转动。销连接除了能起连接作用及传递不大的载荷外，还起定位作用或安全作用。销连接的特点是连接可靠，安装、拆卸方便，在各种机械及工具制造中应用广泛。销连接可分为圆柱销连接和圆锥销连接。销子都已标准化。

1. 圆柱销连接的装配

圆柱销依靠过盈固定在孔中，用以传递转矩、紧固零件或起定位作用，若经过拆卸，过盈消失就必须掉换圆柱销子，否则连接就失效。为了保证销子与销孔的过盈配合，要求两零件的销孔必须同时钻出并经过铰孔，以保证两零件销孔的重合性。销孔除了要保证其尺寸精度外，表面粗糙度 *Ra* 值也应在 3.2 μm 以下。装配时在销子表面涂油，用铜棒垫在销子的端面上，把销子打入孔中，也可用 C 形夹头把销子压入孔内，如图 3—22 所示。

根据连接的工作原理，圆柱销不适用于需多次装拆的连接。

2. 圆锥销连接的装配

圆锥销大部分用做起定位作用的连接。圆锥销具有 1∶50 的锥度。其优点是装拆方便，可在一个孔内装拆多次，而不损坏连接质量。因此，圆锥销多用于要求经常装拆的场合。销孔的要求与圆柱销相同，两零件的销孔必须同钻、铰，但必须注意控制孔径，一般以销子能自由插入孔中的长度为全长的 80% 为宜。装配时，垫好铜棒，锤击铜棒将销子敲紧到圆锥销的倒角处，与被连接零件的表面平齐为止，如图 3—23 所示为圆锥销的正确配合。为了便于拆卸，还可采用带螺纹的圆锥销。

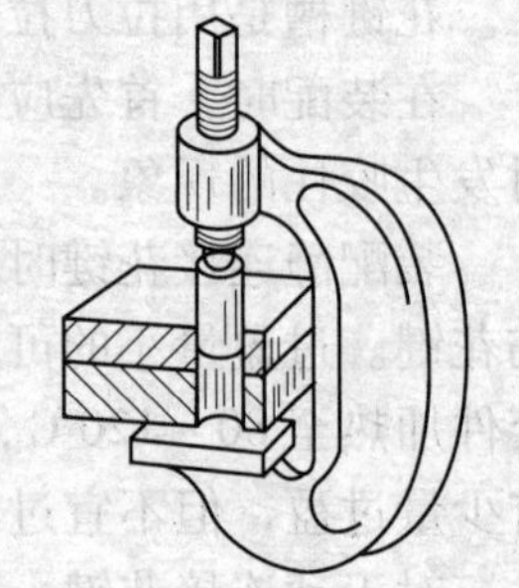

图 3—22　用 C 形夹头把销子压入孔内

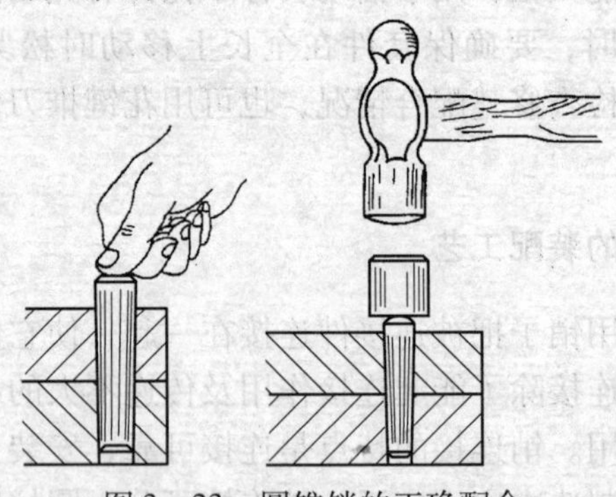

图 3—23　圆锥销的正确配合

四、过盈连接的装配工艺

过盈连接是利用两个被连接件本身的过盈配合来实现的。对于这种连接的过盈配合，被连接件的径向变形使配合面产生很大的挤压力，工作时就靠着相伴而生的摩擦力来传递轴向力、转矩或两者均有的复合载荷。这种连接方式结构简单，对中性好，承载能力强，能承受变载荷和冲击力，还可避免零件由于加工键槽等原因而产生的应力集中和强度的削弱。主要缺点是装配困难和对配合尺寸的精度要求较高。

过盈连接的配合面有圆柱、圆锥或其他形式。一般情况下，拆开过盈连接需要用很大的力，常会使零件配合表面损坏，有时还会使整个零件损坏。因此，这种连接属于不可拆连接。但是，如果装配过盈量不大，或者过盈量虽大但采取适当的装拆方法，连接也是可拆的，如圆锥面过盈连接、弹性环连接等。

1. 过盈连接的装配要求

过盈连接装配后必须满足以下基本要求：

（1）装配后的最小实际过盈量应能保证两个零件的正确位置和连接的可靠性。

（2）装配后的实际过盈量应保证不会使零件遭受损伤，甚至破坏。

2. 过盈连接的装配要点

（1）配合表面应具有足够低的表面粗糙度值，并要十分注意配合件的清洁，零件经加热或冷却后要将配合表面擦拭干净。

（2）在压合前，配合表面应该用油进行润滑，以免装配时擦伤表面。

（3）压入过程应保持连续，速度不宜太快，压入速度通常为 2 ~ 4 mm/s（不宜超过 10 mm/s），并需准确控制压入行程。

（4）压合时必须保证轴与孔的中心线一致，不允许存在倾斜现象，要经常用 90°角尺检查。

（5）对于细长的薄壁件，要特别注意检查其过盈量和形状偏差，装配时应保证垂直压入，以防止变形。

3. 过盈连接的装配方法

根据过盈连接的过盈量大小，可分别选用以下装配方法。

（1）压入配合法。压入法分为锤击压入和压力机压入两种。用锤子加垫块敲击压入方法简单，但导向性差，压入时易发生歪斜，适用于配合要求较低或配合长度较短的连接。压力机压入的导向性较好，常用于过盈量较小的过盈连接，如齿轮及一般要求的滚动轴承等。常用的压力机有螺杆式手动压力机、专用螺旋 C 形夹头和齿条压力机等。其中气动杠杆压力机用于成批生产。如图 3—24 所示为压入方法及设备。

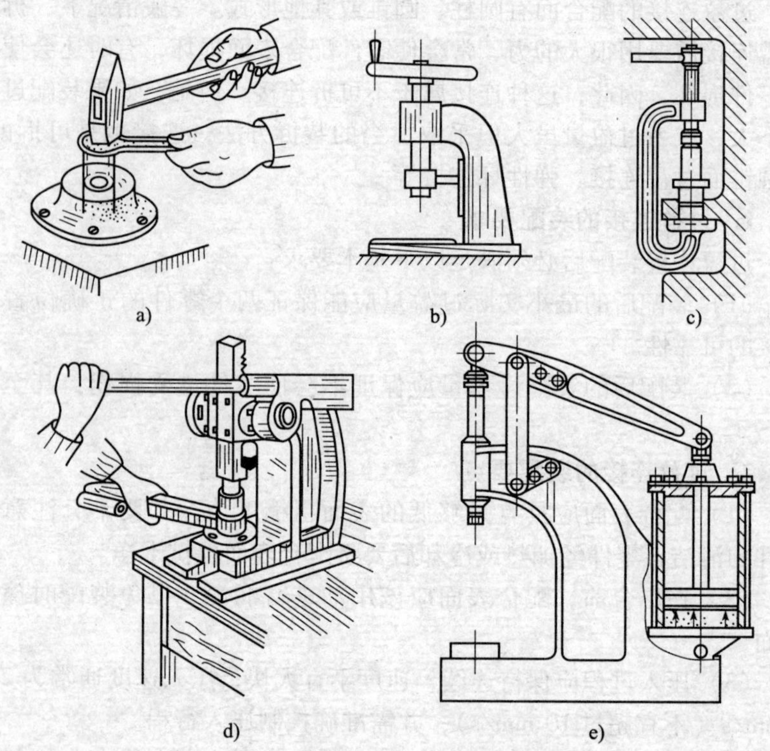

图 3—24　压入方法及设备

a）锤子加垫片　b）螺旋压力机　c）专用螺旋的 C 形夹头
d）齿条压力机　e）气动杠杆压力机

(2) 热胀法。热胀法又称红套，常用于过盈量较大的过盈连接装配。装配前，先将孔类零件加热，使其直径增大，然后将其套装到轴上，待冷却后，即成为一个牢固结合体。对于中小型零件，可在燃气炉或电炉中进行加热，有时也可浸在油中加热，其加热温度一般为80～120℃；对于大型零件加热则可用感应加热炉等，如图3—25所示为感应加热器。现场装配可用氧—乙炔焰加热，但其加热均匀性略差。

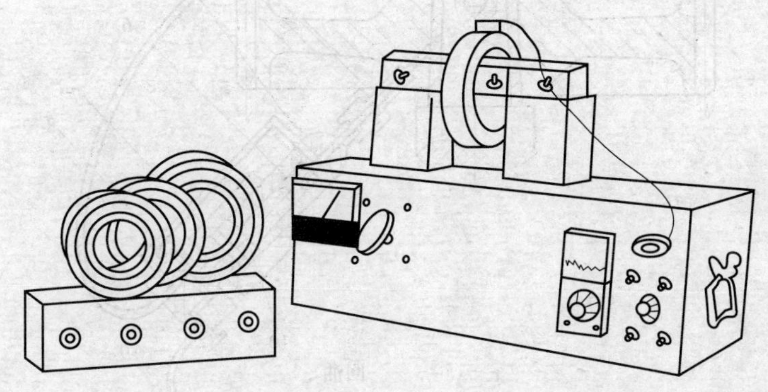

图3—25　感应加热器

(3) 冷缩法。是指将被包容件进行低温冷却使之缩小，然后将包容件套在被包容件上的装配方法。因其收缩变形量较小，多用于过渡配合，有时也用于轻型静配合。对于小过盈量的小型连接件和薄壁衬套等，可采用干冰冷缩（可冷至－78℃）；而对于过盈量较大的连接件，如发动机主、副连杆及衬套等，可用液氮冷缩（可冷至－195℃）。

(4) 液压法。是指把高压（200 MPa以上）油压入连接的配合面间，以胀大包容件和压小被包容件，同时加以不大的轴向力把两件推到预定的相互位置，放出高压油后两件即构成过盈连接。拆卸时，压入高压油，两件即可分离。如图3—26所示为液压套合装置。

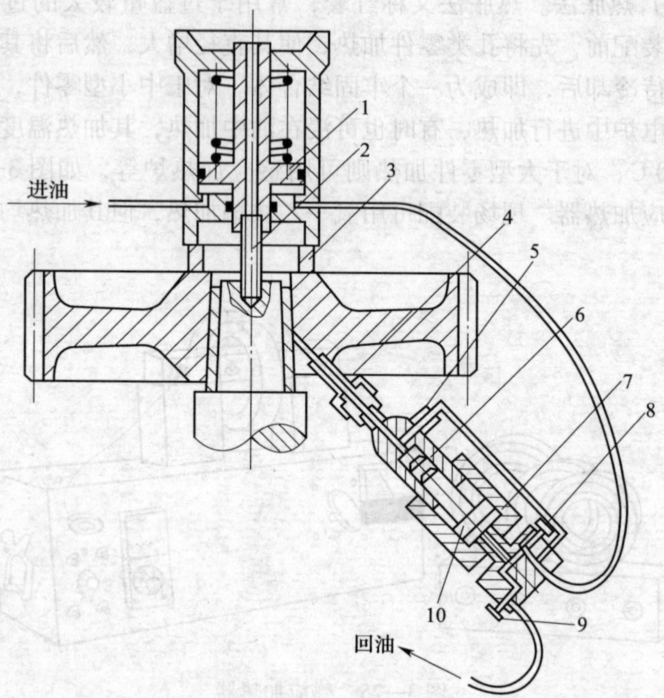

图 3—26　液压套合装置

1—压力机活塞　2—拉紧螺钉　3—垫圈　4—接头　5—高压单向阀　6—高压腔　7—低压腔　8—进油截止阀　9—回油截止阀　10—活塞

§3—3　轴承的装配工艺

轴承是支撑轴颈的部件，有时也用来支撑轴上的回转零件。按照承受载荷的方向不同，轴承可分为径向轴承和推力轴承两类。根据轴承工作的摩擦性质不同，又可分为滑动摩擦轴承（滑动轴承）和滚动摩擦轴承（滚动轴承）。

一、滑动轴承的装配

常用的径向滑动轴承有整体式和剖分式两大类。

1. 整体式径向轴承的装配

整体式径向轴承由轴承座和轴套组成（见图 3—27），其装配过程是：先将轴套压入轴承座，再固定轴套、修整轴套孔和检验轴套。

（1）将轴套压入轴承座。压入方法分为用锤子敲入和用压力机压入两种。当轴套尺寸及过盈量小时，用锤子加垫板将轴套敲入；当轴套尺寸及过盈量较大时，用压力机加专用工具把轴套压入，以保证它与孔的同轴度。压入时的操作步骤是：将轴套 2 先套在心轴 3 上，然后拧上垫板 1，将心轴 3 的下端放入孔内，压力机的压力通过垫板将轴套压入孔内。如图 3—28 所示为压入轴套的工具。

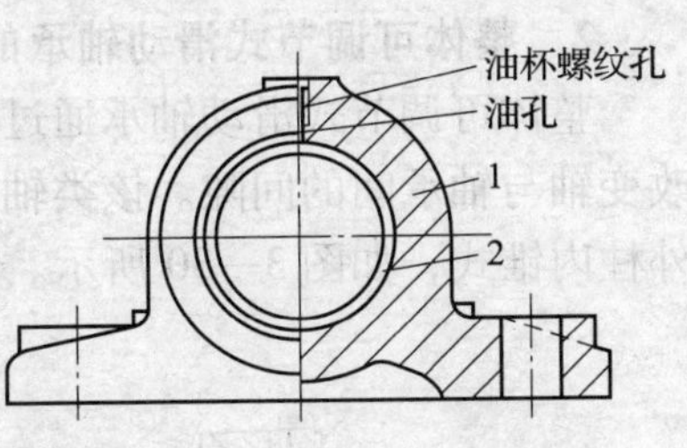

图 3—27　整体式径向滑动轴承

1—轴承座　2—轴套

压入轴套前应注意配合面的清洁，并涂上润滑油。压入有油孔的轴套时要对正轴承座上的油孔。

（2）轴套的定位。对于重负荷的轴套，装配后要用紧定螺钉或定位销加以固定，以防止其转动。如图 3—29 所示为轴套的定位方式。

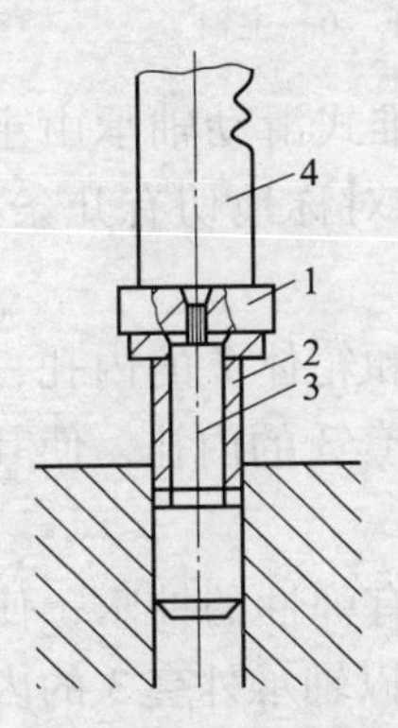

图 3—28　压入轴套的工具

1—垫板　2—轴套　3—心轴

4—压力机冲压杆

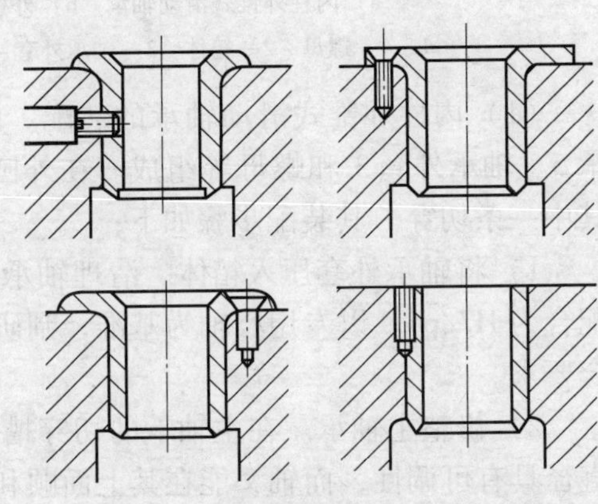

图 3—29　轴套的定位方式

（3）检验及修整轴套孔。轴套压入后，内孔可能发生变形，应检测其内孔的尺寸、形状误差，若不符合图样要求，应用铰孔、刮研等方法进行修整。

2. 整体可调节式滑动轴承的装配

整体可调节式滑动轴承通过螺纹连接改变轴套的相对位置，从而改变轴与轴承间的间隙。该类轴承通常有两种形式，即内柱外锥式和外柱内锥式，如图 3—30 所示。

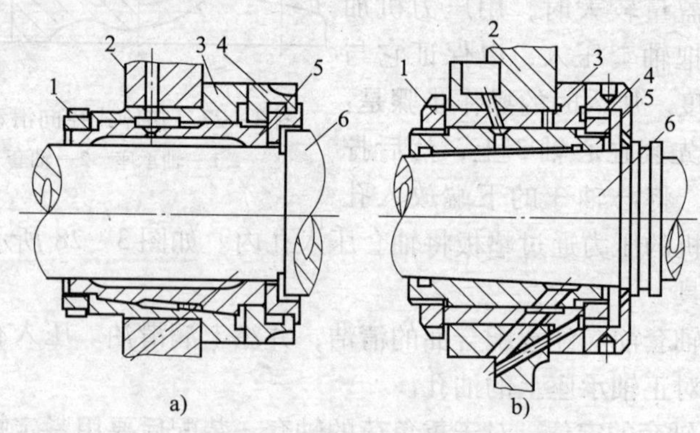

图 3—30 整体可调式滑动轴承

a）内柱外锥式滑动轴承 b）外柱内锥式滑动轴承

1、4—螺母 2—箱体 3—轴承外套 5—主轴承 6—主轴

（1）内柱外锥式滑动轴承的装配。内柱外锥式滑动轴承由主轴承 5、轴承外套 3 和螺母等组成。在外圆锥面上对称地切有几条槽，其中一条切穿。其装配步骤如下：

1）将轴承外套压入箱体。清理轴承外套 3 和箱体 2 的内孔，其配合为 H7/p6。以专用心轴为基准，刮研轴承外套 3 的内孔，使其符合要求。

2）修整主轴承。在主轴承的切穿槽中嵌入有弹性的柚木，使其直径具有可调性，而轴又能在其上面顺利旋转。以轴承外套 3 的内孔为基准，刮研主轴承 5 的外锥面。

3）把主轴承 5 装入轴承外套 3 的孔内，两端分别拧入螺母 1 和 4，并调整主轴承 5 的轴向位置。

4）以主轴 6 为基准配刮主轴承 5 的内孔，使之达到技术要求，并使前、后轴承孔达到同轴度要求。

5）清洗轴套和轴颈后，重新装入并调整间隙达到要求。调整方法是先将调节螺母拧紧，使配合间隙消除，然后再拧松小端螺母至一定角度，拧紧大端螺母，即可得到要求的间隙值。

（2）内锥外柱式滑动轴承的装配。这种轴承的内孔是锥面，外表面是圆柱面，通过前后两螺母调节轴承的轴向位置，从而调节轴和轴承的间隙。其装配过程与内柱外锥式轴承大致相似，不同点是这种轴承只需刮研内锥孔。可将轴承装入箱体，直接以轴为基准配刮内锥孔达到要求的接触点，然后清洗轴套和轴，重新装入并调整轴承间隙使其达到要求。

3. 剖分式径向滑动轴承的装配

剖分式径向滑动轴承由轴承座，轴承盖，上、下轴瓦，垫片和螺栓等组成，如图 3—31 所示。

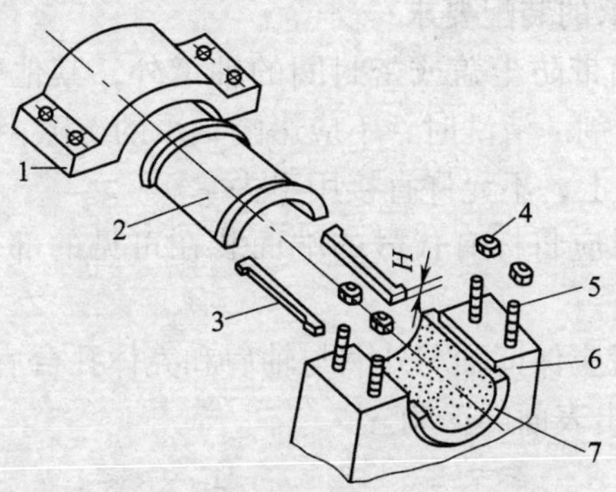

图 3—31　剖分式径向滑动轴承的组成

1—轴承盖　2—上轴瓦　3—垫片

4—螺母　5—螺栓　6—轴承座　7—下轴瓦

剖分式径向滑动轴承的装配过程如下：

（1）轴瓦的装配。上、下轴瓦与轴承盖、轴承座装配时，应使轴瓦背与轴承座孔接触良好。为此，首先应对轴瓦外径、内台肩和轴承座、轴承盖座孔内径及内宽度进行测量，然后进行选配（薄壁轴瓦）和修配（厚壁轴瓦）。装配时，用记号笔在剖分端面处做好记号，以免弄错方向。为了达到配合的坚固性，轴瓦的剖分面应比轴承体的剖分面高出 0.05 ~ 0.1 mm。

轴瓦装配前应认真做好清理和清洗工作。装配时，应对准油孔位置，然后在剖分面上垫上木板用锤子轻轻敲入。

（2）刮研轴瓦孔。常以与其相配的轴为基准来研点。通常先用涂色法使轴与半轴瓦对研，先修刮下半轴瓦的表面，直至接触均匀，达到规定的接触点为止。然后再将上半轴瓦装上，拧紧轴承座上的螺栓，用同样的方法修刮上轴瓦，直到轴与轴瓦配合表面接触均匀，配合良好为止。

（3）装配及调整间隙。清洗刮研好的轴瓦，重新把它装入轴承座孔。调整接合面处的垫片，保证轴与轴瓦之间的径向配合间隙符合设计要求。

二、滚动轴承的装配

1. 滚动轴承的装配要求

（1）除两面带防尘盖或密封圈的轴承外，其他轴承均应进行清洗并加防锈润滑剂。清洗时，不应影响轴承的游隙；清洗后，轴承不能直接放在平板上，不允许直接用手去拿。

（2）装配时应将标有代号的端面装在可见的部位，以便于将来更换。

（3）装配后应保证轴承外圈与轴肩和壳体孔台肩紧贴（见图 3—32），应去除凸出表面的毛刺。

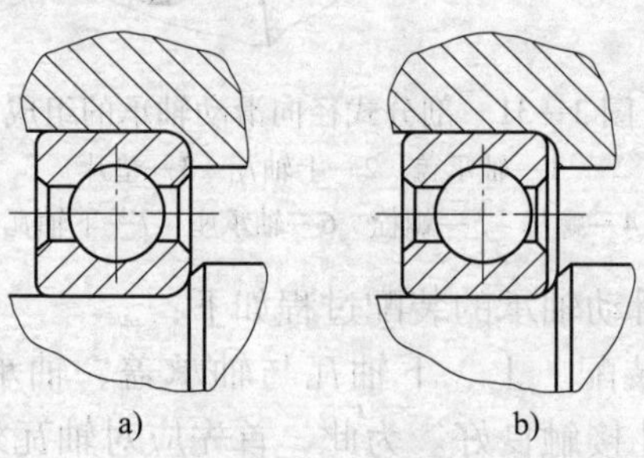

图 3—32　滚动轴承在台肩处的配合

a）正确　b）错误

（4）安装滚动轴承时，应符合轴系固定的结构要求。轴承的固定装置应可靠，紧定程度应适中，防松装置应完善。

（5）轴承与轴承座孔、轴的配合应符合图样要求。

（6）密封装置应严密，在沟式和迷宫式密封装置中应按要求填入润滑脂。

（7）在装配轴承的过程中应严格保持清洁，严防杂物进入轴承内。

（8）装配后，轴承运转应灵活、无噪声，工作温升应达到图样技术要求或与相应的润滑剂相适应。

2. 滚动轴承的装配方法

按滚动轴承的结构类型、尺寸大小、配合性质确定其装配方法。

（1）角接触球轴承的装配。角接触球轴承是整体式圆柱孔轴承的典型类型，它的装配工艺具有圆柱孔轴承装配的代表性。其装配步骤与工具应视其配合性质而定。

1）轴承内、外圈的装配顺序遵循先紧后松的原则进行。若轴承内圈与轴是紧配合，轴承外圈与轴承座孔是较松配合时，应先将轴承安装在轴上，然后将轴连同轴承一起装入轴承座孔内（见图 3—33a）；若轴承外圈与轴承座孔是紧配合，轴承内圈与轴是松配合时，则先将轴承压装在轴承座孔内，然后再把轴装入轴承内（见图 3—33b）；若轴承内圈、外圈装配的松紧程度相同时，可用安装套使压力同时作用在轴承内圈、外圈上，把轴承压入轴颈和轴承座孔中，如图 3—33c 所示。

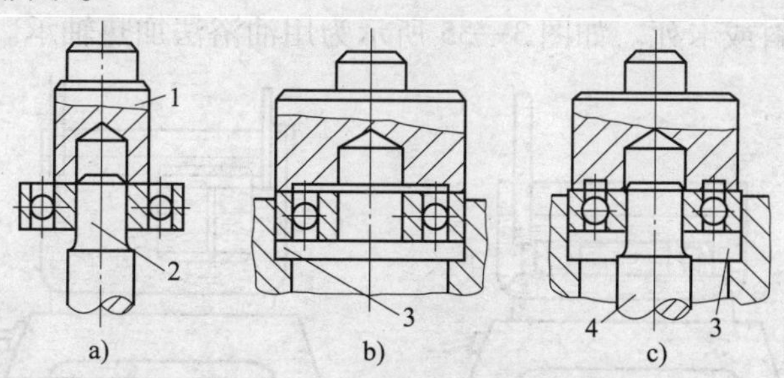

图 3—33　角接触球轴承的装配

a）内圈与轴紧配合　b）外圈与壳体紧配合　c）内圈与轴、外圈与壳体均为紧配合

1—安装套　2—轴颈　3—轴承座孔　4—轴

2）压入轴承时采用的方法和工具应根据配合过盈量的大小确定。当配合过盈量较小时，用锤子敲击；当配合过盈量较大时，可用压力机压入，压入时应放上装配套筒，如图3—34所示。

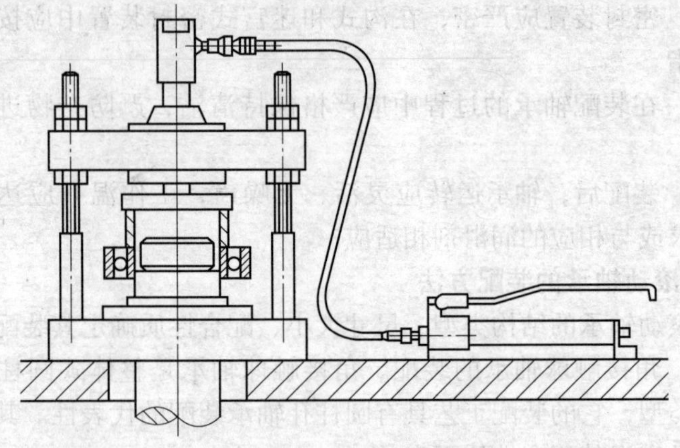

图3—34 用压力机压入

过盈量过大时可用温差法装配。若采用热胀法装配时，可用油浴法、电感应加热法或其他加热方法。

①油浴法。是指将轴承浸在闪点为250℃以上的变压器油的油池内加热，加热温度为80～100℃。加热时应采用网格或吊钩搁置或悬挂轴承。装配前必须测量轴承内径，使之比轴径大0.05 mm左右；再用干净的软布擦去轴承表面的油迹和附着物，并用布垫托端平装入轴颈，用手推紧轴承直至冷却固定为止；然后略微转动轴承，检查轴承是否倾斜或卡死。如图3—35所示为用油浴法加热轴承。

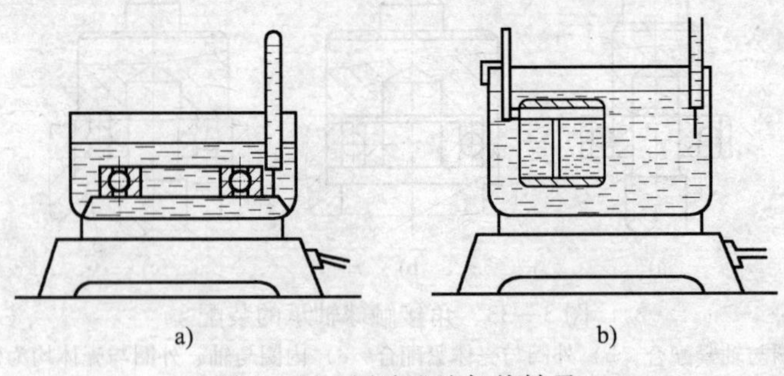

a) b)

图3—35 用油浴法加热轴承

②电感应加热法。是利用电磁感应原理的一种加热方法。目前普遍采用的有简易式感应加热器（见图 3—36a）和手提式感应加热器（见图 3—36b）两种。加热时将感应器套入轴承内圈，加热至 80 ~ 100℃立即切断电源，停止加热进行安装。

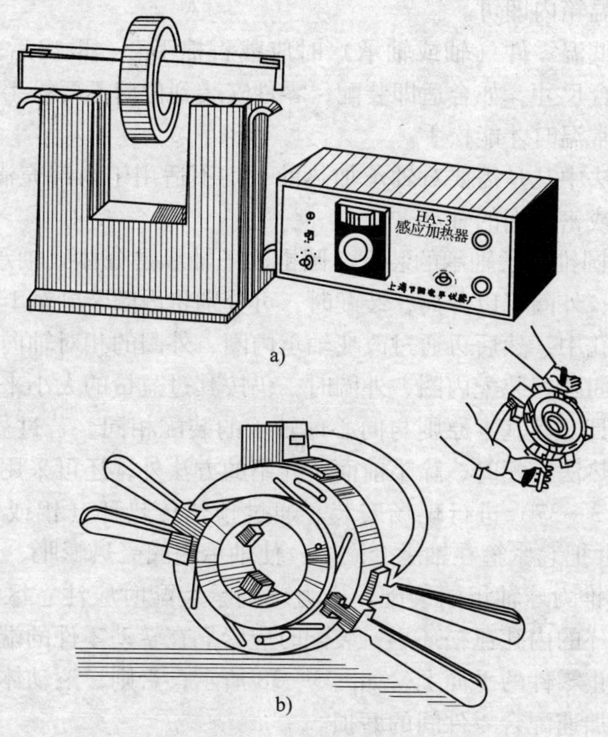

a)

b)

图 3—36　电感应加热器

a）简易式　b）手提式

③其他加热方法。在现场安装条件下还可采用下列简易加热方法：

a. 空气加热法。是指把轴承置于烘箱或干燥箱内加热的一种方法。

b. 传热板加热法。是指将轴承置于传热板上加热的一种方法。适用于外径小于 100 mm 的轴承，传热板温度不高于 200℃。

除了采用加热法以外，还可采用冷却法来实现轴承的装配。

装配轴与轴承时应采用轴冷缩法装配，即把轴置于低温箱内，箱内温度不得低于 -80℃。

装配轴承与轴承座孔时，可先把轴承置于低温箱内冷冻。箱内的低温介质一般多采用干冰，它可获得 -78.5℃的低温。操作时，把干冰倒入低温箱内即可。

取出低温零件（轴或轴承）时应戴石棉手套，取出后立即测量零件的配合尺寸，如合适即装配，零件安装到位后不要松手，直到零件恢复到常温时才能松手。

温差法中凡是需要对轴承加热的，均不适用于内部充满润滑脂、带防尘盖或密封圈的轴承。

（2）圆锥滚子轴承的装配。圆锥滚子轴承是分体式轴承的典型。它的内圈、外圈可以分离，装配时，可分别将内圈装到轴上，外圈装入轴承座孔中，然后再通过改变轴承内圈、外圈的相对轴向位置来调整轴承的间隙。装配内圈、外圈时，仍按其过盈量的大小来选择装配方法和工具，其基本原则与向心球轴承的装配相同。若过盈量过大，需采用加热法装配时，除了前面所介绍的方法外，还可采用传热环加热（见图 3—37）进行现场安装。通过预热传热环（铝或铜质）直至 200℃并把它紧箍在轴承套圈中，使轴承内圈受热膨胀。

（3）推力球轴承的装配。推力球轴承装配时应注意区分紧环和松环，紧环的内孔比松环小，装配时应紧靠在转动零件的端面上，松环靠在静止零件的平面上，如图 3—38 所示；否则，滚动体将丧失作用，从而加速配合零件间的磨损。

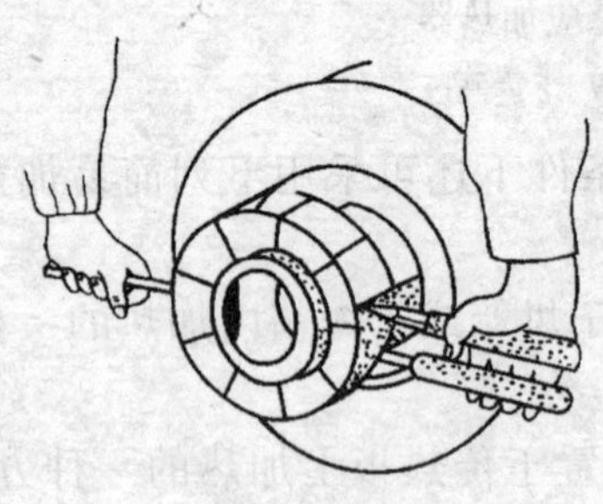

图 3—37　传热环加热

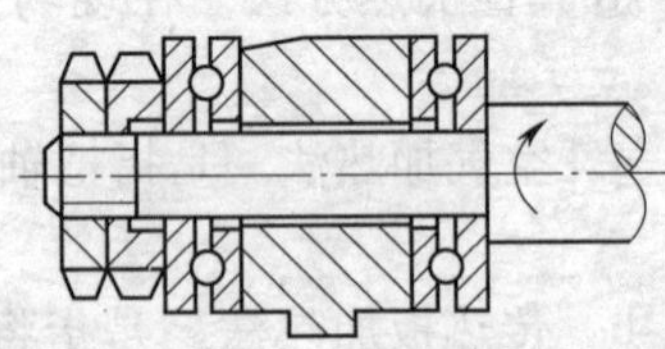

图 3—38　推力球轴承的装配

3. 滚动轴承间隙的调整和预紧

轴承的间隙（又称游隙）分为径向间隙和轴向间隙两类。径向间隙是指内圈、外圈之间在径向上的最大相对游动量，轴向间隙是指内圈、外圈在轴线方向的最大相对游动量。间隙的大小直接影响机构的运转性能（如精度、振动、噪声等）和轴承的使用寿命。因此，在装配过程中要控制和调整轴承的间隙，使轴承内圈、外圈产生一相对位移，如图 3—39 所示。

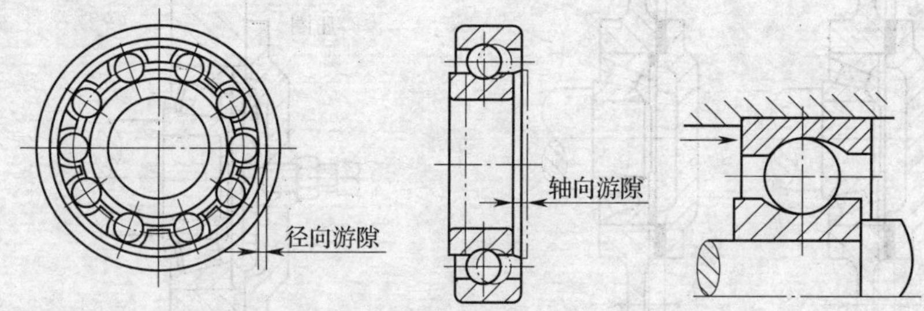

图 3—39　滚动轴承的间隙及其调整

在使用成对组装的轴承组时，为提高轴承系统的刚度，常在安装时使轴承受到一定的轴向力，以消除游隙并使滚动体和内圈、外圈间产生一定的预变形，这种方法称为预紧。合理的预紧能提高轴承的旋转精度，延长其使用寿命，减少机器工作时轴的振动和噪声，防止振动损伤和摩擦磨损。

（1）滚动轴承间隙的调整方法。在装配过程中，可通过使轴承的内圈、外圈产生适当的轴向位移来实现轴承间隙的调整。常用的方法有以下两种：

1）用垫片调整间隙。通过改变轴承盖处的垫片厚度 δ 来调整轴承的轴向间隙 s，如图 3—40a 所示。测量间隙最常用的方法是压铅法。其步骤是将铅丝分成 3 ~ 4 段，用润滑脂均匀粘放在轴承盖与轴承外圈之间和轴承盖与轴承座之间，拧紧轴承盖螺栓，压扁铅丝（这时轴承间隙为零），然后拆下轴承盖，用千分尺测量铅丝的厚度 $\overline{a}$ 和 $\overline{b}$，再用下式计算出应加垫片的厚度，如图 3—40b 所示。

$$\delta = a + s - b$$

2）用调整螺钉调整间隙。如图 3—41 所示，先把螺钉拧紧，使轴承间隙等于零，然后将调整螺钉倒拧 α 角，以防止工作时螺钉松动。倒拧的角度 α 按下式计算：

$$\alpha = \frac{s}{P} \times 360°$$

式中 s——轴承要求的间隙，mm；

P——调整螺钉的螺距，mm。

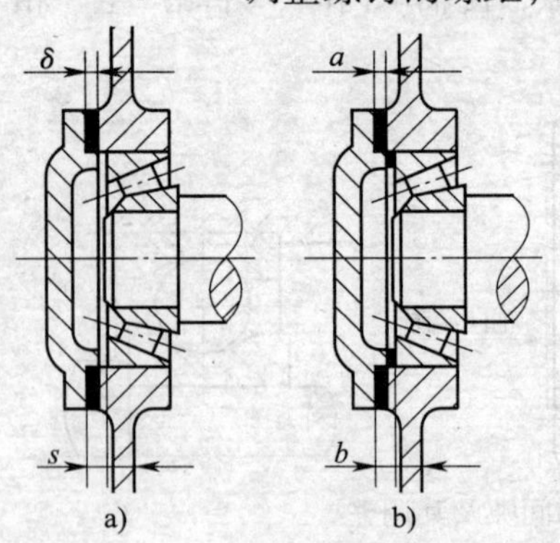

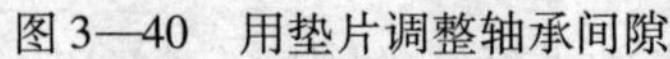

图 3—40 用垫片调整轴承间隙

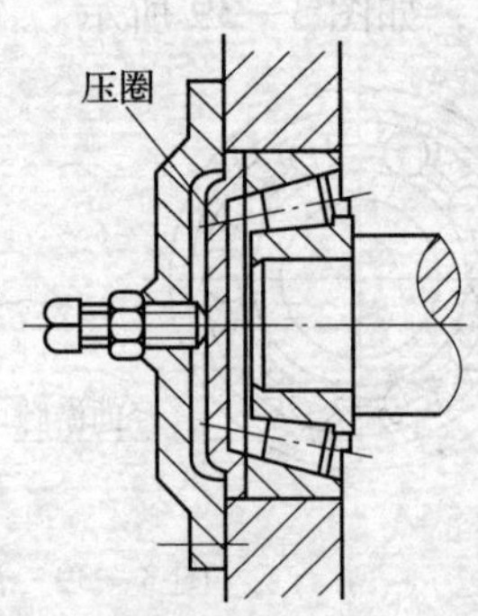

图 3—41 用调整螺钉调整轴向间隙

（2）滚动轴承的预紧。轴承的预紧方法有以下几种：

1）用加金属垫环，磨窄套圈，内、外套筒厚度差等方法使角接触球轴承预紧，如图 3—42 所示。

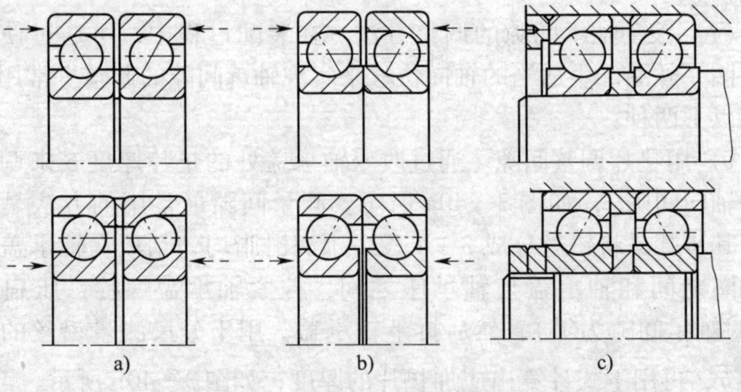

图 3—42 成对的角接触球轴承的预紧

a）加金属垫片 b）磨窄套圈 c）内、外套筒厚度差下面介绍利用内、外套筒厚度差实现预紧的方法。如图 3—43 所示，以隔套 A 为定值，其预紧量通过修正隔套 B 的厚度来达到。其预紧的操作步骤如下：

①制作三块与隔套 A 的内径、外径和长度均相同的支撑瓦，每块支撑瓦的弧长为隔套 A 外径的 1/6 ~ 1/2，如图 3—44 所示。

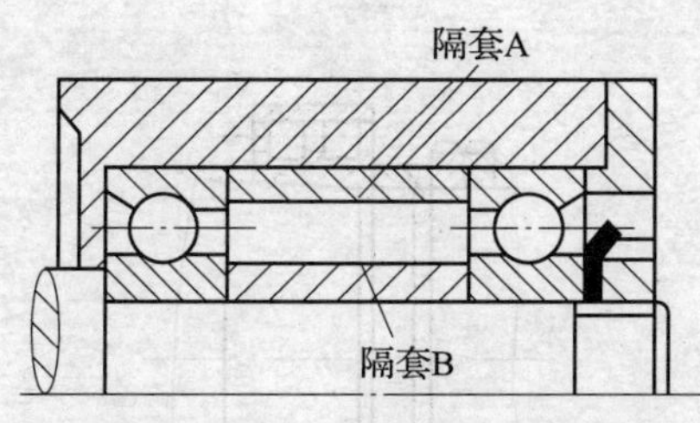

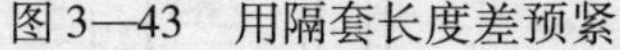

图 3—43　用隔套长度差预紧

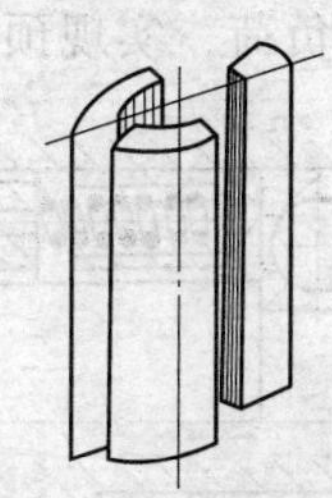

图 3—44　支撑瓦

②将两轴承和三块支撑瓦按图 3—44 所示的位置竖放在平板上。

③将相当于所需预紧力的重物压在轴承的内圈上，用精度为 0. 01 mm 的长度量具测量两轴承内圈内侧面的距离，取三次测量的平均值。

④按上述平均距离修正隔套 B 的长度。

⑤按图 3—43 所示进行安装，然后拧紧锁紧螺母，固定止动垫圈。

2）用弹簧实现预紧。利用弹簧变形所产生的弹力来实现轴承的预紧，其方法如下：

①用调整螺母改变弹簧弹力的大小来调节预紧量，如图 3—45 所示。

②利用安装后两轴承中间的空间位置安装弹簧装置和定位套，达到预紧的目的。其调整步骤如下：

将数组弹簧和定位套组合后垂直放置于平板上，测量其总的高度 H。要求各组之间的高度误差在 0. 02 mm 之内。

用一底面平整且其重力等于预紧力的重物压在每组弹簧上面，并测量其压缩时的高度 H_1，则其压缩量 $\Delta H = H - H_1$。

将弹簧装置装入滚动轴承之间后，测出其自由长度 l。

加工定位套，使其长度 $B = l - \Delta H$。

装配成对轴承，两轴承之间装上弹簧装置、定位套，使其分别顶住外、内套圈，然后固定其轴向位置。

3）调节轴承锥孔内圈的轴向位置实现预紧，如图 3—46 所示。通过拧紧螺母可以使锥孔内圈向轴颈大端移动，结果使内圈直径增大，形成预负荷，实现预紧。

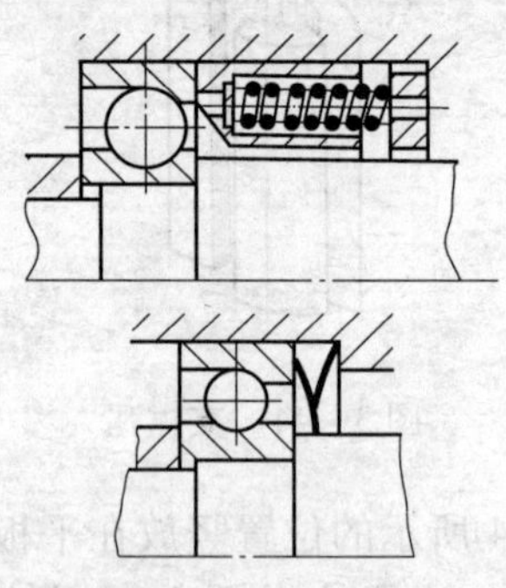

图 3—45 用弹簧实现预紧

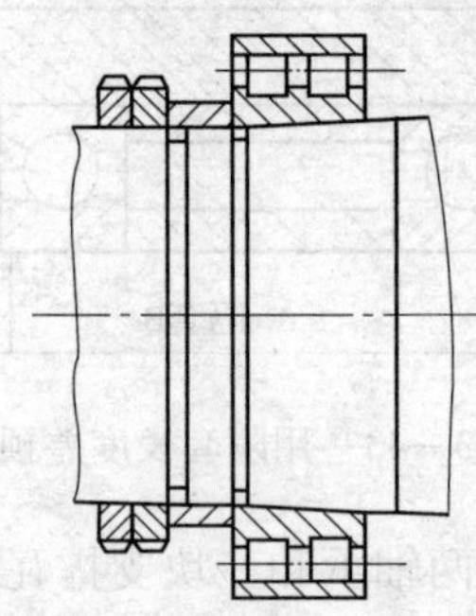

图 3—46 调节轴承锥孔内圈的轴向位置实现预紧

（3）轴承预紧量的测定。轴承的预紧量均是设计时确定的，安装时必须予以保证，为此，在安装前必须准确地测定轴承的预紧量。轴承预紧量的测定应放置在平板上进行。目的是在规定的预紧负荷下测定轴承内圈、外圈或弹簧装置的位移量，以便确定垫环的厚度。根据轴承的安装形式不同，可分为以下几种方法测定其预紧量：

1）外圈为定值，调整内圈的位移量。如图 3—47 所示，将成对的轴承外圈分别装入带有肩距 A 的外套中，在轴承内圈上分别装入两个压盖，在上压盖上均匀施加规定的轴向力 P（即预紧量），用量具（如量块、塞尺等）测出两轴承内圈间的距离 B，此值即垫环的厚度。测量时要均匀选取互成 120°角的三个测量位置，取其平均值。

2）内圈为定值，调整外圈的位移量。如图 3—48 所示，将成对的轴承内圈分别装入带有肩距 B 的内套上，在轴承外圈分别装入两个压盖，在上压盖上均匀施加预紧力 P，测出三个不同位置的外圈间距 A，取其平均值，即为垫环厚度。

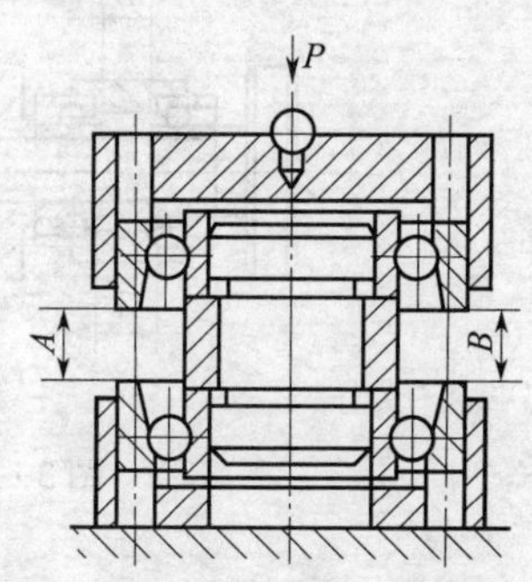

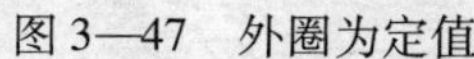

图 3—47 外圈为定值

图 3—48 内圈为定值

3）轴承内圈、外圈同时移位。如图 3—49 所示，轴承的内圈、外圈同一面给定值为 H_1 和 H_2，其位移量 $K_1 = H_2 - H_1$，施加预紧力 P，轴承另一面内圈、外圈相对位移 $K_2 = H_3 - H_4$。测出 H_3 和 H_4 的值即可求得 K_2。这样就可得到两组轴承内圈、外圈差值各为 K_1 和 K_2 的垫环。

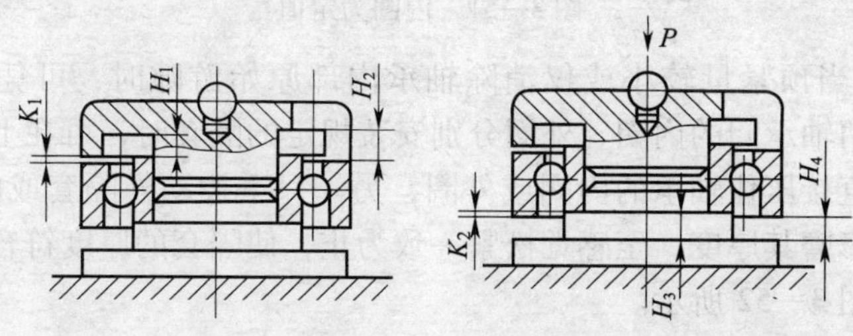

图 3—49 内圈、外圈同时移位

4）测量弹簧的变形量。在平板上竖放着待装的弹簧组和套，测出其高度值 H_1，在弹簧上加预紧力，再测出其高度值 H_2，得到差值 $\Delta H = H_1 - H_2$。在安装轴承时，只要保证弹簧组的压缩量 ΔH，就能获得所需的预紧力。

5）对于精密轴承部件的装配，可采用弹簧测量装置进行轴承预紧的测量。轴承的预紧量由弹簧尺寸 H 来确定，如图 3—50 和图 3—51 所示，分别以轴承外圈、内圈为定值，通过测量确定内圈、外圈的间距 B。

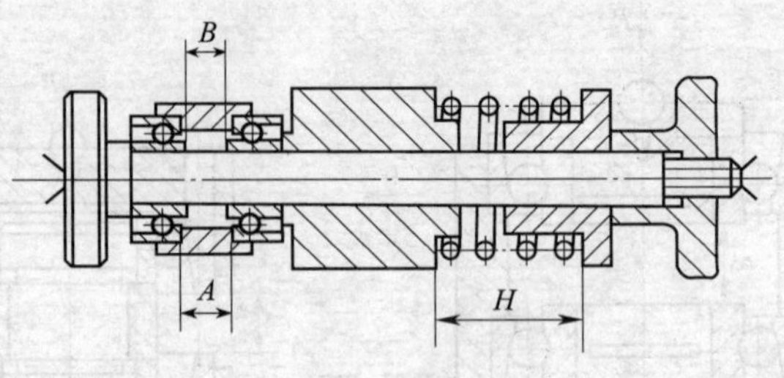

图 3—50　外圈为定值

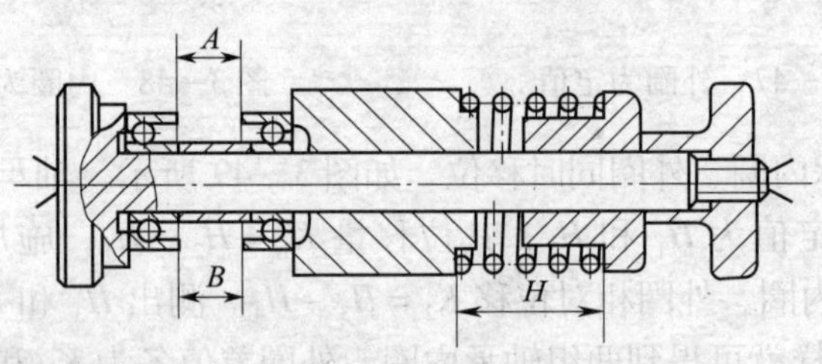

图 3—51　内圈为定值

6）当预紧量较小或仅消除轴承内部原始游隙时，可凭感觉测量。当两轴承间的内圈、外圈分别安装规定的隔套时，可在上面用重物或手直接压住轴承的内圈或外圈，另一只手拨动外隔套或内隔套，并随时修磨其厚度，至感觉松紧一致为止，使隔套的厚度符合预紧要求，如图 3—52 所示。

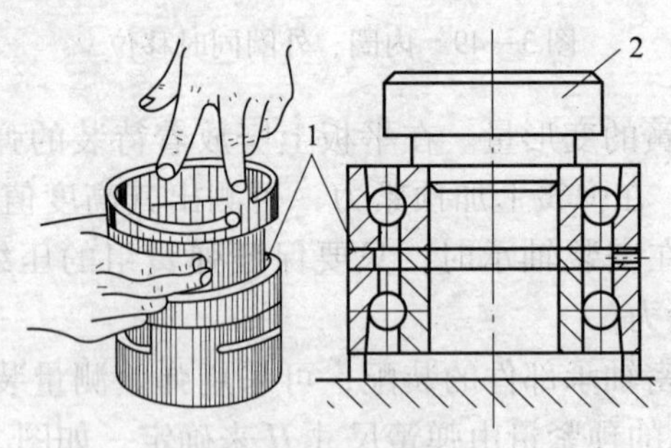

图 3—52　凭感觉测量法

1—隔套　2—重块

4. 滚动轴承的拆卸

轴承的过度磨损，滚动体的伤痕、断裂、胶合、磨损，保持架的断裂，滚道的表面剥落、胶合、磨损都会严重影响轴承的正常工作，产生噪声、振动，温度超限，此时必须更换轴承。

（1）拆卸方法

根据配合性质不同，轴承的拆卸方法分为以下两种：

1）敲压法。一般过渡配合的小型轴承部件可用敲压法拆卸。把轴承支撑在台虎钳上或其他硬件上，用锤子或压力机将轴承从内圈中顶出（见图 3—53），或用软金属的圆头冲子沿内圈端面的周围进行锤击。

2）拉出法。用敲压法不易直接拆卸的轴承，一般可用轴承顶拔器进行拆卸。拆卸时，应按轴承尺寸调整顶拔器拉杆距离，让卡爪牢固地卡住轴承内圈端面，轻旋螺杆使着力点均匀，然后旋紧螺杆逐步加力，将轴承拉出，如图 3—54 所示。

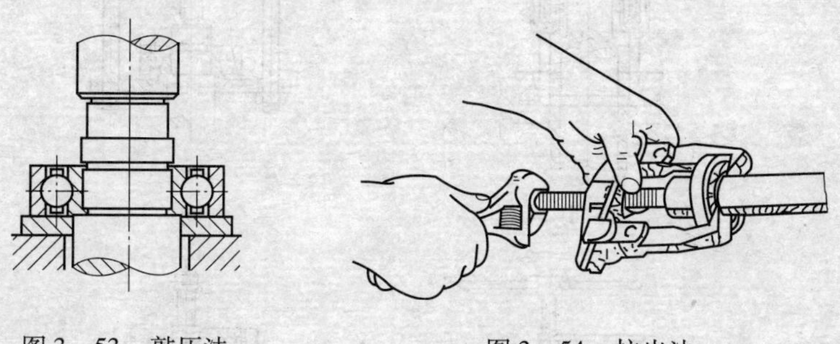

图 3—53 敲压法　　图 3—54 拉出法

使用轴承顶拔器的注意事项如下：

①顶拔器拉杆卡爪的弯角应小于 90°。

②拉轴承时，拉杆两脚与螺杆应保持平行，不能外撇，卡爪应钩在轴承内圈的端面上。

③螺杆端部应制成 90°夹角或装有钢球。

④使用顶拔器时两拉杆与螺杆的距离应相等。

如图 3—55 所示为用各种类型轴承顶拔器拆卸不同轴承的工作状态。

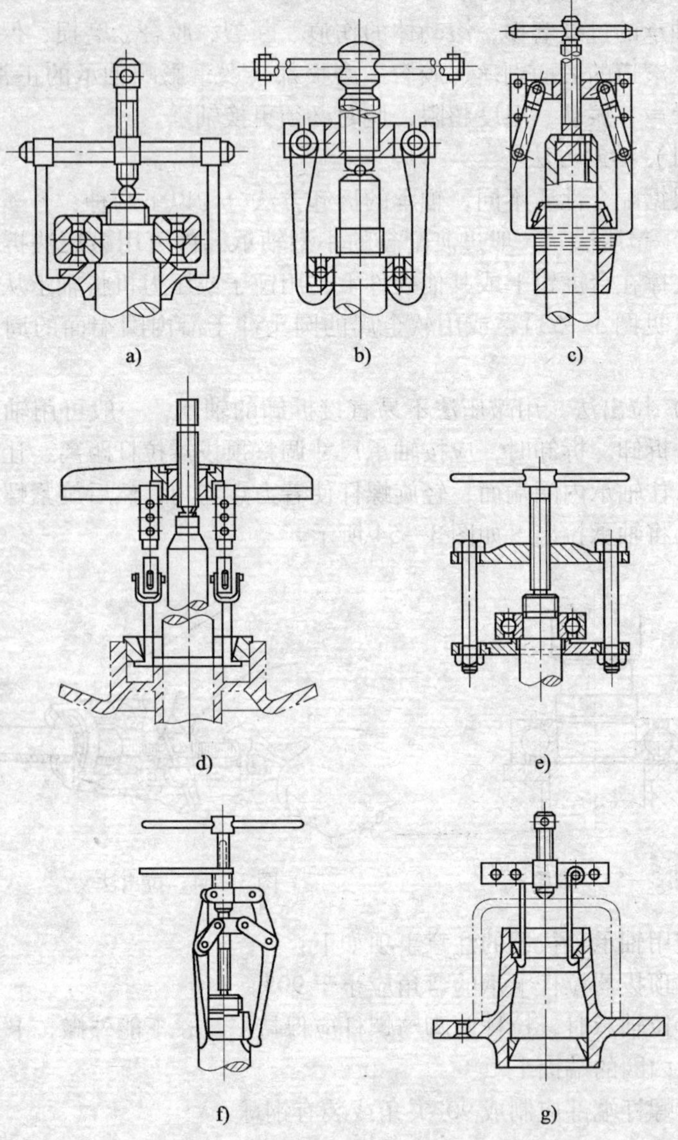

图 3—55　用各种类型轴承顶拔器拆卸不同轴承的工作状态

a）从轴上加套拆下轴承　b）从轴上直接拆下轴承　c）可分离轴承内圈拆卸

d）可分离轴承外圈拆卸　e）双杆拉出器　f）三杆拉出器　g）拉杆拆卸器

（2）拆卸时的注意事项

1）拆卸时的作用力应直接加在拆卸体上，切忌加在滚动体或其他零件上。

2）拆卸前应在轴承座孔和轴上涂抹润滑油，以便于拆卸。

3）拆卸已损坏的轴承时，注意不要损坏轴、机体和其他零件，轴承也应尽量保持原样。

4）拆卸分离型轴承时，应先将轴承内圈、外圈分离，然后再分别拆卸内圈、外圈。

5．轴承运转过程中的故障及其排除方法见表3—2

表3—2　　轴承运转过程中的故障及其排除方法

故障类型	故障特征	故障原因	排除方法
声响故障	高频连续声响	①游隙太小，内负荷过大 ②润滑不良 ③安装误差 ④回转件摩擦	①修正游隙、预紧量和过盈配合量 ②提高润滑剂黏度，加大用量 ③检查轴、座孔的几何公差和安装精度 ④检查轴承与端盖密封件接触情况
	低频连续声响	滚道伤痕、缺陷，润滑剂不洁净	清洗轴承，更换润滑油，更换轴承
	低频不规则声响	①游隙过大 ②进入异物 ③机械振动 ④回转件松动 ⑤滚动体表面伤痕	①调整游隙，修整配合面 ②清洗轴承，检查、更换密封圈，更换润滑剂 ③提高箱体和轴承的刚度 ④紧固轴承端盖 ⑤更换轴承
振动故障	启动、停车时共振	轴的临界转速太低	提高轴和轴承的刚度
	转动时的振动	①回转体不平衡 ②安装误差 ③进入异物 ④机械变形	①对回转体进行动平衡 ②提高箱体精度和安装精度 ③清洗轴承，改进密封装置，更换润滑油 ④提高箱体和支撑刚度

续表

故障类型	故障特征	故障原因	排除方法
温升故障	试运转时温升正常，运转时温升高	①润滑脂太多 ②润滑剂黏度太高 ③润滑剂用量不足 ④轴承游隙太小，内负荷太大 ⑤安装误差 ⑥密封部位摩擦 ⑦配合部位松动	①排出过多的润滑脂 ②降低润滑剂黏度，减少其用量 ③补充润滑剂用量 ④增大游隙，减小预紧力和过盈量，防止额外负荷的产生 ⑤提高轴、轴承座几何精度和安装精度 ⑥改进密封结构，减少密封处接触应力 ⑦修整配合等级，更换轴承，涂少量厌氧胶可提高配合部位结合力

§3—4 联轴器和离合器的装配工艺

联轴器和离合器是连接两轴，使之一同回转并传递转矩的一种部件。前者只在机器停车后用拆卸方法才能把两轴分离；后者不必采用拆卸方法，在机器工作时就能使两轴分离或接合。

一、联轴器的装配

根据工作条件的不同，联轴器分为刚性联轴器和挠性联轴器两类。刚性联轴器适用于两轴能严格对中并在工作中不发生相对位移的地方；挠性联轴器适用于两轴有偏斜或在工作中有相对位移的地方。

1. 联轴器的装配要求

联轴器装配的主要要求是保证两轴的同轴度，使其运转平稳，减少振动。联轴器装配时两轴线的同轴度偏差情况如图 3—56 所示。

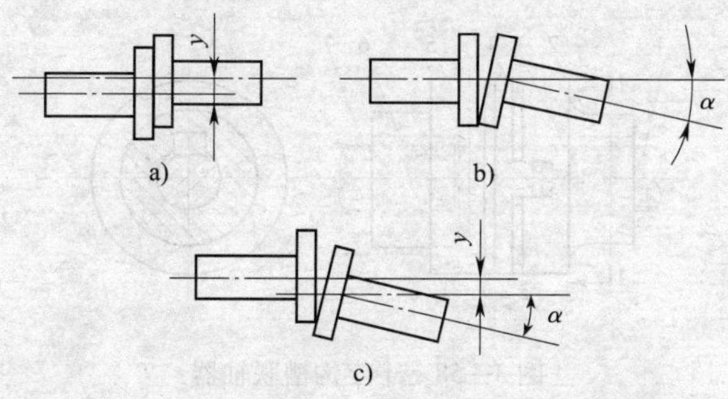

图 3—56　联轴器装配的偏差情况

a）轴线径向偏移　b）轴线扭斜　c）轴线同时偏移和扭斜

过大的偏差将使联轴器、传动轴及轴承产生附加负荷，引起发热，加速磨损，甚至发生疲劳而断裂。因此，联轴器必须严格按照技术要求进行装配。

2. 联轴器的装配方法

（1）刚性联轴器——凸缘联轴器的装配方法

1）凸缘联轴器如图 3—57 所示。装配时先在轴 1、6 上装入平键 2、5 和凸缘盘 3、4。

2）将百分表固定在凸缘盘 3 上，使其测头顶在凸缘盘 4 的外圆上，转动轴 1 找正凸缘盘 3、4 的同轴度。

3）移动轴 1，使凸缘盘 3 的凸台插入凸缘盘 4 的凹孔中少许。

4）转动轴 6，测量两个凸缘盘端面间的间隙 z，若间隙均匀，则移动轴 6 使两凸缘盘端面靠紧并用螺栓紧固。

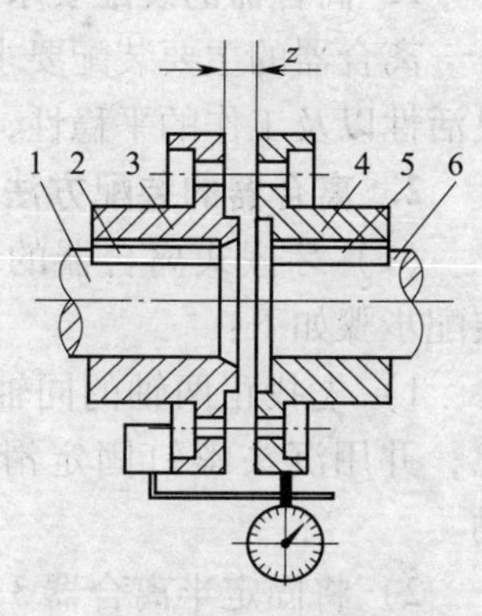

图 3—57　凸缘联轴器

1、6—轴　2、5—平键

3、4—凸缘盘

（2）挠性联轴器——十字沟槽联轴器的装配方法。十字沟槽联轴器（见图 3—58）在装配时允许轴线有少量的径向偏移和扭斜。具体装配方法如下：

1）分别在轴 1、7 上装上平键 3、6 和套筒 2、5。

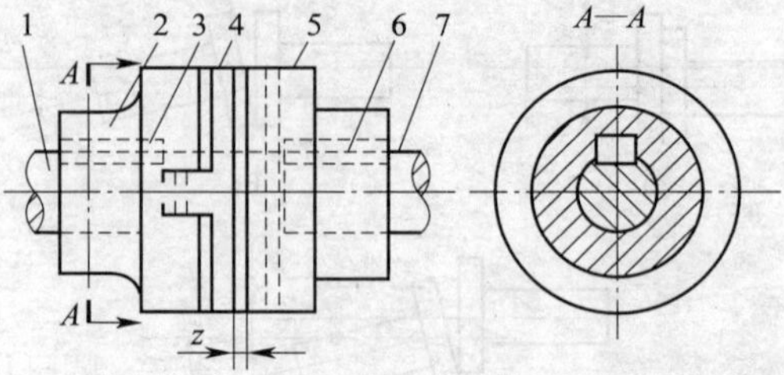

图 3—58　十字沟槽联轴器

1、7—轴　2、5—套筒　3、6—平键　4—十字圆盘

2）将钢直尺放在以套筒 2 和 5 的外圆为基准的圆柱面上，并在垂直和水平两个方向上检查，使套筒 2 和 5 的外圆与钢直尺均匀接触。

3）安装十字圆盘 4，并移动轴，使套筒和十字圆盘之间留有少量间隙 z，要求十字圆盘 4 在套筒 2 和套筒 5 的槽内能自由滑动。

二、离合器的装配

根据离合器的工作原理，离合器可分为嵌合式和摩擦式两类。

1. 离合器的装配要求

离合器的主要装配要求是：应保证两轴的同轴度、接合和分离的灵活性以及工作的平稳性，同时还应能传递足够的转矩。

2. 离合器的装配方法

（1）牙嵌式离合器的装配。牙嵌式离合器如图 3—59 所示，其装配步骤如下：

1）先找正两轴的同轴度，再把平键、滑键分别装入轴 4 和轴 1 上，并用沉头螺钉固定滑键，使活动半离合器能轻快地沿轴 1 移动。

2）将固定半离合器 3 用压配或敲击的方法装在轴 4 上，然后再装入定心环 5，并用螺钉固定。

3）将装有活动半离合器 2 的轴 1 装入固定半离合器 3 上的定心环 5 内，对正中心。

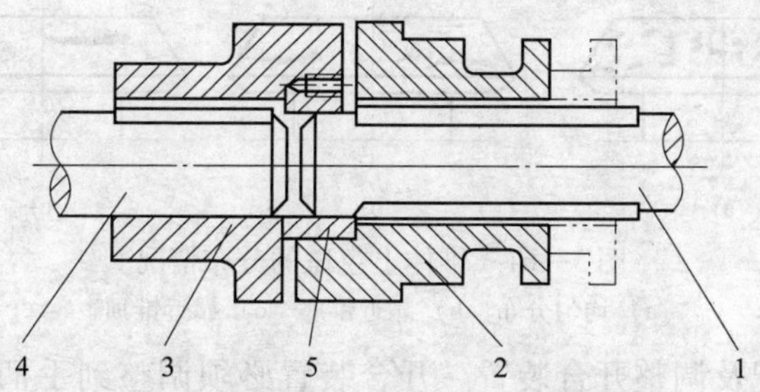

图 3—59　牙嵌式离合器

1、4—轴　2—活动半离合器　3—固定半离合器　5—定心环

装配时在保证顺利啮合的前提下，应使啮合间隙尽量小些，以免啮合时产生冲击。

（2）圆锥离合器的装配。如图 3—60 所示为圆锥离合器，它的装配分为锥体的修配和开合装置的调整。

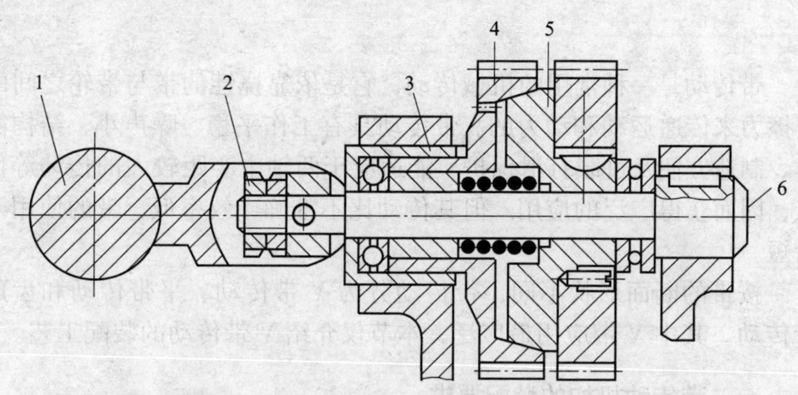

图 3—60　圆锥离合器

1—手柄　2—螺母　3—弹簧　4—齿轮　5—摩擦轮　6—轴

1）修配锥体。齿轮 4 的内锥与摩擦轮 5 的外锥的锥度必须一致，可用涂色法检查锥体的结合情况，色斑应该均匀地分布在整个圆锥表面上（见图 3—61a）。如果色斑的分布靠近锥底或锥顶，都表示锥体的角度不正确，必须用刮研或磨削的方法来修磨。锥体上色斑的分布情况如图 3—61 所示。

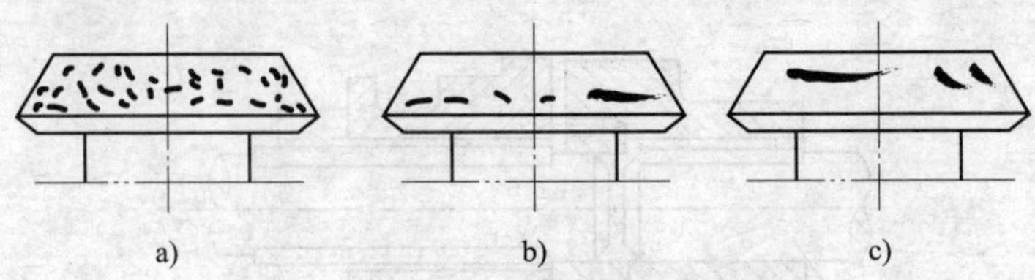

图 3—61　锥体上色斑的分布情况

a）均匀分布　b）靠近锥底　c）靠近锥顶

2）装配及调整开合装置。开合装置必须调整到手柄 1 成水平位置时，使两个锥面之间产生足够的摩擦力，以保证传递一定的转矩。调整的方法是：如图 3—60 所示，固定齿轮 4，然后在摩擦轮 5 上绕一根细绳，绳端吊一重物，使其产生一定的转矩，再旋动调节螺母 2，调节摩擦力的大小，使摩擦轮 5 不能自由转动为止。

§3—5　带传动机构的装配工艺

带传动是一种常用的机械传动，它是依靠挠性的带与带轮之间的摩擦力来传递运动和动力的。带传动具有工作平稳、噪声小、结构简单、制造方便及过载打滑保护、能适应于两轴中心距较大的传动等优点，因而获得广泛的应用。但其传动比不准确，效率低，带的使用寿命短。

按带的断面形状不同，带传动分为 V 带传动、平带传动和齿形带传动。其中 V 带应用最广泛，本节仅介绍 V 带传动的装配工艺。

一、带传动机构的装配要求

（1）带轮装在轴上后应没有歪斜和跳动，通常要求其径向圆跳动量为（0.002 5 ~ 0.005）D，端面圆跳动量为（0.000 5 ~ 0.001）D，D 为带轮直径。

（2）两轮的中间平面应重合，其偏斜角和轴向偏移量应不超过规定要求。一般偏斜角应不超过 1°。

（3）带的张紧力要适当。张紧力过小，不能传递一定的功率；张紧力过大，带、轴和轴承都将迅速磨损，同时降低了传动效率。

二、带轮的装配

带传动机构中的主动轮和从动轮均为工作带轮。工作带轮的孔与轴的连接一般采用过渡配合，同时用键或螺钉固定，其装配方式如图3—62所示。

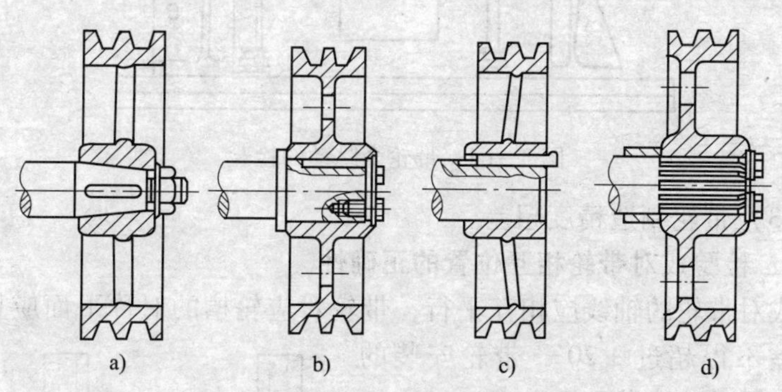

图3—62　工作带轮的装置方式

a）圆锥轴颈用螺母固定　b）圆柱轴颈、轴肩、挡圈用螺钉固定

c）楔键连接圆柱轴颈头　d）圆柱轴颈、花键、挡圈用螺钉固定

安装工作带轮时，首先按轴和带轮孔中的键槽修配键，清理配合面，涂上润滑油，用木锤敲击法或螺旋压装工具（见图3—63）把带轮压装在轴上。

张紧轮和带运输机的辊轮均属于另一种性质的带轮，它们可以自由地在轴上转动，称为空转带轮，其轮毂中装有轴套或滚动轴承。装配时应先将轴套或滚动轴承压在轮毂孔中，然后再装到轴上。

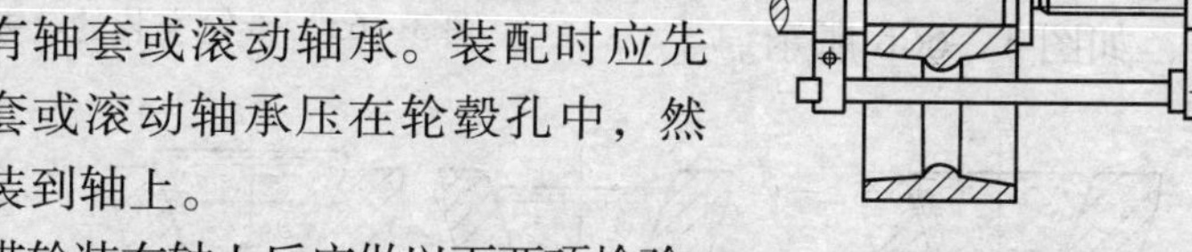

图3—63　螺旋压装工具

带轮装在轴上后应做以下两项检验：

1. 检验带轮在轴上安装的正确性

用百分表在带轮的轮缘和端面处检验其轴向和径向全跳动，如图3—64所示。如不合格应从以下几个方面进行检查、修整：

（1）轴弯曲或带轮装配不正。

（2）键修配不正确，造成带轮装入后偏斜。

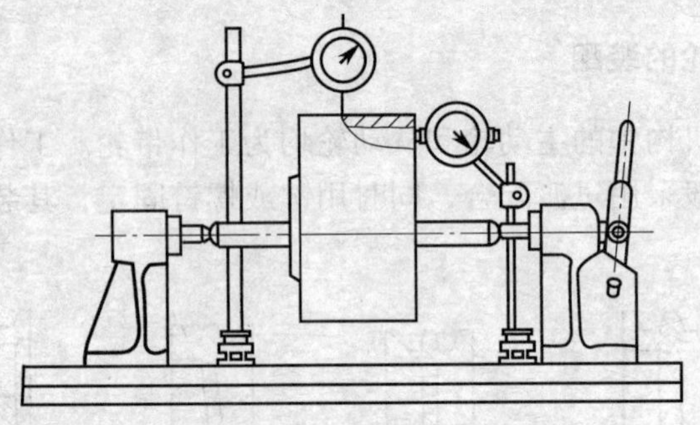
图 3—64　带轮全跳动的检验

（3）带轮制造精度超差。

2. 检验成对带轮相互位置的正确性

成对带轮的轴线应相互平行，带轮对应轮槽的对称平面应重合，其偏差不得超过 ± 20′，带轮安装的公差如图 3—65 所示。

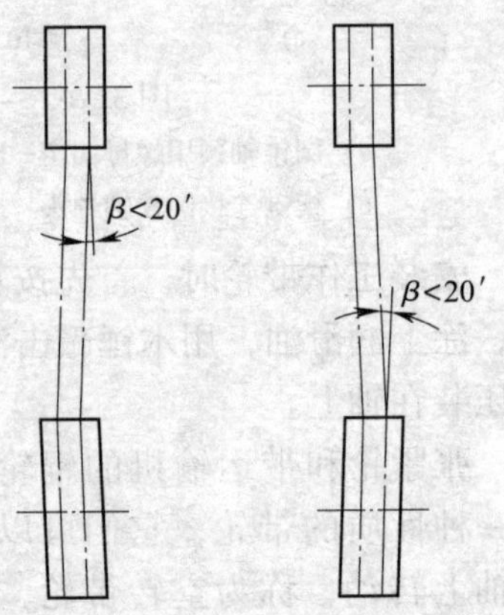

图 3—65　带轮安装的公差

三、安装传动带

安装传动带时（以 V 带为例），先将带套在小带轮的轮槽中，然后转动大带轮，用旋具（螺丝刀）将带拨入大带轮的轮槽中，装好的带应如图 3—66a 所示那样，其外表面与带轮外圆表面基本平齐，不能陷入槽底或凸出轮槽外，如图 3—66b 所示。

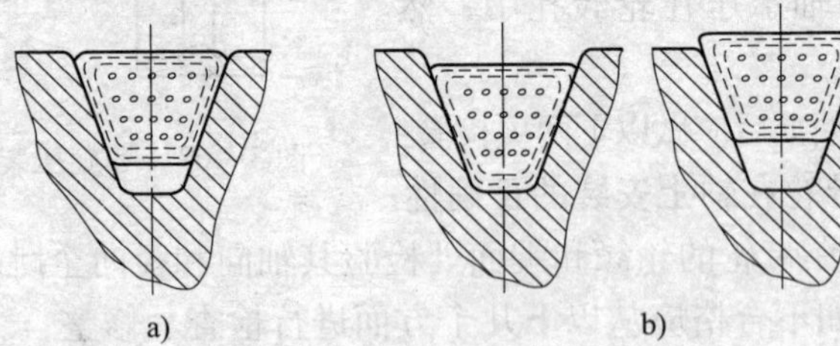

图 3—66　V 带在轮槽中的位置
a）正确　b）错误

四、传动带张紧力的调整

1. 张紧力的大小

张紧力的大小是保证传动带正常工作的重要因素。张紧力过小，摩擦力小，传动带容易打滑；张紧力过大，则传动带使用寿命短，轴和轴承受力大。测定预紧力所需的垂直力 G 见表 3—3，带的张紧力可按表 3—3 确定。

表 3—3　　　　测定预紧力所需的垂直力 G

带型		小带轮直径 d_1（mm）	G（N/根）					
普通V带	Z	50～100	带速 v = 0～10 m/s	5～7	带速 v = 10～20 m/s	4.2～6	带速 v = 20～30 m/s	3.5～5.5
		>100		7～10		6～8.5		5.5～7
	A	75～140		9.5～14		8～12		8.5～10
		>140		14～21		12～18		10～15
	B	125～200		18.5～28		15～22		12.5～18
		>200		28～42		22～33		18～27
	C	200～400		36～54		30～45		25～38
		>400		54～85		45～70		38～56
	D	355～600		74～108		62～94		50～75
		>600		108～162		94～140		75～108
	E	500～800		145～217		124～186		100～150
		>800		217～325		186～280		150～225
窄V带	SPZ	67～95		9.5～14		8～13		6.5～11
		>95		14～21		13～19		11～18
	SPA	100～140		18～26		15～21		12～18
		>140		26～38		21～32		18～27
	SPB	160～265		30～45		26～40		22～34
		>265		45～58		40～52		34～47
	SPC	224～355		58～82		48～72		40～64
		>355		82～106		72～96		64～90

2. 张紧力的检查

传动带安装好后，应按图 3—67 所示的方法对带的张紧力进行检查。当按表 3—3 中的作用力 G 加载时，其下垂度应等于 $1.6L/100$，大于或小于该值说明带的张紧力不符合要求，应予以调整。

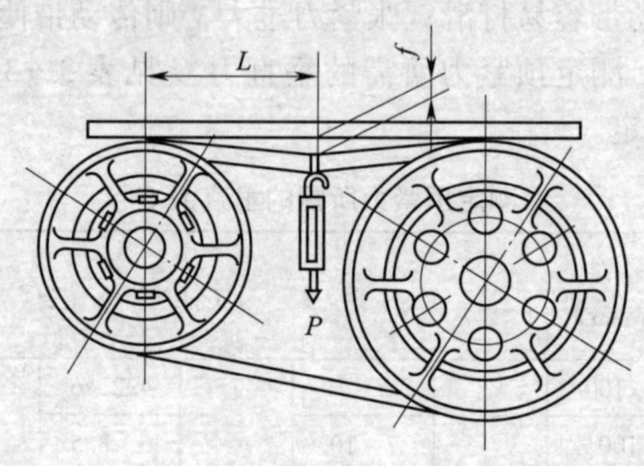

图 3—67　张紧力的检查

3. 张紧力的调整方法

在带传动机构中都装有调整张紧力的拉紧装置。拉紧装置的形式很多，其基本原理是通过改变两带轮中心距来调整张紧力大小。此外，还可应用张紧轮来实现两带轮中心距不可改变情况下带的张紧。

§3—6　螺旋传动机构的装配工艺

螺旋传动机构用来将旋转运动变换成直线运动，同时传递能量或力，也可用于调整零件的相互位置，有时兼有几种作用，应用很广泛。它按用途分为三类，即传动螺旋、传力螺旋和位置螺旋。它的特点是传动精度高，工作平稳，无噪声，易于自锁，能传递较大的动力。台虎钳，车床的纵向和横向进给机构，汽车、拖拉机的转向盘，精密计量仪等均采用螺旋传动机构。

一、螺旋传动机构的装配要求

螺旋传动机构装配时，为了提高丝杆传动精度和定位精度，必须认真调整丝杆螺母副的配合精度。一般应满足以下要求：

（1）保证规定的配合间隙。

（2）丝杆与螺母的同轴度以及丝杠支撑轴线与基准面的平行度必须符合规定的要求。

（3）丝杆与螺母相互转动应灵活。

（4）丝杆的运动精度应在规定范围内。

二、螺旋传动机构的装配方法

1. 丝杆螺母副配合间隙的测量及调整

丝杆螺母副配合间隙包括径向间隙和轴向间隙两种。由于测量时径向间隙更易准确反映丝杆螺母副的配合精度，所以配合间隙常以径向间隙来表示。但轴向间隙却直接影响丝杆螺母副的传动精度，装配时可用选配法或用消隙机构进行轴向间隙的调整。

（1）径向间隙的测量。如图 3—68 所示，测量时螺母应置于距丝杆一端 $(3\sim5)P$ 的距离，使百分表测头抵在螺母 1 上，轻轻抬起螺母，此时百分表指针的摆动差即为径向间隙值。

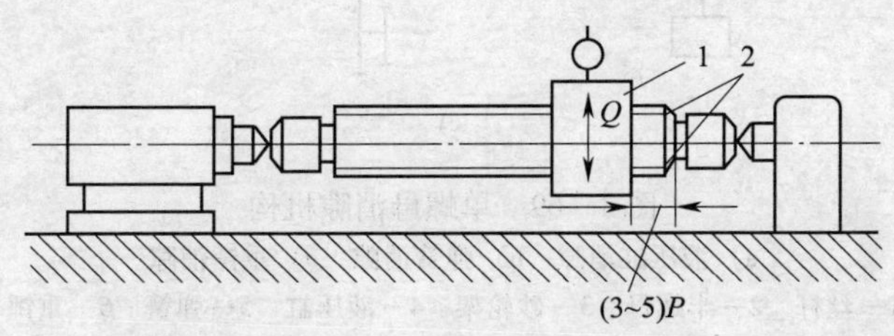

图 3—68　径向间隙的测量

1—螺母　2—丝杆

（2）轴向间隙的调整。无消隙机构的丝杆螺母副可用单配法或选配法来保证规定的配合间隙；有消隙机构的丝杆螺母副根据其消隙机构的形式（单螺母或双螺母结构的不同）采用不同的调隙方法。

1）单螺母消隙机构。该机构利用强制施加外力的手段迫使螺母与丝杆始终保持单向接触。如图 3—69 所示为磨削工具中常用的三种单螺母消隙机构。其作用的外力分别为液压缸的压力（见图 3—69a）、弹簧力（见图 3—69b）和重锤的重力（见图 3—69c）。

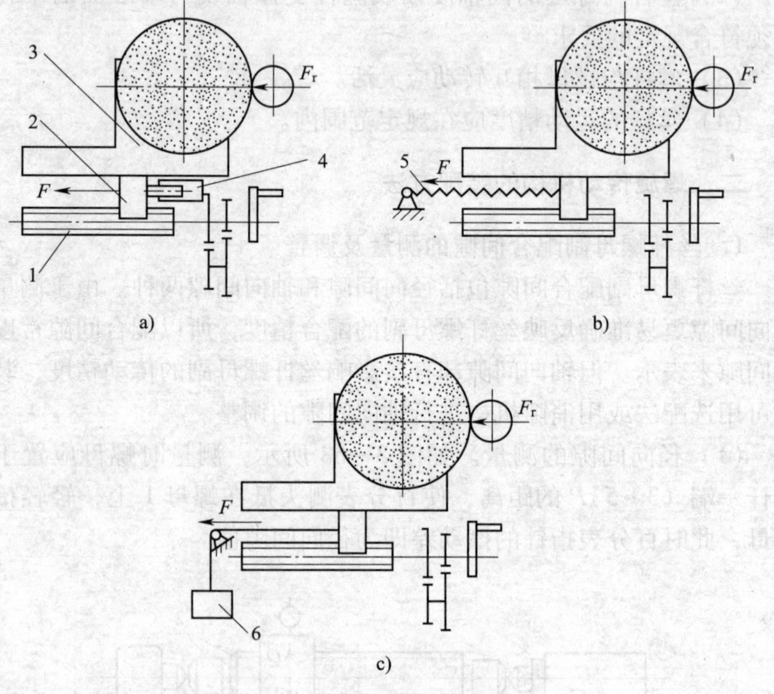

图 3—69 单螺母消隙机构

a）液压缸消隙 b）弹簧消隙 c）重锤消隙

1—丝杆 2—半螺母 3—砂轮架 4—液压缸 5—弹簧 6—重锤

F_r—切削力 F—半螺母（砂轮架）上所受的轴向力

装配时应注意分别调整和选择适当的液压缸压力、弹簧拉力、重锤质量，以消除轴向间隙。必须使消隙机构的消隙作用力与切削力 F_r 方向一致，以防止在进给过程中产生爬行现象，影响进给精度。

2）双螺母消隙机构。双螺母消隙机构通过调整两螺母轴向相对位置以消除轴向间隙并实现预紧，如图 3—70 所示。

图 3—70a 所示为斜楔消隙机构，其调整方法是：拧松螺钉 3，再拧动螺钉 1 使斜楔 2 向上移动，从而推动带斜面的螺母右移，消除轴向间隙，调好后再将螺钉 3 拧紧固定。

图 3—70b 所示为弹簧消隙机构，其调整方法是：转动调节螺母 7，通过垫片 6 压缩弹簧 5，使螺母 4 轴向移动，以消除轴向间隙。

图 3—70c 所示为垫片消隙机构，其调整方法是：通过修磨垫片 10 的厚度使螺母 9 轴向移动，以消除轴向间隙。

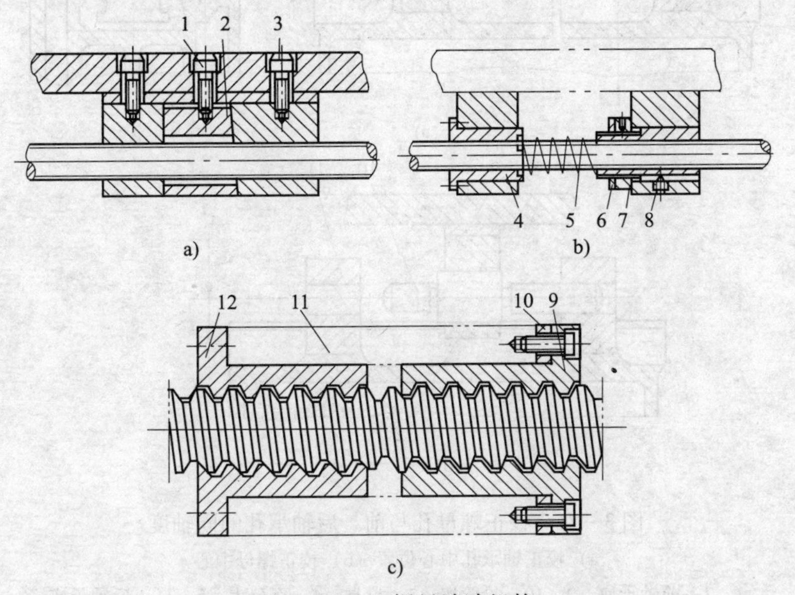

图 3—70　双螺母消隙机构

a）斜面消隙　b）弹簧消隙　c）垫片消隙

1、3—螺钉　2—斜楔　4、8、9、12—螺母　5—弹簧
6、10—垫片　7—调节螺母　11—套筒

2. 丝杆螺母副同轴度的校正

丝杆螺母副同轴度的校正方法有用检验棒校正和用丝杆直接校正两种。

（1）用检验棒校正。这是以平行于导轨面的丝杆两轴承孔的连线为基准校正螺母孔同轴度的方法，如图 3—71 所示。校正的内容有以下几个方面：

1）基准线的校正。校正两轴承孔中心连线在同一直线上，且与导轨平行（见图 3—71a）。校正时，根据百分表实测数据修刮轴承座接合面，并调整前、后轴承座的水平位置，以达到要求。

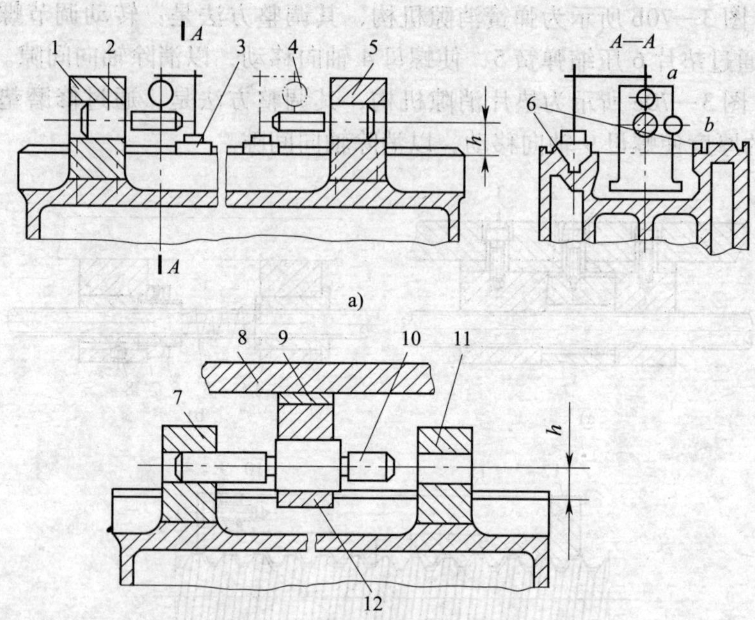

图 3—71　校正螺母孔与前、后轴承孔的同轴度

a）校正轴承孔中心位置　b）校正螺母中心

1、7—前轴承座　2、10—检验棒　3—检具　4—百分表　5、11—后轴承座

6—导轨面　8—工作台　9—垫片　12—螺母座

2）螺母中心的校正。以两轴承孔中心连线为基准，校正螺母中心，如图 3—71b 所示。校正方法是：将检验棒 10 装入螺母座 12 的孔中，移动工作台 8，如检验棒 10 能顺利插入前、后轴承座孔中，即符合要求；否则应根据尺寸 h 修磨垫片 9 的厚度。

3）注意事项

①在校正丝杆轴线与导轨面的平行度时，各轴承孔中检验棒的“抬头”或“低头”方向应一致。

②为消除检验棒在各轴承孔中的安装误差，可将其转过 180°后再测量一次，取其平均值。

③检验棒应符合以下要求：测量部分与安装部分的同轴度公差为丝杆螺母副的 1/2 ~ 2/3；测量部分直径误差小于 0.005 mm，圆度、

圆柱度误差为 0.002 ~ 0.005 mm，表面粗糙度 Ra 值为 0.8 μm 以下；安装部分直径与各轴承孔配合间隙为 0.001 ~ 0.005 mm。

（2）用丝杆直接校正。用丝杆直接校正两轴承孔与螺母孔的同轴度如图 3—72 所示，其过程如下：

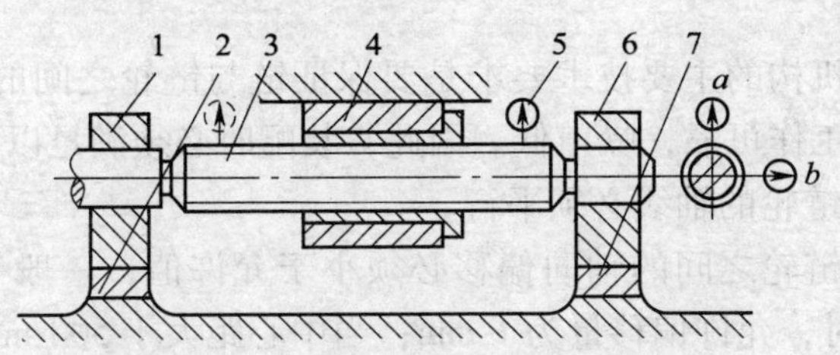

图 3—72　用丝杆直接校正两轴承孔与螺母孔的同轴度

1—前轴承座　2、7—垫片　3—丝杠　4—螺母座　5—百分表　6—后轴承座

1）修刮螺母座 4 的底面，并调整其水平位置，使丝杆上母线 a 和侧母线 b 均与导轨面平行。

2）调整轴承座，修磨垫片 2 和 7，并在水平方向调整前轴承座 1 和后轴承座 6，使丝杆两端轴颈能顺利插入轴承孔，且丝杆 3 转动灵活。

3. 丝杆运动精度的调整

丝杆的运动精度是以其径向圆跳动和轴向圆跳动的大小来表示的。当丝杆支撑为滚动轴承时，可采用定向装配法来调整。为此，装配前应先测出影响径向圆跳动的各零件最大径向圆跳动的方向，然后按最小累积误差进行定向装配，与此同时，要消除轴承间隙和采用轴承预紧措施，使丝杆径向圆跳动和轴向圆跳动达到要求的运动精度。

§3—7　链传动机构的装配工艺

链传动是在两个或多于两个链轮之间用链作为挠性元件的一种啮合传动。它既能保证准确的平均传动比，又能满足远距离传动要求，特别适用于温度变化大的工作，在机床、农业机械、矿山机械、纺织机械、石油化工等机械中均有应用。

按工作性质的不同，链可分为传动链、起重链和曳引链三种，本节仅讨论传动链的装配问题。

一、链传动机构的装配要求

链传动机构的主要技术要求是要保证链与链轮之间的良好啮合，减少磨损，工作可靠，噪声低。因此，装配时必须满足以下要求：

（1）两链轮的轴线必须平行。

（2）两链轮之间的轴向偏移必须小于允许值，一般当中心距小于500 mm时，允许偏移量为1 mm；当中心距大于500 mm时，允许偏移量为2 mm。可用直尺法和拉线法（中心距较大时用）检查。

（3）链轮在轴上固定后，其径向圆跳动和轴向圆跳动均须符合规定要求。

（4）为减小链的振动及防止脱链，对于水平或倾斜45°以内的链传动，链的下垂度f应小于0.02L，如图3—73所示。在垂直传动中，下垂度f应小于或等于0.002L。

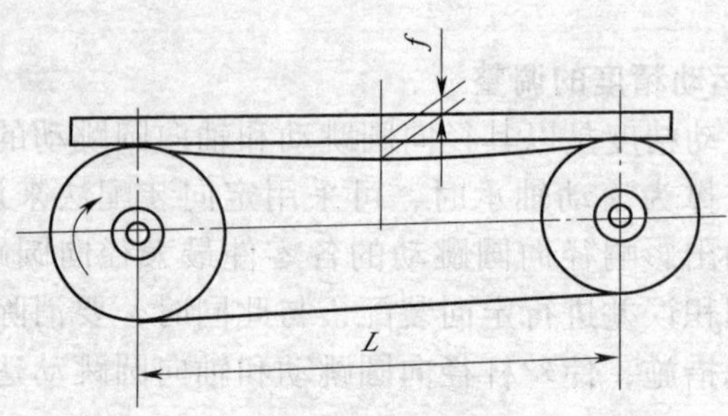

图3—73　链的下垂度

二、链传动机构的装配方法

1. 链轮的装配

链轮与轴的装配和检验方法与带轮基本相同。链轮在轴上的固定方式分为链连接紧定螺钉固定和用圆锥销连接两种，如图3—74所示。

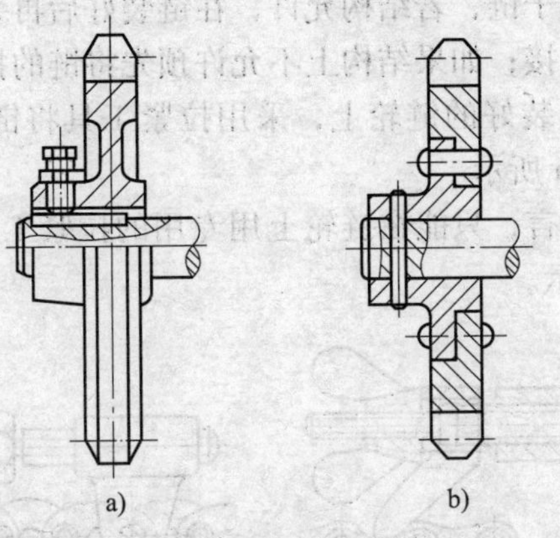

图 3—74 链轮的固定方式

a）键连接、紧定螺钉固定 b）圆锥销固定

2. 链的装配

链的装配工作分为链两端的连接和链与链轮的装配两部分。如图3—75 所示为套筒滚子链的结构和接头形式。

当链为偶数节时，可用开口销（见图 3—75a）或弹簧片（见图3—75b）将活动销固定。弹簧片的安装必须使其开口端方向与链的运动方向相反，以免在运转中受碰撞而脱落。

当链为奇数节时，连接时必须加入一过渡节（见图 3—75c），过渡节的链板工作时受到附加弯矩，所以应尽量避免采用奇数链节。

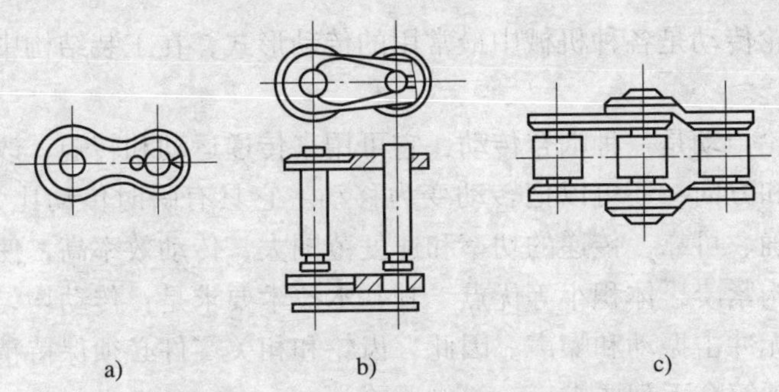

图 3—75 套筒滚子链的结构和接头形式

a）开口销 b）弹簧片 c）过渡节

对于套筒滚子链，若结构允许，在链装好后再装链轮，则链的接头可预先进行连接；如果结构上不允许预先将链的接头连接好，则必须将链先套在已装好的链轮上，采用拉紧工具将链两端拉紧后再连接，如图 3—76a 所示。

对齿形链而言，只能在链轮上用专用的拉紧工具进行拉紧连接，如图 3—76b 所示。

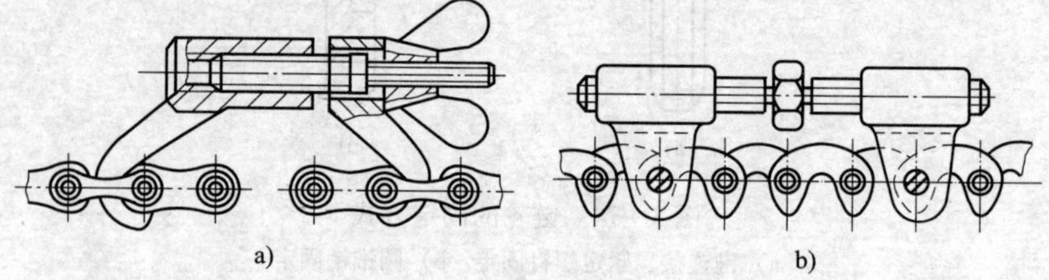

图 3—76　拉紧链的工具

a）用于套筒滚子链的拉紧工具　b）用于齿形链的拉紧工具

§3—8　齿轮机构的装配工艺

一、齿轮传动的特点及装配要求

齿轮传动是各种机械中最常用的传动形式，在工装结构中应用也十分广泛。

齿轮传动是一种啮合传动，它可用来传递运动和转矩，改变转速的大小和方向，还可以把转动变为移动。它具有瞬时传动比为定值，传动准确、可靠，传递的功率和速度范围大，传动效率高，使用寿命长，结构紧凑，体积小等优点。其基本技术要求是：传动均匀，工作平稳，无冲击振动和噪声。因此，齿轮和相关零件必须保持精度，装配时必须符合下列要求：

（1）齿轮孔与轴配合要恰当，不得有偏心和歪斜现象。

（2）中心距与齿侧间隙要正确，齿侧间隙用于储油，起润滑和散热的作用。侧隙过小，齿轮转动不灵活，甚至卡齿，会使磨损加剧；侧隙过大，换向空程大，会产生冲击。

(3) 传动齿轮啮合的两齿应有正确的接触部位，并形成一定的接触面积。

(4) 高速大齿轮装到轴上后应进行平衡检查，以免工作时产生过大的振动。

齿轮传动机构的装配一般分为以下三个步骤：把齿轮装到轴上；把齿轮和轴部件装入箱体；装配后的质量检验和调整。现分别说明如下：

二、圆柱齿轮传动机构的装配

1. 齿轮与轴的装配

齿轮在轴上有空转、滑移和固定连接三种方式。如图 3—77 所示为常见的几种齿轮与轴的结合方式。

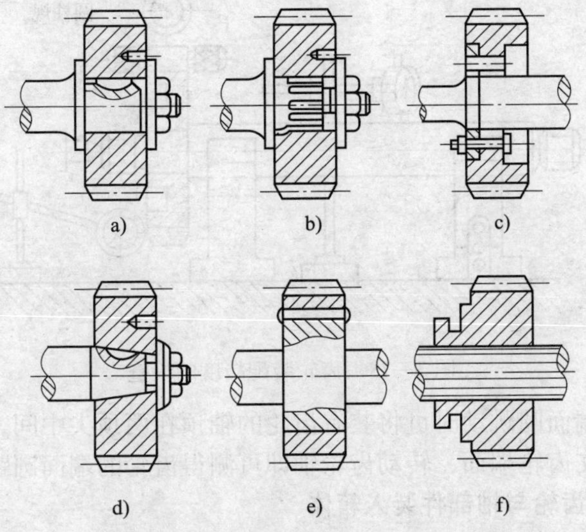

图 3—77　齿轮与轴的结合方式

a）圆柱轴颈和半圆键　b）花键　c）螺栓法兰
d）锥轴颈和半圆键　e）带固定铆钉的压配　f）与花键滑配

在轴上空转或滑移的齿轮与轴为动配合，即齿轮孔与轴是间隙配合。装配后的精度主要取决于零件本身的加工精度，这类齿轮的装配比较方便。装配后，齿轮在轴上不得有晃动现象。

轴上固定的齿轮通常与轴有少量过盈配合（多数为过渡配合），装配时需加一定的外力。若过盈量不大时，可用手工工具敲击压紧；若过盈量较大时，可用压力机压装。压装时，要避免齿轮歪斜和产生变形，对精度要求高的齿轮传动机构，应检查其径向圆跳动和端面圆跳动的误差，如图 3—78 所示为齿轮装配精度的检查。检查时将齿轮轴放在 V 形架或两顶尖上，使轴和平板平行，把圆柱规放在齿轮的轮齿间，再将百分表的测头抵在圆柱规上，从百分表上得出一个读数，转动齿轮轴，每隔数个轮齿重复测量一次。这样，齿轮转过一圈，百分表最大读数与最小读数之差就是齿轮分度圆上的径向圆跳动误差。

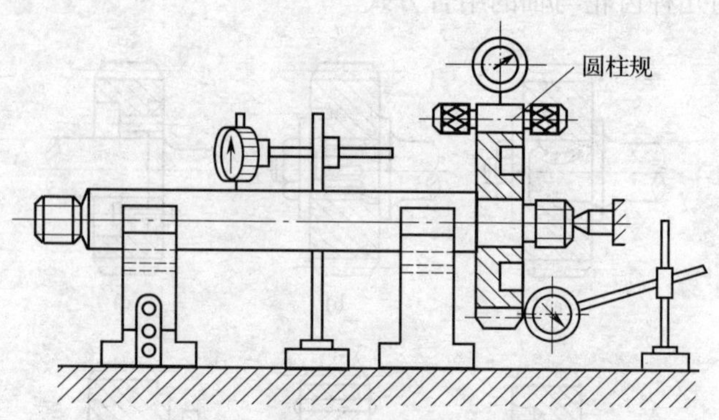

图 3—78　齿轮装配精度的检查

检查端面圆跳动时可将装有齿轮的轴顶在两顶尖中间，使百分表的测头抵在齿轮端面，转动齿轮轴即可测得齿轮的端面圆跳动误差。

2. 将齿轮与轴部件装入箱体

将齿轮与轴部件装入箱体是一个极其重要的工序，装入时应根据轴在箱体中的结构特点来选择合适的装配工序，为了保证装配质量，需要在装配前对箱体的有关部位进行复核检验，并以此作为装配时修配和选配的依据。

检验内容主要有以下几个方面：

（1）同轴线孔同轴度的测量。在成批生产中，各孔中装入专用定位套，然后用通用检验心棒检验，若心棒能自由地推入几个孔中，表明孔的同轴度在规定的允差范围内。若要测出同轴度的偏差值，则应拆除待测孔中的定位套，并把百分表装在心棒 1 上，转动心棒，通过百分表 2 的指针摆动范围即可测出同轴度的偏差值，如图 3—79 所示。

（2）孔距精度和孔系相互位置精度的检验

1）孔距和孔系轴线平行度的检验。如图 3—80 所示为用游标卡尺、专用轴套、检验心棒测量孔距和孔系轴线平行度的检验方法。其计算公式为：

孔距

$$A = \frac{L_1 + L_2}{2} - \frac{d_1 + d_2}{2}$$

平行度偏差

$$\Delta = L_1 - L_2$$

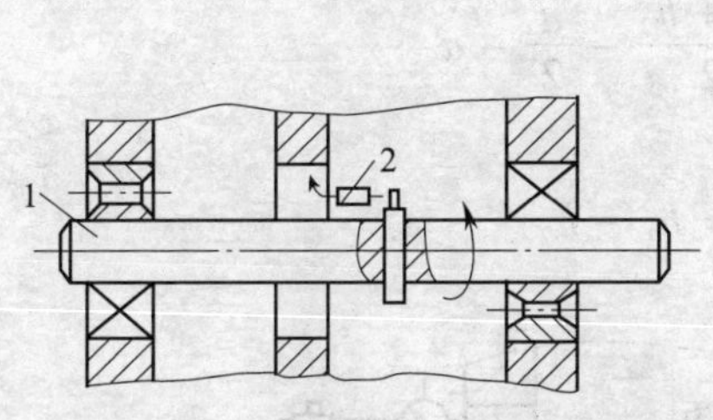

图 3—79 同轴线孔同轴度的测量
1—心棒 2—百分表

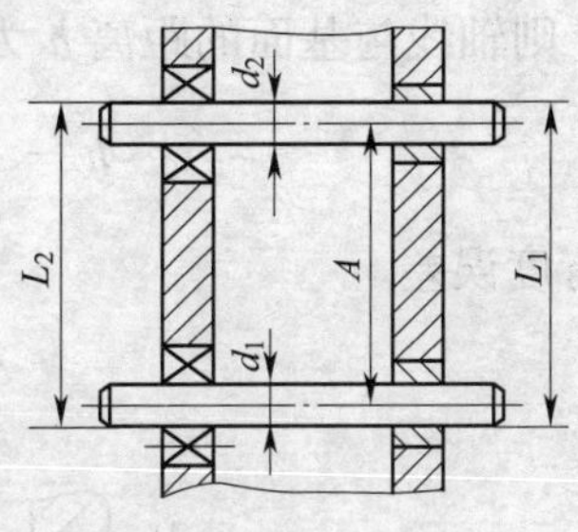

图 3—80 孔距精度及轴线平行度的检验

2）两孔轴线垂直度的检验。在同一平面内垂直相交的两孔垂直度的检验按图 3—81a 所示的方法进行。将百分表装在检验心棒 1 上，为防止心棒轴向窜动，心棒上应有定位套，旋转心棒 1，在相距 180°的两个位置上百分表的读数差即为两孔在长度 L 内的垂直度误差。图 3—81b 所示为不在同一平面内垂直两孔轴线垂直度的检验。箱体用千斤顶 3 支撑在平板上，用 90° 角尺 4 找正心棒 2 垂直，测量心棒 1 与平板的平行度，即可得出两孔轴线的垂直度误差。

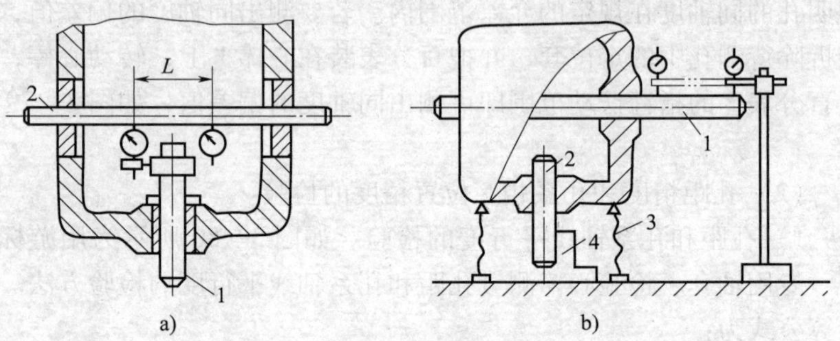

图 3—81　互相垂直的两孔垂直度的检验

1、2—心棒　3—千斤顶　4—90° 角尺

3）轴线与基面的尺寸精度和平行度检验。如图 3—82 所示，将箱体基面用等高垫块支撑在平板上，孔内装入专用定位套，插入检验心棒，用游标高度尺（或量块和百分表）测量心棒两端尺寸 h_1 和 h_2，则轴线与基面的距离 h 为：

$$h = \frac{h_1 + h_2}{2} - \frac{d}{2} - a$$

平行度误差

$$\Delta = h_1 - h_2$$

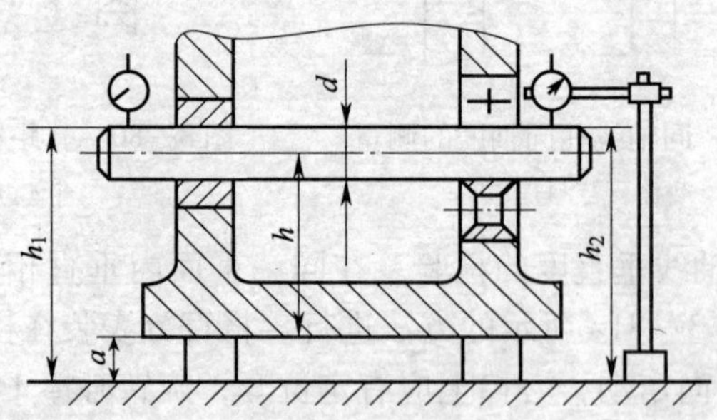

图 3—82　轴线与基面尺寸精度和平行度的检验

4）轴线与孔端面的垂直度检验。将心棒插入装有专用定位套的孔中，一端用角铁抵住使轴不窜动，转动心棒一周，百分表指针摆动的范围即为端面与轴线间的垂直度误差，如图 3—83 所示。

3. 装配质量的检验与调整

圆柱齿轮的加工误差和齿轮副的安装误差由精度等级和齿轮副侧隙表示。因此，齿轮与轴部件装入箱体后，必须检验其装配质量，以保证各齿轮之间有良好的啮合精度，装配质量的检验包括侧隙的检验和接触面积的检验。

（1）侧隙的检验。如图 3—84 所示，将百分表的测头与一齿轮的齿面接触，另一齿轮固定。将接触百分表测头的齿轮从一侧啮合转到另一侧的啮合，则百分表上的读数差即为侧隙。

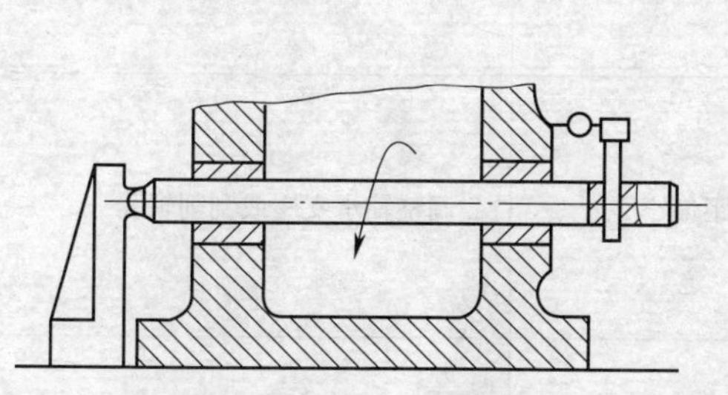

图 3—83　轴线与孔端面的垂直度检验

图 3—84　侧隙的检验方法

圆柱齿轮传动的侧隙是由齿轮的公法线长度偏差及箱体孔中心距偏差产生的，若齿侧间隙不符合要求时，可检查其产生的原因。对于中心距可调的传动装置，通过调整中心距就能改变齿侧间隙。

（2）接触面积的检验。齿轮传动中啮合接触斑点的比例大小决定了齿轮载荷分布的均匀性，载荷均匀分布可避免齿轮因受力不均匀而过早失效。一对正常啮合的齿轮其齿面接触斑点由齿轮精度等级确定，对于 9 ~6 级精度的齿轮，其接触斑点沿齿宽方向应不少于 70%，在齿高方向应不少于 50%。接触斑点可用涂色法进行检验。检查时转动主动轮，被动轮应该轻微制动。通过涂色法检查，还可判断产生误差的原因，找到调整的方法。渐开线圆柱齿轮副接触斑点常见现象、产生原因和调整方法见表3—4。

表3—4　　渐开线圆柱齿轮副接触斑点常见现象、产生原因和调整方法

接触斑点	产生原因	调整方法
正常	—	—
上齿面接触	中心距偏大	调整轴承支座或刮削轴瓦
下齿面接触	中心距偏小	调整轴承支座或刮削轴瓦
一端接触	齿轮副轴线平行度误差	微调可调环节或刮削轴瓦
搭接接触	齿轮副轴线相对歪斜	调整可调环节或刮削轴瓦
异侧齿面接触不同	两面齿向误差不一致	掉换齿轮

续表

接触斑点	产生原因	调整方法
不规则接触，时好时差	齿圈径向圆跳动量较大	①运用定向装配法进行调整 ②消除齿轮定位基面的异物（包括毛刺、凸点等）
鳞状接触	齿面波纹或带有毛刺等	①去除毛刺、硬点 ②低精度齿轮可采用磨合措施

当接触斑点的位置正确而面积太小时，可在齿面上加研磨剂，使两齿轮转动进行研磨，以达到足够的接触面积。

对高精度的传动齿轮部件，常因零件的累积误差而影响其精度，一般用定向装配予以补偿。补偿内容一般包括齿圈径向圆跳动的补偿、轴向窜动的补偿、齿距累积误差的补偿。

三、锥齿轮传动机构的装配

装配前应对箱体孔的加工精度进行测量。锥齿轮传动属于相交轴间的传动，因此，箱体孔的测量如图3—81a所示，属于同一平面内垂直相交的两孔垂直度的测量。

装配锥齿轮传动机构时必须满足锥齿轮传动的要求，例如，对于正常收缩齿的直齿锥齿轮，其分度圆锥、齿顶圆锥、齿根圆锥具有同一个锥顶点 O，并且一对齿轮应具有共同的锥顶点 O。因此，每个齿轮的轴向位置是确定的（相对于另一个齿轮而言），所以，装配时可将小锥齿轮以“安装距离”为依据，通过测量决定小齿轮的安装位置，并予以轴向定位，如图3—85a所示。对于小齿轮轴向位置有偏差要求时，它的轴向定位同样也可以用“安装位置”为依据，用专用量规测量，如图3—85b所示。这时一般用工艺轴来代表尚未装好的大齿轮。

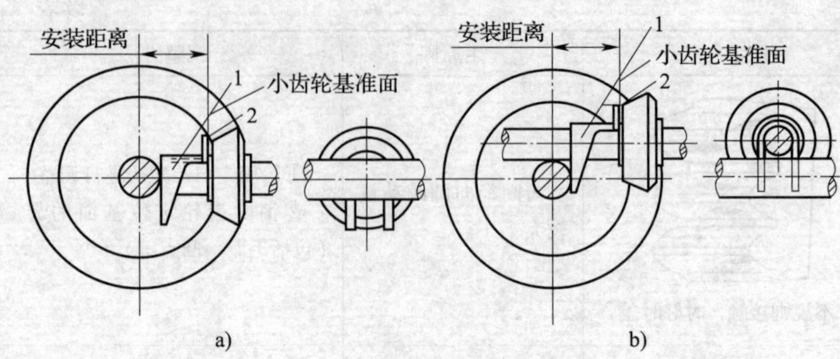

图 3—85　小齿轮轴向定位

a）小齿轮安装距离的测量　b）小齿轮偏置时安装距离的测量

1—量规　2—量块或塞尺

大齿轮一般以侧隙决定其轴向位置。让大齿轮沿自己的轴线移动，一直移到侧隙符合要求为止。如图 3—86 所示为锥齿轮的轴向调整。

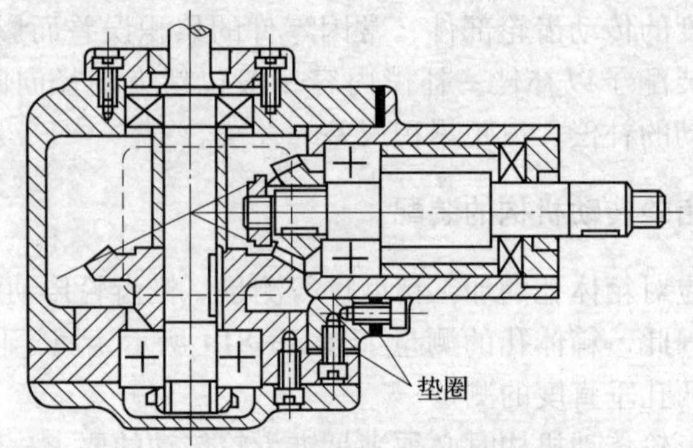

图 3—86　锥齿轮的轴向调整

用背锥面作为基准的齿轮，装配时可使两齿轮的背锥面齐平，以保证两齿轮正确的装配位置。

锥齿轮的轴向位置调整好以后，通常用调整垫圈厚度的方法将齿轮的位置固定。

装配后的锥齿轮传动机构也必须进行精度检验，检验项目包括侧隙检验、啮合精度检验和跑合试车。

1. 侧隙检验

装配锥齿轮传动机构时，应按规定的侧隙要求对锥齿轮副进行侧隙检验，其检验方法与圆柱齿轮副侧隙的检验方法相同。若不合格，应移动锥齿轮，进行轴向位置的调整，直齿锥齿轮副的法面侧隙 C_n 与齿轮轴向调整量 x 的近似关系为：

$$C_n = 2x\sin\alpha\sin\delta$$

式中　x——齿轮轴向调整量，mm；

α——压力角，(°)；

δ——节锥角，(°)。

如图 3—87 所示为直齿锥齿轮轴向调整量与侧隙的近似关系。

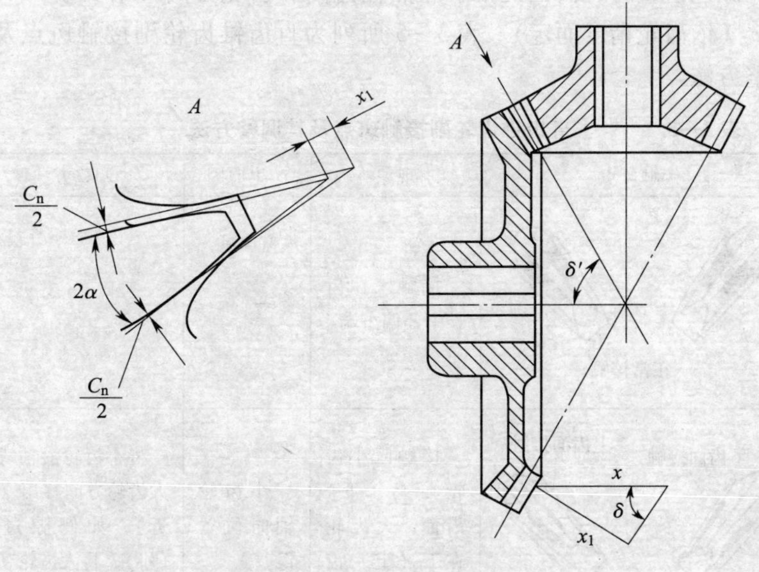

图 3—87　直齿锥齿轮轴向调整量与侧隙的近似关系

2. 啮合精度检验

啮合精度的检验方法通常也采用涂色法。在无载荷时，齿轮的接触斑点应靠近轮齿的小端，以保证工作时轮齿面在全宽上能均匀啮合，避免重载荷时大端区应力集中而造成过快磨损。如图 3—88 所示为锥齿轮受负荷后接触斑点的变化情况。

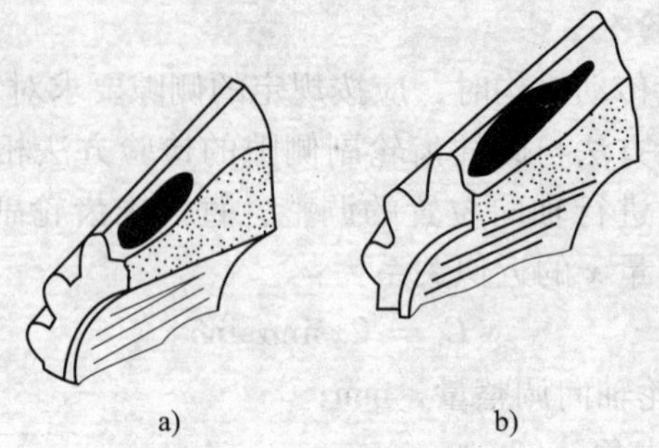

图 3—88　锥齿轮受负荷后接触斑点的变化情况

a）无载荷　b）满载荷

涂色检查时，齿面的接触斑点在齿高和齿宽方向应不少于 40% ~ 60%（依齿轮精度而定）。表 3—5 所列为直齿锥齿轮副接触斑点及其调整方法。

表 3—5　　直齿锥齿轮副接触斑点及其调整方法

接触斑点	现象	产生原因	调整方法
正常接触	接触区在齿长中部偏小端	—	—
下齿面接触　上齿面接触 上、下齿面接触	接触区小齿轮在上（下）齿面，大齿轮在下（上）齿面	小齿轮轴向位置误差	将小齿轮沿轴线向大齿轮方向移出（移近），如侧隙过大（小），将大齿轮朝小齿轮方向移近（出）
小端接触 同向偏接触	齿轮副同在近小端（大端）处接触	齿轮副轴线交角太大（太小）	不能用一般方法调整。必要时修刮轴瓦或返修箱体

续表

接触斑点	现象	产生原因	调整方法
大端接触 小端接触 异向偏接触	两齿轮分别在轮齿一侧大端接触，另一侧小端接触	齿轮副轴线偏移	检查零件误差，必要时修刮轴瓦

3. 跑合试车

锥齿轮传动要求接触精度较高，噪声较低，对于小批量生产，其经济加工精度往往达不到接触精度的要求，这时除了在装配中采用选配法、定向装配等方法外，还需在装配后进行跑合，以提高其接触精度。跑合方法有加载跑合和电火花跑合两种，工装制造中常采用加载跑合。其方法是在齿轮副的输出轴上加一力矩，在主动轴上进行驱动，使之根据运行速度进行传动，以便在运行过程中使齿轮接触面相互磨合（需要时加磨料），以增大啮合区域，增加接触斑点，提高齿轮的承载能力。

齿轮跑合合格后，应对整台齿轮箱进行彻底清洗，以防止磨料、切屑等杂质残留在轴承等处。

§3—9　蜗杆传动机构的装配工艺

蜗杆传动机构用来传递空间交错轴之间的运动和动力。常用于转速需要急剧降低的场合，它具有传动比大、传动平稳、噪声低、结构紧凑且有自锁性等特点，但其效率低，发热量大，需良好润滑。

一、蜗杆传动机构的装配要求

通常的蜗杆传动机构是以蜗杆为主动件，其轴线与蜗轮轴线在空间交错，轴间交角为90°。装配时应符合以下技术要求：

（1）蜗杆轴线与蜗轮轴线必须互相垂直，蜗杆的轴线应在蜗轮轮齿的对称平面内。

（2）蜗轮与蜗杆间的中心距要正确，以保证有适当的啮合侧隙和正确的接触斑点。

（3）转动灵活，蜗轮在任意位置时旋转蜗杆手感应相同，无卡住现象。

二、蜗杆传动机构的装配方法

蜗杆传动机构的装配步骤通常是：先对蜗杆箱体孔的中心距和轴线间的垂直度进行检测；然后进行装配，一般先装蜗轮，后装蜗杆；装配后应进行检验和调整。

1. 蜗杆箱体孔的中心距和轴线垂直度的检测

检测蜗杆箱体孔的中心距，如图 3—89a 所示。将箱体用三个千斤顶支撑在平板上，检验心棒 1 和 2 分别插入箱体孔中，调整千斤顶，使任一心棒与平板平面平行，然后分别测量两心棒与平板的距离，即可计算出中心距 a。应该指出，当一心棒与平板平面平行时，另一心棒不一定平行于该平面，这时应测量心轴两端到平板平面的距离，取其平均值作为该心轴到该平面的距离。

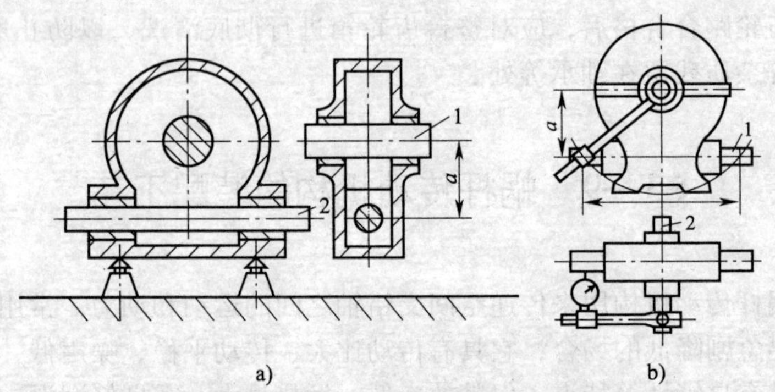

图 3—89　蜗杆箱体加工精度的检测

a）检测中心距　b）检测轴线的垂直度误差

1、2—心棒

检测箱体孔轴线垂直度误差时可采用如图 3—89b 所示的方法，在心棒 2 的一端套一百分表架，用螺钉固定。旋转心棒 2，根据百分表测头在心棒 1 两端的读数差可以换算出轴线的垂直度误差。此外，也可按图 3—81 所示的方法检测轴线垂直度误差。

若根据检测结果得知，另一心轴对平板平面的平行度和两轴线的垂直度超差，则可在保证中心距误差的范围内用刮削轴瓦或底座平面的方法予以调整。若超差太大，无法调整，一般应予以报废。若考虑其经济性，也可用扩孔、胶接套圈等办法予以修复。

2. 蜗杆传动机构的装配

通常先装蜗轮，后装蜗杆。

（1）蜗轮可制成整体式或组合式的。组合式蜗轮有铸造连接、过盈配合连接、受剪螺栓连接等多种形式。装配时，首先应先将蜗轮的齿冠部分与轮毂部分连接成一体，然后再把整个蜗轮套装到蜗轮轴上，最后把蜗轮轴装入箱体内。

（2）蜗杆的装配。当蜗轮轴装入箱体后再装入蜗杆。一般蜗杆轴线的位置由箱体安装孔确定，所以，蜗杆与蜗轮的最佳啮合配合是通过改变蜗轮轴向位置来实现的，而蜗轮的轴向位置可通过改变调整垫圈的厚度进行调整。

3. 装配后的检验与调整

蜗杆传动机构装配后应进行啮合精度和侧隙的检验。

（1）蜗轮、蜗杆相互位置的检验。蜗轮、蜗杆装配好后，首先用涂色法检验蜗杆与蜗轮的相互位置和啮合的接触斑点。具体的操作是先将红丹粉涂在蜗杆的螺旋面上，转动蜗杆，然后左右旋转，检查蜗轮的着色情况。如果蜗轮齿面上的接触斑点位于中部稍偏于蜗杆的旋出方向（见图 3—90a），则说明啮合情况和蜗杆与蜗轮相互间的位置正确；若出现如图 3—90b、c 所示的情况（图 3—90b 说明蜗轮偏右，图 3—90c 说明蜗轮偏左），则可通过配磨垫圈等方法调整蜗轮的轴向位置，使其达到正常的接触。

（2）侧隙的检验。蜗轮、蜗杆装配后的侧隙可按图 3—91 所示的方法检验。

如图 3—91a 所示，在蜗杆轴上固定一带量角器的刻度盘 2，百分表测头顶在蜗轮齿面上，用手转动蜗杆，在百分表指针不动的条件下，固定指针 1 所对应的刻度盘读数的最大差值即为蜗杆的空程角。

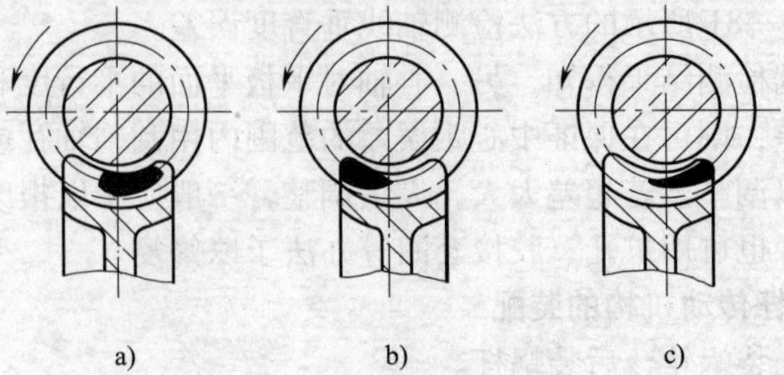

a)　　　　b)　　　　c)

图 3—90　蜗轮齿面上的接触斑点

a）正常接触　b）偏左接触　c）偏右接触

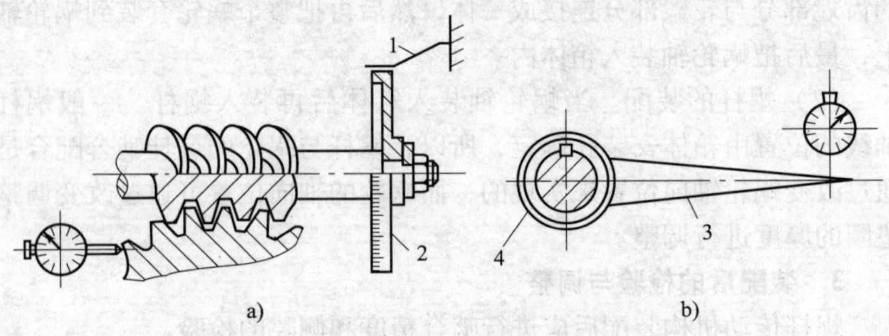

图 3—91　蜗杆传动机构侧隙的检验

a）直接测量法　b）用测量杆的测量法

1—固定指针　2—刻度盘　3—测量杆　4—蜗轮轴

可用下式计算出侧隙：

$$C_n = \frac{z_1 m\alpha}{7.3}$$

式中　C_n——蜗杆副法向侧隙，mm；

z_1——蜗杆头数；

m——模数，mm；

α——空程角，（′）。

对于装配后的蜗杆传动机构，还要检查它的转动灵活性，即蜗轮在任何位置上用手旋转蜗杆手感相同（所需的转矩相同），且没有卡住现象。

第四章

模具的结构与制造

要求了解各种模具的分类和用途；了解各种冷冲模的工作原理及其结构特点；掌握典型冷冲模零件的制造、装配技术要求和工艺特点；了解各种热冲压模的工作原理及其结构特点；掌握典型热冲压模的制造方法及工艺特点。

§4—1 概　述

一、压力加工的基本概念

在现代工业生产中，压力加工是先进的工艺方法之一。它是利用模具在压力机上对材料施加压力，使其得到符合要求的变形的一种加工方法。压力加工是无切屑加工的一种主要形式。按加工的性质不同，基本上可分为以下两大类：

1. 冷冲压加工

冷冲压加工是指材料在常温状态下进行压力变形的一种加工方法。

2. 热压力加工

热压力加工是指材料经加热后，在高温状态下进行压力变形的一种加工方法。

二、模具的种类

在压力加工时，装在各种压力机上使材料变形的金属模型总称为模具。模具可分为冷冲模和型腔模两大类。

1. 冷冲模

冷冲模是应用最广泛的一类模具，它的种类很多，一般可分成冲裁模、弯形模、拉深模、成型模和立体压制模等几类，其工作性质及简图见表4—1。

表4—1所介绍的模具都是只能完成某一种冷冲压工序的简单动作的模具，这种模具通常称为简单模具。

在实际生产中还有把两个及两个以上的不同工序（如冲孔、落料、拉深等）合并在一副模具中完成的各种组合模具。按其动作的方式不同，组合模具可分为连续模和复合模两类。

连续模也称级进模或步跳模。它是一种当材料按顺序连续送进模具时，每移动一个步距，材料即能在模具不同的位置完成两个及两个以上冲压工序的模具。

复合模是指材料进入模具后，能在同一位置经一次冲压即可完成一个或两个及两个以上工序的模具。

2. 型腔模

型腔模通常由与成型零件外形相同的型腔和与成型零件孔相同的型芯组成。其结构种类很多，按成型工作的性质不同，可分为锻模、塑料模和压铸模等几类。

（1）锻模。锻模是指用于将加热到一定温度的金属坯料在锻锤或压力机的作用下锻成一定形状和尺寸的模具。如图4—1所示为一副多模槽锻模的下模及模锻时各工步的简图。

（2）塑料模。塑料模是指把塑料压制成一定形状的制件的模具。

（3）压铸模。压铸模是指将熔化成液体的有色金属合金放在压铸机的加料室中，用压铸机活塞加压，使液体金属经浇注系统压入模具型腔内而制成零件的模具。

表 4—1　　冷冲模的分类、工作性质及简图

类别	分类序号	工序名称	工序简图	工作性质	冲模名称	冲模简图
I 冲裁	1	切断	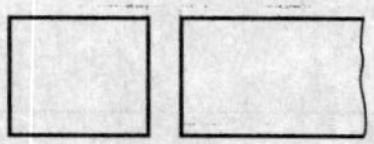	将材料以敞开的轮廓分离，得到平整的零件	切断模	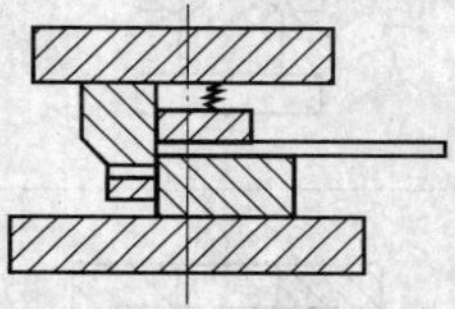
	2	落料	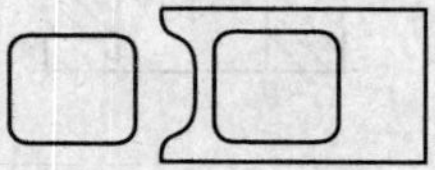	将材料以封闭的轮廓分离，得到平整的零件	落料模	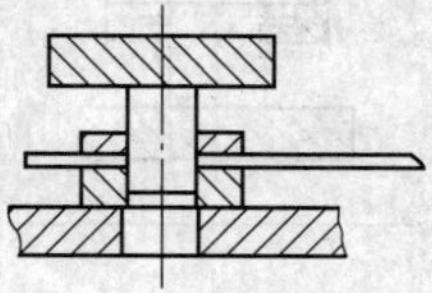
	3	冲孔	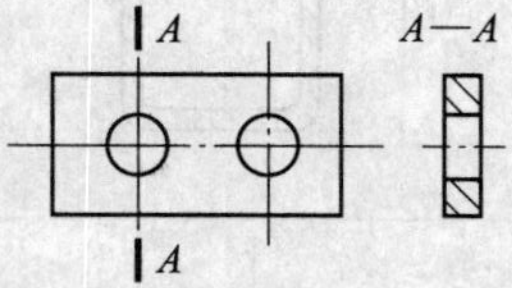 A A—A A	将零件内的材料以封闭的轮廓分离，使零件得到孔	冲孔模	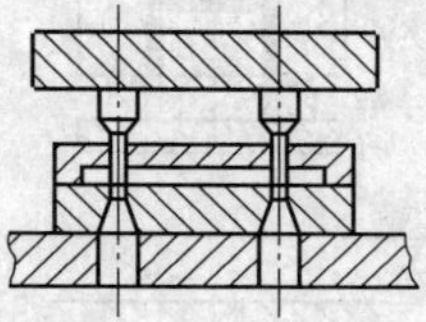
	4	切口	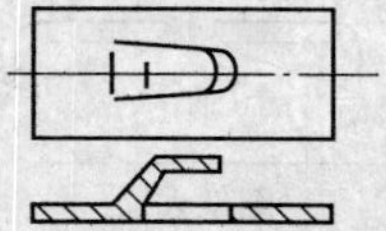	将材料以敞开的轮廓部分分离，而不将两部分完全分离	切口模	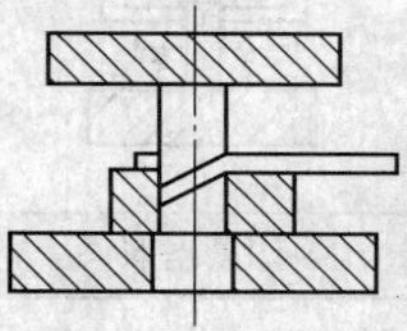

续表

类别	分类序号	工序名称	工序简图	工作性质	冲模名称	冲模简图
Ⅰ 冲裁	5	剖截	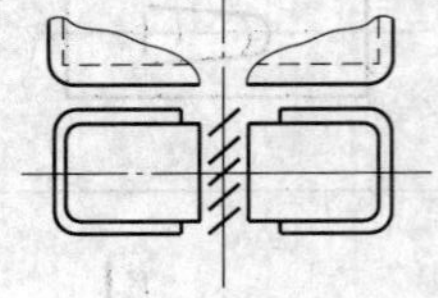	将平的、弯的或空心的毛坯分成两部分或几部分	剖截模	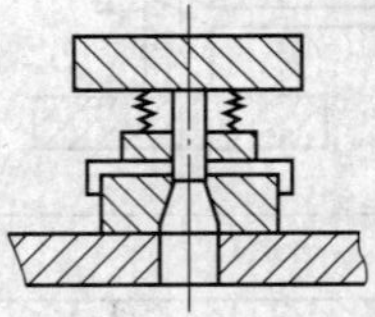
	6	修边	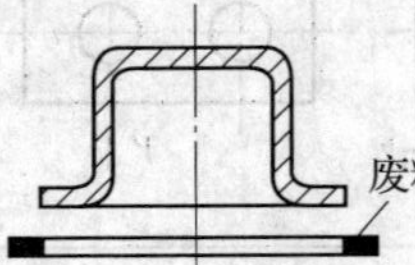 废料	将平件、空心件或立体实心件多余的外边修掉	修边模	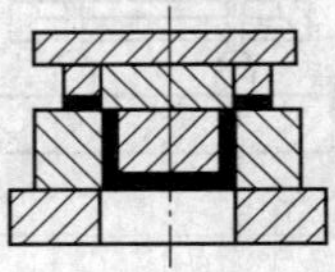
	7	整修	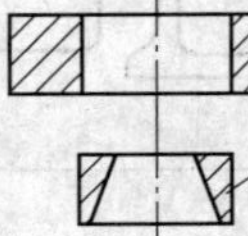 废料	将平件边缘预留的加工余量去掉，得到准确的尺寸、尖的边缘和光滑垂直的剪裂面	整修模	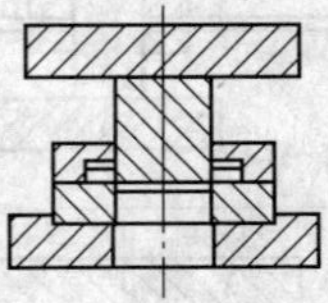
Ⅱ 弯形	1	压弯	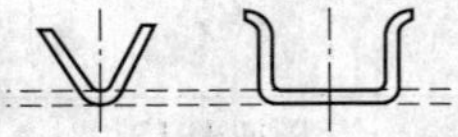	由平的毛坯压成弯形件	压弯模	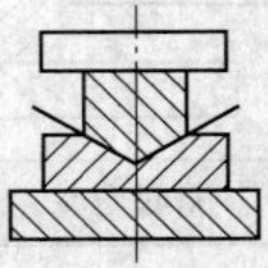

续表

类别	分类序号	工序名称	工序简图	工作性质	冲模名称	冲模简图
Ⅱ 弯形	2	卷边	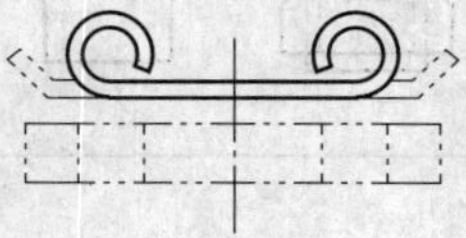	将毛坯的边根据一定半径弯成平顺的圆弧形	卷边模	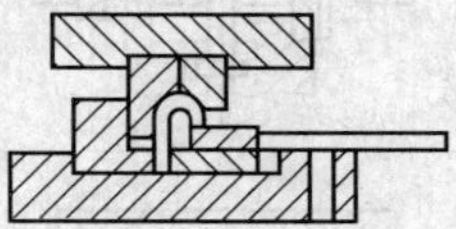
	3	扭弯	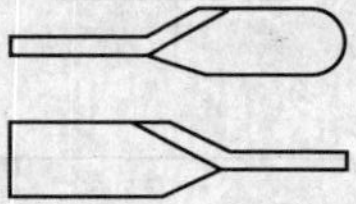	将平毛坯的一部分与另一部分相对转一个角度，变成曲线形的零件	扭弯模	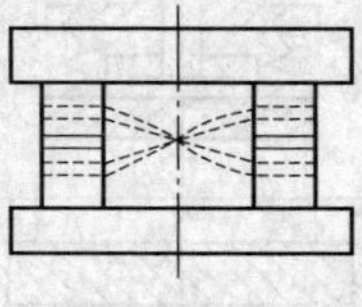
Ⅲ 拉深	1	拉深	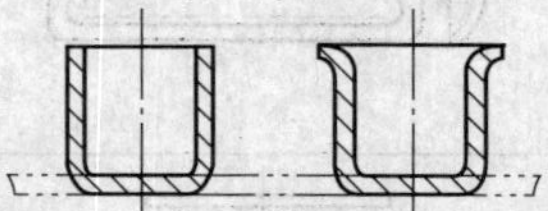	将毛坯制成任意形状的空心零件，或将其形状及尺寸做进一步的改变，而不引起料厚的改变	拉深模	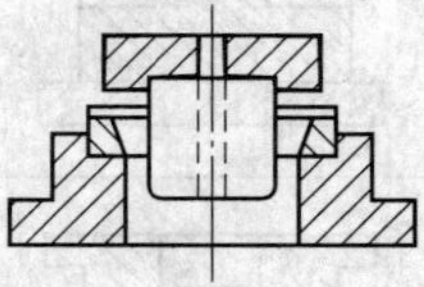
	2	变薄拉深	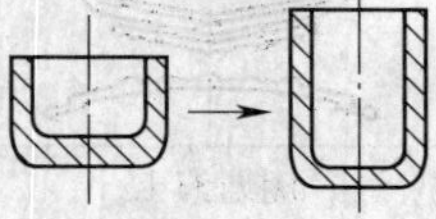	减小直径及壁厚而改变空心毛坯的尺寸	拉深模	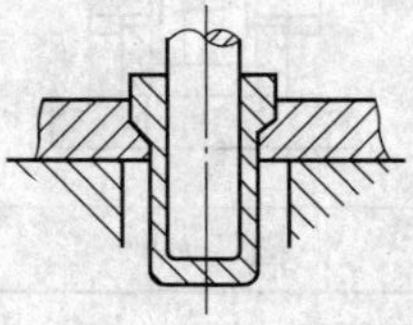

续表

类别	分类序号	工序名称	工序简图	工作性质	冲模名称	冲模简图
Ⅲ拉深	3	双动拉延	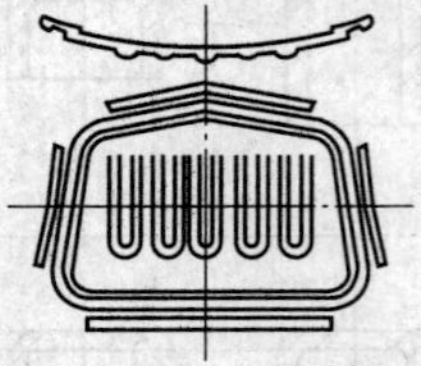	将平毛坯在双动压力机上进行拉延，得到曲线形的空心件，如汽车覆盖件等	拉延模	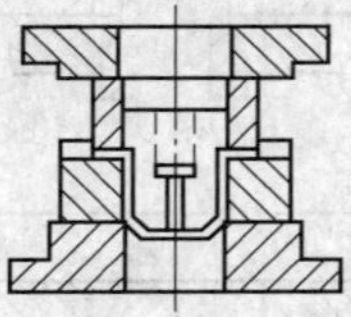
Ⅳ成型	1	成型	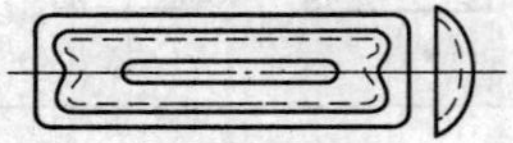	采用材料局部拉深的方法形成局部凸起和凹进	成型模	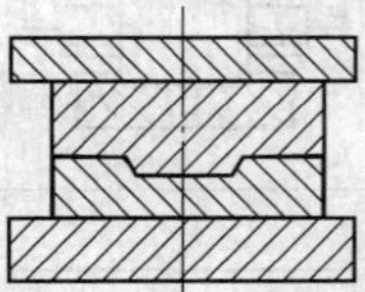
	2	翻边	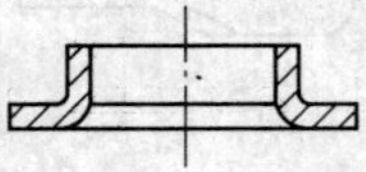	沿事先冲好的孔边，使用材料拉深方法形成凸缘	翻边模	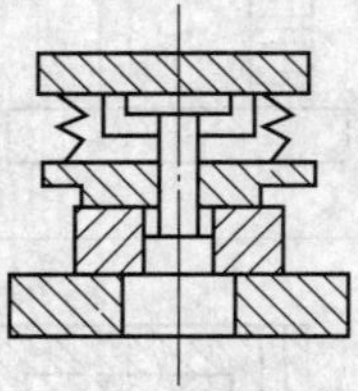
	3	胀形	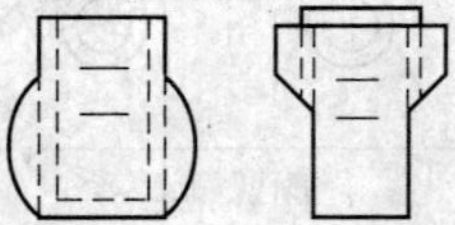	将空心件或管状毛坯从里面用径向拉深的方法加以扩胀	胀形模	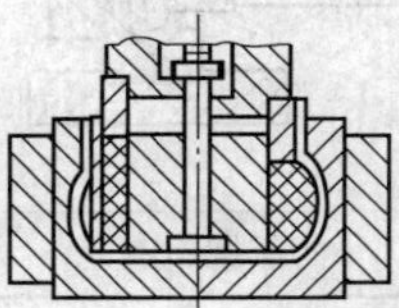

续表

类别	分类序号	工序名称	工序简图	工作性质	冲模名称	冲模简图
Ⅳ成型	4	缩口		将空心件或管状毛坯的端部材料由外向内压缩，以缩小口径	缩口模	
	5	校平	表面有平面度要求	将零件或毛坯不平的表面压平	校平模	
	6	整形		将事先压弯的或拉深的零件压成正确的形状	整形模	
Ⅴ立体压制	1	压印		采用将金属局部挤走的方法，在零件表面上形成浅的凹形字样、花纹、图案及符号等	压印模	

续表

类别	分类序号	工序名称	工序简图	工作性质	冲模名称	冲模简图
V立体压制	2	冷镦		将金属体积重新分布及转移，使其局部变粗，形成所要求的形状	冷镦模	
	3	冲中心		采用冲针在零件表面上冲出浅的中心眼，为以后钻孔用	冲中心模	
	4	冷挤		采用将金属塑性冲挤到凸模及凹模之间间隙内的方法，使厚的毛坯转变为薄壁空心零件	冷挤模	

终锻模槽
预锻模槽
拔长模槽
弯曲模槽
滚挤模槽

a)

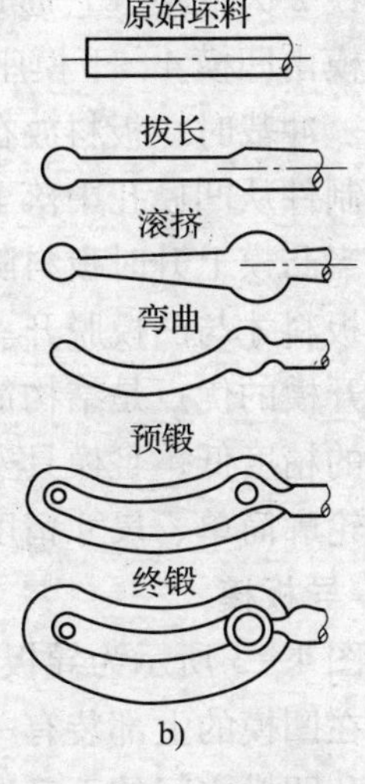

b)

图 4—1　锻模

a）下模　b）模锻时各工步

§4—2　冲裁模的构造

冲模是冲压生产中必不可缺的工艺装备。用来将板料相互分离的冲模称为冲裁模。冲模的结构应满足冲压生产的要求：既要冲出合格的制件和适应生产批量的要求，又要容易制造，操作方便，安全且成本低廉。

一、简单冲裁模

简单冲裁模又称为单工序模，一般由一个凸模和一个凹模组成，也有由多个凸模及多个凹模组成的，但在冲床的每次行程中只能完成同一种的冲裁工序。按其导向方式不同可分成敞开模、导板模和导柱模三种。

1. 敞开模

如图 4—2 所示为冲制圆形制件的敞开式冲裁模。这种模具本身没有导向装置，工作时完全依靠冲床的导轨来导向。

凸模 2 为上模，它通过模柄装在冲床滑块 1 上，随滑块上下运动。下模由凹模 4、下模座 5 和卸料板 3 等组成，固定在冲床的工作台 6 上。冲裁时，板料放在凹模上，滑块向下，凸模就在板料上冲出制件，制件从凹模孔中落下。冲裁后的板料由于弹性作用把凸模紧紧包住，当凸模上升时板料随同上升，直到碰到卸料板时，在卸料板的作用下板料才与凸模脱开。

敞开模的优点是结构简单，成本低，冲裁时易于观察工作情况。但制件的精度低，且模具安装及调试较困难。一般只适用于生产批量不大、轮廓简单、尺寸精度较低的零件。

2. 导板模

如图 4—3 所示为导板式冲裁模。它与敞开式冲裁模的不同之处在于：在凹模的上部装有一个起导向作用的导板，工作时靠导板来保证凸模和凹模之间的正确位置。

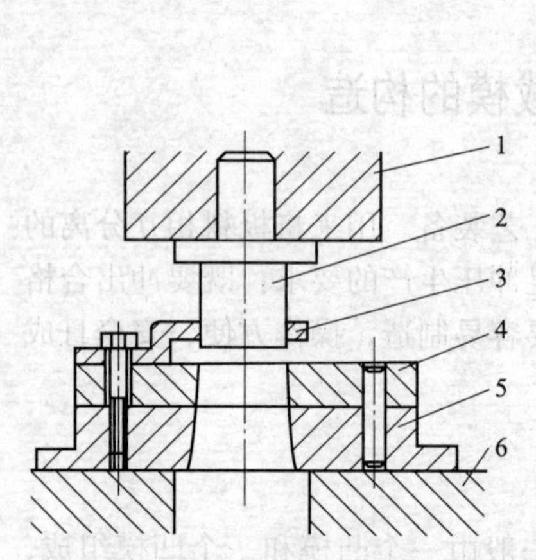

图 4—2 敞开式冲裁模

1—滑块 2—凸模 3—卸料板 4—凹模 5—下模座 6—工作台

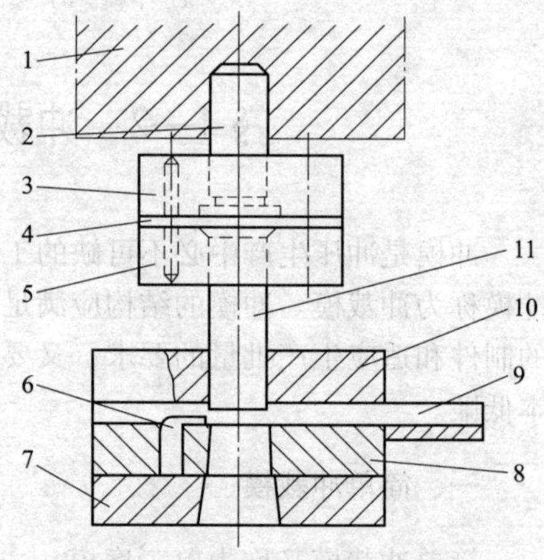

图 4—3 导板式冲裁模

1—滑块 2—模柄 3—上模座 4—垫板 5—固定板 6—固定挡料销 7—工作台 8—凹模 9—导料板 10—导板 11—凸模

模柄 2、上模座 3、垫板 4、固定板 5 及凸模 11 等组成上模，其中垫板的作用是把凸模的反压力均匀地分布到上模座上，上模装在冲床滑块上，随滑块的运动而运动。下模由凹模 8、导板 10、导料板 9 及固定挡料销 6 等组成，其中导板孔与凸模间采用 H7/h6 的间隙配合，起导向和卸料作用；导料板和固定挡料销控制板料的送料方向和距离；下模固定在冲床的工作台 7 上。冲裁时，板料放在凹模上，滑块 1 向下运动，凸模在导板的导向下在板料上冲出制件，制件从凹模孔中落下。冲裁后的板料将凸模包住，当凸模上升时，板料与导板相碰后在导板的作用下脱离凸模。

导板模的优点是模具精度较高，使用寿命较长，易安装及调试，安全性好。但制造比敞开模麻烦，一般导板孔都应与凸模配作。另外，要求冲床的行程要小，以保证冲裁时凸模不脱离导板孔，故一般适用于小件或形状不太复杂的制件的冲裁。

3. 导柱模

如图 4—4 所示为导柱式冲裁模。该模具有两个导柱、两个导套，工作时靠导柱和导套的引导保证凹模与凸模相对运动的正确位置。

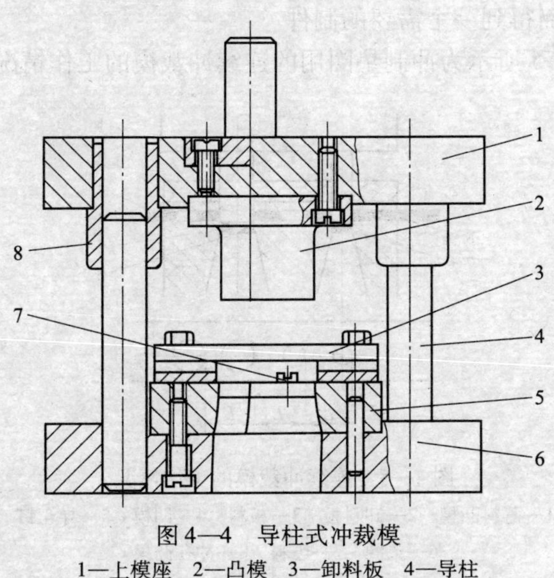

图 4—4 导柱式冲裁模

1—上模座 2—凸模 3—卸料板 4—导柱
5—凹模 6—下模座 7—定位销 8—导套

上模由导套 8、凸模 2 和上模座 1 等组成，导套起导向作用，上模通过模柄装在冲床滑块上，随滑块做上下运动。下模由导柱 4、凹模5、下模座6、定位销7和卸料板3等组成，导柱与导套间采用H7/h6的间隙配合，起导向作用；定位销控制板料的送料距离；下模固定在冲床的工作台上。冲裁时，板料放在凹模上，滑块向下，凸模在导柱与导套的导向下就在板料上冲出制件，制件从凹模孔中落下。冲裁后，板料将凸模包住，凸模上升时，板料与卸料板相碰才脱离凸模。

导柱模的优点是凸模与凹模间的间隙均匀，且模具安装及调试方便，制件的精度高。但制造成本较高。一般适用于批量较大、精度要求高的制件的冲裁。

二、连续冲裁模

连续冲裁模属于多工序模具，它能在冲床滑块的一次行程中完成两个及两个以上的冲裁工序。工作时坯料在模具上按一定的顺序和方向进料，经若干次冲裁后，每冲一次就能在模具的不同位置上完成几种工序，从而得到一个需要的制件。

如图4—5所示为冲制垫圈用的连续冲裁模的工作情况。

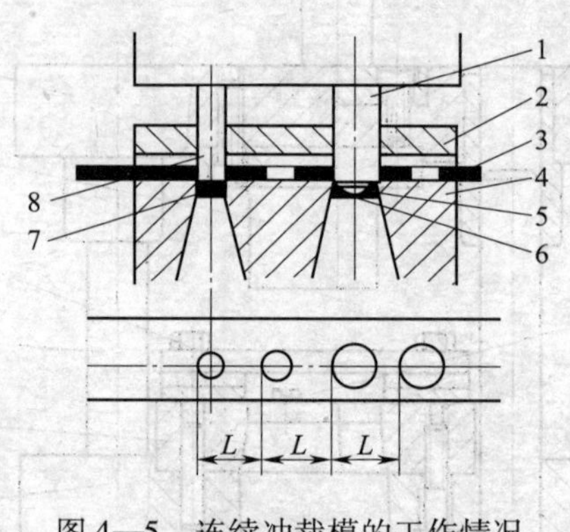

图4—5　连续冲裁模的工作情况

1—落料凸模　2—卸料板　3—板料　4—凹模　5—导正钉　6—垫圈　7—废料　8—冲孔凸模

冲裁时，板料3自左往右送进，当冲床滑块第一次下滑时，冲孔凸模8冲孔，废料7从凹模4的孔中落下，滑块上升后，板料被卸料板2从凸模上卸下。然后将板料前送一个步距L，当滑块第二次下滑时，则再冲出一个孔。滑块又一次上升，此时将板料再送进一个步距，当滑块第三次下滑时，导正钉5插入冲件的孔中，使板料能正确定位（保证垫圈内孔、外圆的同轴度），落料凸模1落料，使垫圈6从凹模孔中落下，以后滑块每下降一次即可冲出一只垫圈。

如图4—6所示为冲孔落料用的导柱式连续冲裁模。

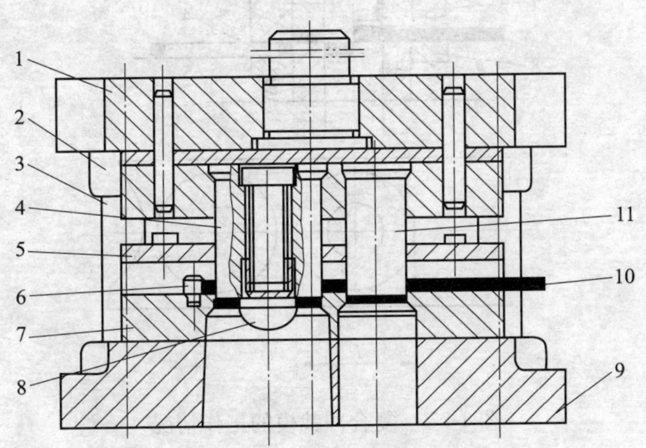

图4—6　导柱式连续冲裁模

1—上模板　2—导套　3—导柱　4—落料凸模　5—卸料板　6—定位销　7—凹模　8—导正钉　9—下模板　10—板料　11—冲孔凸模

上模板1、落料凸模4、冲孔凸模11和导套2等组成上模，上模通过模柄装于冲床滑块上。下模由下模板9、卸料板5、定位销6、凹模7和导柱3等组成，装在冲床工作台上。导柱和导套导向，定位销和卸料板控制板料10的送料和卸料。

连续冲裁模的生产效率高，操作简便且安全，便于实现生产自动化，但由于各工序是在不同的工步位置上完成的，所以冲裁误差较大，一般适用于精度要求低的多工序制件的冲裁。

三、复合冲裁模

复合冲裁模也是多工序模，它与连续冲裁模的工作方式不同。连续冲裁模工作时需将板料移动到不同的工位上来完成多工序，而复合冲裁模是板料在同一个工位上便能完成两个及两个以上的工序。复合冲裁模的结构特点是具有一个既为落料凸模又为冲孔凹模的凸凹模。

如图 4—7 所示为冲制平垫圈用的复合冲裁模的工作情况。

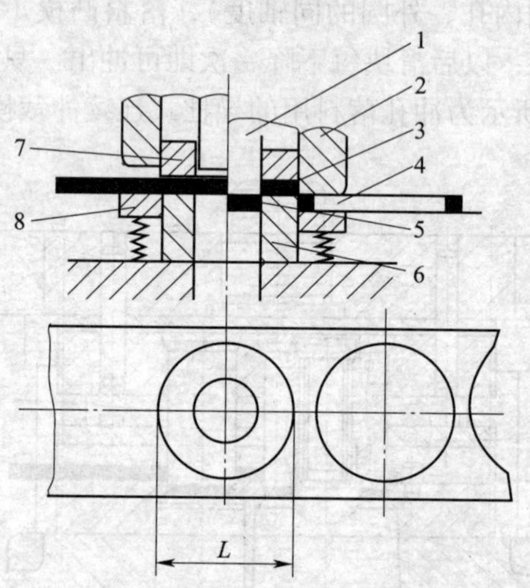

图 4—7　复合冲裁模的工作情况

1—冲孔凸模　2—落料凹模　3—制件　4—板料　5—废料　6—凸凹模　7—卸料板　8—顶件器

冲裁时，板料 4 放在卸料板 7 上，当滑块下降时，冲孔凸模 1 与落料凹模 2 随着下降，这时冲孔凸模在板料上冲出一个孔，同时落料凹模 2 与凸凹模 6 相互作用进行落料。当滑块上升时，在顶件器 8 的作用下，制件 3 从落料凹模的孔中和冲孔凸模上顶出来；而废料 5 则从凸凹模的孔中落下；卸料板在弹簧的作用下上升，将冲裁后的板料从凸凹模上脱下。所以，每当板料送进一个步距 L 时即能冲出一个平垫圈。

如图 4—8 所示为反装式复合冲裁模，其特点是落料凹模装在上模座上。

上模由冲孔凸模 1、卸料橡皮 2、顶件器 3 和落料凹模 4 等组成，通过模柄装在冲床的滑块上，随滑块上下运动。下模由活动挡料销 5、卸料板 6、导料销 9、凸凹模 8 与弹簧片 7 等组成，安装于冲床的工作台上。本模具利用导套、导柱起导向作用。工作时，板料放在卸料板上，用两个导料销导向。活动挡料销与板料接触定位。当滑块下降时，落料凹模先压下导料销和活动挡料销，然后压紧板料，使卸料板和顶件器内的橡皮压缩，进行落料、冲孔工作。当滑块上升时，卸料板和顶件器靠橡皮的弹力分别将制件和余料卸下；废料从凸凹模中的孔落下；同时导料销和活动挡料销弹回原处，即可继续进行冲裁工作。

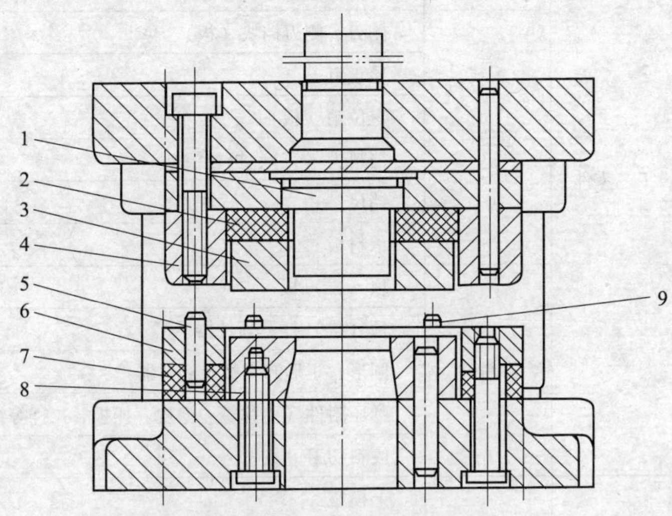

图 4—8　反装式复合冲裁模

1—冲孔凸模　2—卸料橡皮　3—顶件器　4—落料凹模　5—活动挡料销　6—卸料板　7—弹簧片　8—凸凹模　9—导料销

复合冲裁模的结构紧凑，生产效率高，冲制精度高，特别是孔与制件外形的同轴度易保证；并可充分利用边角余料。但结构复杂，制造成本高，周期长。一般适用于中、大批量生产的精度要求高的制件的冲裁，或用其他模具及其他加工方法不易保证要求时，也常采用此法。

四、冲裁模零部件的分类

冲裁模零部件的种类很多。按其在冲裁过程中的作用不同，通常分为工艺零件和结构零件两大类，其分类见表 4—2。

1. 工艺零件

工艺零件是指直接与制件成型有关的零件。它包括直接形成制件的成型件，确定坯料或半成品在模具中位置的定位件，从模具中取出制件的卸料件。

表 4—2　　　　　　　　模具零件的分类

模具	工艺零件	成型件	圆形和非圆形凸模
			圆形、非圆形凹模及镶件
			凸凹模及镶件
		定位件	侧刃、侧刃挡块（板）
			导正钉
			定位销（板）
			挡料销（钉）、挡料板
			挡尺
			承料板
		卸料件	顶（推）板
			顶（推）杆、顶件器
			圆形、矩形卸料板及卸料器
			弹压附件（由弹簧、橡皮、托板、拉杆等组成）
			废料切刀
	结构零件	支撑件	上模座
			下模座
			圆形、矩形凸模或凹模固定板
			垫板
			模柄
		导向件	导柱
			导套
			导板
		固定连接件及其他零件	螺钉
			卸料螺钉
			圆柱销
			其他零件

2. 结构零件

结构零件是指把工艺零件连接起来而成为模具整体的零件。它包括安装成型件和传递冲压力的支撑件，引导零件运动方向的导向件，起固定连接等作用的零件。

§4—3　弯形模的构造

一、弯形模的构造

弯形模是用于板料在压力机上弯曲成型的一种冷冲模。常见的弯形模有以下几种：

1. 简单弯形模

如图 4—9 所示为弯曲 U 形制件的简单弯形模，由模柄 1、上模座 2、凸模 3 和导套 4 等组成上模，由导柱 5、定位板 6、凹模 7、顶件器 8 和下模座 9 等组成下模。

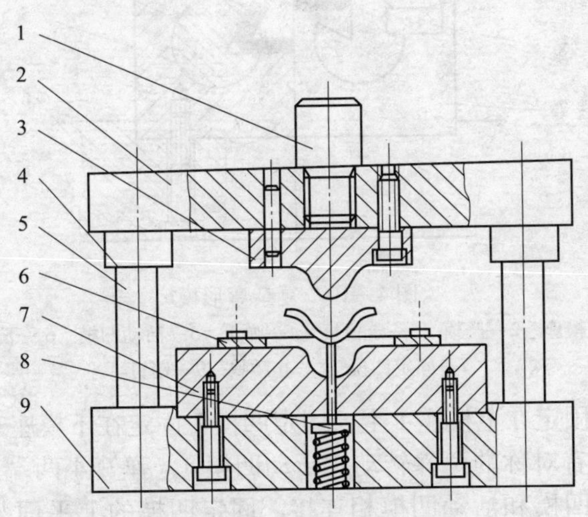

图 4—9　简单弯形模

1—模柄　2—上模座　3—凸模　4—导套　5—导柱　6—定位板　7—凹模　8—顶件器　9—下模座

冲模工作时，将板料放进定位板 6 内定位，凸模在导套与导柱的导向作用下随冲床的滑块向下运动而下压，把板料冲弯成型；当滑块向上运动时，凸模上升，制件在顶件器的作用下脱离凹模，从而完成冲制工作。

简单弯形模的特点是：结构简单且易于制造，但生产效率及加工精度较低，因此，只适用于批量小、精度不高的弯形件的冲制。

2. 复杂弯形模

如图 4—10 所示为弯制夹角小于 90°的 U 形制件的复杂弯形模。该模具能弯制用简单弯形模不能弯制的制件。

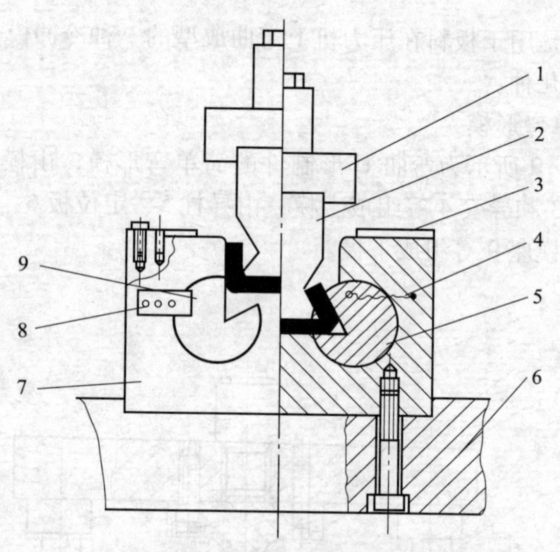

图 4—10　复杂弯形模

1—上模座　2—凸模　3—定位板　4—弹簧　5—活动凹模　6—下模座　7—固定凹模　8—止动块　9—销钉

凸模 2 固定在上模座 1 上。固定凹模 7 固定在下模座 6 上，且固定凹模内装有对称的两件转动式活动凹模 5，弹簧 4 两端通过销钉 9 分别与固定凹模和活动凹模相连接。固定凹模的上平面装有定位板 3，其侧面还装有止动块 8，弹簧和止动块的作用是控制活动凹模在冲压后能恢复到原来位置，使进料槽保持敞开状态，以便继续弯曲制件。

冲模工作时，板料放在定位板内定位，凸模随冲床的滑块向下运动压制板料，使板料变形；变形的板料随凸模一起在固定凹模内下降，活动凹模在板料和凸模的作用下发生转动，使板料继续变形且成型。冲床滑块上升时凸模和成型件一起上升，活动凹模在弹簧和止动块的作用下恢复到原来状态，从而完成冲制工作。

二、弯形模工作部分的技术要求

弯形模主要的工作部分是弯形凹模和弯形凸模，在加工时必须注意以下技术要求：

1. 弯形凸模、凹模的圆角半径

弯形凸模、凹模的圆角半径如图 4—11 所示。凸模的圆角半径 $R_{凸}$ 直接影响制件的质量。通常 $R_{凸}$ 应等于制件的弯曲半径，但不能小于材料允许的最小弯曲半径 $R_{最小}$（可查阅有关模具手册）。如因制件的结构需要，要求制件的弯曲半径 $R < R_{最小}$ 时，则制造凸模时应取 $R_{凸} \geqslant R_{最小}$，弯形后再增加一次校正工序，校正工序用的校正模的 $R_{凸}$ 应与制件要求的 R 值相等。凹模的圆角半径 $R_{凹}$ 对弯曲力及弯形后制件的质量也有较大的影响，$R_{凹}$ 越小，弯形时的弯曲力越大。当 $R_{凹}$ 过小时，材料表面将被擦伤，甚至会出现压痕。凹模两边的 $R_{凹}$ 应大小相同；否则，在弯形时材料会发生移动，从而影响制件的质量。通常 $R_{凹}$ 可根据材料的厚度 δ 来选取：

当 $\delta < 2$ mm 时，$R_{凹} = (3 \sim 6)\delta$；$\delta = 2 \sim 4$ mm 时，$R_{凹} = (2 \sim 3)\delta$；$\delta > 4$ mm 时，$R_{凹} = 2\delta$。

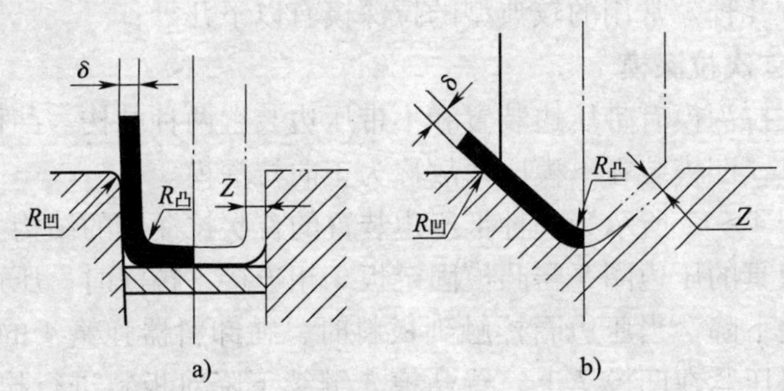

图 4—11　弯形凸模、凹模的圆角半径

2. 弯形凸模、凹模的间隙

弯形凸模与弯形凹模的型面直径之差的一半称为弯形间隙 Z，如图 4—11 所示。在弯制 U 形制件时，弯形间隙是影响制件质量和模具使用寿命的主要因素。间隙越小，则弯曲力越大；间隙过小，会使制件边部壁厚变薄，且缩短凹模的使用寿命；间隙过大，弯制后的制件回弹力大，影响制件精度。合理的弯形间隙可参阅有关的模具手册。

弯制 V 形制件的弯形模的弯形间隙是靠调整压力机的闭合高度来控制的。因此，在制造冲模时，只需按图样要求进行加工、装配即可。在试冲时调整压力机的闭合高度，从而控制凸模、凹模之间的间隙，确保制件满足要求。

§4—4 拉深模的构造

一、拉深模的构造

拉深模是用于将板料在压力机上拉深变形的一种冷冲模。用拉深模可将板料制成筒形、阶梯形、锥形、方盒形等空心件，因此它的应用非常广泛。

拉深模按使用时拉深的次序可以分为首次拉深模和后续各次拉深模两类。按结构又可分为简单、复合、多级连续、带压边装置和不带压边装置几种。常用的较典型的拉深模有以下几种：

1. 首次拉深模

首次拉深模有带压边装置和不带压边装置两种结构。凸模一般装在上模座，凹模装在下模座，故称为正向拉深模。

如图 4—12 所示为一种带压边装置的首次拉深模的结构。

该模具的压边圈 5 与凸模固定板 2 相连接，拉深时，压边圈随冲床的滑块下降。当压边圈接触到板料时，在卸料器弹簧 4 的作用下，先把板料压紧在凹模 7 上，待凸模 3 继续下降对板料进行拉深加工。压边圈用于防止板料在拉深中产生起皱现象。

带压边装置的首次拉深模用于拉深板料薄、深度大、易起皱的制件。

如图 4—13 所示为一种不带压边装置的首次拉深模的结构。

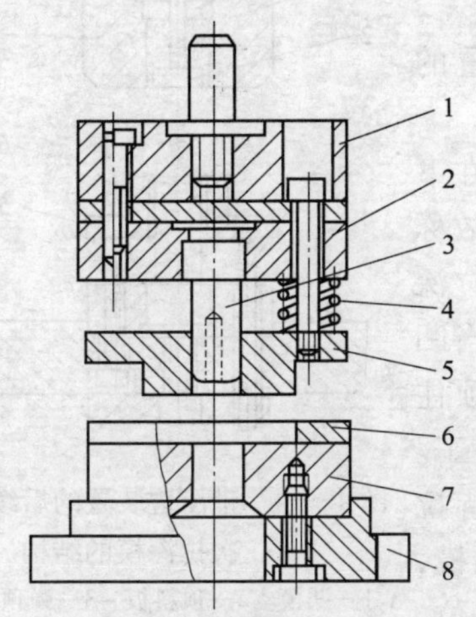

图 4—12 带压边装置的首次拉深模的结构

1—上模座 2—凸模固定板 3—凸模 4—卸料器弹簧 5—压边圈 6—定位板 7—凹模 8—下模座

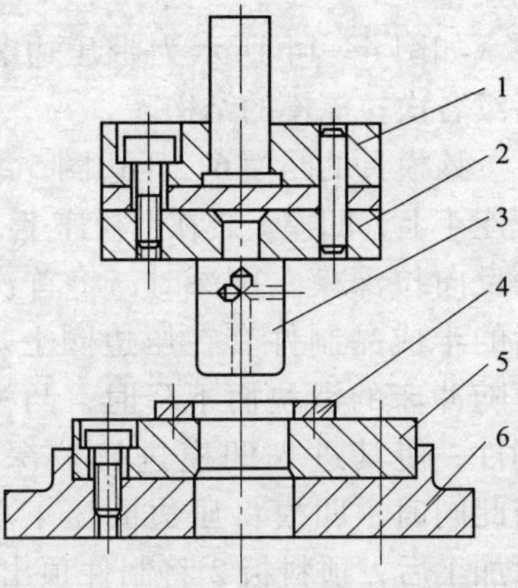

图 4—13 不带压边装置的首次拉深模的结构

1—上模座 2—固定板 3—凸模 4—定位板 5—凹模 6—下模座

该模具结构简单，拉深时，凸模 3 随冲床的滑块而下降，对板料进行拉深加工。为避免制件紧卡凸模而难以脱落，通常在凸模上钻有通气孔，以便于制件在拉深后从凸模上脱落下来。

不带压边装置的首次拉深模适用于板料厚度大于 2 mm 以及拉深深度较小的制件。

2. 后续各次拉深模

对于拉深深度很深的拉深件，通过一次拉深很难将其加工到所需的尺寸，这时可通过多次拉深使其成型。对于第二次及以后的各次拉深，由于坯料已不是平板形状，而是经首次拉深后的半成品，所以凹模的形状及结构将有所改变。

不带压边装置的后续各次拉深模仅用于直径缩小不大的拉深

加工。

在大多数情况下，后续各次拉深模都带有压边装置，以便于保证制件的质量。

如图 4—14 所示为带压边装置的后续各次拉深模的结构。

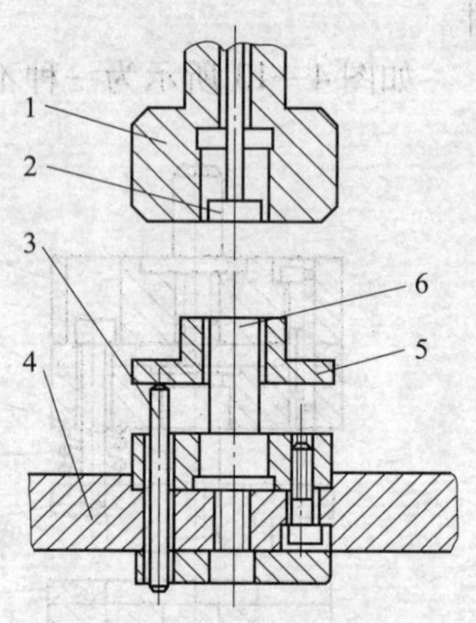

图 4—14　带压边装置的后续各次拉深模的结构

1—凹模　2—顶料板　3—弹顶器　4—下模座　5—压边圈　6—凸模

该模具的凸模 6、压边圈 5 装在下模座 4 上，凹模 1 装在上模座上，故称为反向拉深模。拉深时，将首次拉深后的半成品制件套在压边圈上。当凹模随冲床的滑块而下降时，凸模顶住制件，使其进入凹模进行拉深加工。与此同时，凹模将压边圈压下。待拉深加工后，顶料板 2 将制件顶出凹模，而压边圈在弹顶器 3 的作用下复位，并使制件脱落。

3. 复合拉深模

如图 4—15 所示为一种落料—拉深—冲孔的复合拉深模结构。

该模具的上模由冲孔凸模 1、限位器 6、落料—拉深凸凹模 7 和卸料块 8 等组成；下模由拉深—冲孔凸凹模 2、压边圈 3、凹模 4 和弹顶器 5 等组成。冲模工作时，将板料放在凹模上，当落料—拉深凸凹模随冲床的滑块而下降时，先与凹模作用进行落料。待滑块继续下降，则落下来的板料在拉深—冲孔凸凹模的作用下，进入落料—拉深凸凹模的拉深型凹模中进行拉深加工。同时，在冲孔凸模与拉深—冲孔凸凹模的作用下进行冲孔。与此同时，落料—拉深凸凹模将压边圈压下，弹顶器受压。当上模随冲床的滑块上升时，制件则在卸料块及压边圈的作用下卸出模外。制件的拉深深度由限位器来控制。冲孔废料下漏后，用钩子通出，落料废料采用刚性卸料。

二、拉深模工作部分的技术要求

用拉深模加工时，其工作部分必须注意以下技术要求：

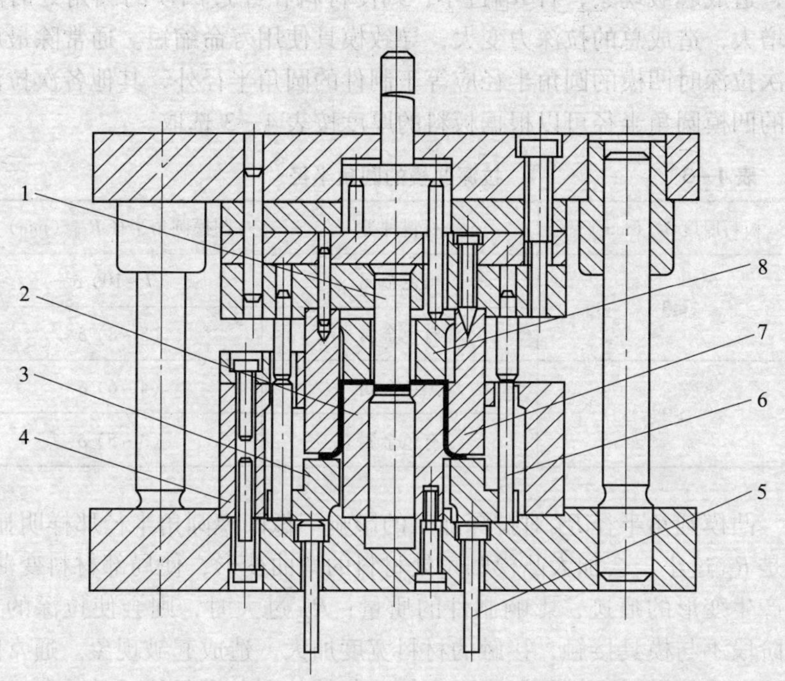

图 4—15　落料—拉深—冲孔的复合拉深模的结构

1—冲孔凸模　2—拉深—冲孔凸凹模　3—压边圈　4—凹模　5—弹顶器　6—限位器　7—落料—拉深凸凹模　8—卸料块

1. 拉深模凸模、凹模的圆角半径

拉深模凸模、凹模的圆角半径如图 4—16 所示。

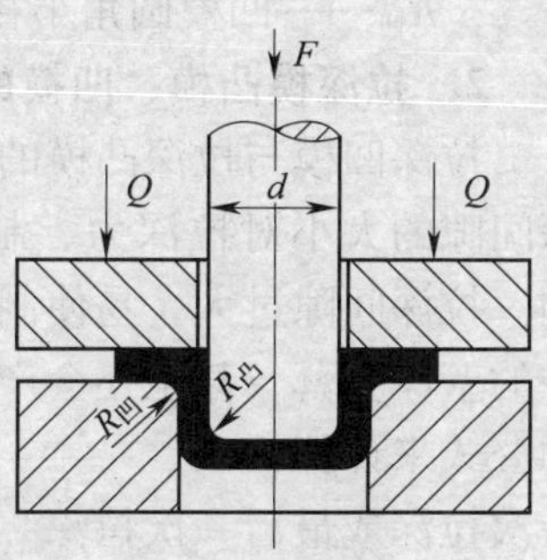

图 4—16　拉深模凸模、凹模的圆角半径

拉深模凸模、凹模圆角半径的大小对拉深加工有很大的影响，特别是凹模圆角半径 $R_凹$ 的影响最大。$R_凹$ 越大，所需拉深力就越小。同时，能改善拉深时金属的流动条件，适当地加大材料的变形程度，减少拉深的次数。但是 $R_凹$ 过大，则会有较多的材料不能被压边圈压

住，造成起皱现象；若 $R_{凹}$ 过小，则使材料在经过凹模的圆角处时阻力增大，造成总的拉深力变大，导致模具使用寿命缩短。通常除最后一次拉深时凹模的圆角半径应等于制件的圆角半径外，其他各次拉深模的凹模圆角半径可以根据板料的厚度按表 4—3 选取。

表 4—3　　　　拉深凹模的圆角半径

板料厚度 δ/（mm）	材料种类	凹模圆角半径 $R_{凹}$（mm）
≤3	黑色金属	（7 ~ 10）δ
	有色金属	（5 ~ 8）δ
>3	黑色金属	（4 ~ 6）δ
	有色金属	（3 ~ 5）δ

凸模圆角半径 $R_{凸}$ 对拉深加工的影响不像凹模圆角半径那样明显。但是 $R_{凸}$ 过小，会加大凸模圆角处材料的弯曲变形，使局部材料变薄，并产生变形的痕迹，影响制件的质量；$R_{凸}$ 过大时，则会使拉深的初始阶段不与模具接触，接触的材料宽度加大，造成起皱现象。通常除最后一次拉深时凸模圆角半径应等于制件的圆角半径外，其他各次拉深模的凸模圆角半径 $R_{凸}$ 按下式选取：

$$R_{凸} = (0.7 \sim 1.5) R_{凹}$$

式中　$R_{凸}$——凸模圆角半径，mm；

　　　$R_{凹}$——凹模圆角半径，mm。

2. 拉深模凸模、凹模的间隙

拉深凹模与拉深凸模的型面直径之差的一半称为拉深间隙 Z。拉深间隙的大小对拉深力、制件的质量及模具的使用寿命有直接的影响。拉深间隙过大，易使制件起皱；而拉深间隙过小时，又会引起制件的壁厚变薄，甚至还会产生断裂现象。合理的拉深间隙值可按下面的公式来计算：

一次拉深或最后一次拉深　$Z = \delta_{max} + 0.1\delta$

其他各次拉深　$Z = \delta_{max} + 0.2\delta$

制件要求高时的最后一次拉深　$Z = \delta_{max}$

式中　Z——拉深间隙，mm；

δ_{max}——制件材料的最大厚度，mm；

δ——材料的厚度，mm。

§4—5　冲裁模主要零件的加工

冲裁模的零部件种类较多，而冲裁模的关键零部件是工艺零件中的凸模、凹模和结构零件中的固定板、模架。它们的加工质量对整个冲裁模的质量有着决定性的作用。下面将重点介绍这几种零部件的加工。

一、凸模和凹模的加工

凸模和凹模的加工方法有机械加工和电加工两大类。其中机械加工是目前应用最广泛的一种加工方法。

凸模、凹模的形状很多，各加工企业的生产条件也不尽相同，很难编制出一种适用于各种形状的凸模、凹模的加工工艺过程。现以图4—17所示的简单的落料凸模和凹模为例，说明其加工的工艺过程。

根据模具加工中的一般工艺要求，以凸模的尺寸为依据，先加工好凹模，然后按凹模的实际尺寸来配制凸模，保证双面配合间隙为0.03 mm。

1. 凹模的加工工艺过程

（1）落料。按图样上的要求选择钢材，并在锯床上切断（按凹模的外形尺寸并放一定的加工余量）成毛坯件。

（2）锻造。将毛坯件锻造成矩形坯件。

（3）预先热处理。对坯件进行退火，用以消除锻造后的内应力并改善材料的切削加工性能。

（4）粗加工。刨六个面，要求尽量刨成长方体，并留磨削余量0.4~0.6 mm。

（5）磨削。磨削上、下两个平面和互相垂直的两个侧面。

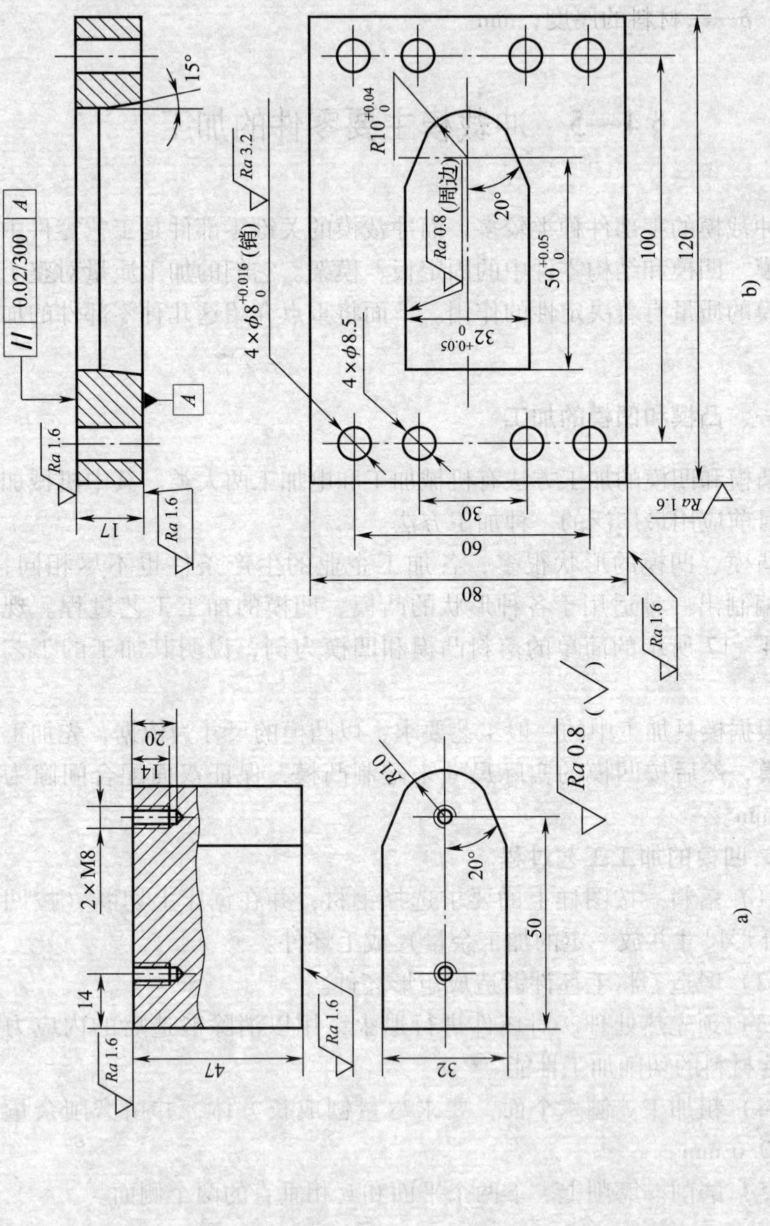

a）

b）

图 4—17 落料凸模和凹模

a）凸模 b）凹模

（6）划线。以已磨削好的两个互相垂直的侧面为基准，划出凹模中心线和各螺栓孔、定位孔的位置线，然后按事先加工好的凹模样板在凹模板上划出凹模的型孔轮廓线，保证各孔的尺寸。

（7）粗加工型孔。先把型孔轮廓线之内的废料用机械加工法去除，并且在型孔的平面留下0.15～0.20 mm的精加工余量。

（8）精加工型孔。钳工锉修型孔，并随时用凹模的样板校验，使型孔满足尺寸等要求；然后再锉出型孔的斜度，以保证顺利落料及提高产品质量等。

（9）孔加工。加工各定位销孔和螺钉、螺栓的过孔。

（10）最终热处理。淬火后再回火，以保证型孔的硬度为60～64HRC。

（11）精磨。磨削上、下两个平面。

（12）精修型孔。钳工研磨型孔，使之达到规定的技术要求。

2. 凸模的加工工艺过程

凸模的落料、锻造、预先热处理、粗加工、磨削五道工序与凹模的工序相同，下面只介绍其他几个有差异的步骤。

（1）划线。划出凸模的轮廓线及各螺孔、定位销孔的位置线。

（2）粗加工型面。用机械加工法去除凸模轮廓线外的废料，且在型面外留0.15～0.20 mm的精加工余量。

（3）精加工型面。钳工锉修型面，用已加工好的凹模对凸模进行压印，然后锉修凸模，使其与凹模的间隙适当且均匀，但需留最终热处理后的精修余量。

（4）孔加工。加工各定位销孔和螺钉、螺栓的孔。

（5）最终热处理。淬火后再回火，以保证型面的硬度为58～62HRC。

（6）精磨。磨削上、下两个平面。

（7）精修型面。钳工研磨型面，使凸模与凹模的配合间隙均匀，并达到规定的技术要求。

对凸模、凹模进行精加工和精修时，原则上是先加工好凹模，然后根据已加工好的凹模精加工及精修凸模。在实际生产中，根据冲裁模的类型不同，一般按表 4—4 来选择凸模、凹模的配合加工顺序。

表 4—4　　冲裁模的配合加工顺序

冲裁模的类型	尺寸的特点	配合加工的顺序
有间隙的冲孔模	孔的尺寸等于凸模的尺寸	①加工好凸模 ②按照凸模来精加工凹模，保证规定的间隙
有间隙的落料模	制件尺寸等于凹模的尺寸	①加工好凹模 ②按照凹模来精加工凸模，保证规定的间隙
有间隙的复合模	制件的外尺寸等于凹模的尺寸，内尺寸等于凸模的尺寸	①分别加工好凸模和凹模 ②按照凸模和凹模精加工凸凹模的内孔和外形，保证规定的间隙

二、固定板的加工

固定板的加工一般是用机械加工和钳工修锉来完成的。对于凹模固定板和配合部分为圆柱形的凸模固定板，其加工方法比较简单，可用镗削或磨削的方法进行加工。对于非圆柱形的凸模固定板，其型孔的粗加工可以与凹模组合在一起加工；精加工时，可利用已加工好的凸模，用压印锉修的方法来加工；加工过程中，要经常用90°角尺校正凸模的位置，以保证固定板型孔与支撑面之间的垂直度要求。

三、模架零件的加工

模架零件的加工主要是上模座、下模座与导柱、导套的加工。

1. 上模座和下模座的加工

上模座和下模座是用来固定导套、导柱，连接凸模、凹模的固定板的零件，如图 4—18 所示。它们精度的高低完全取决于加工的质量，而无法通过模具的装配来调整。

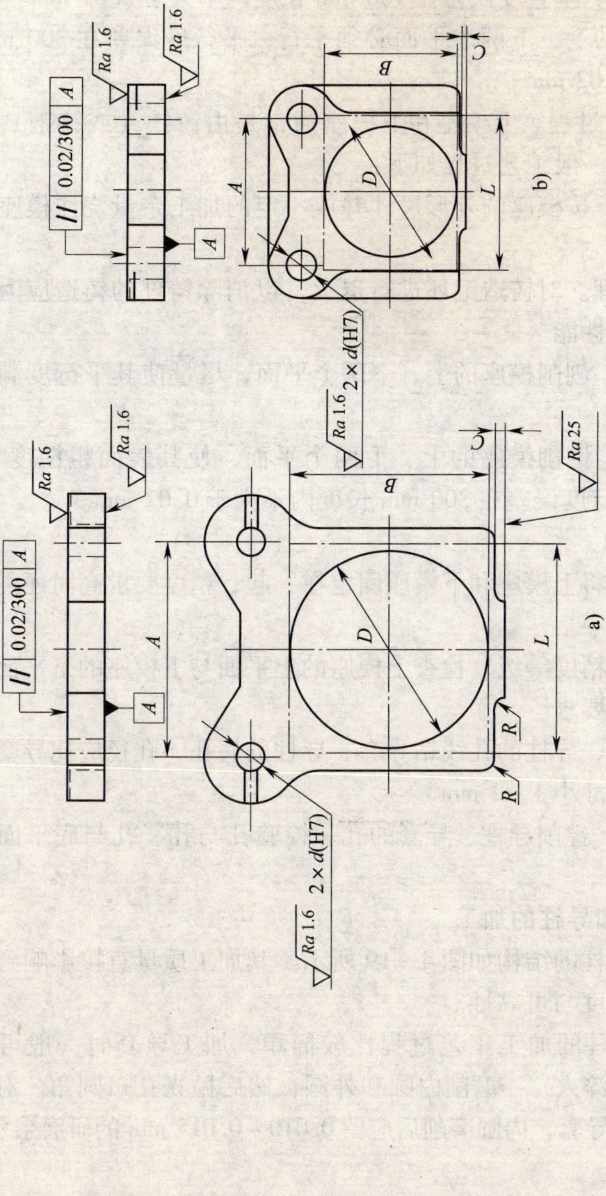

图 4—18 上模座和下模座

a）上模座 b）下模座

（1）技术要求。上模座和下模座的加工必须注意以下的技术要求：

1）安装导套、导柱的孔必须一致，且要与上模座和下模座安装的底平面垂直，垂直度误差在 100 mm 长度内不大于 0.01 mm。

2）模座的上、下两个平面必须平行，平行度误差在 300 mm 长度内不大于 0.02 mm。

（2）工艺过程。上模座和下模座通常是由铸铁（或铸钢）制成的，其制造的一般工艺过程如下：

1）铸造。按模座的外形尺寸并放一定的加工余量浇注模座的毛坯。

2）热处理。对铸造毛坯进行退火，以消除铸件的铸造应力并改善其切削加工性能。

3）刨削。刨削模座的上、下两个平面，尽量使其平行度满足要求。

4）磨削。磨削模座的上、下两个平面，使其表面粗糙度 $Ra \leqslant 0.08\ \mu m$，平行度误差在 300 mm 长度内不大于 0.02 mm。

5）钳加工

①用螺钉将上模座和下模座固定在一起；精度要求高时还需打上两个定位销。

②按模架精度等级，检查上模座的上平面与下模座的下平面的平行度是否满足要求。

③划导套、导柱的孔线钻导套、导柱的底孔，孔径应比导套、导柱压配部分尺寸小 1 ~ 2 mm。

6）镗削。镗削导柱、导套的孔。检验孔与孔、孔与底平面的精度要求。

2. 导套和导柱的加工

导套和导柱的结构如图 4—19 所示。其加工质量直接影响到冷冲模工作时的精度与可靠性。

导套、导柱的加工工艺过程比较简单，加工导套时一般可先粗车→热处理（淬火）→磨削内圆和外圆，然后抛光孔口圆角。对导向精度要求高的导套，内圆磨削后应留 0.010 ~ 0.015 mm 的研磨余量。

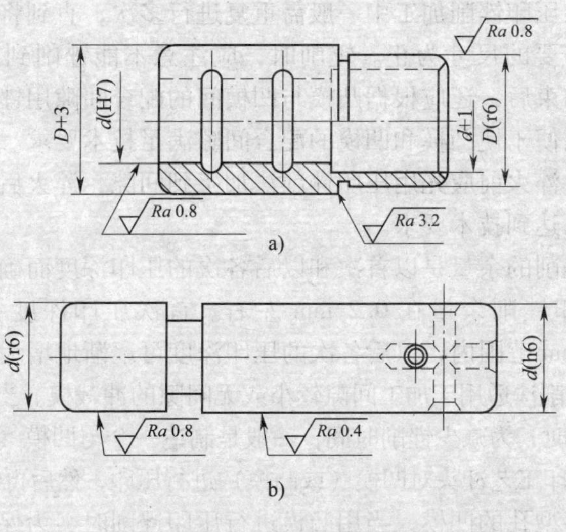

图 4—19 导套和导柱的结构

a）导套 b）导柱

导柱可用棒料经粗车→淬火→修研中心孔→磨削外圆等工序制成，尽可能在一次装夹中将配合表面全部磨出。对导向精度要求高的导柱，外圆磨削后应留 0. 010 ~ 0. 015 mm 的研磨余量。

导套、导柱配合表面的研磨可在专用研磨机上进行，也可由钳工在车床或其他简易设备上进行。

四、压印锉削的加工方法

压印锉削的加工方法是指将按划线和样板精度加工好的凹模（或凸模）作为压印基准件，然后将已半精加工并留有一定加工余量的凸模（或凹模）放在凹模（或凸模）上，用压机或锤子锤击施加压力，使凸模（或凹模）上多余的金属被凹模（或凸模）挤出，在凸模（或凹模）上出现凹模（或凸模）的印痕，再根据印痕将多余的金属锉去的一种加工方法，如图 4—20 所示为用凹模压印。

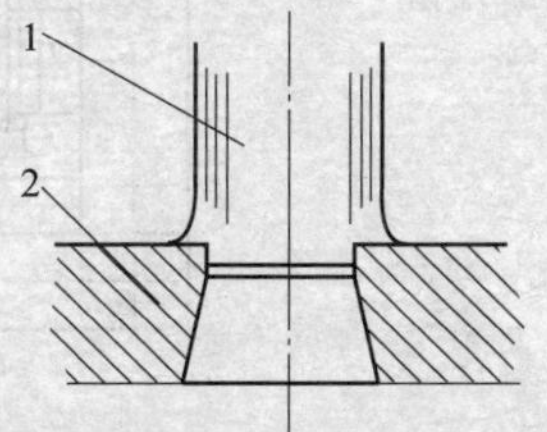

图 4—20 用凹模压印

1—凸模 2—凹模

通常在压印锉削加工中一般需重复进行多次，直到将凸模工作部分锉削到需要的尺寸为止。锉削时，应注意不能锉削到已压光的表面；锉削结束后，还应根据凸模与凹模间的配合间隙用锉刀和油石进行精修，以便于使凸模和凹模的配合间隙满足技术要求。对于间隙较小的模具，淬火前应先用压印锉削法加工到间隙，淬火后再用油石进行研磨，以达到技术要求。

压印锉削的余量是以首次和以后各次的压印深度而确定的。一般单面的压印锉削余量在 0. 2 mm 左右。首次压印深度一般控制在 0. 5 ~ 0. 8 mm 范围内，以后各次的压印深度可逐渐地增大。

压印锉削法适用于加工间隙较小或无间隙的冲裁模。当加工间隙较大的冲裁模时，为减少锉削时间，一般是制造一个与凹模（或凸模）尺寸相近的压印工艺冲头对凹模（或凸模）进行压印，然后再锉削。

对于多型孔的凹模，当用凸模进行压印锉削时，为保证各型孔之间及型孔与基准面之间的位置精度，常采用以下几种方法：

1. 用压印夹具进行多型孔压印

压印夹具如图 4—21 所示。

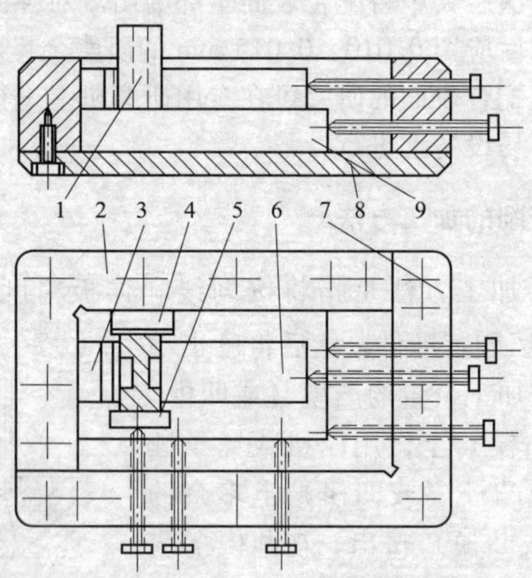

图 4—21 压印夹具

1—凸模 2、7—90°角尺板 3、4—量块组 5、6—垫块
8—底板 9—工件（凹模）

工件（凹模）9 的两垂直基面贴合在压印夹具中 90° 角尺板 2 的侧基准面上，并用螺钉进行紧固。量块组 3 和 4 控制凸模 1 的位置，以保证型孔与基面的位置精度。调整量块组的尺寸，就可以对其他各型孔进行压印。

2. 用工艺定位孔压印

用工艺定位孔压印如图 4—22 所示。在凹模 1 上先镗出两个圆孔，保证其位置精度。压印时，用带定位柱的凸模 2 插入凹模的圆孔内定位后进行压印。

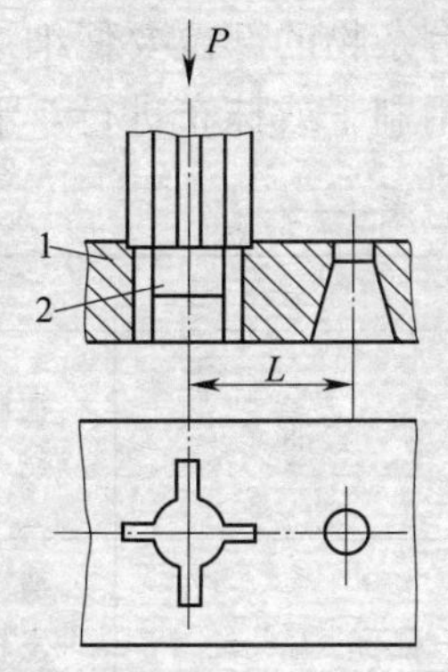

图 4—22 用工艺定位孔压印
1—凹模 2—凸模

§4—6 冲裁模的装配与调试

冲裁模的装配与调试是冲裁模制造过程中最关键的一步，装配与调试的质量直接影响到模具的使用寿命和制件质量。例如，凸模与凹模之间间隙的要求在零件制造时已得到保证，但由于在装配与调试过程中没有严格按照操作规程和技术要求去做，造成间隙不均匀，则冲裁出的制件不合格，同时又影响到模具的使用寿命。所以，冲裁模的装配与调试是一项非常重要而又十分细致的操作。

一、装配前的准备

1. 熟读冲裁模的装配图

冲裁模的装配图是冲裁模装配工作的主要依据。在装配工作开始之前，必须熟悉模具的结构特点与技术要求、各有关零部件间的连接方式和配合性质，从而确定合理的装配基准、装配方法和顺序。

2. 清理和清洗零部件

（1）根据模具零件明细表清点零件，确保零件既不多也不少。

（2）对零件表面残存的型砂、切屑等进行清理。有些零件（如模架体、底座等）内部还需涂漆。对有些零件的孔、沟槽及其他易留有杂物的部位要仔细进行清洗。清洗工作可在装有清洗液的洗涤槽内用刷子或抹布进行。清洗液的选用见表4—5。

表4—5　　清洗液的选用

名称	特点	适用场合
汽油	清洗能力强，清洗后挥发快，易燃	常用于清洗精密零件上的油渍、污垢和一般黏附的机械杂质
煤油、轻柴油	清洗能力不及汽油，且清洗后挥发较慢，但不易燃，使用时比汽油安全	用于一般零件的清洗
105或6501化学清洗剂	内含表面活性剂，对油脂、水溶性污垢具有特殊的清洗能力	主要用于钢制零件表面油污和杂质的清洗

（3）检查零件的制造质量。按图样要求复查模具的各零件，特别是在装配时需要进行修配的相关零件的制造精度、几何公差、表面粗糙度等，且做到心中有数，便于装配。

（4）布置工作场地。清理工作台，准备好装配时所需的工具、夹具、量具、材料和辅助设备。

二、冲裁模装配的一般工艺

1. 确定装配顺序

冲裁模的装配最主要的是要保证凸模和凹模的相对位置精度，使其间隙均匀。因此，选择合适的上模、下模装配顺序是关键。一般冲裁模的装配顺序见表4—6。

表4—6　　一般冲裁模的装配顺序

模具结构	说　明
无导向装置的冲裁模	凸模与凹模的间隙是在模具安装到机床上时进行调整的，故上模、下模的装配顺序无要求，可分别进行
有导向装置的冲裁模	装配时可选择导板、凸模、凹模或凸凹模作为装配基准件，先装基准件，再装与其关联的件，然后调整凸模、凹模之间的间隙，最后装其他附件

2. 确定装配基准

装配基准的选择原则是由模具的主要零件加工时的相互关系来确定的。常见的装配基准件是凸模、凹模、导向板和固定板等几种主要零件。

3. 装配模具固定部分的相关零件

冲裁模的固定部分是与下模座相连接的零件，如凹模、凹模固定板、定位板及卸料板等。

4. 装配模具活动部分的相关零件

冲裁模的活动部分是与上模座相连接的零件，如凸模、凸模固定板等。

5. 调整模具

调整模具的上模座和下模座间的相对位置，将模具的活动部分与固定部分组合起来，调整凸模与凹模间的配合间隙，使间隙均匀一致。

6. 固定模具的固定部分

对模具的固定部分尚未固定的零件，在调整凸模、凹模的配合间隙后，将其固定在下模座上。固定后再检查一次配合间隙。

7. 固定模具的活动部分

对模具的活动部分尚未固定的零件，在调整凸模、凹模的配合间隙后，将其固定在上模座上。固定后再检查一次，看是否保证了凸模、凹模的配合间隙。

8. 检查装配质量

检查模具的外观质量、各部分的固定连接和活动连接情况以及凸模与凹模的配合间隙等。

三、凹模、凸模与固定板的装配

凹模、凸模与固定板的连接一般为过盈配合。凹模、凸模与固定板的装配按其结构形式分为机械固定装配法和热固定装配法等。

1. 机械固定装配法

机械固定装配法的紧固形式及操作说明见表4—7。

表 4—7　　机械固定装配法的紧固形式及操作说明

紧固形式	示意图	操作说明
用螺钉紧固	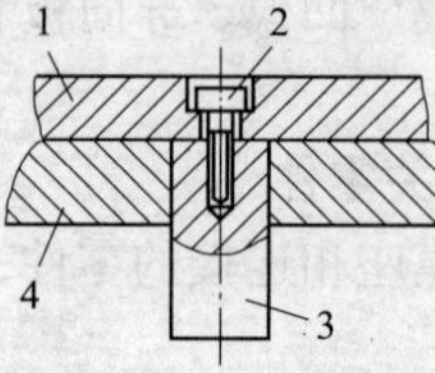 1—垫板　2—螺钉 3—凸模　4—固定板	将凸模放入固定板孔内，调整位置，使其与固定板垂直，然后用螺钉紧固
用斜压板及螺钉紧固	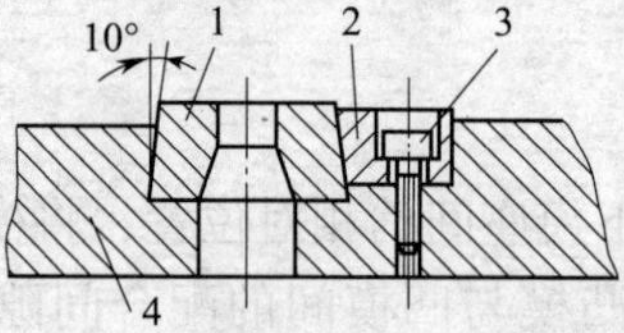 1—凹模　2—斜压块　3—螺钉 4—固定板	将凹模放入固定板孔内，调好位置后压入斜压块，并使其与固定板垂直，然后再拧紧螺钉固定
压入紧固（凸模与固定板孔常采用 H7/n6 或 H7/m6 配合）	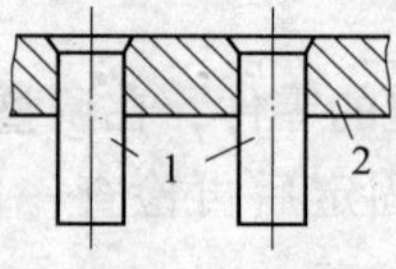 1—凸模　2—固定板	用手动压力机或液压机将凸模压入固定板孔内，压入时应注意使凸模中心线置于压力机压力中心，并不断对凸模与固定板的垂直度误差进行检测，以便于及时调整位置。凸模压入后将固定板底面与凸模底面一起磨平，然后将固定板翻转，在平面磨床上磨削凸模刃口，以使刃口锋利
用挤紧法固定	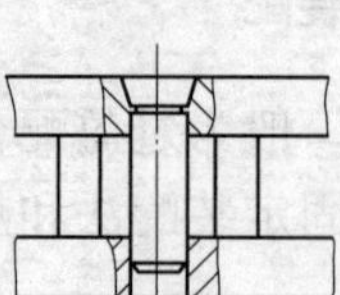	将凸模通过凹模型孔压入固定板孔内，然后用錾子在固定板孔周围敲击，使周围的材料挤向凸模。凸模与固定板挤紧后，应组合在一起磨平挤紧平面，最后以磨平的平面为基准，再磨削凸模刃口端面，以使凸模锋利

2. 热固定装配法

热固定装配法是利用热套（固定板）将凸模（或凹模）固定在其中的一种方法。它常用于硬质合金的凹模、凸模与固定板间的固定装配。如图 4—23 所示的凹模与固定板的热固定装配操作要求如下：

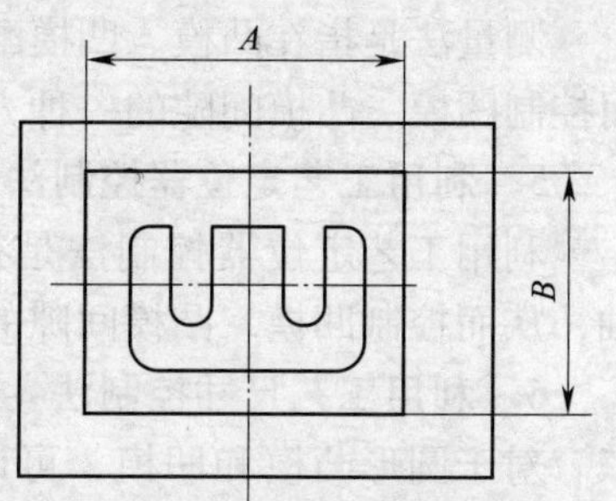

图 4—23　凹模与固定板的热固定

（1）将加工好的凹模与固定板的配合面清洗干净。

（2）检测凹模与固定板配合面的过盈量，一般为 0.001 ~ 0.002 mm（各方向）。

（3）分别将凹模和固定板放入箱式电炉加热。凹模的加热温度为 200 ~ 250℃；固定板的加热温度为 400 ~ 500℃。

（4）加热后取出，并将凹模放入固定板的型孔中，待固定板冷却收缩即将凹模紧固。最后磨平固定板的上、下两个平面即可。

四、凹模、凸模间隙的控制方法

凹模、凸模间隙的控制方法根据冲裁模的结构特点、间隙值的大小和装配条件的不同来确定。常见的控制方法如下：

1. 垫片法

垫片法是指在凸模与凹模的间隙中垫入薄厚均匀且厚度等于单边间隙值的铜质或铝质的垫片，来达到控制凹模、凸模间隙的一种方法。垫片法也是最简便、最常用的方法。

2. 光隙法

光隙法是指将上模、下模合模后一同翻转，用灯光从凸模与凹模的间隙中照射，通过光隙的大小来控制凹模、凸模间隙的一种方法。

3. 涂漆法

涂漆法是指在凸模上涂一层绝缘漆，以漆层的薄厚来控制凹模、凸模间隙的一种方法。

4. 测量法

测量法是指在凸模、凹模配合时，用塞尺仔细测量四周间隙，从而控制凹模、凸模间隙的一种方法。

5. 利用工艺定位器控制法

利用工艺定位器控制法是指用工艺定位器来保证凹模、凸模同轴，从而控制凹模、凸模间隙的一种方法。

6. 利用工艺尺寸控制法

对于圆形凸模和凹模，可以在制造凸模时将凸模工作部分加长 1 ~ 2 mm，并将加长部分的工艺尺寸加大到正好与凹模孔相配合。这样，装配时凸模与凹模就容易对中（同轴），保证其间隙。待装配完成后，再将凸模加长部分的工艺尺寸磨去。

五、冲裁模装配操作实例

如图 4—24 所示为一典型的导柱式冲孔模，其装配的一般步骤如下：

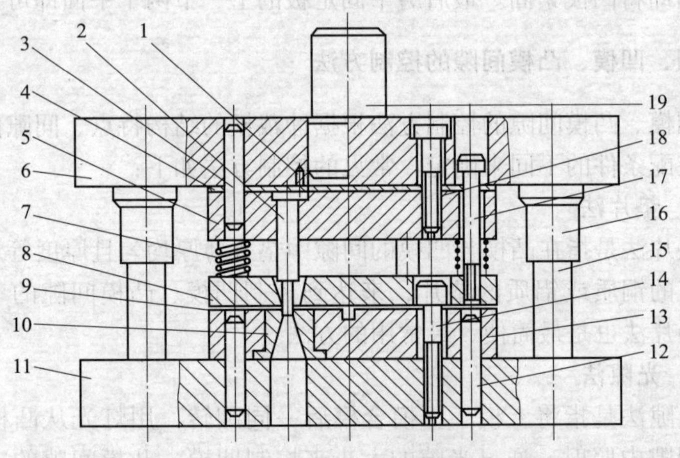

图 4—24 导柱式冲孔模

1、3、12—销钉 2—凸模 4—垫板 5、13—固定板 6—上模座 7—弹簧 8—卸料板 9—定位板 10—凹模 11—下模座 14、18—螺钉 15—导柱 16—导套 17—卸料螺钉 19—模柄

1. 模架的装配

（1）检查导柱、导套和上模座、下模座本身的精度和表面粗糙度，应符合图样的技术要求。

（2）将上模座放在专用工具上。专用工具的底板上固定有两个圆柱，两圆柱的距离等于模座的孔距；两圆柱的外径等于导柱的直径；两圆柱均垂直于底板。将导套分别套在两圆柱外，用两等高的垫圈垫在导套上，用压力机将两个导套同时压入上模座的导套孔中，如图 4—25a 所示。检查导套间孔距和导套与上模座的垂直度是否满足技术要求，如不满足应拆除重装，直到满足技术要求为止。

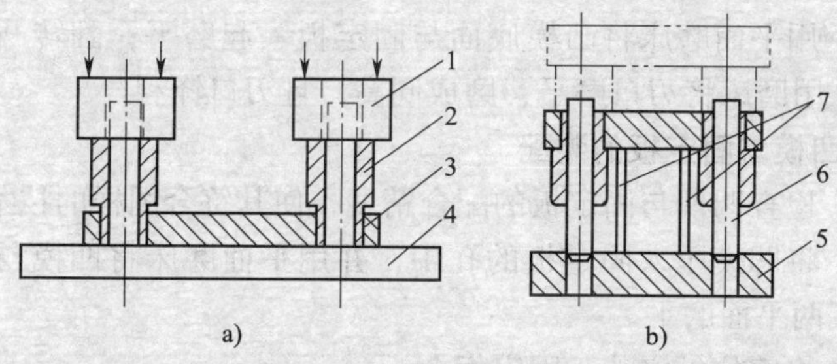

图 4—25　模架的装配

a）上模座的装配　b）下模座的装配

1—等高垫圈　2—导套　3—上模座　4—专用工具

5—下模座　6—导柱　7—等高平行垫铁

（3）在上模座、下模座间垫入等高平行垫铁，将导柱插入导套中，如图 4—25b 所示。用压力机同时将两个导柱压入下模座孔中 5 ~ 6 mm 时，将上模座从导柱的最高位置（不脱离导柱处）到最低位置来回提升，轻轻放下。检查导柱、导套间滑动的松紧程度以及下模座、上模座与垫铁的接触情况。如发现问题可调整导柱。然后继续将导柱压入规定的位置。

（4）将上模座、下模座对合，中间垫入垫铁，放在平板上检查上模座、下模座两底平面间的平行度，应符合图样的技术要求。

2. 凸模与固定板的装配

（1）检查凸模与固定板的配合精度，应符合图样的技术要求。

（2）按图 4—26 所示将凸模压入固定板的孔中，检查两凸模间距以及凸模与固定板的垂直度，应符合图样的技术要求。

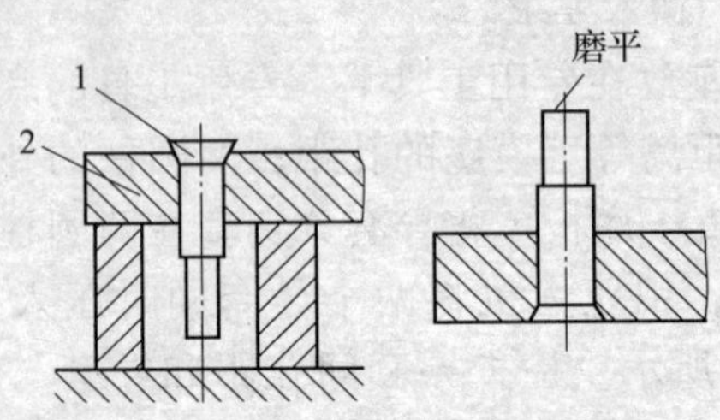

图 4—26　凸模与固定板的装配

1—凸模　2—固定板

（3）用平面磨床将凸模底面与固定板一起磨平；翻转凸模将刃口朝上，用磨床将刃口磨平，磨成同高，且刃口锋利。

3. 凹模与固定板的装配

（1）检查凹模与固定板的配合精度，使其符合图样的技术要求。

（2）将凹模压入固定板的孔中，并用平面磨床将凹模与固定板的上、下两平面磨平。

（3）将定位板安装于固定板上。

（4）将已装好凹模和定位板的固定板部件装在下模座上，其装配步骤如下：

1）固定板在下模座上找正位置后，用平行夹板将固定板与下模座一起夹紧。

2）根据固定板上螺钉孔和凹模型孔的位置在下模座上配划螺钉孔和落料孔线。

3）松开平行夹板装置，取下固定板部件，加工下模座的螺钉孔和落料孔。

4）将固定板部件用螺钉固定在下模座上。

5）检查固定板部件与下模座的配合关系，使其满足图样的技术要求。加工定位销孔并装销钉。

4. 凹模与凸模的装配

（1）在已装上凸模的凸模固定板与下模座部件间垫上适当高度

的平行垫铁，使凸模刚好插入凹模型孔内。

（2）在凸模固定板上放置上模座，使导套套在下模座的导柱上。

（3）使凹模与凸模的相对位置满足图样的要求。用平行夹板将上模座与凸模部件夹紧。

（4）取下上模座部件，按凸模固定板上的螺孔和通孔在上模座上配划螺孔和通孔线。

（5）松开夹紧装置，加工上模座的螺孔和通孔。

（6）装配模柄。将模柄压入上模座中，并用90°角尺检查模柄与上模座上平面的垂直度，使其符合图样的技术要求。钻削、铰削定位销孔，并装好销钉，然后磨平上模座底面与模柄端面。

（7）在上模座上安装垫板和凸模固定板，并轻轻拧上紧固螺钉。

（8）再将上模座套在下模座上。

（9）调整冲孔模的间隙，用铜锤敲击凸模固定板，使凸模、凹模的配合间隙满足图样的技术要求。然后拧紧上模座上的紧固螺钉。

（10）取下上模座，钻削、铰削定位销孔，打入定位销后合模。

（11）再次检查凹模、凸模的配合间隙。如不满足要求，应拆卸定位销，重新完成（9）、（10）两个步骤，直到满足要求为止。

（12）安装其他辅助零件。

5. 冲孔模的调整

（1）凹模、凸模刃口及间隙的调整。冲孔模的上模、下模要吻合；凸模与凹模相互吻合的深度要适中，可通过调节压力机的连杆长度来实现，以能冲下合格的制件为准。

（2）卸料系统的调整

1）查看卸料板（顶件器）的形状是否与冲压件贴合。

2）卸料弹簧（顶料弹簧）及橡皮的弹力应足够大。

3）卸料板的行程要足够大。

4）凹模应无倒锥，以便于卸料。

5）漏料孔与出料槽应畅通无阻。

6）打料杆、推料板应能将制件顺利推出。

6. 模具装配、调整时操作的安全知识

（1）工作场地要保持整洁，所用工具和零件加工、清洗等辅助设施要放稳，以便于操作。

(2) 所使用的机床、工具要经常检查，如有损坏应停止使用。使用电气设备时必须严格遵守各种操作规程。

(3) 操作时必须穿戴好劳动防护用品。

(4) 在多人同时操作压力机时，动作必须协调统一，相互关照。

(5) 在易弹开、飞溅切屑的零件四周都应放置安全挡板。

六、冲裁模试冲时常见缺陷分析

冲裁模装配结束后应进行试冲，这对模具使用寿命的长短和制件质量的好坏起着十分重要的作用。

试冲一般包括以下几项内容：

(1) 将冲裁模安装在适当的压力机上，用指定的坯料进行试冲。

(2) 根据试冲时制件上出现的质量缺陷分析产生的原因并设法解决，以保证最后冲出合格的制件。

(3) 排除各种影响安全生产、质量稳定和操作方法的不利因素。

冲裁模试冲时常见缺陷的产生原因和修整方法见表4—8。

表4—8　冲裁模试冲时常见缺陷的产生原因和修整方法

缺陷形式	产生原因	修整方法
送料不畅通或料被卡死	①两导料板之间的尺寸过小或有斜度 ②凸模与卸料板之间的间隙过大，使搭边翻扭 ③用侧刃定距的冲裁模，导料板的工作面与侧刃不平行，将条料卡死 ④侧刃与侧刃挡块不密合，形成毛刺，将条料卡死	①根据情况锉修或重装导料板 ②减小凸模与卸料板之间的间隙 ③重装导料板 ④修整侧刃挡块，消除间隙
刃口相咬	①上模座、下模座、固定板、凸模、凹模、垫板等零件安装面不平行 ②凸模、导柱配合处安装不垂直 ③导柱与导套间隙过大，导向不准 ④卸料板的孔位不正确或歪斜，冲孔凸模产生位移	①修整卸料板，重装上模或下模 ②重装凸模和导柱 ③更换导柱或导套 ④修整或更换卸料板

续表

缺陷形式	产生原因	修整方法
卸料不正常	①由于装配不正确，卸料机构不能动作，如卸料板与凸模配合过紧，或因卸料板倾斜而卡紧 ②弹簧或橡皮的弹力不足 ③凹模和下模座的漏料孔没有对正，料不能排出 ④凹模有倒锥，造成堵塞现象	①修整卸料板、顶板等零件 ②更换弹簧或橡皮 ③修整漏料孔 ④修整凹模
制件质量不好，如有毛刺；制件不平；落料外圆和打孔位置不正，造成偏拉现象	①刃口不锋利或硬度低 ②配合间隙过大或过小 ③间隙不均匀，使冲件一边有显著带斜角的毛刺	合理调整凸模和凹模的间隙，修磨工作部分的刃口
	①凹模有倒锥 ②顶料杆与工件接触面过小 ③导正钉与预冲孔配合过紧，将冲件压出凹坑	①修整凹模 ②更换顶料杆 ③修整导正钉
	①挡料钉位置不正 ②落料凸模上导正钉尺寸过小 ③导料板和凹模送料中心线不平行，使孔位偏斜 ④侧刃定距不准	①修正挡料钉 ②更换导正钉 ③修整导料板 ④修磨或更换侧刃

冲裁模经过试冲，排除了各种不利因素后，在交付使用前还应进行最终试冲。最终试冲至少要连续冲出150个左右的合格制件，才能将模具交付生产使用。

§4—7　锻模的结构与制造

一、锻模的结构

锻模是模型锻造时用于金属变形的一种型腔模。它的种类较多，根据模锻生产所用的压力设备不同，一般可分为蒸汽模锻锤上用的锻模（简称锤锻模）、热模锻压机上用的锻模和摩擦压力机上用的锻模三类。其中应用最广泛的是锤锻模，它由上模和下模两部分组成，如图 4—27 所示。

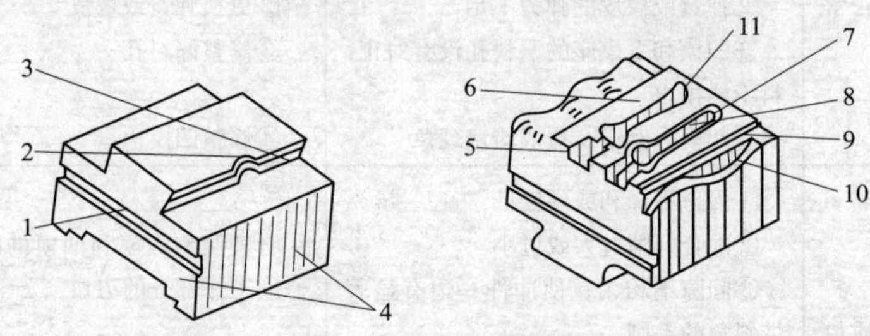

图 4—27　锻模

1—起吊孔　2—键槽　3—燕尾　4—检验角　5—钳口　6—分模面　7—毛边槽　8—终锻模槽　9—锁口　10—制坯模槽　11—预锻模槽

锁口 9 是锻模的导向基准。可防止上模、下模工作时模槽合口产生偏移。检验角 4 是锻模上互相垂直的两个侧面，垂直度要求高。在锻模制造中，检验角既是模槽划线加工的基准面，又是安装、调整上模和下模位置的基准面。

钳口 5 是供放置钳子夹持坯料或锻件用的。

终锻模槽 8、制坯模槽 10 和预锻模槽 11 是直接用于金属变形的，按其数量不同，锻模可分为单模槽锻模和多模槽锻模两类。单模槽锻模的结构比较简单，工作时，坯料可直接在模槽内锻造成型，一般用于形状简单的锻件。多模槽锻模的结构复杂，工作时，坯料要依次在各个不同的模槽中锻造，常用于形状复杂的锻件。

1. 模槽的种类

锻造时，按金属在模槽中的变形特点及所得到的锻件形状不同，模槽可分为制坯模槽和模锻模槽两大类。

（1）制坯模槽。制坯模槽的作用是初步改变坯料的横截面积和形状，以适应模锻模槽的工作。制坯模槽的形状较多，不同的形式有不同的作用。常见制坯模槽的形式及用途见表 4—9。

表 4—9　　常见制坯模槽的形式及用途

模槽形式	简　图	用　途
镦粗平台		位于锻模一角，用来镦粗坯料
镦扁平台		位于锻模边缘，用来镦扁坯料
拔长模槽		用来增大坯料的长度，从而使某些部分的横截面积减小
滚挤模槽		用来增大坯料某些部分的横截面积，从而使另一些部分的横截面积减小
弯形模槽		用来弯曲坯料，以符合锻件的平面图形，使金属做微小的轴向移动并在个别截面上将坯料卡住

（2）模锻模槽。模锻模槽分为预锻模槽和终锻模槽两类。

预锻模槽的作用是使坯料变形到接近于锻件最终的形状和尺寸。这既是为了终锻时金属能填满终锻模槽，又能减少终锻模槽的磨损，延长锻模的使用寿命。

终锻模槽的作用是使坯料最终变形到锻件所要求的形状和尺寸。终锻模槽的形状与锻件所需的形状相同；终锻模槽的尺寸比锻件所需的尺寸略大（考虑金属材料的热胀冷缩）；终锻模槽的四周应有毛边槽，以便于容纳锻造时多余的金属。

2. 模槽的结构

模槽的结构对锻件的质量有直接影响，制造中需注意以下几个问题：

（1）模槽的圆角。金属在模槽内的变形首先从模槽的棱口处开始。锻造时，虽然加热后的金属具有较好的塑性，但它仍具有较高的强度。如模槽的棱口太尖，将使金属的变形阻力增大，且加剧棱口的磨损。因此，模槽的棱口一般都制成圆弧倒角。同时，为减少模槽的磨损，便于金属充满整个模槽，模槽内一切有棱有角的地方都应制成圆角。

（2）模槽的斜度。锻造时，金属是被强力挤压而充满整个模槽的，为便于锻件脱模，模槽内各垂直的立面都应制成带有一定斜度的倾斜面。一般上模的斜度比下模的斜度大1°~2°；预锻模槽的斜度比终锻模槽大；模槽越深，斜度越大，常取3°~15°。

（3）锻模的分模面。按锻件的形状不同，锻模的分模面也不相同，有水平的、带坡度的及凹凸形的等，如图 4—28 所示。

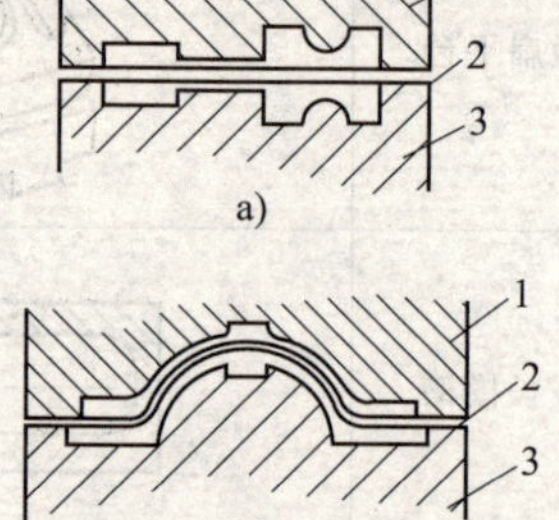

图 4—28　锻模的分模面

a）水平分模面　b）凹凸分模面

1—上模　2—分模面　3—下模

（4）毛边槽。终锻模槽的四周带有一圈毛边槽，其作用是在终锻时形成毛边，防止金属从分模面中流出，以保证金属充满整个模槽，容纳多余的金属，使上模、下模接触得以缓冲，延长锻模的使用寿命。常见毛边槽的形式如图 4—29 所示。

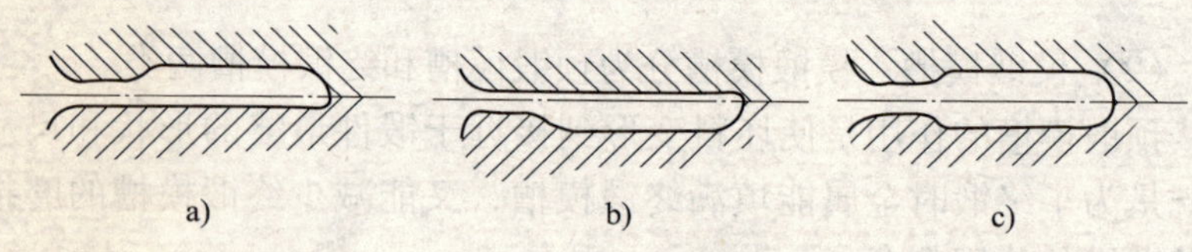

图 4—29　毛边槽的形式

（5）模槽的通气孔。对于深度较深的模槽，为便于锻造时排出空气，常在上模的模槽中钻通气孔。孔径为 3 ~ 5 mm，其位置最好垂直向上。

（6）锻件通孔的处理。由于受锻模结构的限制，通常无法在锻模上直接锻出通孔。因此，对于直径较小的通孔，锻造时不考虑；对于直径较大的通孔，可先将其锻成两端凹进而中间不通的凹孔，然后再用切模将凹孔中的材料切去。

二、锻模的制造

锻模的制造过程通常可分为模块预加工、模槽加工、热处理及模槽的精整加工四个阶段。模槽的加工一般都比较复杂，其精度要求高，表面粗糙度值要求小。这些都是锻模制造中的难点。模槽的加工方法较多，通常分为机械加工、压力加工、电火花加工和电解加工四种，其中常用的是机械加工和电火花加工。

1. 模槽的机械加工

模槽的机械加工一般可在立式铣床上进行，对一些形状简单的模槽，可用各种形状和尺寸的指状铣刀按划线来加工；形状较复杂的模槽可在仿形铣床上加工。如图 4—30 所示为一种常用的三坐标仿形铣床。

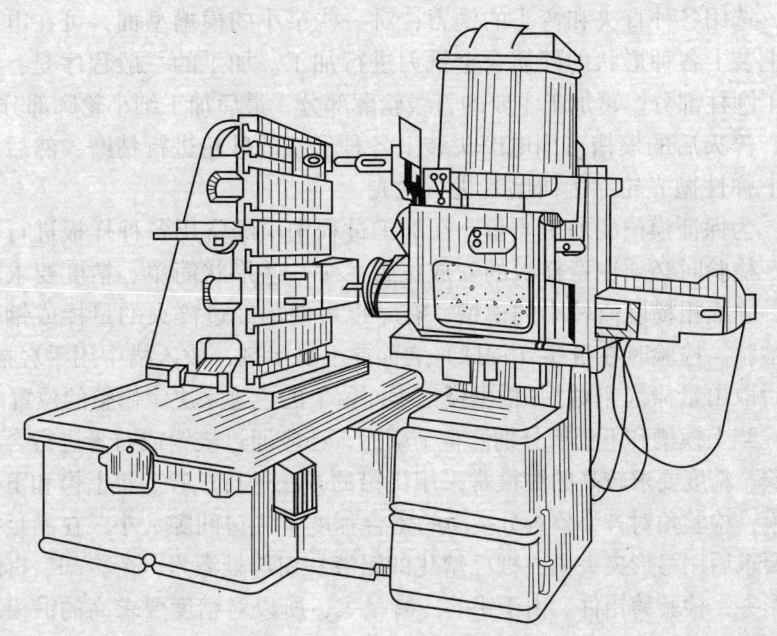

图 4—30　三坐标仿形铣床

三坐标仿形铣床的工作台可沿床身做横向进给运动，工作台上装有上支架和下支架，上支架用来固定靠模（仿形件），下支架用来装夹锻模的毛坯。主轴箱可沿横梁上的水平导轨做纵向进给，也可连同横梁一起沿立柱做垂直进给，靠模销与铣刀的工作直径应相同，且均安装在主轴箱上。加工时，靠模销与靠模上的加工表面接触，并沿着靠模上的加工表面做相对移动，再经传感器发出信号。信号由机床上的随动系统放大后，控制驱动装置，使铣刀跟着靠模销做相应的移动，从而进行切削加工。

在仿形铣床上加工模槽的生产效率较高，铣削精度可达 ±0.01 mm，但表面不够光滑，有些刀痕、模槽凹角及狭窄的沟槽部位还需钳工进行修整。

2. 模槽的钳工修整

模槽的钳工修整是指淬火前用手工方法修整一些机械加工难以加工到的部位以及热处理后的模槽精整加工。

钳工在热处理前对模槽进行修整时，可根据模槽表面的形状和要求，选用各种直头和弯头的铣刀；对一些窄小的模槽型面，可在电磨头上装上各种形状的硬质合金铣刀进行加工。加工的一般程序是：先加工圆柱部分，再加工主要的直线轮廓部分，最后加工细小轮廓部分。

淬火后的模槽可用电磨头装上各种形状的砂轮进行精磨，然后再换上弹性抛光轮涂上研磨膏进行抛光。

为保证模槽的加工质量，在加工过程中应经常用各种样板进行检验。检验时必须注意样板的安放位置。对一些形状简单、精度要求较高、表面粗糙度值较小的模槽，有时也可使用经过淬火的量棒或钢球来检验。检验时在量棒（钢球）表面涂上显示剂，放入槽中用手轻摇，然后取出量棒（钢球），根据模槽表面留下的色迹来决定修整的位置。

当上模槽和下模槽分别修整结束后，还应通过浇铅或石膏进行合模试验。精度要求较高的锻模常采用浇铅的方法进行试验。将上模和下模合模，检验角对齐，检查分模面的密合程度及锁口间隙大小，在满足技术要求后用弓形夹夹紧。把已熔化的铅液从钳口处灌入，待冷却后拆除弓形夹，检验铸铅件。由于铅的冷凝量大，所以对精度要求高的锻模应压制常温铅件来检验。尺寸较大和精度不高的锻模用石膏来检验。

第五章

复杂夹具的结构与制造

要求熟悉组合夹具元件的种类及其用途；掌握组合夹具组装的要点及一般步骤；熟悉夹具典型零件的加工方法；熟练掌握专用夹具的装配工艺。

§5—1 组 合 夹 具

组合夹具是一种标准化、系列化程度很高的新型夹具，由一些预先制造好的不同形状、不同规格尺寸的标准件和组合件组合而成。使用时，根据加工工件的工艺要求和加工特点，选择合适的标准件和组合件，组装出加工、检验及装配等所需的各种夹具。使用完毕可方便拆卸、清洗、存放并留待以后使用。这些元件相互配合部分尺寸精度高、耐磨性好且具有一定的硬度和互换性。

一、组合夹具的构成及特点

1. 组合夹具的构成

组合夹具由用途不同的各类元件组成，主要包括以下几类：

(1) 基础件。基础件包括各种规格尺寸的方形、矩形、圆形基础板和基础角铁等，是安装其他元件的基础，如图 5—1 所示。基础件通过定位键、T 形槽、螺钉孔等来定位和安装其他元件。

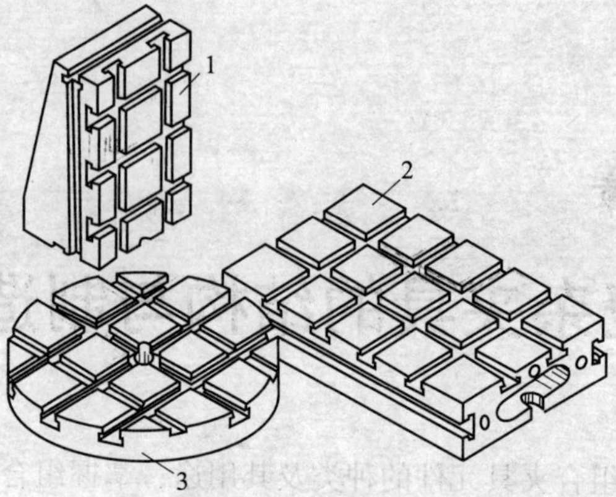

图 5—1　基础件

1—基础角铁　2—长方形基础板　3—圆形基础板

（2）支撑件。支撑件是组合夹具的骨架，主要用于不同高度的支撑和各种定位支撑面，包括各种规格尺寸的垫片、垫板、方形和矩形支撑、角度支撑、V 形支撑等，如图 5—2 所示。

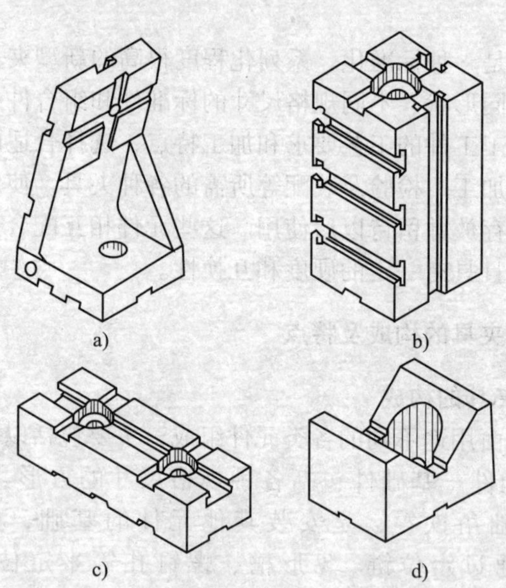

图 5—2　支撑件

a）左角度支撑　b）方形支撑　c）伸长板　d）V 形支撑

一般情况下，支撑件和基础件共同组成夹具的夹具体，在组合小型夹具时，支撑件也可作为基础件。

（3）定位件。定位件主要用于确定元件与元件、元件与工件之间的相互位置，以保证夹具的装配精度和工件的加工精度，还能增强元件之间的连接强度和整个夹具的刚度。一般主要包括各种定位销、定位盘、定位支撑等，如图 5—3 所示。

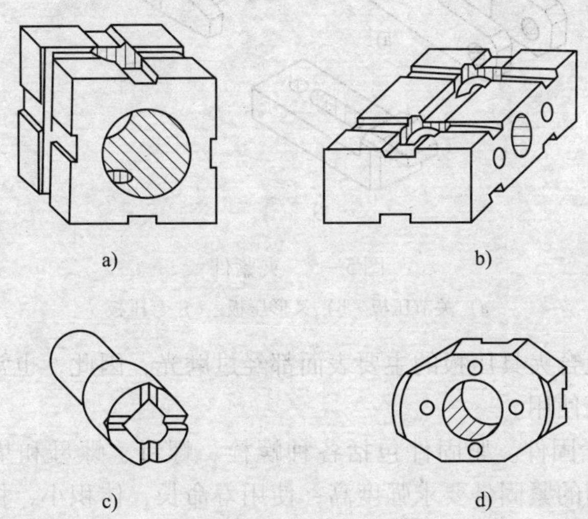

图 5—3　定位件

a）镗孔支撑　b）定位支撑　c）圆形定位销　d）菱形定位盘

（4）导向件。导向件用来确定刀具与工件的相互位置，加工时引导刀具到达加工部位，还可增加加工稳定性。常用的有各种导向板、钻套、钻模板及导向支撑等，如图 5—4 所示。

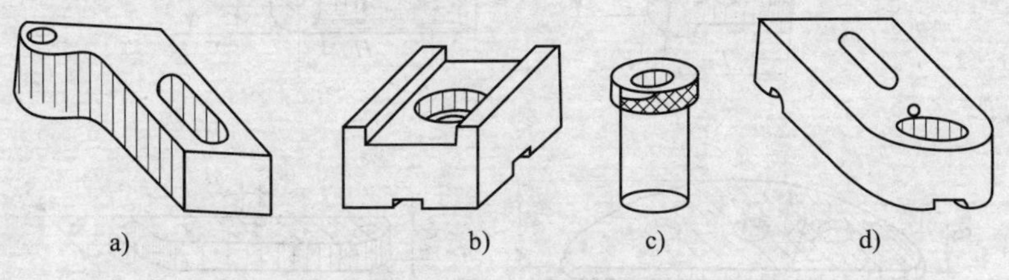

图 5—4　导向件

a）偏心钻模板　b）导向支撑　c）快换钻套　d）钻模板

（5）夹紧件。夹紧件的作用是将工件夹紧在夹具上，包括各种形状、尺寸的压板，如图 5—5 所示。

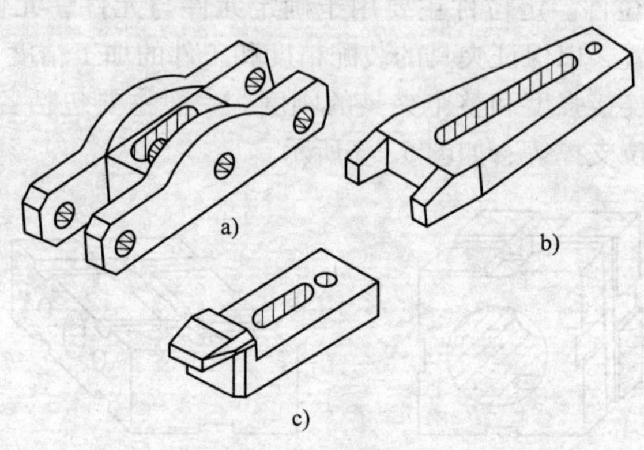

图 5—5 夹紧件

a）关节压板 b）叉形压板 c）弯压板

由于组合夹具压板的主要表面都经过磨光，因此，也常作为定位板、连接板使用。

（6）紧固件。紧固件包括各种螺栓、螺钉、螺母和垫圈等。组合夹具使用的紧固件要求强度高，使用寿命长，体积小，材料比一般标准紧固件好，加工精度也较高。

（7）辅助件。这类元件用途单一，难以列入上述元件中，统称为辅助件。辅助件包括连接板、浮动块、回转压板、平衡块以及支撑钉和支撑环等，如图 5—6 所示。

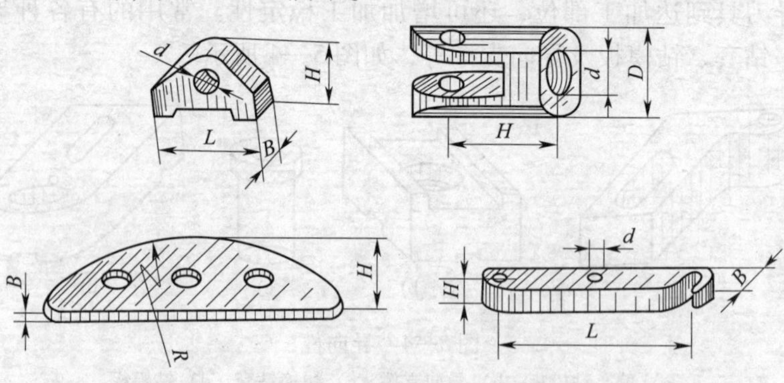

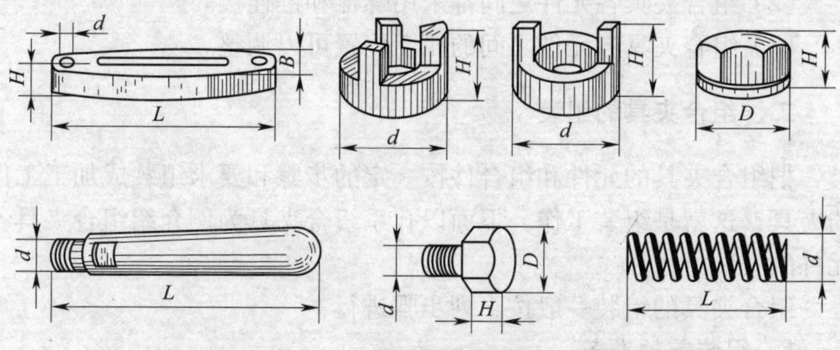

图 5—6　辅助件

（8）组合件。组合件是一种由多种元件组成的独立的、结构较复杂的标准部件。组合件可分为定位组合件（如可调 V 形块、顶尖座、回转顶尖、可调定位盘等）、导向组合件（如折合板等）、分度组合件（如端齿分度台等）、支撑组合件（如可调支撑、可调角度支撑等）和夹紧组合件（如浮动压块、侧支钉等），如图 5—7 所示。

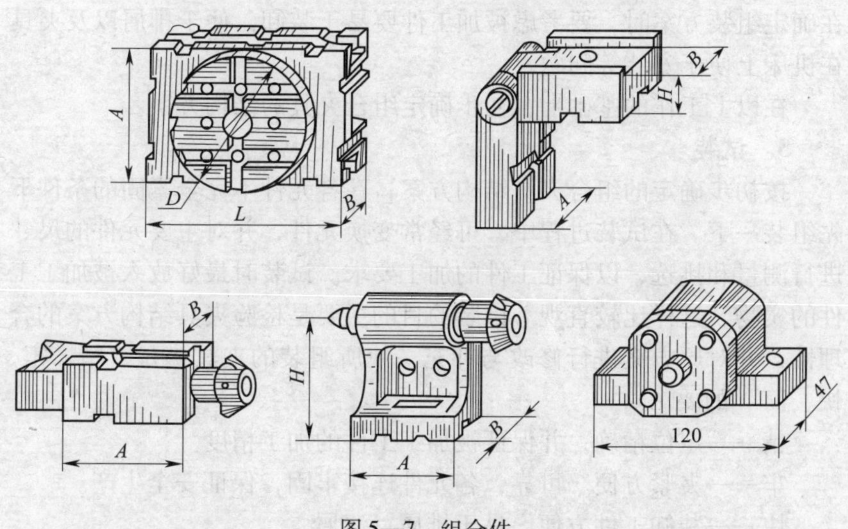

图 5—7　组合件

2. 组合夹具的特点

（1）组合夹具各类元件之间的配合均采用无过盈配合。

（2）组合夹具各元件之间都采用螺栓和键连接。

（3）组合夹具各元件之间的相互位置可以调整。

二、组合夹具的组装

把组合夹具的元件和组合件按一定的步骤和要求组装成加工工件的夹具，这就是组装工作。下面以孔系组合夹具为例介绍组合夹具各元件的安装过程。

组合夹具的组装一般按下列步骤进行：

1．组装前的准备

组合夹具组装前必须进行调查研究，熟悉组装工作的原始技术资料，分析工件的零件图，了解工件的形状、尺寸及加工精度要求，分析工艺规程、加工方法以及使用的机床和刀具等情况。

2．确定组装方案

按照工件的定位原理和夹紧的基本要求，确定工件的定位基准及夹紧部位，选择定位元件、夹紧元件以及相应的支撑件、基础件等。在确定组装方案时，要考虑被加工件要易于装卸，便于排屑以及夹具在机床上便于安装等问题。

在以上工作的基础上，初步确定组合夹具的结构方案。

3．试装

按初步确定的组合夹具结构方案，在各元件不完全紧固的条件下先组装一下。在试装过程中，可经常变换元件，并对主要元件的尺寸进行测量和挑选，以保证工件的加工要求。试装时最好放入被加工工件的实物，这样比较直观。试装的目的主要是检验夹具结构方案的合理性，并对原方案进行修改与补充，使所组装的夹具满足“精、牢、快、简”的要求。

精——定位精确，并保证被加工工件的加工精度。

牢——夹紧方便、可靠，各元件连接牢固，保证安全生产。

快——装卸工件方便，易于排屑、清屑。

简——夹具结构简单、紧凑，元件使用合理。

在满足以上要求的同时，还应考虑到夹具能与专用切削刀具及测量工具等配合使用。

对于结构简单的工件，可以将试装与组装合并进行。

4. 组装

组装就是将各元件进行连接、调整和固定的过程。

组合夹具在组装时，需配置合适的量具及组装工具。首先应清理元件表面的杂物，然后按夹具的结构方案，一般按由下而上、由内而外的顺序，把各元件用定位键、螺栓及螺母等连接起来。在连接各元件的同时，要对有关尺寸进行测量和调整，连接与调整工作要交替进行，做到边调整、边连接、边测量、边固定。

组装的关键是调整，调整工作主要是正确选择测量基面，正确测定元件间的相关尺寸，相关尺寸公差一般为工件尺寸公差的 1/5 ~ 1/3。在实际调整中，一般可调整至 ±(0. 01 ~0. 05) mm 范围内。

5. 检测

元件全部紧固后，便可检测夹具的精度。夹具检测项目可根据工件的加工精度要求确定，主要包括尺寸精度及位置精度两部分，同时要注意试装过程所提到的一些要求。

三、组合夹具的组装操作实例

如图 5—8 所示为连接销零件图，本道工序要求车削两端面及 $\phi15^{+0.027}_{0}$ mm 的孔，工件的技术要求如图样所示。

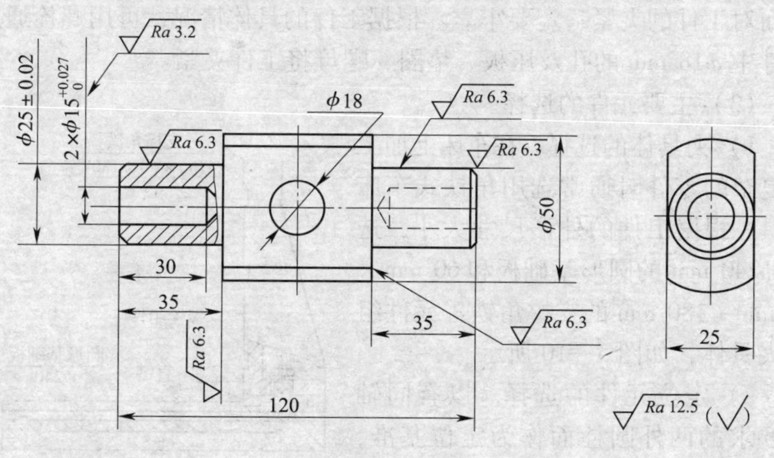

图 5—8　连接销

1. 组装前的准备

图 5—8 所示的连接销除两端面及两个 $\phi15^{+0.027}_{0}$ mm 的孔待加工外，其他各部分均已加工完毕，$\phi(25\pm0.02)$ mm 外圆的表面粗糙度 *Ra* 值为 6.3 μm，并有一定的同轴度要求，大端面的表面粗糙度 *Ra* 值也为 6.3 μm。本道工序要求在普通车床上精车两端面及两个 $\phi15^{+0.027}_{0}$ mm 的孔，两端至轴肩端面尺寸为 35 mm，两孔深 30 mm，孔的表面粗糙度 *Ra* 值为 3.2 μm。

2. 确定组装方案

（1）定位基准的选择。根据工件的加工要求，工件应限制五个自由度。一般选择两端 $\phi(25\pm0.02)$ mm 的外圆及一台肩端面作为定位基准，符合定位基本原则，如图 5—9 所示。

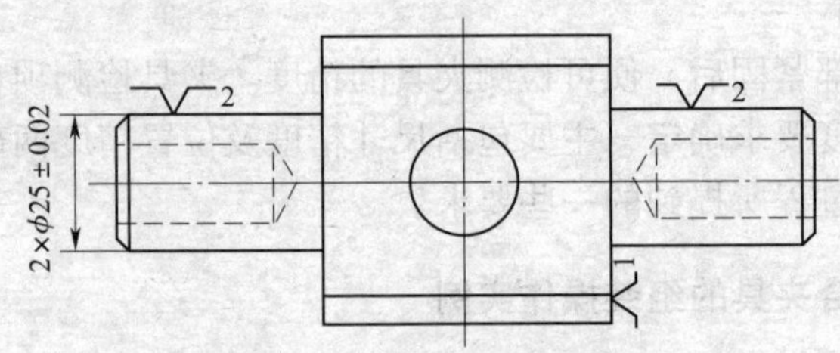

图 5—9　连接销定位基准的选择

（2）工件的夹紧。由于车床夹具跟随车床主轴一起高速旋转，因而对工件的夹紧一定要牢靠。根据工件的具体情况，可用螺栓通过工件中 $\phi18$ mm 的孔及压板、垫圈、螺母将工件夹紧。

（3）主要元件的选择

1）夹具体的选择。在车床上加工较复杂的零件时通常选用角铁式车床夹具。根据工件的外形尺寸大小，选用 $\phi240$ mm 的圆形基础板和 60 mm × 60 mm × 180 mm 的支撑角铁等元件组成夹具体，如图 5—10 所示。

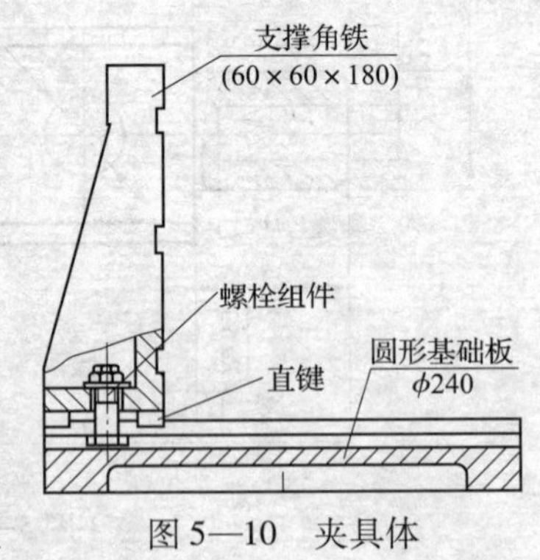

图 5—10　夹具体

2）定位元件的选择。以有同轴度要求的两外圆柱面作为定位基准，选用两块 V 形块作为定位元件较理想。这样可使工件的加工中心与圆形基础板的中心重合，并保证两端 $\phi(25\pm0.02)$ mm 外圆的同轴度要求。V 形块尺寸为 45 mm × 30 mm × 50 mm。

（4）其他元件的选择。其他元件包括夹紧压板、平衡板、双头螺栓、T 形螺栓、螺母、垫圈和定位键等。

（5）确定组装方案。将定位元件、夹紧元件及其他元件用夹具体连成一体，便为初步组装方案，如图 5—11 所示。

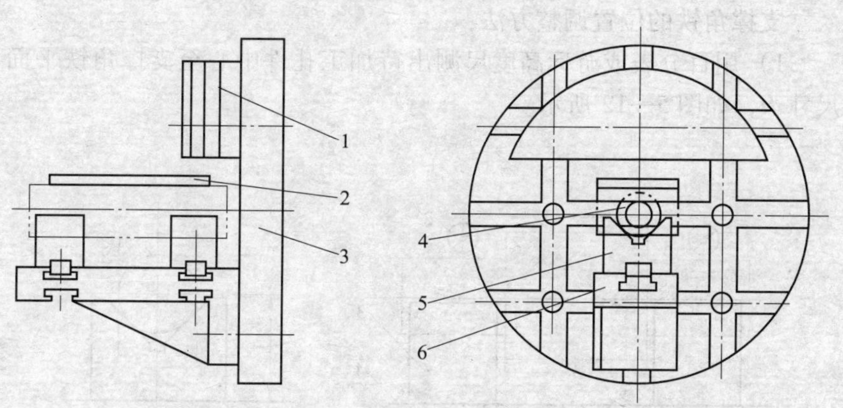

图 5—11　组装方案

1—平衡块　2—压块组　3—圆形基础板　4—工件（连接销）　5—V 形块　6—支撑角铁

3. 试装

（1）将 $\phi240$ mm 的圆形基础板和 60 mm × 60 mm × 180 mm 的支撑角铁组成夹具体。先对圆形基础板的平行度和支撑角铁的垂直度进行检测。然后用一套 T 形螺栓组件通过圆形基础板面上的 T 形槽与支撑角铁上的孔进行连接。

（2）在支撑角铁上放置定位元件。将两块 V 形块通过定向键及螺钉定位在支撑角铁上（定向键一半装在 V 形块的凹槽内，并用螺钉紧固，另一半装在支撑角铁的 T 形槽内）。

（3）在支撑角铁对称中心孔中装上一根双头螺柱（夹紧工件用）。

（4）在支撑角铁等元件的相对应方向配置质量合适的平衡装置

(又称平衡块)。

(5) 把工件放在 V 形块上,并将工件一台肩端面紧贴一 V 形块内侧面,然后在工件上面放置夹紧压板,并放上垫圈,拧紧螺母。

4. 组装(又称连接)

(1) 夹具体的调试和组装。夹具体调试的关键是调整支撑角铁与圆形基础板中心之间的相对位置,以保证待加工工件孔中心与圆形基础板旋转中心重合。

支撑角铁的位置调整方法:

1) 用百分表或游标高度尺测出待加工孔件中心至支撑角铁平面尺寸 H,如图 5—12 所示。

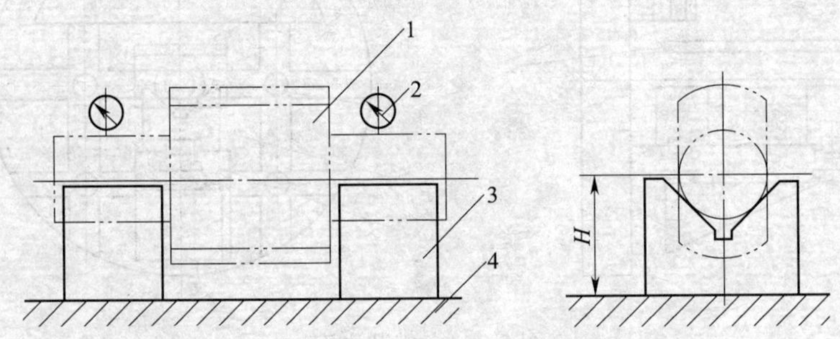

图 5—12 尺寸 H 的测量

1—工件 2—百分表 3—V 形块 4—标准平板

2) 确定测量基准。在圆形基础板中心位置临时固定一块 60 mm × 60 mm × 60 mm 方支撑,以方支撑的一侧面作为测量基准,用游标深度尺来调整方支撑侧面至角铁支撑面的尺寸,使其尺寸为 $(H+\frac{60}{2})$ mm,如图 5—13 所示。

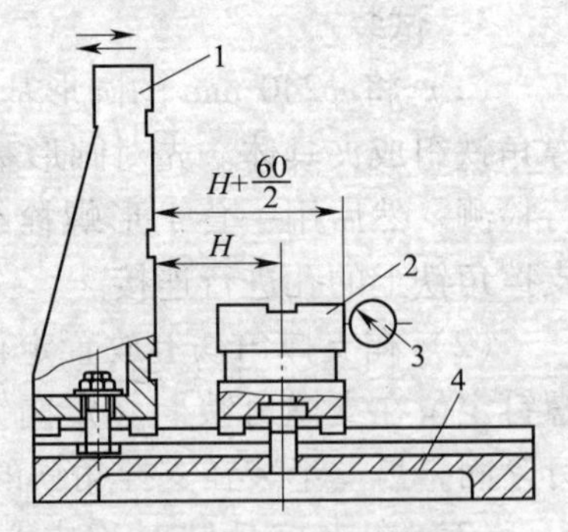

图 5—13 确定测量基准

1—支撑角铁 2—方支撑 3—百分表 4—圆形基础板

(2) 定位元件的组装。定位元件的组装,即将试装时已组装的两块 V 形块通过定向键镶入支撑角铁的 T 形槽中（定向键的一半镶入 V 形块的凹槽内，另一半镶入支撑角铁的 T 形槽内），如图 5—14 所示。

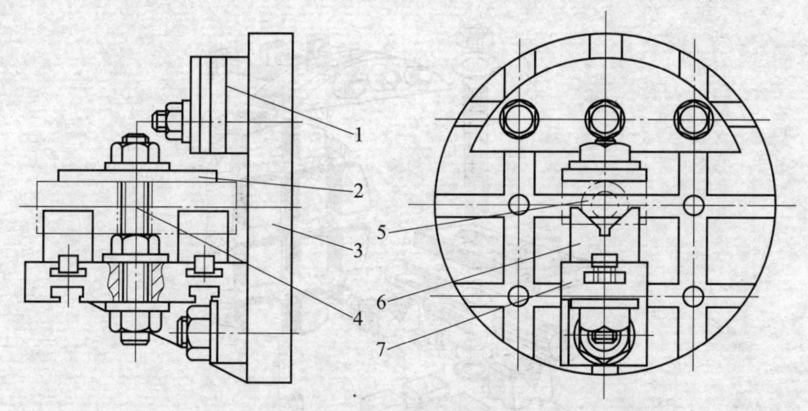

图 5—14　夹具组装总成

1—平衡块　2—压块　3—圆形基础板　4—双头螺栓组件
5—工件（连接销）　6—V 形块　7—支撑角铁

（3）螺栓组件的组装。在支撑角铁中心孔中装入一双头螺栓组件（用作夹紧工件），双头螺栓必须用两套螺母，垫圈分别从支撑角铁上、下两面拧紧，使双头螺栓紧固在支撑角铁上。

（4）工件的安装。将工件 ϕ18 mm 孔套在双头螺栓上，2 × ϕ25 mm 外圆安置在两 V 形块上，并将 ϕ50 mm 的一台肩端面紧贴靠近圆形基础板的一 V 形块内侧面，然后在工件上面加上压板、垫圈，并用螺母紧固。

（5）静平衡测试。初步估算各元件的质量后，配置相应的平衡块，通过三只 T 形螺栓组件安置在圆形基础块的 T 形槽内（放置位置为支撑角铁所对应的方向），并稍加紧固后放在平衡器上（或直接安装在普通机床的主轴上），调整平衡块的位置，使组合夹具得到静平衡。

5．检测

在夹具的各部分均紧固后，再系统地检查一次，然后安装到车床主轴上（可通过过渡盘连接或直接安装）。进行试加工工件，验证夹具的组装精度。

图 5—14 为车床夹具组装总成。图 5—15 为车床夹具分解图。

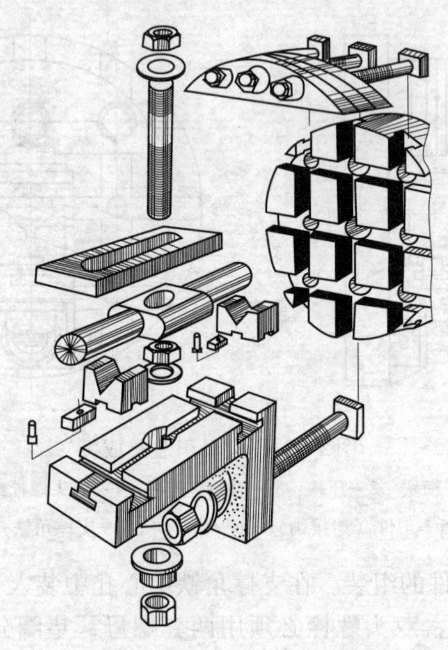

图 5—15　车床夹具分解图

组合夹具在组装和调整各元件时，应注意各元件（除部分连接元件外）间都应预先安装定位 T 形键或定向键。键的放置可根据需要或夹具体的结构，在纵向及横向进行双向定位，也可以在纵向或横向任选一个方向定位。若选择一个方向定位时，则应选择长的方向定位，定位面越长，定位精度越高。

§5—2　夹具典型零件的加工

机床夹具（除通用夹具外）的大部分零件都是单件制造的。由于受条件的限制，一般还是在普通机床设备上进行夹具的零件加工，由于受机床设备本身精度的影响，最后工序还需要工具钳工来完成

（即使运用数控机床加工的零件，有的工序还需要工具钳工来完成）。

在夹具的零件制造中，工具钳工主要承担的工作如下。

（1）刮削夹具体的基面与定位表面。

（2）研磨支撑表面及钻套内孔。

（3）倒毛刺、修棱边。

（4）钻、攻螺孔。

（5）在精密钻床上对钻模板、分度盘等上的孔进行钻、扩、铰等工序加工。对分度销等进行修研加工。

（6）夹具的整体装配、检测等。

除以上几项工作外，根据各企业的实际情况，工具钳工还要承担一些其他相应的工作（具体工作由各企业自定）。

一、钻模板加工

对于工具钳工而言，钻模板加工的主要工作是模板上孔系的加工（如钻、铰及研等工序）。在普通钻床上加工的常用方法有精密划线加工法和量套找正加工法两种。

1. 精密划线加工法

采用精密划线加工法加工孔时，由于受到划线、对刀等因素的影响，其孔距精度一般只能控制在 ±0. 05 mm 以内，因而此种加工方法仅用来加工一些低精度的钻模板。

2. 量套找正加工法

采用量套找正加工法加工的孔系，孔距精度可高达 ±（0. 01 ~ 0. 02）mm，量套找正加工法的加工原理是将量套布置在钻模板上待加工孔的位置处，使钻床主轴的轴线与量套轴线重合便可。量套找正加工法所用的量套外径为 10 ~ 25 mm，高度为 15 ~ 25 mm，量套表面应进行磨削加工，端面与外圆柱表面应有较高的垂直度（具体要求应根据孔的加工要求而定）。下面举一例，作详细论述。

图 5—16 所示为钻模板工序图，本道工序要在钻模板上加工两孔（孔径分别为 ϕ16 mm 及 ϕ20 mm），两孔位置要求如图所示。

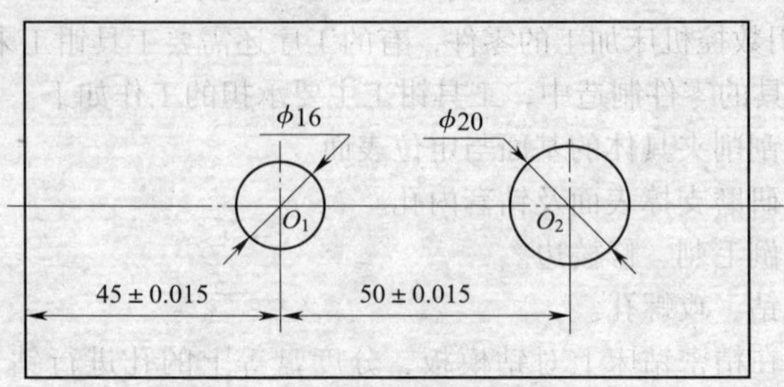

图 5—16　钻模板

两孔的加工工艺过程如下：

（1）运用划线法，根据图 5—16 要求分别划出 O_1、O_2 的中心位置后，钻 ϕ6. 7 mm 孔，并攻 M8 螺孔（螺孔孔径尺寸应小于量套内径，螺孔所配置的螺钉仅起固定量套的作用）。

（2）在 O_1、O_2 螺孔上分别放置两只直径为 ϕ15 mm，高为 20 mm的量套，并用 M8 螺钉将量套略微压紧。

（3）将钻模板放置在标准平板上（若孔距要求不高，也可放在钻床工作台上），在钻模板的左面紧贴一把精密角铁，首先用量块组（Ⅰ）调整 O_1 处量套位置，使其尺寸为 45 mm 后用螺钉紧固，然后再用量块组（Ⅱ）调整 O_2 处量套位置，使 O_1O_2 尺寸为 50 mm 后，再用螺钉紧固，然后拆去量块，如图 5—17 所示。

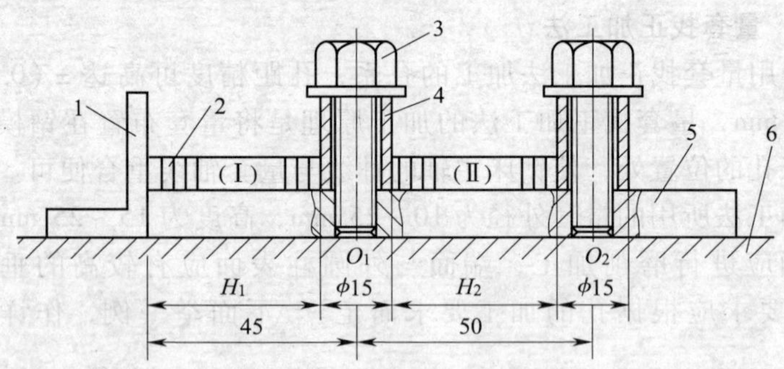

图 5—17　量套位置确定方法

1—90°角尺　2—量块组　3—螺钉　4—量套

5—钻模板　6—标准平板

量块组（Ⅰ）与量块组（Ⅱ）的 H_1、H_2 尺寸的确定：

$$H_1 = 45\ \text{mm} - \frac{15}{2}\ \text{mm} = 45\ \text{mm} - 7.5\ \text{mm} = 37.5\ \text{mm}$$

$$H_2 = 50\ \text{mm} - \frac{15 + 15}{2}\ \text{mm} = 50\ \text{mm} - 15\ \text{mm} = 35\ \text{mm}$$

（4）将钻模板放置在钻床工作台上进行钻孔。钻孔前，先调整钻模板与钻床主轴的相对位置，当钻床主轴轴线与量套的轴线重合后，再拆去量套，对该孔进行钻削加工。

1）在摇臂钻床上加工孔。将钻模板用压板固定在钻床工作台上，在钻床主轴上装一百分表，使百分表的测头与量套的外圆柱面相接触，并把百分表读数调整到零位，然后边缓慢转动钻床主轴边调整其与模板的相对位置，直至钻床主轴的轴线与量套轴线重合（即表的测头在量套外圆柱面转动时，读数始终为零），再分别拆下百分表及量套，装上相应的钻头（若加工 O_1 孔，则装上 ϕ16 mm 钻头），对该孔进行钻削加工。加工另一只孔时，调整方法同前，如图 5—18 所示。

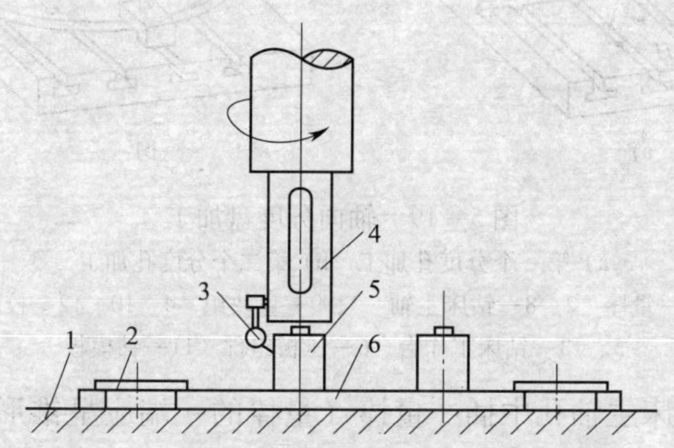

图 5—18　钻模板位置在钻削时的确定

1—钻床工作台　2—压板组件　3—百分表

4—钻床主轴　5—量套　6—钻模板

2）在普通立式钻床上加工孔。在普通立式钻床上加工孔时，调整的基本方法与在摇臂钻床上加工孔相似，区别是由于普通立式钻床的主轴只能沿其轴线方向上下运动，故在加工前，钻模板不得事先固定，在调整普通立式钻床主轴与钻模板相对位置时，必须通过移动钻模板，使普通立式钻床主轴的轴线与量套的轴线重合后，方可将钻模板紧固在普通立式钻床的工作台上，如图 5—18 所示。

二、分度盘及分度销的加工

1. 分度盘的加工

分度盘的加工分为轴向分度盘的加工与径向分度盘的加工两种。

（1）轴向分度盘的加工。轴向分度盘的分度方法是分度孔按分度要求分布在圆盘端面的同一圆周上。工具钳工的工作为加工分度孔。

钻床上加工分度孔的方法如图 5—19 所示。具体的调整步骤如下。

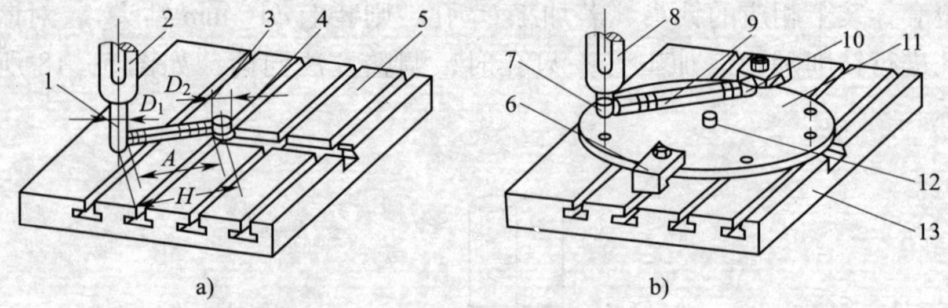

图 5—19　轴向分度盘加工

a）第一个分度孔加工　b）第二个分度孔加工

1、7—量棒　2、8—钻床主轴　3、9—量块组　4、10、12—校正销

5、13—钻床工作台　6—压板组件　11—钻模板

1）在钻床主轴孔中插一量棒（量棒的一端应呈锥形，其圆锥度与钻床主轴内孔圆锥度一致）。

2）在钻床工作台上固定一校正销，销径与分度盘中心孔径一致。

3）调整钻床主轴与校正销的相对位置，使量棒与校正销之间的中心距等于分度盘中心与待加工的分度孔中心距。

量棒与校正销之间的距离 H，可用量块组来调整，如图 5—19a 所示。量块组尺寸 A 为：

$$A = H - \frac{D_1 + D_2}{2}$$

式中　A——量块组尺寸；

H——量棒与校正销之间的距离；

D_1——量棒的外径；

D_2——校正销的外径。

4）拆下钻床主轴上的量棒，取下量块组，将分度盘套在校正销上，并加以固定后，进行分度盘上第一个分度孔的钻、铰加工。

第一个分度孔加工完毕后，再分别以分度盘中心及第一个分度孔为基准，对第二个分度孔加工。

第二个分度孔中心位置的确定方法与第一个孔大致相同，在钻床主轴上装上量棒，并在第一个分度孔中装上一根校正销，松开分度盘，通过旋转分度盘（分度盘绕其中心的校正销旋转），用量块组来调节待加工的第二个孔与已加工的第一个分度孔的中心距后，固定钻模板，拆下量棒及第一个分度孔内的校正销，取下量块组，对第二个分度孔进行钻削加工，如图 5—19b 所示。

其他分度孔的加工方法同前。

（2）径向分度盘的加工。径向分度盘的分度通常分为用分度孔分度和用分度槽分度。由于用分度孔分度的分度盘加工较简单，本节不再介绍，下面仅介绍用分度槽分度的径向分度盘的加工。

工具钳工的主要工作是对分度槽的修配。分度槽通常在铣床上加工，并留有一定的修配余量（修配余量一般为 0.2 mm 左右即可）。对分度槽的修配是运用两块样板对其进行修锉，以获得工件图样所要求的尺寸精度，如图 5—20 所示。

在对径向分度槽修配前，应根据分度槽零件图（或分度槽的工序图）的要求，制作两块样板，如图 5—20 所示。样板（Ⅰ）的工作面 A 须通过 V 形面对称中心且与另一工作面 B 所组成的角度同相邻的两分度槽的平侧 $a-a'$ 面与 $c-c'$ 面所组成的角度相等，样板（Ⅱ）的尺寸及外形须与分度槽完全一致。

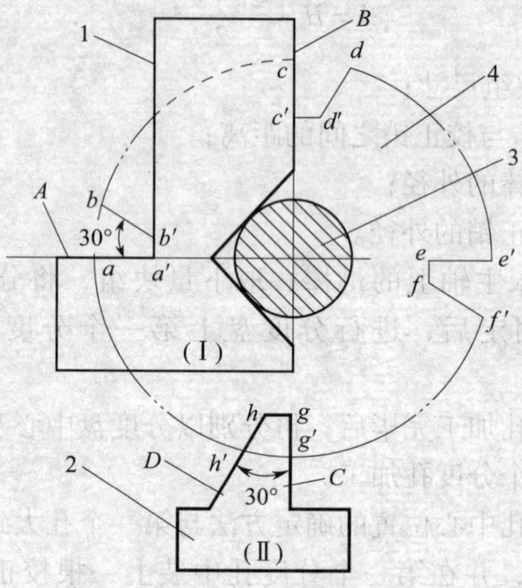

图 5—20　用样板修配分度槽

1—样板（Ⅰ）　2—样板（Ⅱ）　3—量棒　4—径向分度盘

在修锉（修配）分度槽时，选用样板（Ⅰ）修配分度槽的平侧面，而用样板（Ⅱ）修配分度槽的斜侧面（先修配平侧面，再修配斜侧面）。

例　对四等分径向分度盘的分度槽修配。

修配步骤如下，如图 5—20 所示。

1）将一根量棒（量棒的外径尺寸与径向分度盘中间孔径相等）插入径向分度盘中间孔中。

2）将样板（Ⅰ）放置在分度盘上，样板的 V 形面紧贴量棒外圆柱上，两工作面 A 面与 B 面分别与分度盘的两相邻的分度槽的平侧面平行（余量尽可能一致），并将其夹紧在分度盘上。

3）将分度盘（连同样板）放置到台虎钳上，并夹紧。然后分别对分度槽两平侧面（$a-a'$面及 $c-c'$面）修锉，使两平侧面与样板两工作面（A、B 面）完全重合，分度槽两平侧面便修配完毕。

在修配第三个分度槽平侧面（$e-e'$面）时，则将样板（Ⅰ）的 A 面与分度槽第二个平侧面（$c-c'$面）相重合后再与分度盘紧固在一起，对平侧面（$e-e'$面）进行修整，使其与样板 B 面重合即可。

当四个分度槽的平侧面均加工完毕后，再用样板（Ⅱ）对每个分度槽斜侧面（$b-b'$、$d-d'$、$f-f'$、$h-h'$面）进行修锉。

4）将样板（Ⅱ）的工作面 C 与分度槽的平侧面重合，对分度槽的斜侧面进行修锉，直至其与样板的工作面 D 重合即可。

分度盘上所有分度槽加工完毕后进行热处理。热处理后，还要对它们进行研磨加工，研磨加工步骤与修锉一样。

2. 分度销的加工

分度销分为轴向分度盘用分度销及径向分度盘用分度销。由于轴向分度盘用分度销外形简单，加工方便，本节不再作介绍。下面只介绍径向分度盘用分度销的研磨方法。

图 5—21 所示为一种常用的径向分度盘用分度销。分度销的 A 面及与其相差 30°的 B 面为工作面，且 A 面通过分度销外圆中心。30°斜面 B 与径向分度盘外圆柱上的分度孔的斜侧面相配。

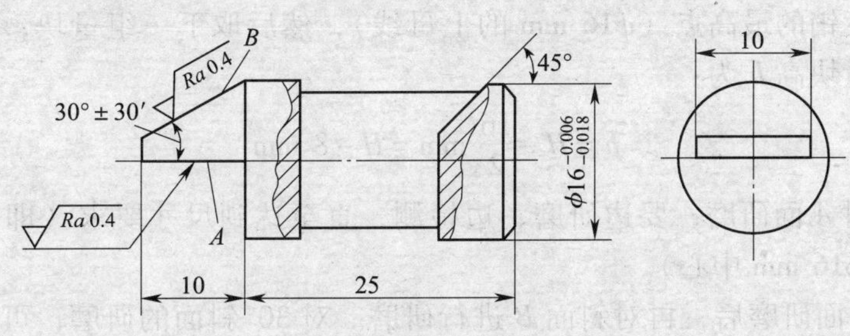

图 5—21　分度销

分度销除在工作面 A 面及 B 面留下少量的修研余量（0. 02 mm）外，其他尺寸均已由其他工种加工完毕。工具钳工的工作就是对分度销的工作面（A、B 面）进行修研。

修研分度销工作面时，首先研磨平面 A，研磨完毕后，对 A 面进行检验，方法如图 5—22 所示。

将分度销的 $\phi16$ mm 外圆放置在 V 形块上，在标准平板上用千分表对研磨面 A（即工作面）进行校正，使 A 面平行于标准平板。然后将分度销紧固在 V 形块上，并用量块调整器来检验工作面 A 是否通过 $\phi16$ mm 外圆中心。若检验通过即修研合格。

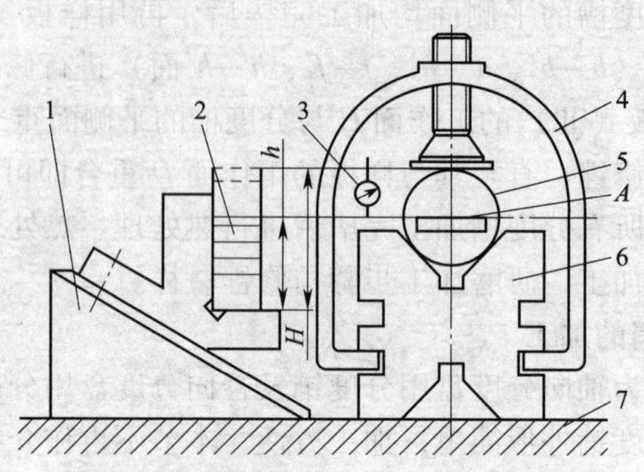

图 5—22　分度销平面 A 的研磨

1—调整器　2—量块组　3—千分表　4—夹紧装置

5—分度销　6—V 形块　7—标准平板

使用量块调整器的方法，是调整斜面上量块组的高度 H，使 H 等于分度销的最高点（$\phi16$ mm 的上母线），然后取下一组量块，使剩下的量块高 h 为：

$$h = H - \frac{16}{2}\ \mathrm{mm} = H - 8\ \mathrm{mm}$$

对 A 面研磨，要边研磨、边检测，直至达到尺寸要求（即 A 面通过 $\phi16$ mm 中心）。

A 面研磨后，再对斜面 B 进行研磨。对 30°斜面的研磨，可采用异形研具研磨。

§5—3　夹具的装配

夹具的装配是夹具制造中的最后一道工序，装配质量的优劣，对整个夹具质量起着极其重要的作用。即使夹具单个零件制造精度一般，而在夹具装配时，采用了较好的装配工艺，也能获得高精度的夹具。

一、夹具装配的工艺过程

夹具装配一般由装配前的准备阶段、预装配、最后装配及检验等工艺过程所组成。

1．装配前的准备阶段

（1）仔细分析夹具装配总图及其技术要求，了解夹具的结构、夹具各零件的作用及相互位置等。

（2）按照装配工艺规程，确定装配基准、装配方法、装配顺序等。

（3）安排组装场地。根据夹具装配总图上的零件明细表，清点夹具所有的零件，准备装配过程中所需的工具、夹具、材料及辅助设备。

（4）对所有夹具零件进行清理

1）清洗零件上的油污、积尘。

2）对各零件进行去毛刺、倒钝棱等工序。

3）对主要零件进行检验、修整。

零件按主、次分类，对主要零件（如定位元件、导向元件、对刀元件等）主要工作面的几何形状及表面质量，按其零件图上的技术条件、精度要求进行检验、修整。

2．预装配

预装配是根据夹具装配总图，将各零件按其相互位置进行连接，预装的夹具一般只考虑各零件的相互位置，而不考虑夹具的精度和技术要求。

3．最后装配

最后装配与预装配的区别在于，最后装配完毕后，夹具所有技术指标都必须达到夹具总装图所要求的精度及技术条件，保证其获得合格的产品。

最后装配的具体工作是：调整及修配各零、部件，以保证达到夹具装配的技术要求，并加以固定；修、刮、研夹具的基准面，以获得装配总图所要求的基准尺寸及精度；对于旋转式夹具（如车、磨类夹具）大多数要配备平衡装置（如平衡块等）。

4．总检验

总检验的方法有两种：一种是利用测试设备对夹具装配质量进行测试；另一种是将待加工工件装夹在夹具上，并对其进行加工，然后对已加工的工件进行测量，工件符合加工要求即可。否则再重新进行调整修理。

然后对夹具体等部位进行油漆，对部分零件或部位涂油等。

二、夹具装配操作实例

图 5—23a 所示为一固定式钻床夹具（又称钻模），此钻夹具由扁销 3、锁紧螺钉 2、销轴 1、钻模板 4、支撑钉 5、定位销 6、模板座 7、偏心轮 8 及夹具体 9 等零部件组成。

图 5—23a 所示的钻夹具用于在普通钻床上加工如图 5—23b 所示的拨叉零件，本道工序是钻削 $\phi8.4$ mm 孔及钻攻 M10 螺孔（零件的其他部位均已加工）。工件以孔（$\phi15.81^{+0.043}_{+0.016}$ mm）、叉口（$51^{+0.1}_{0}$ mm）及槽（$14.2^{+0.1}_{0}$ mm）作为定位基准，分别定位于钻夹具的定位销 6、扁销 3 及偏心轮 8 上，实行六点定位。夹紧时，通过手柄顺时针转动偏心轮 8（见图 5—23a，从双点画线位置转到实线位置），偏心轮上的对称斜面楔入工件槽（$14.2^{+0.1}_{0}$ mm）内，在定位的同时，将工件夹紧。

钻模板 4 与销轴 1 是基轴制配合（$\phi12$G7/h6）。模板座 7 与销轴 1 也采用基轴制（$\phi12$N7/h6）。钻模板 4 与模板座 7 则采用基孔制配合（40H7/f6），由于本道工序先钻削 M10 螺孔的底孔，再攻螺孔（M10），因而采用快换式钻套。此夹具的特点是结构简单，效率高。

1. 装配前的准备工作

（1）钻夹具的技术要求

1）定位销 6 的轴线平行于夹具体底面 D，平行度要求为 0.02 mm/100 mm。

2）快换式钻套的轴线与夹具体底面 D 的垂直度为 $\phi0.02$ mm；并与定位销 6 的轴线在同一平面上。

3）扁销 3 及钻套的轴线对定位销 6 的轴线的位置度为 $\phi0.04$ mm。

（2）确定基准零件、主要零件。夹具体 9 为基准零件，定位销 6、钻模板 4 及模板座 7 为主要零件。

（3）清理夹具各零件，并对重要零件进行检验、修配。

φ51g6
φ0.04 B
A
1
2
3
4
5
6
7
8
9
10
215
180
φ12 N7/h6
40 H7/f6
φ12 G7/h6

A—A
A
3.1 ± 0.03
φ8.4G7
φ0.04 B
φ0.02 D
B
235
φ15.8h7
0.02/100 D
15 H7/f6
φ14 G7/h6
φ14 N7/h6
C
D

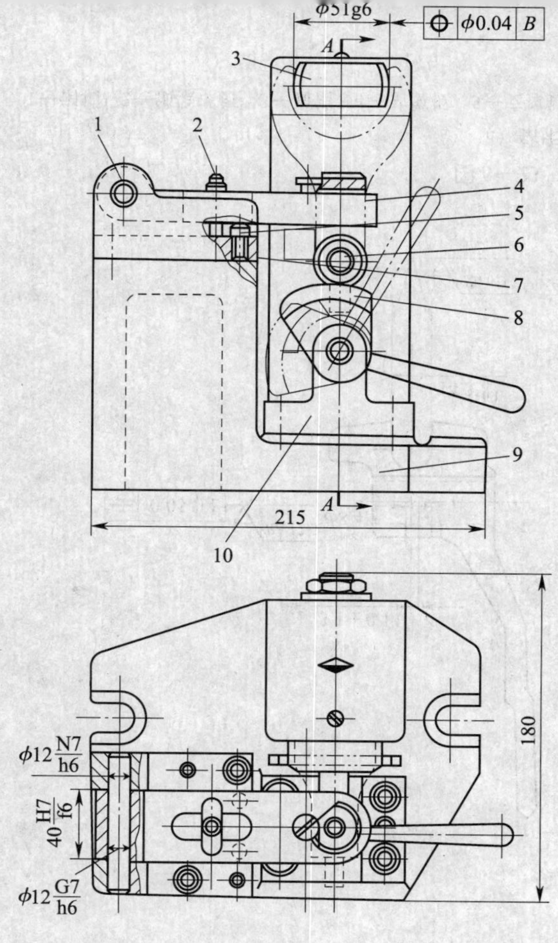

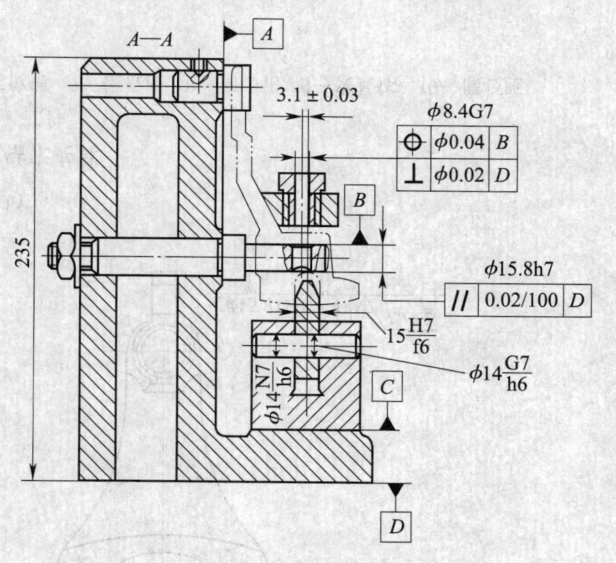

a)

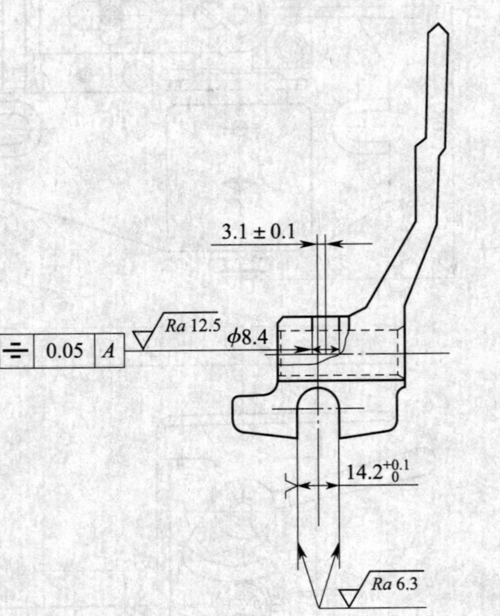

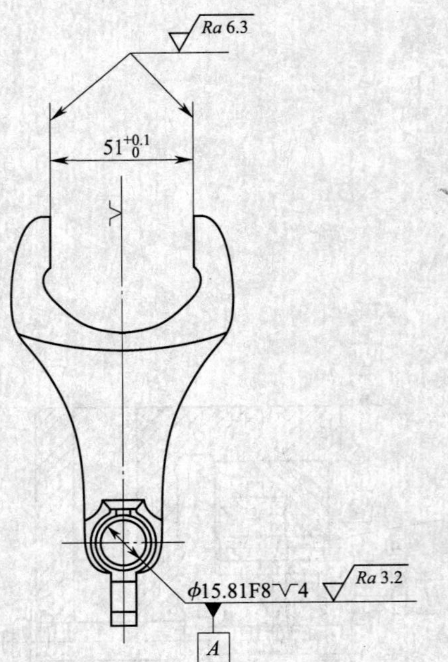

b）

图 5—23　固定式钻床夹具

a）钻床夹具　b）工件

1—销轴　2—锁紧螺钉　3—扁销　4—钻模板　5—支撑钉　6—定位销　7—模板座　8—偏心轮　9—夹具体　10—偏心座

1）清洗夹具零件上的油污，对有关零件进行去毛刺、倒棱等。

2）对基础件、定位元件等重要元件的精度进行复检，在复检过程中，对不符合图样要求的零件，装配前应采用修配法进行修正。

本钻夹具主要零件的复检及修正见表 5—1。

表 5—1　　　　零件的复检及修正

零件名称	简图	复检项目及方法	修正方法
夹具体	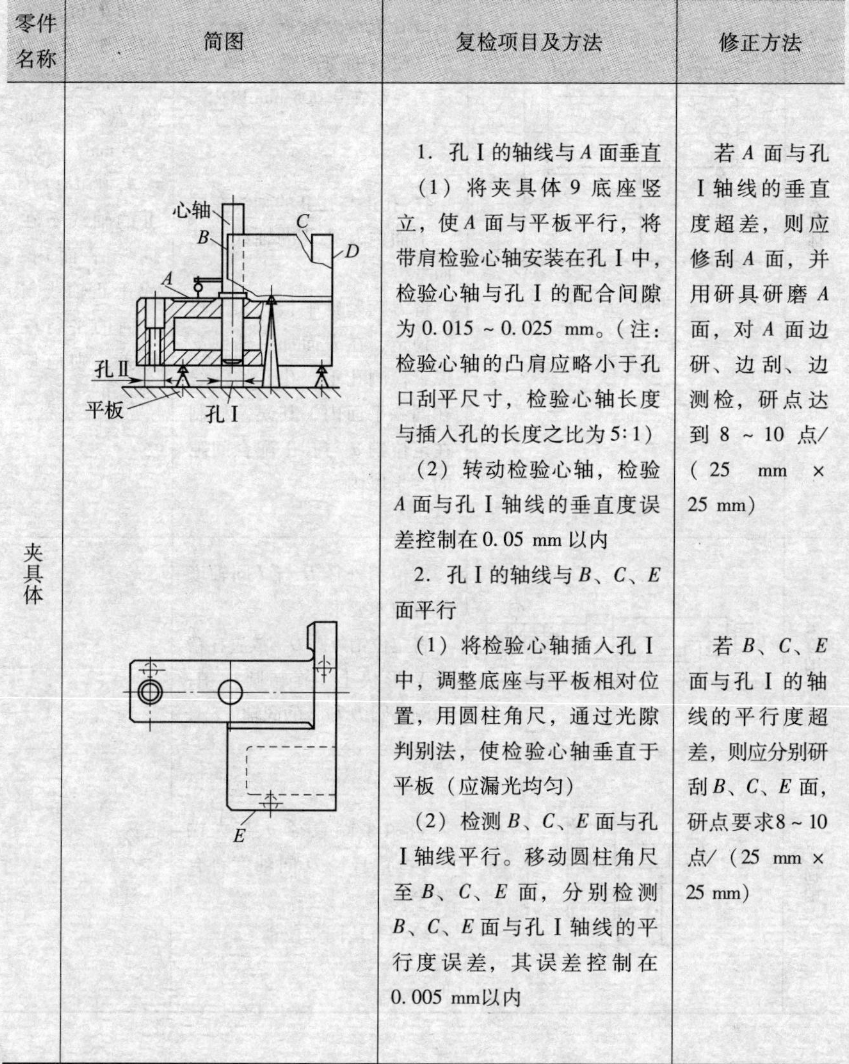	1. 孔Ⅰ的轴线与 *A* 面垂直 （1）将夹具体 9 底座竖立，使 *A* 面与平板平行，将带肩检验心轴安装在孔Ⅰ中，检验心轴与孔Ⅰ的配合间隙为 0.015 ~ 0.025 mm。（注：检验心轴的凸肩应略小于孔口刮平尺寸，检验心轴长度与插入孔的长度之比为 5∶1） （2）转动检验心轴，检验 *A* 面与孔Ⅰ轴线的垂直度误差控制在 0.05 mm 以内	若 *A* 面与孔Ⅰ轴线的垂直度超差，则应修刮 *A* 面，并用研具研磨 *A* 面，对 *A* 面边研、边刮、边测检，研点达到 8 ~ 10 点/（25 mm × 25 mm）
		2. 孔Ⅰ的轴线与 *B*、*C*、*E* 面平行 （1）将检验心轴插入孔Ⅰ中，调整底座与平板相对位置，用圆柱角尺，通过光隙判别法，使检验心轴垂直于平板（应漏光均匀） （2）检测 *B*、*C*、*E* 面与孔Ⅰ轴线平行。移动圆柱角尺至 *B*、*C*、*E* 面，分别检测 *B*、*C*、*E* 面与孔Ⅰ轴线的平行度误差，其误差控制在 0.005 mm以内	若 *B*、*C*、*E* 面与孔Ⅰ的轴线的平行度超差，则应分别研刮 *B*、*C*、*E* 面，研点要求8 ~ 10 点/（25 mm × 25 mm）

续表

零件名称	简图	复检项目及方法	修正方法
夹具体	孔Ⅱ 孔Ⅰ F 平板 E	3. 检测 D 面与 C 面的平行度 以 C 面为基准面，复检 D 面，使 D 面与 C 面的平行度误差控制在 0.005 mm 以内 4. 孔Ⅰ与孔Ⅱ的轴线在同一平面内及孔Ⅱ的轴线与 E 面平行 将 E 面紧贴平板，为了检测稳定，在 F 面加一辅助支撑，检测孔Ⅰ、孔Ⅱ的轴线在同一平面内，其误差控制在定位销 d 与孔Ⅰ配合间隙的一半以内	若 D 面与 C 面的平行度超差，则应研刮 D 面研点达到8~10 点/（25 mm×25 mm） 若孔Ⅰ与孔Ⅱ的轴线不在同一平面内，或孔Ⅱ轴线与 E 面的平行度超差，则应修刮孔Ⅱ
定位销	D d	定位销外径 D 与 d 同轴度符合技术要求 将定位销外圆 D，放置在精密 V 形块上，旋转圆柱销，检测外圆 D 与 d 的同轴度	—
扁销	d D	扁销小端直径 d 与大端（削边）直径 D 同轴度符合技术要求 检测方法同定位销	—

续表

零件名称	简图	复检项目及方法	修正方法
钻模板	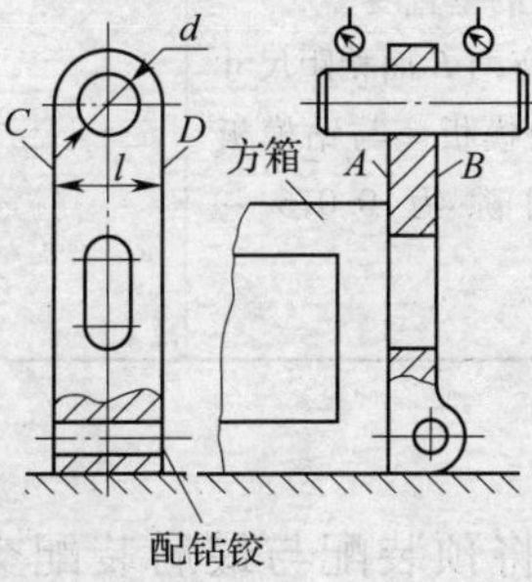	1. 钻模板 A 面与 B 面的表面精度 将钻模板的 A、B 面分别与标准平板对研，检验 A、B 面上的研点应达到 8 ~ 10 点/(25 mm×25 mm) 2. 钻模板上 d 孔与 A 面的垂直度 (1) 将钻模板 A 面紧贴在方箱的平面上（方箱高度应低于孔 d），并使 A 面垂直放置在标准平板上 (2) 在钻模板孔 d 中插入一根检验心轴，并使检验心轴两端伸出模板两侧面，心轴与孔 d 的配合间隙控制在 0.01 ~ 0.015 mm，然后检验心轴两端的百分表读数（百分表读数应相等） 3. 钻模板 A、B 面的平行度 将钻模板的 A 面紧贴在标准平板上，以 A 面为检测基准，检测 B 面，A、B 面的平行度误差控制在 0.005 mm 以内 4. 钻模板的 C 面与 A 面的垂直度 用圆柱角尺检测 C 面垂直度，使漏光均匀 5. 钻模板 D、C 面的平行度 将 C 面紧贴标准平板，检测 D 面与 C 面的平行度误差，误差值控制在 0.005 mm 以内	若钻模板平面少于所要求的研点数，应对其进行研刮 若检验心轴两端的表读数有差异，则应修刮 A 面，边刮边测，直至读数相等 若 A、B 面平行度超差，则应研刮 B 面 若平行度超差，则应研刮 D 面

续表

零件名称	简图	复检项目及方法	修正方法
钻模座	E L 配钻铰 F	1. 检测 F 面的表面精度 将 F 面在标准平板上对研，检测 F 面的研点数达8～10点/（25 mm×25 mm） 2. 两 E 面的平行度及两 E 面与 F 面的垂直度 （1）将模板座 F 面紧贴方箱平面上，与标准平板垂直 （2）调整两 E 面与标准平板垂直 检测两 E 面的平行度及两 E 面与 F 面的垂直度 3. 模板座两 E 面相距尺寸 L 的精度及模板座与钻模板的配合间隙为 0.016～0.050 mm	若达不到8～10点/(25 mm×25 mm)，则应修刮 F 面 若两 E 面与 F 面垂直度超差，应研刮 F 面，平行度超差应分别对两 E 面修刮，进行研刮量调整

2. 预装配

由于本钻床夹具结构较简单，因而将预装配与最后装配交替进行。

3. 最后装配

夹具在最后装配时，可以先进行部件装配，后进行零件装配，也可以按装配工艺要求，零件装配与部件装配交替进行。

（1）定位销6 的装配。将定位销6 装入夹具体9 的孔Ⅰ内，使定位销的台肩端面紧贴夹具体9 的定位面 A，并垫上垫圈用螺母紧固。

杠杆百分表固定在一测量架上（也可用游标高度尺代替），沿平板面移动，校验定位销6 与夹具体底面 D 的平行度，再沿定位销6 转动，校验定位销6 与夹具体9 的 A 面的垂直度，如图 5—24 所示。

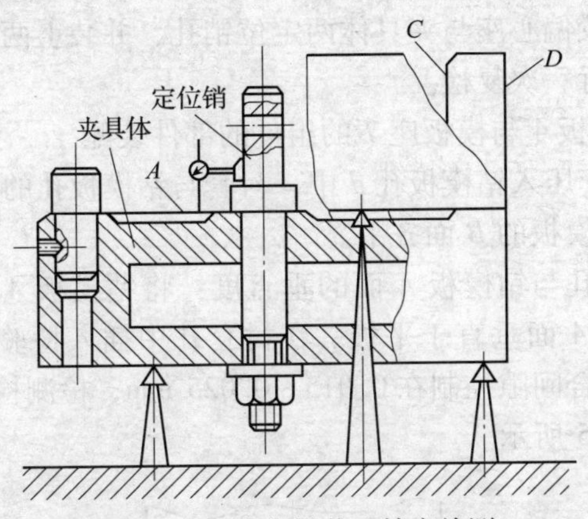

图 5—24　定位销装配精度检测

（2）扁销 3 的装配。将扁销 3 装入夹具体 9 的孔Ⅱ中，并用无头螺钉压紧，在装扁销时要使扁销的削边平面平行于夹具体底面 D。

检测扁销 3 垂直于夹具体 9 的 A 面，并检测扁销轴线与定位销 6 轴线在同一平面内。

（3）偏心座 10 组件的部件装配

1）配钻偏心轮 8 与偏心座 10（孔径为 $\phi14$ mm），铰偏心轮孔（$\phi14^{+0.024}_{+0.006}$ mm）、偏心座两孔（两孔一起铰，孔径 $\phi14^{-0.005}_{-0.023}$ mm）。

检测偏心座两孔的轴线是否平行其底面。

2）装配外圆尺寸为 $\phi14^{\ 0}_{-0.011}$ mm 的圆柱销，圆柱销与偏心轮配合为 $\phi14G7/h6$，与偏心座的配合为 $\phi14N7/h6$。

检测偏心轮两端面垂直于偏心座底面。

3）将偏心座 10 组件安装在夹具体 C 面上，并配上螺栓、螺母、垫圈等，将其固定。

检测及调整偏心座组件，使偏心轮端面平行于夹具体 A 面及使 $\phi14^{\ 0}_{-0.011}$ mm 的圆柱销轴线与定位销 6 的轴线在同一垂直于夹具体底面 D 的平面内。

以夹具体的 A 面及定位销 6 的轴线为基准，调整偏心座 10，使偏心轮端面平行于夹具体 9 的 A 面；并使偏心座组件中的圆柱销的轴线与定位销 6 的轴线在同一垂直平面内，且平面垂直于夹具体 9 的底面 D，如图 5—23 所示。

4）配钻铰偏心座与夹具体两定位销孔，并装上两定位销。

5）再进行一次复检。

（4）钻模板 4 与模板座 7 的组件的部件装配

1）将衬套压入钻模板孔 d 中，衬套与钻模板孔的配合为 H7/n6，衬套端面与钻模板的 B 面齐平。

检验衬套孔与钻模板 A 面的垂直度：将钻模板 A 面紧贴在方箱平面上，并使 A 面垂直于平板。在衬套孔中插入检验心轴，心轴与衬套内孔的配合间隙控制在 0.015 ~0.025 mm，检测检验心轴两端等高，如图 5—25 所示。

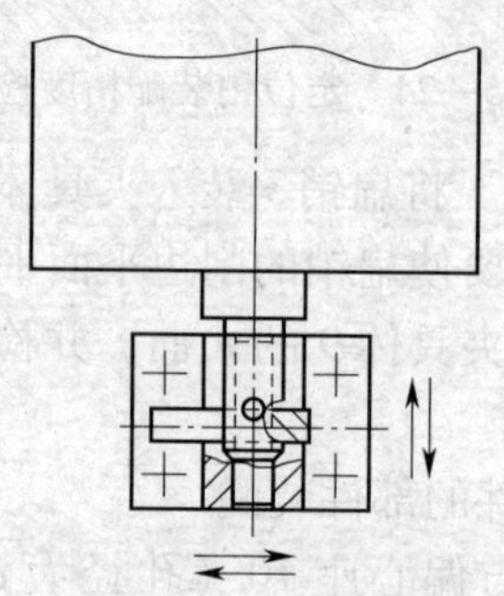

图 5—25　检验衬套孔与钻模板 A 面的垂直度

2）将钻模板装入模板座，钻模板与模板座的配合为 40H7/f6。

3）配钻钻模板与模板座的 $\phi12$ mm 孔，铰钻模板孔，尺寸为 $\phi12^{+0.024}_{+0.006}$ mm，铰模板座孔，尺寸为 $\phi12^{-0.005}_{-0.023}$ mm。

4）将 $\phi12^{0}_{-0.011}$ mm 圆柱销装入模板座及钻模板的孔内，圆柱销与钻模板的配合为 ϕ12G7/h6，与模板座的配合为 ϕ12N7/h6。

5）在钻模板上装上支撑钉 5，并调整支撑钉，使钻模板下平面 A 平行于模板座底平面。

6）将钻模板与模板座组件装到夹具体上，并用螺钉固定。

①调整支撑钉 5，使钻模板上的衬套孔轴线垂直于夹具体底面 D。

②调整钻模板与模板座组件的位置，使钻模板上衬套孔轴线与定位销 6 的轴线在同一垂直于夹具体底面 D 的平面内，并与偏心座 10 槽的中心平分线相距（3.1 ±0.03）mm，如图 5—26 所示。

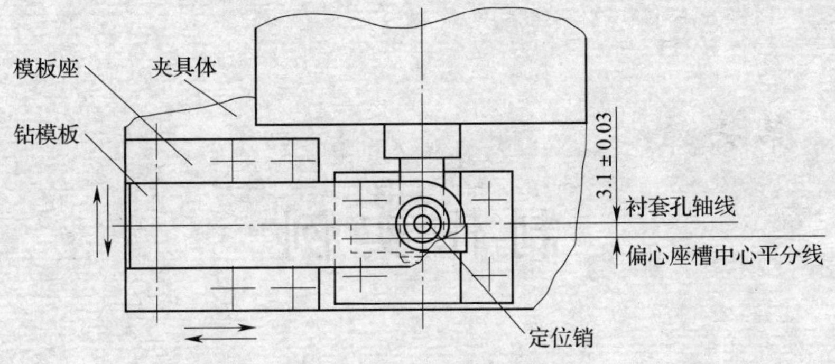

图 5—26　钻模板与模板座组件的位置调整

7）配钻铰模板座与夹具体两定位销孔，并装上两定位销。

8）再进行一次复检。

4. 复检

将工件装在夹具上，装上快换式钻套，并用上防转螺钉（兼压紧钻套用，但螺钉必须与钻套留有一定间隙，便于调换钻套），在偏心轮上装上手柄，然后转动手柄，将工件夹紧，在普通钻床上对工件进行加工。复检就是对工件的检验。若工件符合零件图要求，夹具装配结束。

5. 清理

将夹具擦干净，并根据夹具各零件的需要，涂上润滑油或防锈油并油漆夹具部分零件表面。

第六章 制作实例

§6—1 锉配配合件——V形四方镶配件

一、零件图

V形四方镶配件如图6—1所示。

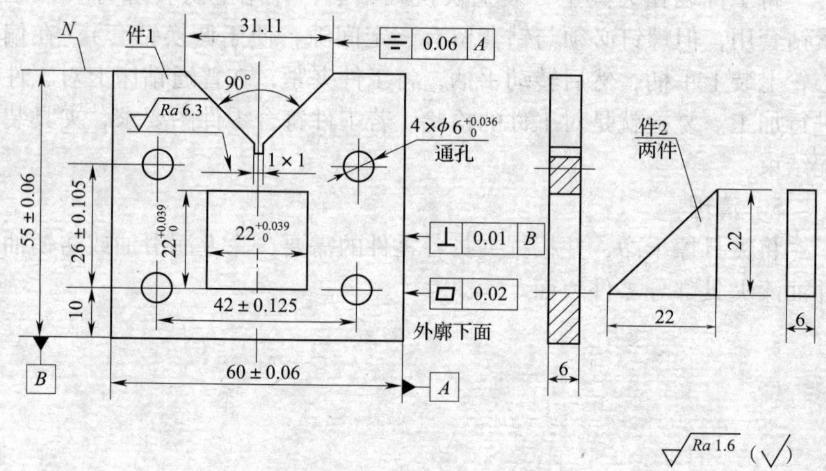

图6—1 V形四方镶配件图

技术要求如下：

（1）件2按件1方孔配作，接合面互换单边间隙不大于0.05 mm。

（2）件2（两件）分别与件1的V形槽组合，接合面间隙不大于0.03 mm，且N面齐平，误差不大于0.02 mm。

二、实训准备

1. 工具和量具

钻头、直铰刀、锯弓、锯条（若干）、锉刀（粗、中扁、细扁和细三角锉）、錾子、锤子、划针、样冲、划线盘、钢直尺、游标高度尺、游标卡尺、外径千分尺、万能角度尺、90°角尺、刀口形90°角尺、百分表、磁性表座、V形座、塞尺、塞规、测量棒等。

2. 辅助工具

软钳口衬垫、锉刀刷、毛刷等。

3. 备料

45钢板，件1（60±0.1）mm×（57±0.1）mm，件2（24±0.1）mm×（24±0.1）mm，厚度为（6±0.02）mm，两平面磨平，表面粗糙度 *Ra* 值1.6 μm，每人各一件。

三、操作步骤

1. 毛坯检查

可作必要修整。

2. 加工凹件

（1）以粗、精锉锉削基准面 *A*、*B*，锉削外形尺寸60 mm×55 mm，使其达到尺寸和几何公差要求。

（2）按图样划出各加工位置线。

（3）以 ϕ4 mm的钻头钻排孔，再用扁錾沿四周錾去四方孔余料并粗锉接近尺寸线，精锉方孔各面，使其达到尺寸公差和表面粗糙度要求。各表面平面度误差、各个相互垂直的平面间垂直度误差均不大于0.01 mm。

3. 加工凸件

将24 mm×24 mm凸件毛坯各侧面精锉，各锉削面的平面度误差、各相互垂直的平面间的垂直度误差均不大于0.01 mm。沿对角线将其锯削成两个三角形，以件1已加工好的22 mm×22 mm方孔为基准，锉配两个三角形凸件，并镶嵌于方孔内，要求能够任意转位互换，各配合间隙均小于0.05 mm。同时，此凸件作为加工件V形槽的基准量规。

镶配时，精锉修整各面，用透光法检查接触部位，结合涂色的方法逐步修锉达到配合要求。

4. 加工V形槽

以件2三角形凸件作为加工V形槽的基准量规。加工过程中要经常用圆柱测量棒来测量V形槽的对称度，以达到图样要求。两块凸件分别与凹件的V形槽组合，接合面间隙不大于0.03 mm，且组合后上表面要平齐，平面度误差不大于0.02 mm。

5. 钻4×ϕ5.8 mm孔，用6 mm的手铰刀进行铰孔

保证孔径、孔距的尺寸精度及位置精度。

6. 去毛刺，倒角、倒棱，用塞尺检查配合间隙，复检全部精度要求

方孔V形组合件的配合情况，如图6—2所示。

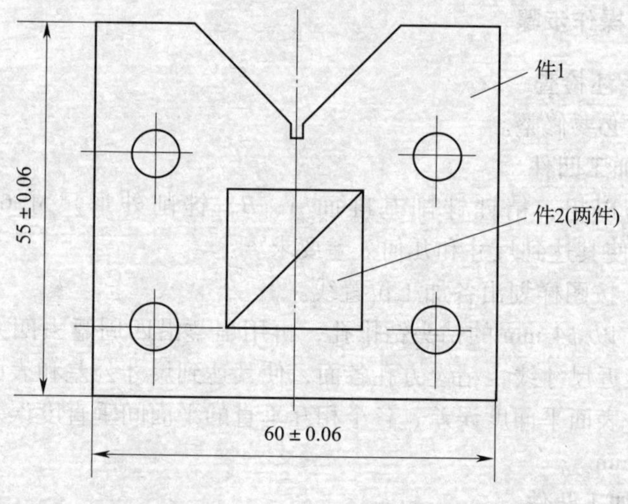

图6—2 方孔V形组合件组合图

四、安全及注意事项

(1) 在进行配合修锉时，可通过透光法和涂色显示法来确定修锉部位和余量，逐步达到正确的配合要求。

（2）在加工内垂直面时，要防止锉刀侧面碰坏另一垂直侧面，因此，必须将锉刀一侧在砂轮上进行修磨，并使其与锉刀面夹角略小于90°，刃磨后最好用油石抛光。

（3）在整个加工过程中，加工面都比较窄，但一定要锉平并保证与大平面垂直。否则，互换配合后就会出现较大间隙。

（4）在试配过程中，不得用锤子敲击配合处，以防止将配锉面划伤或使工件变形。

五、V 形四方镶配件质量检查的内容和成绩的评定

V 形四方镶配件质量检查评分表见表 6—1。

表 6—1　　V 形四方镶配件评分表

项目	序号	考核要求	配分	评分标准	检测结果	得分
件 2	1	$Ra\leqslant1.6$ μm（6 处）	3	超差 1 处扣 0.5 分		
件 1	2	（60 ±0.06）mm	3	超差全扣		
	3	（55 ±0.06）mm	3	超差全扣		
	4	$22^{+0.039}_{0}$ mm（2 处）	6	超差全扣		
	5	90°	4	超差全扣		
	6	$Ra\geqslant1.6$ μm（10 处）	5	超差 1 处扣 0.5 分		
	7	$4\times\phi6^{+0.036}_{0}$	6	超差 1 处扣 1.5 分		
	8	（26 ±0.105）mm（2 处）	6	超差 1 处扣 3 分		
	9	（42 ±0.105）mm（2 处）	6	超差 1 处扣 3 分		
	10	对称度 0.06 mm	3	超差全扣		
	11	垂直度 0.01 mm	3	超差全扣		
配合	12	方孔的配合间隙≤0.05 mm（10 处）	30	超差 1 处扣 3 分		
	13	V 形的配合间隙≤0.03 mm（4 处）	8	超差 1 处扣 2 分		
	14	V 形组合的平面度（2 处）	4	超差 1 处扣 2 分		
其他	15	安全文明生产	10	违者酌情扣 1 ~ 10 分		
备注						
姓名		日期		指导教师	总分	

§6—2　渐开线齿形样板的制作

一、制件实例

1. 用于检查模数指状铣刀渐开线齿形的样板（见图 6—3）

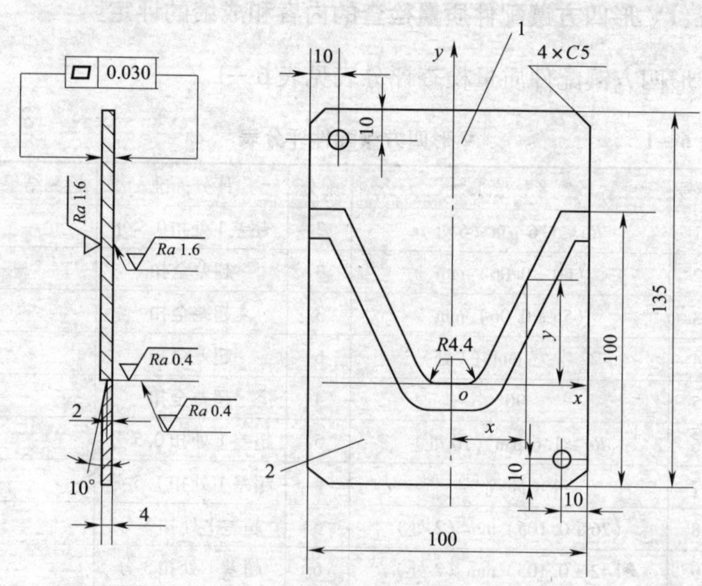

图 6—3　渐开线齿形样板

样板属专用量具，用来检验零件表面形态及其尺寸。在制造时应成对加工，图 6—3 中 1 为校对样板，用于校对工作样板，2 为工作样板，用于检验加工零件。

2. 技术要求

（1）材料 GCr15，热处理淬火硬度为 60 ~ 64HRC。

（2）齿形误差：±0. 02 mm。

（3）锐边倒钝。

（4）透光检查，缝隙≤0. 02 mm。

（5）标记：$m=22$，$\alpha=20°$，$z=14$。

二、样板特性及制作注意事项

1. 样板特性

该样板的曲线是渐开线，是由很多坐标点连接而成的曲线，坐标点有 14 个。坐标点的多少是根据曲线要求的精度而定的，点数越多，曲线越精确。

2. 制作注意事项

（1）由于样板的齿形是对称的，因此，齿形理论上的允许偏差必须是对称中心线的偏差。在制作校对样板时应仔细研磨，必须达到技术要求。用校对样板检验工作样板时，应反复翻转 180°进行透光检查，光隙不得大于 0. 02 mm。

（2）由于样板厚度尺寸小，热处理后会产生翘曲变形。在热处理时应采取保护措施，可用夹持板夹持样板，仅露出测量部分进行淬火，这样可减少变形，易于矫正和加工。

（3）样板的测量面经常与工件频繁接触，易受磨损，所以必须达到硬度要求。

三、样板的制作

根据样板的外形轮廓尺寸下料。经粗加工后，进行高温回火，平磨后，再进行钳工制作和其他工序。其操作步骤如下：

（1）按图 6—3 划出 x、y 坐标轴。根据表 6—2 所列各点坐标值划点，然后将各点光滑地连接成渐开线。

表 6—2　　各点坐标值

序号	x	y	序号	x	y
1	38. 015	62. 843	8	21. 979	30. 204
2	35. 549	58. 043	9	19. 917	25. 730
3	33. 141	53. 287	10	17. 253	19. 840
4	30. 793	48. 578	11	14. 685	14. 048
5	28. 504	43. 914	12	12. 212	8. 325
6	26. 272	39. 297	13	9. 833	2. 702
7	24. 097	34. 726	14	5. 774	0

（2）划 $R4.4$ mm 两圆弧并与渐开线和直线部分光滑地连接。

（3）锯去余料，锉两样板的齿形曲线，将校对样板与工作样板进行 180°翻转检查，缝隙应≤0.05 mm，锉狭口倒角 2×10°，表面粗糙度值达到 $Ra3.2$ μm。

（4）热处理，齿形部分淬硬至 60～64HRC，然后进行低温回火、时效处理。

（5）精磨样板两平面。

（6）低温时效处理。

（7）型面的精加工。型面精加工要点如下：

1）用油石仔细修研校对样板的齿形曲线，再用万能工具显微镜或其他计量仪器进行精密测量，此项工作须反复进行，直到校对样板齿形尺寸及误差、表面粗糙度值达到图样要求。

2）根据已合格的校对样板对工作样板进行修研，反复翻转 180°进行检查，直到修研达到间隙≤0.02 mm，对称度达到要求。

3）作标记。

（8）以测量面为基准，磨样板四侧面，要求相互平行和垂直，翻转 180°两侧面达到平直。

（9）氧化处理，测量面用氧化铬抛光。

§6—3 凸轮的制作

一、制件实例

1. 控制刀具进给运动的凸轮

凸轮的尺寸如图 6—4 所示。

2. 技术要求

（1）材料 QT600－3，190～270HBW。

（2）凸轮径向偏差 IT7。

（3）凸轮圆周曲线表面粗糙度值 $Ra0.8$ μm；其余 $Ra1.6$ μm。

（4）全部倒角 $C1$。

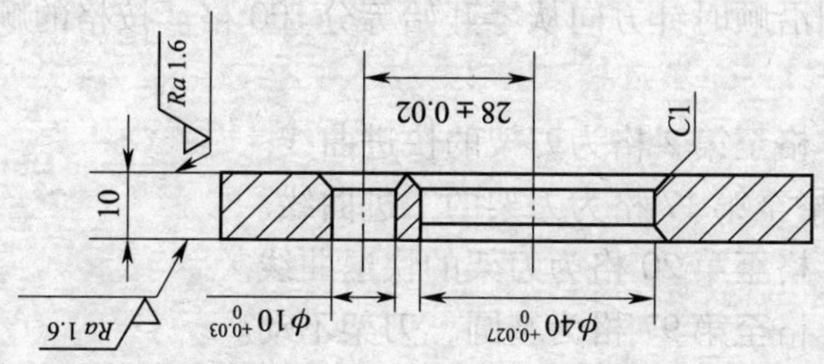

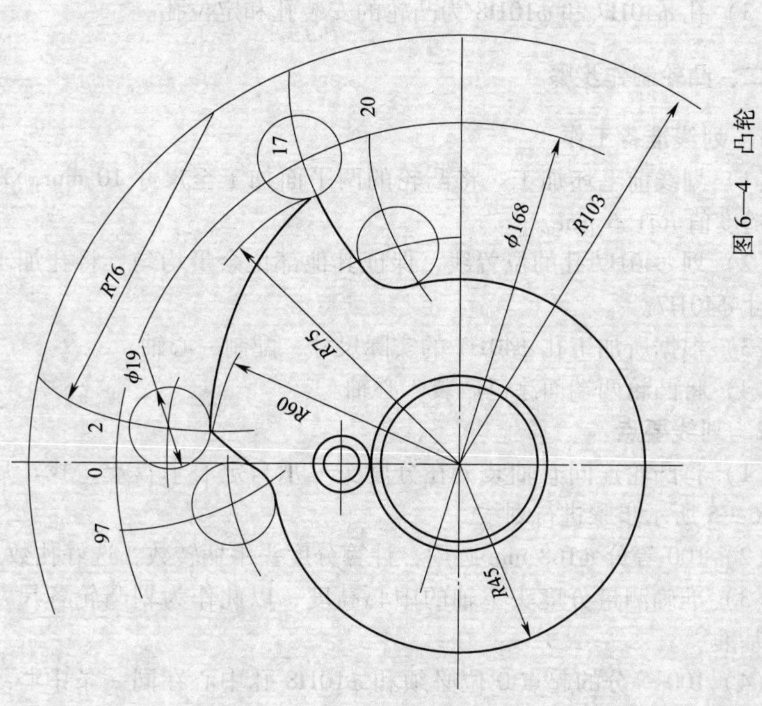

Ra 1.6
28 ± 0.02
C1
10
Ra 1.6
φ10 +0.03 0
φ40 +0.027 0

R76
φ19
R60
R75
R45
φ168
R103
17
20
2
0
97

图6—4　凸轮

（5）2～17 格为阿基米德螺旋线。

3. 技术参数

（1）凸轮曲线。图 6—4 中 ϕ168 mm 是凸轮百分格计算直径，将 ϕ168 mm 圆周沿顺时针方向从零开始等分 100 格。按格的顺序分配凸轮曲线的位置。

1）第 97 格至第 2 格为刀架的快进曲线。

2）第 2 格至第 17 格为刀架的工进曲线。

3）第 17 格至第 20 格为刀架的快退曲线。

4）第 20 格至第 97 格为基圆，刀架不动。

（2）*R*76 mm 为从动杆摆动半径，摆动中心到凸轮回转中心的距离为 103 mm，从动杆滚子直径为 ϕ19 mm。

（3）孔 ϕ40H7 和 ϕ10H8 为凸轮的安装孔和定位孔。

二、凸轮制作步骤

1. 划线准备工作

（1）划线前毛坯加工。将凸轮的两平面加工至尺寸 10 mm，表面粗糙度值 *Ra*1. 6 μm。

（2）划 ϕ40H7 孔的位置线，保证其他部位余量均匀，将孔加工至尺寸 ϕ40H7。

（3）根据所加工孔 ϕ40H7 的实际尺寸，配制一心轴。

（4）将凸轮两端面涂色后装入心轴。

2. 划线要点

（1）将凸轮连同心轴装夹在分度头三爪自定心卡盘上，找正后按图 6—5 所示步骤进行划线。

（2）100 等分 ϕ168 mm 圆周，计算分度头手柄转数，选好孔数。

（3）准确测量分度头主轴的中心高度，以此作为划凸轮各尺寸线的基准。

（4）100 等分的起点 0 位必须和 ϕ10H8 孔中心在同一条中心线上，如图 6—5 所示在中心线 *A*—*A* 上。

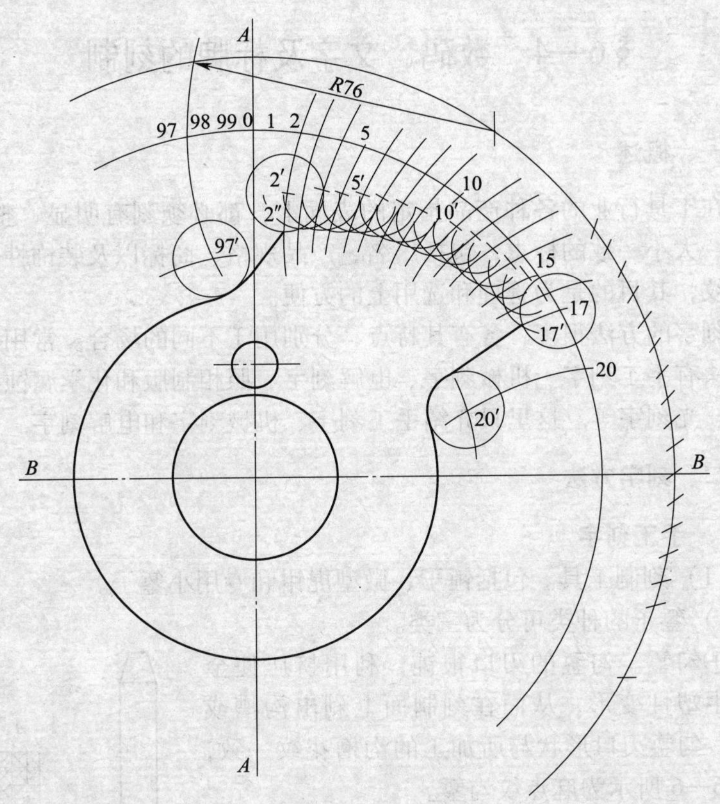

图 6—5　划线步骤

（5）按已学过的方法划阿基米德螺旋线（2 ~ 17 曲线段）。

（6）划线完毕，必须进行检查，正确无误后，打样冲眼。

3. 制作

按线锉削加工凸轮各段曲线，边加工边检查。要求凸轮各段曲线应平滑，尺寸达到图样要求。凸轮母线与端面垂直。

最后，用油石精整凸轮各曲线，使其表面粗糙度值达到 *Ra*0. 8 μm，尺寸精度达到 IT7。

§6—4 数码、文字及标牌的刻制

一、概述

在工具行业的各种产品指定的表面上，都必须刻有明显、整齐、清晰、大小一致的标志，包括厂名、产品规格、商标以及装饰性图案或花纹，其目的是为管理和选用上的方便。

刻字的方法很多，各有其特点，分别用于不同的场合。常用的刻字方法有手工刻字、机械刻字、电解刻字、照相制版和化学腐蚀结合刻字、光刻字等。这里只介绍手工刻字、机械刻字和电解刻字。

二、刻字方法

1. 手工刻字

（1）刻制工具。包括锤子、微型虎钳和专用小錾子。

1）錾子的种类可分为三类。

①勾錾。勾錾的刃口很钝，利用挤压使金属产生塑性变形，从而在刻制面上剁出沟槽或花纹。勾錾刃口形状与所加工的沟槽花纹一致，如图6—6所示为麻点纹勾錾。

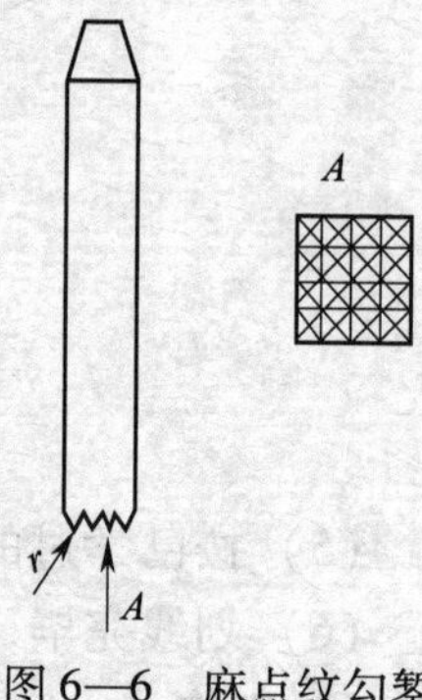

图6—6 麻点纹勾錾

②抢錾。抢錾有切削刃，其刃口根据文字或图案的要求可制成很多形状，如三角形、半圆形、梯形、平錾、清角尖錾。刻制时通过錾削金属来加工文字或图案。如图6—7所示为三角形、半圆形和梯形抢錾的外形和刃口形状。

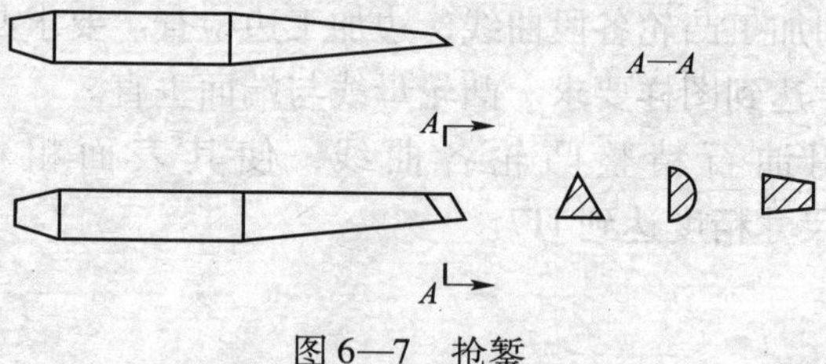

图6—7 抢錾

③踩錾。踩錾刃口较钝，起到对已錾削出的文字或图案的表面进行捻平和整形的作用。踩錾一般与抢錾配套使用，其刃口形状与抢錾一致。踩錾有三角形、半圆形、梯形、五角星形等形状，如图6—8所示。

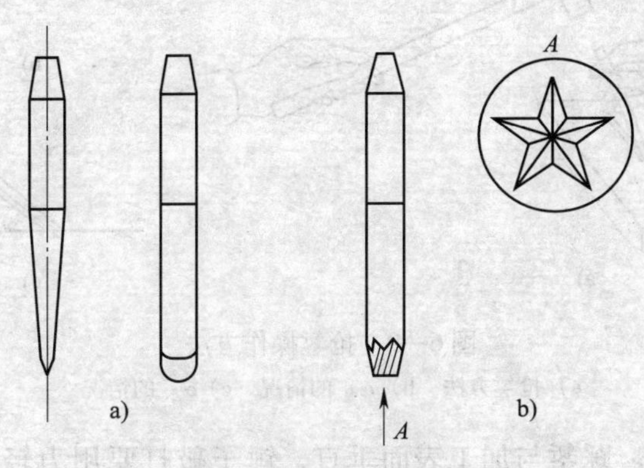

图6—8　踩錾

a）三角形錾　b）五角星形錾

2）錾子的材料及热处理。材料为高速钢、弹簧钢和碳素工具钢，其中以高速钢应用最多（大型踩錾除外）。其热处理方法与普通錾子相同。

（2）刻制步骤

1）写字或画图案。一般在模具表面直接描绘（初学者可先在透明纸上写、画，然后反贴在模具表面上，以获得反写的字和图案），然后用尖细样冲沿字和图案轮廓打样冲眼。

2）抢錾。用抢錾按文字和图案轮廓錾削，錾削方法与普通錾削相同，但錾削方向和角度要掌握好，锤子敲打要轻而均匀，开始时，抢錾与工件的夹角较大，以便切入金属，切入金属后即减小为正常角度。对于浅而窄的沟槽可一次加工完成，对于较宽的沟槽，可先用窄錾錾削四周，然后用平錾錾削中间部分，这样不仅可以提高效率，而且可以减少接刀次数，有利于提高表面精细程度，如图6—9所示。

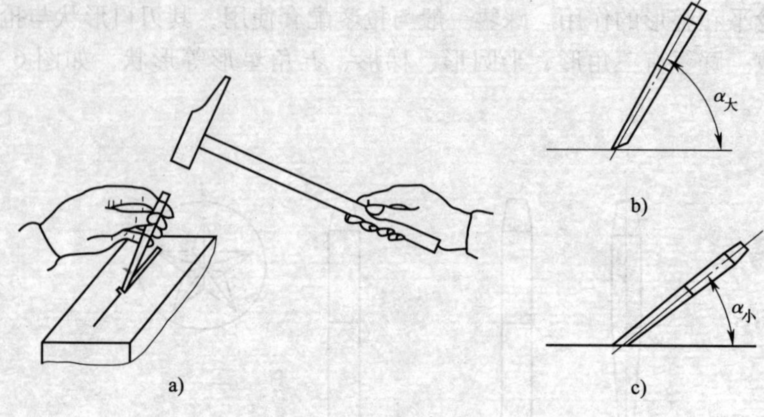

图 6—9　抢錾操作方法

a）抢錾方法　b）$\alpha_{大}$ 的情况　c）$\alpha_{小}$ 的情况

3）踩錾。踩錾与加工表面垂直，锤子敲打要用力轻而均匀，并缓慢向前移动，以保证加工表面平整。踩錾与被“踩”表面一般成垂直位置。加工过程中要用刷子清除加工表面的切屑及杂物等。经“踩”过的表面一般比较光洁，若要再提高表面精细程度可用细油石打光，如图 6—10 所示。

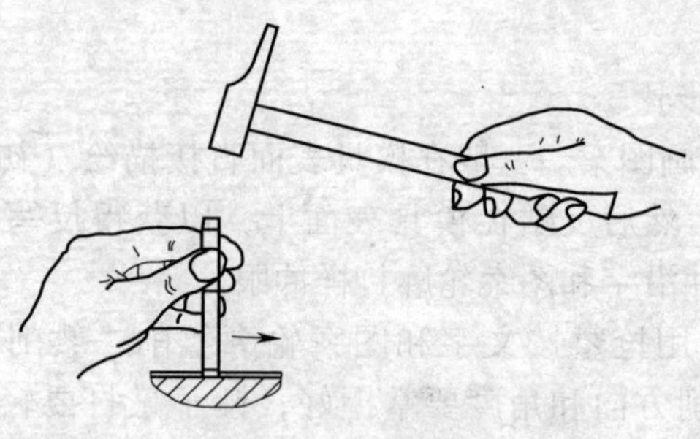

图 6—10　踩錾的操作方法

对于装饰性或增加摩擦力的浅花纹（如麻点纹），可用勾錾在金属表面上直接打印出来。

（3）冲头的复制。利用已刻制好的凹模，在压力机上用冷挤压的方法加工出凸字，并进行热处理，即可制出带有凸字的冲头。

2. 机械刻字

产品数量大时，用专用机床辊压的方法刻字。这种方法可实现半自动操作，效率高。其缺点是辊压刻字后有毛刺，辊压部分有变形，需增加修磨工序去除缺陷。

3. 电解刻字

(1) 电解刻字的方法。电解刻字用的是电化学阳极溶解原理。刻印深度小于 0.1 mm 时，刻印时间一般为 3 ~5 s。

电解刻字的原理如图 6—11 所示。

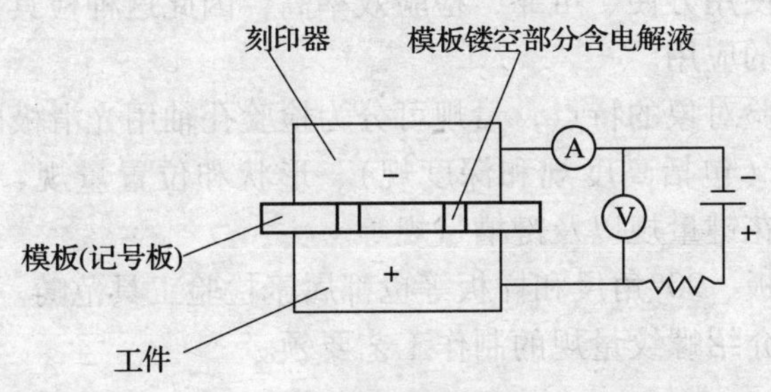

图 6—11 电解刻字原理示意图

将具有所需刻字或图案的镂空模板（即记号板），置于刻印器阳极和工件表面之间。模板镂空部分的产品表面产生阳极溶解，因而刻出所需的文字或图案的记号。

电解刻字相比单纯化学蚀刻及机械刻字具有简单方便、效率高、刻字清晰、刻字表面不受力、不变形等优点，因而目前应用较广。

(2) 刻字用的工具。各种规格的模板（记号板）和刻印器，以及传送产品、刻字用的各种规格的随行夹具。

(3) 基本操作方法

1) 字头（模板、刻印器等）装在刻字机上，位置要正确，夹固牢靠。

2) 调整好刻字的工艺参数如速度、刻字深度、电流、电压和时间等，经检验合格后，可正式刻字。

§6—5 检具的制作

一、概述

在机械制造中，工件是否符合规定的技术要求，可用指示式的量具、量仪进行测量，有些也可用量规检验。量规是一种没有刻度值的专用检验工具。用量规检验零件时，只能判断零件是否在规定的检验极限范围内，而不能得出零件尺寸、形状和位置误差的具体数值。它结构简单，使用方便、可靠，检验效率高，因此这种检具在机械制造中得到广泛的应用。

按被检验对象的特点，量规可分为检验孔轴用光滑极限量规、直线尺寸量规（包括高度规和深度规）、形状和位置量规、锥度量规、螺纹量规、花键量规以及键槽量规等。

检验平板、90°角尺和样板等也都属于检验工具范畴。

下面仅介绍螺纹量规的制作工艺要领。

二、螺纹量规的制作

螺纹量规是按照螺纹的极限尺寸判断原则来检验内、外螺纹工件的实际牙型，对内、外螺纹作综合检验，以判断其合格性。此处介绍螺纹工作量规的加工制作。

1. 螺纹塞规的制作

不同螺距的螺纹塞规，其制作工艺有所不同。通常，大径为14～33 mm、螺距为2～3.5 mm 的螺纹塞规，其制造工艺具有一定的代表性。加工工艺过程如下：切料—车两端面、钻中心孔、粗车外圆、留工序余量—调质处理—精车两端面、重钻中心孔、精车外圆及螺纹、螺纹部分留磨削加工工序余量—作标记—淬火、时效处理—发黑处理—研中心孔、磨螺纹大径尺寸符合要求—磨螺纹—磨去两端不完整的螺纹边牙—螺纹抛光（必要时）—检验。

螺纹塞规的精度很高，在制造中主要的问题是磨削螺纹。为了得到高精度的螺纹，对螺纹磨床的精度应进行校正。对砂轮的选择与平衡、心轴的刚度及其与中心孔的同轴度，都要求在一定的误差范围内。

砂轮的角度是否正确，可用图 6—12 所示的工具进行检验。将心轴锥柄装入螺纹磨床主轴锥孔中，在通过心轴中心平面的凹槽中装有一剃须刀片，用已修整的砂轮在刀片上磨出齿形，然后使用投影仪测量刀片上的齿形，测量正确后再换上工件磨削。角度磨正确后再磨准中径，中径可用三针测量法。

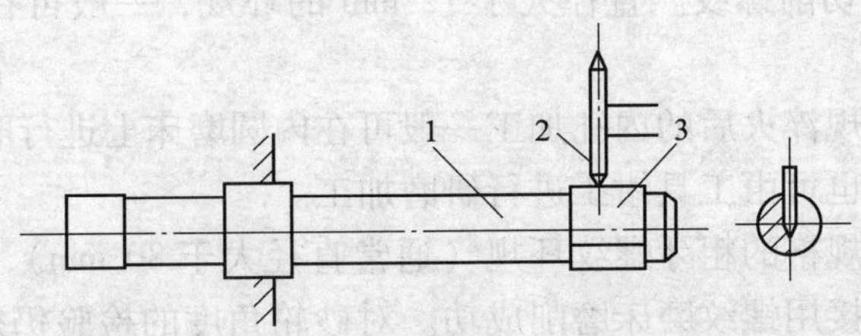

图 6—12　检验砂轮角度的工具

1—心轴　2—砂轮　3—刀片

对不同螺距的螺纹塞规，其螺纹的加工有以下三种不同的方案。

（1）螺距为 0.2 ~ 0.4 mm。其螺纹通常是淬火前在精密车床上加工，淬火后直接进行研磨。研磨余量不大于 0.01 mm。

（2）螺距为 0.45 ~ 1.75 mm。其螺纹在淬火前不切削，而在淬火和磨外径后，直接在螺纹磨床上磨出，可提高生产率。

（3）螺距为 2 ~ 6 mm。其螺纹在淬火前必须先经车削，留出磨削余量，淬火后由螺纹磨床经粗磨（余量约 0.35 mm）和精磨（余量约 0.15 mm）磨削至尺寸要求。若要达到高的表面粗糙度要求，可增加抛光工序。

2. 螺纹环规的制作

螺纹环规有固定式和可调式两种。可调式螺纹环规的结构复杂，制作和使用时不易保证精度，一般很少使用。目前广泛使用的是固定式螺纹环规。

在单件小批生产中，固定式螺纹环规一般可按以下工艺过程制作：切料—车外圆，两端面及内孔均留工序余量—调质处理—精车两平面、内外圆、螺纹，内孔及螺纹留磨削加工工序余量—铣去螺纹两端不完整边牙—淬火、回火、时效处理—磨两平面—磨内孔—磨螺纹或研磨螺纹—作标记—检查验收（可用螺纹校对量规）。

在上述的工艺过程中，关键的工序是淬火前的螺纹加工和淬火后的内孔和螺纹的磨削或研磨加工。

螺纹环规淬火前的螺纹加工方法根据螺纹直径的大小而有所不同。通常螺纹直径在 12 mm 以下的环规用特制的专用丝锥（3 ~ 4 只组成一套）切削螺纹。直径大于 12 mm 的环规，一般可在精密车床上车削。

螺纹环规淬火后的内孔加工一般可在内圆磨床上进行磨削。当内孔过小时，也可由工具钳工进行研磨加工。

对于大规格的粗牙螺纹环规（通常直径大于 80 mm），在淬火后其螺纹可直接用螺纹磨床磨削成功。对砂轮角度的检验仍须用图 6—12 所示的工具，测量其正确与否。但直径较小的中、小型螺纹环规或缺少螺纹磨床时，则须由工具钳工进行研磨加工。

研磨螺纹环规的研具常用球墨铸铁制成，对 M5 以下的环规，研具材料则以 15 钢、20 钢为宜。其螺纹一般均应经过磨削加工，螺纹部分的径向圆跳动不得大于 0. 02 mm。修去两端边牙，其制造精度应低于螺纹环规的精度。

通常螺纹直径在 16 mm 以下的环规，常采用整体式螺纹研具。它由三根不同螺纹中径尺寸的螺杆组成。其中最大一根螺杆的中径尺寸应为环规中径的最小极限尺寸。研磨“通”端与“止”端螺纹环规所用的研具，应分别按不同的螺纹中径尺寸制造，并清楚地标明记号，以免混淆用错。三根螺杆的中径尺寸各不相同，不能代用。

当螺纹直径大于 16 mm 时，可采用如图 6—13a 所示的可调式环规螺纹研具来研磨。研具的螺纹牙型与工件的螺纹牙型相配合，如图 6—13b 所示。

可调式螺纹研具使用前，必须进行校验，严格控制研具螺纹的大径和中径尺寸，使之满足“通”端和“止”端螺纹环规的尺寸要求。

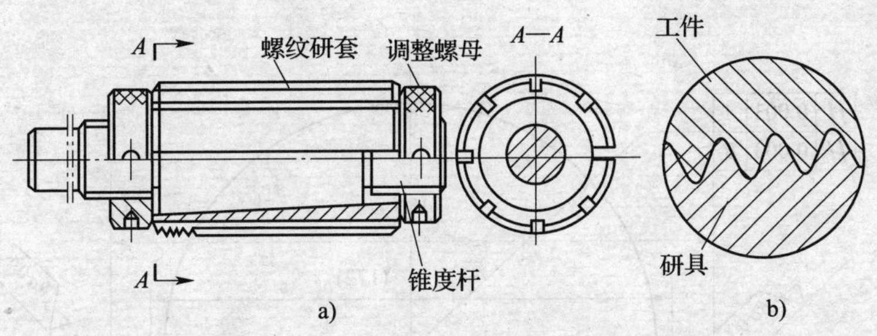

图 6—13　可调式大环规螺纹研具

a）研具　b）研具牙型与工件牙型的配合要求

研磨时，研具可装夹在车床卡盘上，涂上研磨剂，然后将螺纹环规旋在研具上，使车床作正、反低速转动进行研磨。

在研磨过程中，工件要掌握平稳，压力要均匀，既要保证工件能自然地进退，又要对工件施加反方向的轴向作用力，使研具和工件的牙型单边接触。用整体式研具研磨环规时，必须随时注意观察，控制研磨间隙，如间隙过大时，应及时更换适当的研具。如观察间隙无充分把握，可用塞规检测。在应该更换研具而没有及时更换时，会造成牙型变形，那时再要修整则较困难，故在研磨时应特别注意和小心。

螺纹环规研磨后一般还应在研具螺纹槽内撒上金刚砂，对螺纹进行最后的抛光。

§6—6　夹具的制作

一、V 形架的制作

1. V 形架的技术要求

V 形架的尺寸及技术要求如图 6—14 所示。

（1）90°两面垂直度全长允差 0.003 mm。

（2）45°半角对称度允差 0.01 mm/100 mm。

（3）热处理：淬火 45 ~ 50HRC。

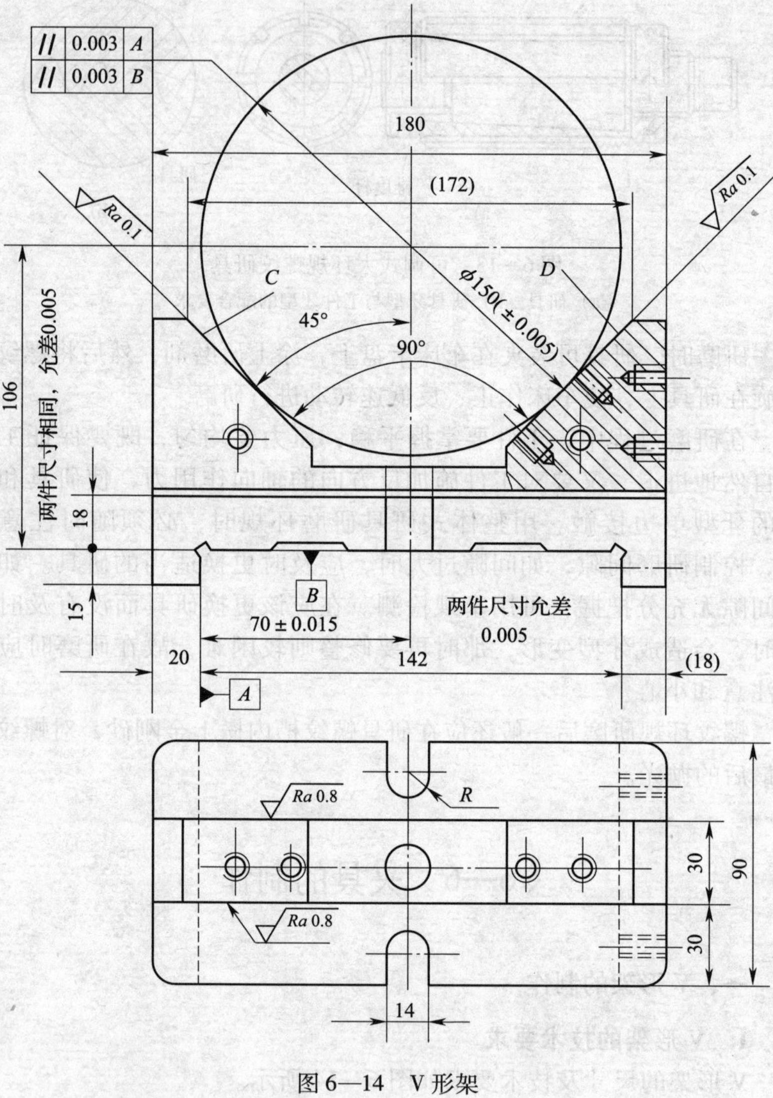

图 6—14　V 形架

2. V 形架的加工工艺过程

（1）加工工艺过程见表 6—3。

表 6—3　　V 形架的加工工艺过程

工序序号	工序名称	加工内容	备注
1	铣（刨）	六面至 162 mm × 90 mm × 97 mm	—
2	钳	划外形加工线	—
3	铣	铣外形成形，A、B、C、D 表面留磨削余量	—
4	磨	粗磨 A、B、C、D 面，30 mm 两侧面及 180 mm两侧面并保证垂直度	控制 V 形中心线对 A 面的距离，且两件要一致
5	钳	划线	—
6	钳	钻孔、攻螺纹、倒角	—
7	热处理	淬火 45 ~ 50HRC	—
8	化学处理	表面氧化处理	—
9	磨	磨削 A、B、C、D 面及 30 mm 两侧面	控制 V 形架中心对 A 面的距离，而且两件要一致。磨后去磁
10	钳（研）	研磨 A、B、C、D 面达到图样要求	—

（2）研磨加工工序的说明。V 形架的精度要求很高，应通过研磨加工来保证。

1）先研磨 A、B 平面。

2）再研磨 C、D 平面。研磨时，先研一侧面，再研另一侧面。然后进行检验，并根据检验结果确定下一步研磨方案。

①检验尺寸（70 ± 0.015）mm，如实际尺寸大于图 6—14 所示尺寸，则研磨 C 面；反之，则研磨 A 面。

②检验 45°半角的对称度及两侧面的垂直度。

③检验尺寸（106 ± 0.005）mm，如实际尺寸大于图 6—14 所示尺寸，可磨削或研磨 B 面。

检验后，记下尺寸（70 ±0.015）mm 及（106 ±0.005）mm 的实际尺寸。然后研磨另一件，使两件尺寸一致，尺寸差应不得大于 0.005 mm。

（3）质量检验

1）检验 V 形架 45°半角的对称度及 V 形架两侧面的垂直度。可用正弦规进行检验。

检验方法如下：按 45°角计算并组成量块组，将量块组放置在正弦规任一端的圆柱下面。然后将 V 形架放置在正弦规上，用千分表测量（见图 6—15），记下在全长上的读数差 Δ_1，然后用同样方法测量 V 形架的另一侧面，并记下其在全长上的读数差 Δ_2。

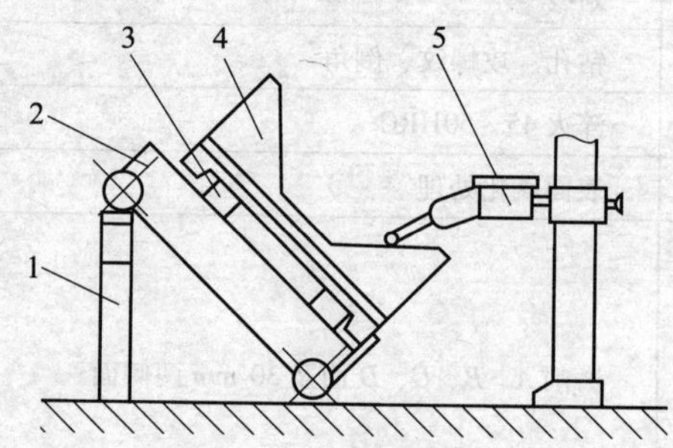

图 6—15　检验 V 形架 45°半角的对称度及两侧面垂直度

1—量块组　2—正弦规　3—等高垫铁　4—V 形架　5—千分表

则 45°半角在 100 mm 长度上的对称度误差，按下式计算：

$$\delta_{对} = 100（\Delta_1 - \Delta_2）/l$$

V 形架 90°两侧在全长上的垂直度误差，按下式计算：

$$\delta_{垂} =（\Delta_1 + \Delta_2）L/l$$

式中　$\delta_{对}$——V 形架 45°半角在 100 mm 长度上的对称度误差，mm；

Δ_1、Δ_2——分别为千分表在 V 形架两侧面全长上测量的读数差，mm；

l——千分表在 V 形表面上的测量长度，mm；

$\delta_{垂}$——V 形架两侧面在全长上的垂直度误差，mm。

L——V 形表面长度，mm；

例如：若 $\Delta_1 = 0.001$ mm，$\Delta_2 = -0.0015$ mm，$l = 50$ mm，$L =$

60 mm，则：

$\delta_{对} = 100(\Delta_1 - \Delta_2)/l = 100 \times [0.001 - (-0.0015)]/50 = 0.005$ mm

即在 100 mm 长度上，V 形架表面 45°半角的对称度误差为 0.005 mm。

$\delta_{垂} = (\Delta_1 + \Delta_2)L/l = [0.001 + (-0.0015)] \times 60/50 = -0.0006$ mm

即 V 形架表面在全长上的垂直度误差为 0.000 6 mm。

$\delta_{垂}$的正、负值表示 V 形架的角度大于或小于 90°。判定方法与测量时读数方向有关，如测量时，千分表以 V 形架的小端为零，则负值表示 V 形架的实际角度大于 90°；反之，则小于 90°。

2）检验尺寸（70 ± 0.015）mm。将 V 形架安装在高精度 90°弯板上，用杠杆千分表进行比较测量（见图 6—16）。测量时，先将量块支架工作面与 V 形架的 A 面调到齐平，然后在量块支架上放置尺寸为 H 的量块组，在 V 形架上放置 ϕ150 mm 圆柱。用千分表测量量块组和圆柱上母线高度，即可得到尺寸（70 ± 0.015）mm 的实际尺寸。量块组尺寸 H 按下式计算：

$$H = 70 + \frac{\phi}{2}$$

式中　ϕ——ϕ150 mm 圆柱的实际尺寸，mm。

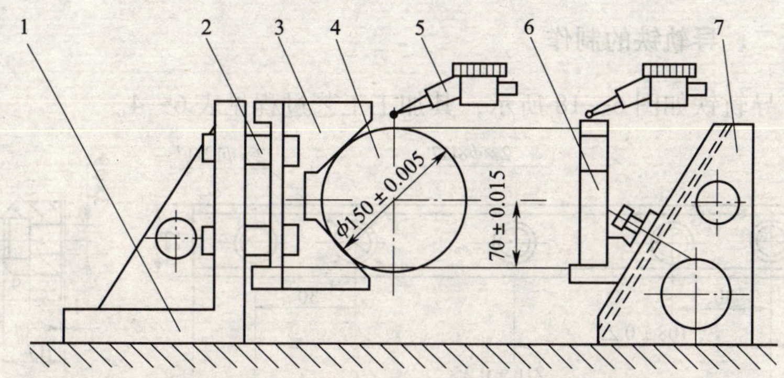

图 6—16　检验尺寸（70 ± 0.015）mm 的正确性

1—90°弯板　2—等高垫铁　3—V 形架　4—ϕ150 mm 圆柱
5—千分表　6—量块组　7—测量调整器

3）检验尺寸（106 ±0.005）mm。首先选择三组高精度等高垫铁，将 V 形架放置在平板上，在 *B* 平面的两端各垫一组等高垫铁，V 形架上放置 $\phi150$ mm 圆柱。在另一组等高垫铁上放置尺寸为 *H* 的量块组，然后用千分表测量量块组和 $\phi150$ mm 圆柱上母线的高度（见图 6—17），即可获得尺寸 106 mm 的误差。量块组尺寸 *H* 按下式计算：

$$H = 106 + \frac{\phi}{2}$$

式中　ϕ——$\phi150$ mm 圆柱的实际尺寸，mm。

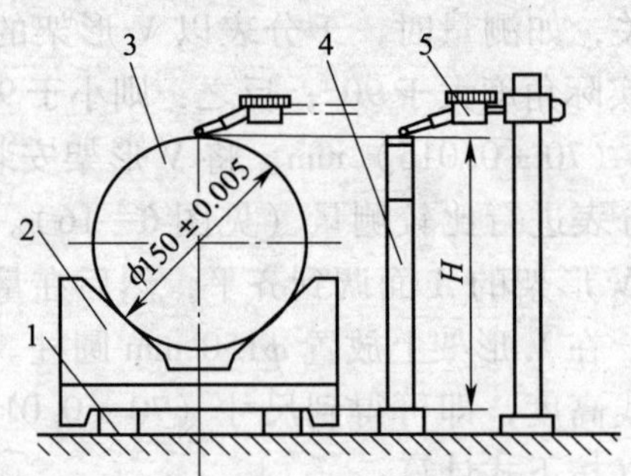

图 6—17　检验尺寸（106 ±0.015）mm

1—等高垫铁　2—V 形架　3—$\phi150$ mm 圆柱

4—量块组　5—千分表

二、导轨铁的制作

导轨铁如图 6—18 所示，其加工工艺过程见表 6—4。

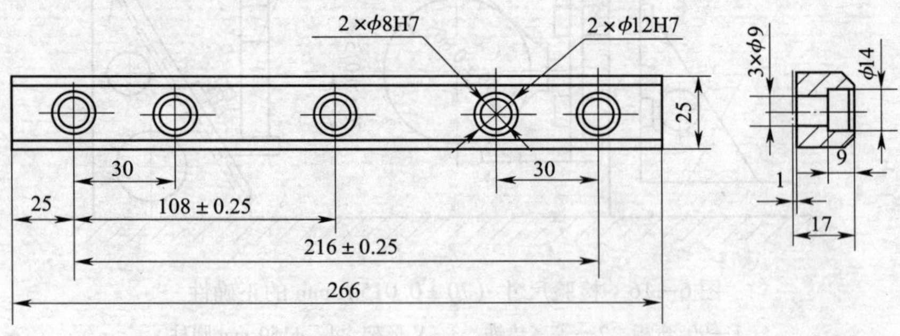

图 6—18　导轨铁

表 6—4　　导轨铁加工工艺过程

工序序号	工序名称	加工内容	备注
1	刨	刨四面，预留磨削余量	—
2	铣	铣两端面至成形尺寸	—
3	钳	划孔加工线	—
4	钳	钻 3×ϕ9 mm，锪 3×ϕ14 mm，钻、铰 2×ϕ12H7 孔至成形尺寸	—
5	热处理	淬火 55～60HRC	—
6	钳	在 2×ϕ120H7 孔内打入一圆柱，圆柱材料为 45 钢，与孔的配合为 H7/S6，为防止钻孔后圆柱松动，可预钻 ϕ6～7 mm 底孔	供钻、铰 ϕ8H7 定位销孔用
7	磨	磨四面，尺寸至 25 mm×17 mm。但应使其安装在垫板上后，*C* 面比 *A* 面要低 0～0.002 mm。待夹具与机床进行校正时，修磨预留调整量，使之达到安装要求	6 件同磨，尺寸要求一致

三、装配与调整

首先将 V 形架安装到垫板上（调整垫和导轨铁已安装好），将其安放在机床工作台上，在 V 形架上放置 ϕ150 mm 圆柱（即检验棒），与机床进行校正。校正前，首先将工作台找正；利用安装在砂轮架上的千分表进行测量（见图 6—19）。移动工作台，使千分表在圆柱全长上的读数为零，此时，工作台即为找正，再将机床头架找正，将一根检验棒插入机床头架的主轴锥孔内，用千分表进行测量，同时调整头架角度，使千分表在检验棒全长上的读数为零，然后在头架锥孔内换上 ϕ150 mm 检验棒（其直径应与 V 形架的检验棒相同），先用千分表在检验棒水平母线上进行测量，记下千分表在两个检验棒上的读数，然后修磨调整垫直至使千分表在两个检验棒上的读数差不大于 0.02 mm 为止，再将千分表在检验母线上进行测量，同时，修磨导轨铁的厚度，直至千分表在两个检验棒上的读数差也不大于0.02 mm为止。校正好以后，钻、锪、铰垫板与导轨铁的定位销孔，并打入定位销，最后将其他零件安装好。

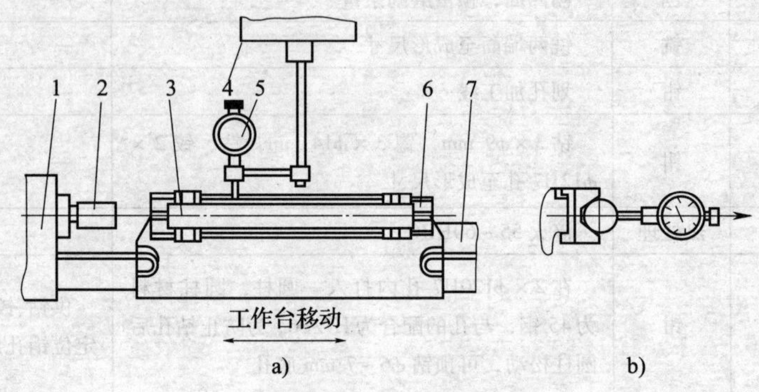

图6—19 夹具与机床进行校正时的测量

a）测量检验棒水平母线 b）测量检验棒上母线

1—头架 2、3—检验棒 4—砂轮架 5—千分表

6—夹具 7—机床工作台

试 题 库

理论知识试题

一、判断题（正确的在题后括号里画“√”，错误的画“×”）

1. 划线时，一般应选择设计基准作为划线基准。（ ）

2. 当零件形状复杂时，一般很难一次借料成功，而往往需要经过多次试划，才能最后确定借料方案。（ ）

3. 箱体工件划线时，第一划线位置应选择待加工表面比较少的位置。（ ）

4. 大型工件划线时为了调整方便，一般都采用三点支撑。（ ）

5. 畸形工件划线时，选择工件安置基面应与设计基准面一致。（ ）

6. 划线是零件加工过程中的一个重要工序，因此，通常能根据划线直接确定零件加工后的尺寸。（ ）

7. 在进行锯削、锉削、刮削、研磨、钻孔、铰孔等操作前，都应划线。（ ）

8. 大型工件划线时，应选定划线面积较大的位置为第一划线位置，这是因为在校正工件时，较大面比较小面准确度高。（ ）

9. 大型工件划线时，如选定工件上的主要中心线、平行于平台工作面的加工线作为第一划线位置，可提高划线质量和简化划线过程。（ ）

10. 畸形工件划线时，当工件重心位置落在支撑面的边缘部位时，必须相应加上辅助支撑。 （ ）

11. 借料就是通过试划和调整，将各部位的加工余量重新分配，以使各部位的加工表面都有足够的加工余量。 （ ）

12. 箱体工件的第一划线位置应选择待加工的孔和面最多的一个位置，这样有利于减少划线时的翻转次数。 （ ）

13. 箱体划线时，若箱体内壁不需加工，只要找正箱体外表面的部位即可划线，内壁可不用考虑。 （ ）

14. 对于特大型工件，可用拉线与吊线法来划线，只需经过一次吊装、找正，就能完成工件两个位置的划线工作，避免了多次翻转工件的困难。 （ ）

15. 畸形工件由于形状奇特，可以不必按基准进行划线。 （ ）

16. 特殊工件划线时，合理选择划线基准、安放位置和找正面，是做好划线工作的关键。 （ ）

17. 经过划线确定工件的尺寸界限，在加工过程中，应通过加工来保证尺寸的准确性。 （ ）

18. 标准群钻圆弧刃上各点的前角比标准麻花钻主切削刃上各点的前角大，因此，刃的强度降低，切削速度也应降低。 （ ）

19. 标准群钻主切削刃分成几段的作用是利于分屑、断屑和排屑。 （ ）

20. 为了增加容屑空间，钻铸铁群钻磨出45°的第二重后角。 （ ）

21. 钻薄板群钻是把麻花钻两主切削刃磨成圆弧形切削刃，并把钻尖高度磨低而做成的。 （ ）

22. 钻青铜的群钻，要把钻头外缘处的前角磨大，以避免钻孔时扎刀。 （ ）

23. 当孔的精度要求较高和表面粗糙度 Ra 值要求较小时，钻孔时应取较小的切削速度和较大的进给量。 （ ）

24. 钻孔时，在钻头直径和进给量确定后，钻削速度应根据钻头的耐用度选择。 （ ）

25．使用钻模钻孔，可以减少划线工序，提高生产率。（ ）

26．钻出的孔呈多边形的主要原因之一是钻头的两切削刃长短不一，角度不对称。（ ）

27．钻小孔时，如果转速很高，实际切削时间又很短，可以不使用切削液。（ ）

28．钻小孔时，应使用较高的转速和较小的进给量。（ ）

29．钻斜孔时，一般应先用与孔径相等的立铣刀在工件斜面上铣出一个平面后再钻孔。（ ）

30．钻深孔时，选择的切削速度不能太高。（ ）

31．钻削相交孔时，应先钻直径较小的孔，再钻直径较大的孔。（ ）

32．钻削精密孔时，精孔钻应磨出正刃倾角，使切屑流向未加工表面。（ ）

33．变换钻床主轴转速必须在停车后进行。（ ）

34．由于测量力的变化而引起的测量误差是粗大误差。（ ）

35．测量时环境温度未保持 20℃ 而引起的测量误差称为系统误差。（ ）

36．角度量块属于标准量具类。（ ）

37．游标卡尺属于标准量具类。（ ）

38．量具的读数与被测尺寸的实际数值之差为量具的示值误差。（ ）

39．深度千分尺用于测量孔、键槽的深度及台阶的高度尺寸，测量范围有 0 ~ 50 mm 和 25 ~ 100 mm 两种。（ ）

40．杠杆千分尺是一种带有精密杠杆齿轮传动机构的指示式测微量具。（ ）

41．机械指示式量具的工作原理是：通过杠杆及齿轮齿条或扭簧的传动，将测量杆的微小直线位移转变成指针的角位移，从而在刻度盘上指出相应的数值。（ ）

42．扭簧比较仪一般用于测量零件的几何形状偏差。（ ）

43．在组合角度量块时，选配原则是块数越少越好，并且每选一块至少要去掉一位分秒数。（ ）

44. 为减少温度的影响，用水平仪测量时应由气泡两端读数，然后取其平均值作为测量结果。（ ）

45. 以凸轮的最小半径为半径所作的圆为凸轮的基圆。（ ）

46. 凸轮机构中，在运动规律不变的情况下，基圆半径越小，压力角越小。（ ）

47. 复杂样板的工作型面主要由直线或圆弧组成。（ ）

48. 研磨样板的型面时，不可动研具的形状要与样板型面的形状相近。（ ）

49. 用光隙法检验样板时，眼睛应该对着光线较弱的一方观察。（ ）

50. 各种型面曲线比较复杂的样板，可利用光学量仪检验。（ ）

51. 刃磨多刃刀具（如铣刀）时，应最后刃磨刀齿后刀面。（ ）

52. 模数 m 小于等于 8 mm 的盘形齿轮铣刀，每个模数由十五把组成一套。（ ）

53. 为了便于制造和重磨时控制齿形精度，一般标准的齿轮滚刀的前角 $\gamma_o = 3°$。（ ）

54. 将两个以上的零件组合在一起，成为一个装配单元的装配工作，称为总装配。（ ）

55. 分组选配法的装配精度取决于零件的精度。（ ）

56. 公差要求较高的单件小批生产，一般用修配法进行装配。（ ）

57. 为清洗精密零件上的油脂、污垢，常用的清洗液是汽油。（ ）

58. 清洗钢件上以机油为主的油垢和杂质，常用 6501 清洗液。（ ）

59. 零部件的径向位置有偏重，而在轴向上各个偏重之间有一定距离，称为静不平衡。（ ）

60. 在工装中应用十分广泛的销连接的特点是连接可靠，安装、拆卸方便。（ ）

61．圆锥销具有 1∶50 锥度，一般用于不经常拆装的场合。（ ）

62．过盈连接的装配，必须满足装配后的最小实际过盈量应能保证两个零件的正确位置和连接可靠性。（ ）

63．轴承合金的减磨性好，强度高，可以单独制作轴瓦。（ ）

64．整体式向心滑动轴承装配后，要测定轴套的内孔长度和形状误差，以及轴线与端面的同轴度误差。（ ）

65．配合游隙是指滚动轴承安装以后存在的游隙。（ ）

66．主轴载荷小，旋转精度高，转速低的滚动轴承，装配时可取较小的预加负荷实现轴向预紧。（ ）

67．联轴器的装配，主要要求保证两轴的同轴度。（ ）

68．装配好的矩形齿离合器，在保证能顺利啮合的前提下，啮合间隙应尽量小些，以免旋转时产生冲击。（ ）

69．在带传动中，对于新装配的带，最初的张紧力应调整到正常张紧力的三倍，以保证传递要求的功率。（ ）

70．在带传动机构中，装配好的两轮的中间平面的偏斜角，一般不应超过 1°。（ ）

71．螺旋传动机构装配时，消隙机构的消隙作用力方向应与切削力方向垂直，以防止产生爬行现象。（ ）

72．当链条节数为偶数时，固定活动销的弹簧片开口方向必须与链的运动方向相同。（ ）

73．在轴上固定连接的齿轮，孔与轴为过盈配合。（ ）

74．若装配好的两个啮合的直齿圆柱齿轮的传动接触斑点发生同向偏接触，说明两齿轮轴线歪斜。（ ）

75．蜗杆传动机构装配时，蜗杆轴线与蜗轮轴线必须互相垂直，蜗杆的轴线应在蜗轮轮齿的对称平面内。（ ）

76．蜗杆传动机构装配的过程是：先装蜗杆，后装蜗轮，最后检验调整。（ ）

77．校验静、动平衡时，要根据旋转件上不平衡的方向和大小来确定。（ ）

78．经过平衡后的旋转件，不允许剩余不平衡量的存在。（　）

79．若轴承内圈与轴、外圈与壳体都是过盈配合，装配时力应同时加在内外圈上。（　）

80．对于推力轴承的装配，紧圈装配后应靠在转动零件的平面上。（　）

81．刚性联轴器装配的主要要求是保证两轴的同轴度公差，使其运转平稳、减少振动。（　）

82．由于离合器两轴可以接合和分开，因此，装配时两轴的同轴度公差没有要求。（　）

83．螺旋机构是用来将直线运动转变为旋转运动的机构。（　）

84．齿轮传动是一种啮合传动，可以用来传递运动和转矩，改变转速的大小和方向，还可以把转动变为移动。（　）

85．蜗杆传动具有传动比大、传动平稳、噪声小、结构紧凑且有自锁性等特点，但其效率低、发热量大。（　）

86．齿轮的接触精度常用涂色法来检查，正确的啮合斑点应在分度圆的两侧。（　）

87．对于有间隙的落料模，应先加工凸模，再根据凸模加工凹模。（　）

88．冲裁模的上下模座是关键件，加工精度要求高，模座上下两平面的平行度偏差应不超过 0.02 mm/200 mm。（　）

89．对于凹模装在下模座上的导柱模，模具的固定部分是装配时的基准部件，因此应先行装配。（　）

90．冲裁模经调试后，应进行试冲，并且至少要冲出 500 个合格制件，才能交付生产使用。（　）

91．组合夹具上各元件之间的配合，均采用过盈配合。（　）

92．夹具的导向件主要是用来确定夹具与机床相对位置的。（　）

93．组装组合夹具时，要充分利用各元件之间的配合间隙，边调整、边连接、边测量、边固定。（　）

94. 组合夹具的试装必须将各元件完全紧固。（ ）

95. 组装组合夹具时，在全部元件固定后进行检查，是保证夹具的质量、保证工件加工精度和技术要求的重要环节。（ ）

96. 单斜面的定位销，分度盘始终朝定位销平面一边靠近，即使定位销稍有后退，也不会影响定位精度。（ ）

97. 径向分度盘修锉经过铣削加工后的分度槽的精度，主要取决于辅助样板的精度。（ ）

98. 所有夹具的装配都必须先进行预装配，再进行最后装配。（ ）

99. 组合夹具试装的基本特点之一就是元件之间的连接全部用键连接。（ ）

100. 基础件是组合夹具中最大的元件，只能作为夹具体。（ ）

二、选择题（将正确答案的序号填入空格内）

1. 量具或量仪的读数与被测尺寸的实际数值之差称为（ ）误差。

A. 示值 B. 随机疏忽 C. 系统

2. 由于温度变化引起的测量误差称为（ ）。

A. 系统误差 B. 随机误差 C. 粗大误差

3. 随机误差在测量结果中（ ）。

A. 有一定的规律性

B. 可以消除

C. 无法消除

4. 百分表属于（ ）。

A. 固定刻度量具

B. 螺旋测微量具

C. 机械式量仪

5. 0.02 mm 游标卡尺副尺上的刻线间距为（ ）mm。

A. 1 B. 0.98 C. 0.02

6. 0.02 mm 游标卡尺的分度值为（ ）mm。

A. 0.98 B. 0.02 C. 0.05

7. 50 ~ 75 mm 普通外径千分尺的示值范围为（　　）mm。

A. ±0.01　　B. 0.5　　C. 25

8. 用内径百分表测量孔径尺寸的方法称为（　　）。

A. 直接测量法

B. 间接测量法

C. 相对测量法

9. 千分尺活动套管转 1/2 周，则轴杆同时移动（　　）mm。

A. 0.15　　B. 0.25　　C. 0.5

10. 千分尺棘轮装置（　　）。

A. 是用来控制测量力大小的

B. 是用于控制活动套管转动快慢的

C. 使测微轴杆快速移动

11. 一般普通内径千分尺刻线方向与外径千分尺的（　　）。

A. 相同　　B. 相反　　C. 相同或相反

12. 常用的深度千分尺的最大测量深度为（　　）mm。

A. 100　　B. 150　　C. 200

13. 杠杆千分尺的测量精度和灵敏度比普通千分尺（　　）。

A. 低　　B. 相同　　C. 高

14. 在测量中百分表齿杆触头始终与被测面（　　）。

A. 平行　　B. 垂直　　C. 倾斜

15. 角度量块是一种精密的（　　）。

A. 通用量具　　B. 标准量具　　C. 极限量规

16. 方框水平仪在使用前，各工作表面一定要清洁，且应检查（　　）。

A. 相邻两面的垂直度

B. 气泡零位是否正确

C. 上下面的平行度

17. 将水平仪放在标准平台上后得其读数为零，则说明该平台处于（　　）位置。

A. 水平　　B. 垂直　　C. 倾斜

18. 在使用光学合像水平仪时，当两半圆气泡 $A-B$（　　）进行读数。

A. 静止时　　　B. 静止重合时　　　C. 静止相错时

19. 螺纹的测量方法有单项量法和综合量法，（　　）是综合量法所用的量具。

A. 螺纹千分尺　　　B. 螺纹环规　　　C. 百分表

20. 检验外螺纹件用的螺纹量规叫（　　）。

A. 螺纹环规　　　B. 螺纹塞规

C. 螺纹校对量规

21. 对于一些复杂的箱体工件，为提高划线精度和效率有条件时可使用（　　）。

A. 划针与90°角尺

B. 三坐标划线机

C. 游标高度尺

22. 大型工件划线时，为了减少尺寸误差和换算手续，应尽可能使划线的尺寸基准与（　　）一致。

A. 测量基准　　　B. 定位基准　　　C. 设计基准

23. 拉线法和吊线法适合于对（　　）工件进行划线。

A. 轴类　　　B. 大型　　　C. 中小型

24. 对于大型不便于翻转的箱体，其垂直线可利用（　　）来划出。

A. 划规　　　B. 划线盘

C. 90°角尺与划针配合

25. 畸形工件一般缺乏（　　），所以在平台上支撑安放都比较困难。

A. 孔槽　　　B. 曲面

C. 平直较大的外表面

26. 畸形工件应确定合理的划线基准，（　　）。

A. 以便顺利进行加工

B. 保证划线质量

C. 保证装配

27. 阿基米德螺旋线是指一动点沿等速旋转的圆半径方向做

（　　）时该点的运动轨迹。

A. 匀速直线运动　B. 匀加速运动

C. 变速直线运动

28. 阿基米德螺旋线较精确的划法是（　　）。

A. 逐点划线法　B. 圆弧划线法　C. 分段划线法

29. 三坐标划线机是一种（　　）的划线设备。

A. 一般精度　B. 结构较简单　C. 功能先进

30. 三坐标划线机是在（　　）上进行划线的。

A. 检验平台　B. 精密平台　C. 特殊平台

31. 麻花钻头的颈部可用于（　　）。

A. 装夹钻头　B. 打标记　C. 钻孔导向

32. 麻花钻工作部分具有 0.05 ~ 0.12 mm/100 mm 的倒锥量，其作用是（　　）。

A. 导向性好　B. 减小与孔壁摩擦

C. 增大与孔壁摩擦

33. 莫氏锥柄号数越大，则其锥体尺寸（　　）。

A. 越小　B. 不变　C. 越大

34. 标准麻花钻头，若把顶角磨成 135°，则主切削刃的形状为（　　）。

A. 外凸形　B. 直线形　C. 内凹形

35. 基本型群钻磨短横刃后产生内刃，其前角（　　）。

A. 增大　B. 减小　C. 不变

36. 基本型群钻上的分屑槽应磨在一条主切削刃的（　　）段。

A. 外刃　B. 内刃　C. 圆弧刃

37. 基本型群钻磨有月牙形的圆弧刃，圆弧刃上各点的前角（　　）。

A. 增大　B. 减小　C. 不变

38. 基本型群钻磨有月牙形圆弧刃上各点的前角增大，则切削时阻力（　　）。

A. 增大　B. 减小　C. 不变

39. 为了减小切屑与主后刀面的摩擦，铸铁群钻的主后角

（　　）。

A．应加大些　　　　B．应减小些

C．取标准麻花钻的数值

40．在钻削青铜材料时，由于材质疏松，容易产生（　　）。

A．孔径歪斜　　　　B．扎刀现象　　　　C．进给困难

41．钻削铸铁的群钻，刃磨时应把横刃（　　）。

A．磨短　　　　B．磨长　　　　C．磨钝

42．钻削纯铜的群钻，为避免钻孔时“梗”入工件，刃磨外缘处的前角（　　）。

A．要小　　　　B．要大　　　　C．不变

43．钻削铝、铝合金的群钻，除了降低前、后面表面粗糙度值和螺旋槽经过抛光处理外，钻削时采用的切削速度（　　）。

A．较低　　　　B．不变　　　　C．较高

44．小孔的钻削，是指小孔的孔径不大于（　　）mm。

A．3　　　　B．5　　　　C．7

45．钻削小孔时，由于钻头细小，因此，转速应（　　）。

A．低　　　　B．高　　　　C．不变

46．孔的深度为孔径（　　）倍以上的孔称为深孔。

A．5　　　　B．7　　　　C．10

47．钻削相交孔时，一定要注意钻孔顺序：小孔后钻，大孔先钻；短孔后钻，长孔（　　）。

A．先钻　　　　B．后钻

C．先、后钻均可

48．钻精密孔时，其表面粗糙度 *Ra* 值为（　　）μm。

A．6.4～3.2　　　　B．3.2～0.4　　　　C．0.4～0.2

49．当孔的精度要求较高和表面粗糙度值要求较小时，加工中应取（　　）。

A．较大的进给量和较小的切削速度

B．较小的进给量和较大的切削速度

C．较大的背吃刀量

50．零件被测表面与量具或量仪测头不接触，表面间不存在测量

力的测量方法，称为（　　）。

A. 相对测量　　B. 间接测量　　C. 非接触测量

51. 手工研磨量块时，将量块（　　）进行研磨。

A. 直接用手捏住

B. 装夹在滑板上

C. 放入胶木夹具内

52.（　　）会造成旋转件的不平衡。

A. 材料密度分布不均匀

B. 装配精度高

C. 材料密度分布均匀

53. 量块超精研磨前，要用（　　）对平板进行打磨。

A. 天然油石　　B. 绿色碳化硅　　C. 人造金刚砂

54. 螺纹量规的止端只控制螺纹的（　　）。

A. 螺距误差　　B. 中径误差　　C. 牙侧角误差

55. 制造孔径大于 80 mm 的螺纹环规时，其螺纹表面需进行（　　）加工。

A. 磨削　　B. 研磨　　C. 抛光

56. 量规经过机械加工和热处理淬火后，为了在以后使用和存放过程中不引起量规变形，还应安排（　　）。

A. 回火　　B. 调质

C. 冷处理和时效处理

57. 用校对样板检查工作样板常用（　　）。

A. 覆盖法　　B. 光隙法　　C. 间接测量

58. 研磨螺纹环规的研具常用（　　）制成，其螺纹应经过磨削加工。

A. 低碳钢　　B. 球墨铸铁　　C. 铝

59. 普通车刀、键槽拉刀及刨齿刀等刀具都是以（　　）作为安装基准面的。

A. 外圆柱面　　B. 外圆锥面　　C. 平面

60. 麻花钻、铰刀等柄式刀具在制造时，必须注意其工作部分与安装基准部分的（　　）公差要求。

A. 圆柱度　　B. 同轴度　　C. 垂直度

61. 在铲齿车床上铲得的齿背曲线为（　　）。

A. 阿基米德螺旋线

B. 抛物线

C. 折线形齿背

62. 制造手用丝锥的材料选用（　　）。

A. 高速钢　　B. 碳素工具钢或合金工具钢

C. 硬质合金

63. 盘形齿轮铣刀是一种（　　）。

A. 铲齿成形铣刀

B. 光齿成形铣刀

C. 展成刀具

64. 装配中的修配法适用于（　　）。

A. 单件或小批生产

B. 中批生产

C. 成批生产

65. 对于径长比很小的旋转零件（$D/b<5$，D 为外径，b 为宽度），须进行（　　）。

A. 静平衡　　B. 动平衡　　C. 不用平衡

66. 在螺纹连接中，拧紧成组螺母时，应（　　）。

A. 任选一个先拧紧

B. 先拧紧中间的

C. 分次逐步拧紧

67. 在键连接中，传递转矩大的是（　　）连接。

A. 平键　　B. 花键　　C. 楔键

68. 圆锥销连接大都是（　　）的连接。

A. 定位　　B. 传递动力　　C. 增加刚度

69. 过盈量较大的过盈连接装配应采用（　　）。

A. 压入法　　B. 热胀法　　C. 冷缩法

70. 由于整体式向心滑动轴承的轴套与轴承座是采用过盈配合的，因此，即使是大负荷的轴套，装配后（　　）紧定螺钉或定位销固定。

A．不用　　　　B．需要　　　　C．稍微

71．为了保证装配后滚动轴承与轴颈和壳体孔台肩处紧贴，轴承的圆弧半径应（　　）轴颈或壳体孔台肩处的圆弧半径。

A．小于　　　　B．等于　　　　C．大于

72．若滚动轴承内圈与轴是过盈配合，轴承外圈与轴承座孔是间隙配合，应（　　）。

A．先将轴承安装在轴上，再一起装入轴承座孔内

B．先将轴承装入轴承座孔内，再将轴装入轴承内

C．将轴承与轴同时安装

73．若轴承内、外圈装配的松紧程度相同，安装时作用力应加在轴承的（　　）。

A．内圈　　　　B．外圈　　　　C．内圈和外圈

74．把滚动轴承装入轴颈上时，装配力应作用在（　　）。

A．外圈端面上　　　　B．内圈端面上　　　　C．滚动体上

75．滚动轴承在运转过程中出现低频连续声响，是由于（　　）引起的。

A．游隙太小　　　　B．滚道伤痕、缺陷　　　　C．安装误差

76．旋转轴在启动和停机时出现共振现象，是由于（　　）引起的。

A．游隙过大　　　　B．机械变形

C．轴的临界转速太低

77．V 带在带轮中安装后，V 带外表面应（　　）。

A．凸出槽面　　　　B．落入槽底　　　　C．与轮槽齐平

78．为了减小机械的振动，用多条传动带传动时，要尽量使传动带长度（　　）。

A．有伸缩性　　　　B．不等　　　　C．相等

79．为了提高螺旋传动机构中丝杠的传动精度和定位精度，必须认真调整丝杠副的（　　）。

A．配合精度　　　　B．公差范围　　　　C．表面粗糙度

80．渐开线圆柱齿轮副接触斑点出现不规则接触时，时好时差，

这是由于（　　）引起的。

A. 中心距偏大

B. 齿圈径向跳动量较大

C. 两面齿向误差不一致

81. 渐开线圆柱齿轮副接触斑点出现鳞状接触是由于（　　）引起的。

A. 齿面波纹

B. 中心距偏小

C. 齿轮副轴线平行度误差

82. 直齿锥齿轮副接触斑点出现同向偏接触是由于（　　）引起的。

A. 小齿轮轴向位置误差

B. 齿轮副轴线交角太大（或太小）

C. 齿轮副轴线偏移

83. 在蜗杆传动机构中，通常是以蜗杆作为（　　）。

A. 主动件　　B. 从动件　　C. 中介机构

84. 蜗杆传动机构中，蜗杆的轴线与蜗轮的轴线在空间（　　）。

A. 平行　　B. 相交成45°　　C. 交错成90°

85. 蜗杆传动机构中，如果蜗轮齿面上的接触斑点位于中部稍偏向蜗杆的（　　）方向，则其接触斑点位置是正确的。

A. 左面　　B. 旋出

C. 旋进　　D. 右面

86. 材料进入模具后，能在同一位置上经一次冲压即可完成两个以上工序的模具，称为（　　）。

A. 连续模　　B. 复合模　　C. 拉深模

87. 冲裁模试冲时，出现送料不畅通或料被卡死的原因是（　　）。

A. 两导料板之间的尺寸过小或有斜度

B. 凸模、导柱配合安装不垂直

C. 凹模有倒锥度

88. 冲裁模试冲时出现制件不平，其原因是（　　）。

A. 配合间隙过大或过小

B. 凹模有倒锥度

C. 侧刃定距不准

89. 轴向分度盘的特点是所有分度孔均分布在端面的（　　）上。

A. 不同圆周　　B. 同一圆周　　C. 同一直线

90. 径向分度盘的特点是分度槽分布在分度盘的（　　）上。

A. 端面　　B. 外圆柱面

C. 端面与外圆柱面

91. 轴向分度盘上用的分度销为（　　）。

A. 圆柱形　　B. 圆锥形　　C. 斜楔形

92. 夹具上与零件加工尺寸有关的尺寸公差可取零件图相应尺寸公差的（　　）。

A. 1/2　　B. 1/5～1/3　　C. 1/10

93. 在分度盘直径相同的情况下，径向分度比轴向分度的精度（　　）。

A. 要低　　B. 相等　　C. 要高

94. 加工孔距精度要求高的钻模板常采用（　　）。

A. 精密划线加工法

B. 量套找正加工法

C. 精密划线加工法和量套找正加工法

95. 夹具装配完毕后，再进行一次复检，复检就是（　　）。

A. 对工件进行检验

B. 对夹具再进行一次检测

C. 对工件和夹具同时检验

96. 组合夹具各类元件之间的配合均采用（　　）。

A. 过盈配合　　B. 过渡配合　　C. 无过盈配合

97. 组合夹具各类元件之间都采用（　　）连接。

A. 粘接

B. 螺栓和键

C. 粘接、螺栓与键

98. 组合夹具各类元件之间的相互位置（　　）调整。

A. 可以　　B. 不可以　　C. 部分可以

99. 在钻床夹具的装配中要保证钻套孔中心线与夹具底基准面的（　　）。

A. 垂直度　　B. 平行度　　C. 同轴度

100. 机床夹具在对工件进行定位时，所限制的自由度必须能保证（　　）。

A. 完全定位

B. 过定位

C. 工件的加工要求

三、计算题

1. 若要钻削直径为 3 mm 的小孔，采用高速钢麻花钻头来钻削，其最佳切削速度的范围为 20 ~ 25 m/min。试求钻头的转速范围。

2. 如用直径 3 mm 的钻头钻削小孔，钻床的转速 $n=2\ 500$ r/min，试求钻头的切削速度。

3. 已知 $L=200$ mm 正弦规，测角度为 $\alpha = 15°$ 的工件，求在正弦规滚柱下应垫量块的尺寸 h 。

4. 用刻度值为 0. 02 mm/1 000 mm 的框式水平仪测量高度差，在 1 m 内水准气泡移动 2 格，试求高度差。

5. 若用轴承盖处的垫片厚度来调整轴承的轴向间隙，用压铅丝法测得轴承盖与轴承外圈之间压扁铅丝的厚度 $a=3.88$ mm，轴承盖与轴承座之间压扁铅丝的厚度 $b=1.65$ mm，轴承间隙 $s=0.02$ mm，试计算应加垫片的厚度。

6. 试用螺距 $P=1$ mm 的螺钉，调整轴承间隙 $s=0.02$ mm，试求调整螺钉应反向拧动的角度 α 。

7. 直齿锥齿轮副中，齿轮压力角 $\alpha=20°$，节锥角 $\delta=45°$，若法向侧隙 $C_n=0.01$ mm，试求锥齿轮的轴向调整量。

8. 若用游标卡尺来测量工件的外圆弧，已知量爪高度 $h=50$ mm，游标卡尺的读数为 $a=200$ mm。试求外圆弧的半径 R（题图 1）。

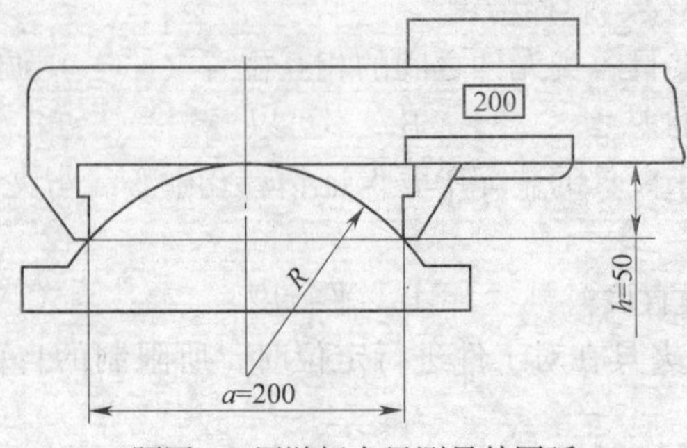

题图 1　用游标卡尺测量外圆弧

9. 试用两根直径不同的量柱测量 V 形槽零件的夹角 α。已知：量柱直径分别为 $D=13.75$ mm，$d=7.00$ mm，测得尺寸 $A=34.40$ mm，$B=25.96$ mm（题图 2）。

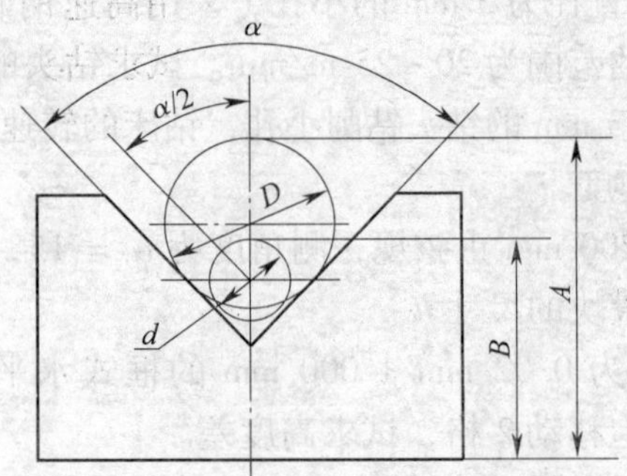

题图 2　用量柱测量 V 形槽

四、简答题

1. 大型工件划线时，划线的尺寸基准选择哪一种最合理？

2. 大型工件划线时，合理选定第一划线位置的目的是什么？合理选定第一划线位置一般有哪些原则？

3. 大型工件划线时，选择工件安置基面的原则是什么？

4. 大型工件划线时，选择支撑点应注意哪些方面？

5. 大型工件划线的工艺要点有哪些？

6. 采用拼凑大型平面的划线原理划大型工件时常用哪几种方法？

7．畸形工件划线的工艺要点有哪些？

8．群钻与麻花钻相比有哪些优点？

9．钻削直径 3 mm 以下的小孔时，必须掌握哪些要点？

10．斜孔钻削有何特殊性？钻斜孔可采用哪些方法？

11．什么叫系统误差？引起系统误差的因素有哪些？

12．什么叫随机误差？引起随机误差的因素有哪些？

13．为保证水平仪的测量精度，使用时应注意哪些要点？

14．滚动轴承在装配时有哪些要求？

15．怎样调整滚动轴承的间隙？

16．齿轮传动机构装配时，有哪些注意事项？

17．安装蜗杆传动机构时应注意哪些要求？

18．模具的调试通常包括哪些步骤？

19．工具钳工怎样修整凸凹模型面？

20．什么是级进模？

21．冲裁模装配有哪些要求？

22．组合夹具的组成元件有哪几类？

23．何谓组合夹具的组装？组合夹具组装的特点是什么？

24．工具钳工在夹具零件制造中的主要工作有哪些？

25．试述夹具装配的步骤。夹具的预装配与最后装配有何区别？

26．表面粗糙度值有哪几种常用的测量方法？

理论知识试题答案

一、判断题

1. √	2. √	3. ×	4. √	5. √	6. ×
7. ×	8. √	9. √	10. √	11. √	12. √
13. ×	14. √	15. ×	16. √	17. √	18. ×
19. √	20. √	21. √	22. ×	23. ×	24. √
25. √	26. √	27. √	28. √	29. √	30. √
31. ×	32. ×	33. √	34. ×	35. √	36. √
37. ×	38. √	39. ×	40. √	41. √	42. √
43. √	44. √	45. √	46. ×	47. ×	48. ×
49. ×	50. √	51. √	52. ×	53. ×	54. ×
55. ×	56. √	57. √	58. √	59. ×	60. √
61. ×	62. √	63. ×	64. ×	65. √	66. ×
67. √	68. √	69. ×	70. √	71. ×	72. ×
73. ×	74. ×	75. √	76. ×	77. √	78. ×
79. √	80. √	81. √	82. ×	83. ×	84. √
85. √	86. √	87. ×	88. ×	89. √	90. ×
91. ×	92. ×	93. √	94. ×	95. √	96. √
97. √	98. ×	99. ×	100. ×		

二、选择题

1. A	2. B	3. C	4. C	5. B	6. B
7. C	8. A	9. B	10. A	11. B	12. A
13. C	14. B	15. B	16. B	17. A	18. B
19. B	20. A	21. B	22. C	23. B	24. C
25. C	26. B	27. A	28. A	29. C	30. C

31. B	32. B	33. C	34. C	35. A	36. A
37. A	38. B	39. A	40. B	41. A	42. A
43. C	44. A	45. B	46. A	47. A	48. B
49. B	50. C	51. C	52. A	53. A	54. B
55. A	56. C	57. B	58. B	59. C	60. B
61. A	62. B	63. A	64. A	65. B	66. C
67. B	68. A	69. B	70. B	71. C	72. A
73. C	74. B	75. B	76. C	77. C	78. C
79. A	80. A	81. A	82. B	83. A	84. C
85. B	86. B	87. A	88. B	89. B	90. B
91. A	92. B	93. C	94. B	95. A	96. C
97. B	98. A	99. A	100. C		

三、计算题

1. 解：切削速度 v、钻头直径 d 与钻床转速 n 之间的关系为

$$v = \pi dn$$

则

$$n = \frac{v}{\pi d}$$

$$n_1 = \frac{20}{\pi \times \frac{3}{1\,000}} \approx 2\,122$$

$$n_2 = \frac{25}{\pi \times \frac{3}{1\,000}} \approx 2\,653$$

答：钻头的转速范围为 2 122 ~ 2 653 r/min。

2. 解：切削速度 v、钻头直径 d 与钻床转速 n 之间的关系为

$$v = \pi dn$$

将数据代入，则钻头的切削速度为

$$v = \pi \times \frac{3}{1\,000} \times 2\,500 = 23.6$$

答：钻头的转速为 23.6 m/min。

3．解：$h = L\sin\alpha = 200 \times \sin 15° = 51.764$

答：垫量块的尺寸 h 为 51.764 mm。

4．解：$\Delta = nil = 2 \times \frac{0.02}{1\ 000} \times 1\ 000 = 0.04$

答：高度差为 0.04 mm。

5．解：应加垫片的厚度 t 为

$$t = a + s - b$$

式中　a、b——压铅厚度，mm；

s——轴承间隙，mm；

t——垫片厚度，mm。

$$t = a + s - b = 3.88 + 0.02 - 1.65 = 1.25$$

答：应加垫片的厚度为 1.25 mm。

6．解：调整螺钉倒拧的角度为

$$\alpha = \frac{s}{P} \times 360°$$

式中　α——螺钉倒拧的角度，(°)；

s——轴承要求的间隙，mm；

P——调整螺钉的螺距，mm。

$$\alpha = \frac{0.02}{1} \times 360° = 7.2°$$

答：调整螺钉应倒拧的角度为 7.2°。

7．解：直齿锥齿轮的法向侧隙和轴向调整量的近似关系为

$$C_n = 2x\sin\alpha\sin\delta$$

式中　C_n——法向侧隙，mm；

x——轴向调整量，mm；

α——压力角，(°)；

δ——节锥角，(°)。

则 $x = \frac{C_n}{2\sin\alpha\sin\delta} = \frac{C_n}{2\sin 20°\sin 45°} = \frac{0.01}{2 \times 0.342 \times 0.707} = 0.02$

答：轴向调整量为 0.02 mm。

8．解：

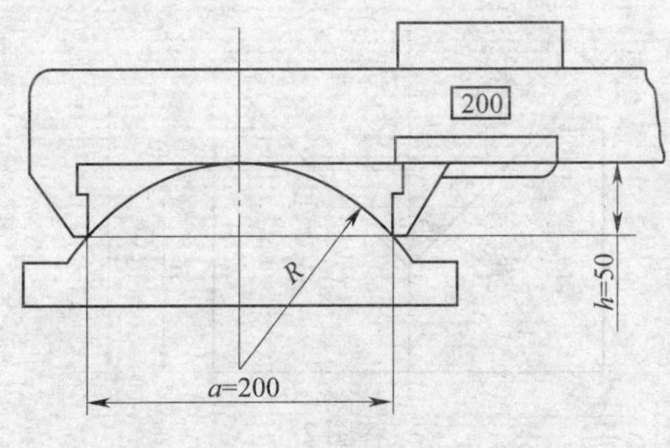

答图 1

$$R^2 = \left(\frac{a}{2}\right)^2 + (R-50)^2 = \left(\frac{200}{2}\right)^2 + R^2 - 100R + 2\,500$$

$$= 12\,500 + R^2 - 100R$$

则 $100R = 12\,500$

$$R = \frac{12\,500}{100} = 125$$

答：外圆弧半径为 125 mm。

9. 解：

作bc垂直于ac，在直角三角形 abc 中（答图 2）

$$bc = \frac{D}{2} - \frac{d}{2}$$

$$ab = A - \frac{D}{2} - \left(B - \frac{d}{2}\right)$$

$$\sin\frac{\alpha}{2} = \frac{bc}{ab} = \frac{\frac{D}{2} - \frac{d}{2}}{A - \frac{D}{2} - \left(B - \frac{d}{2}\right)} = \frac{\frac{13.75}{2} - \frac{7}{2}}{34.40 - \frac{13.75}{2} - \left(25.96 - \frac{7}{2}\right)}$$

$$= 0.666\,337\,61$$

查三角函数表得$\frac{\alpha}{2} = 41°47'6''$

$$\alpha = 2 \times 41°47'6'' = 83°34'12''$$

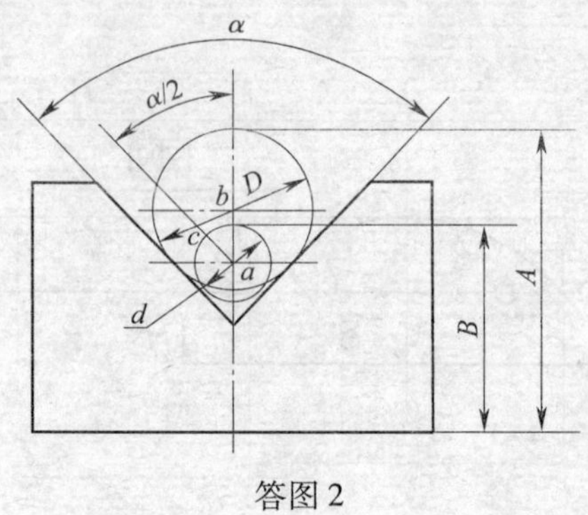

答图 2

四、简答题

1. 答：工件划线时，应尽可能选择设计基准为划线的尺寸基准，这样最为合理，可以减少划线的尺寸误差和换算步骤。

2. 答：大型工件划线时，合理选定第一划线位置的目的是提高划线质量和简化划线过程。一般原则是：

（1）尽量选定划线面积较大的位置作为第一划线位置，即让工件的大面与划线平板工作面平行。这样可把与大面平行的线先划出，因为校正工件时，校大面比校小面准确。

（2）应尽量选定精度要求较高的面或主要加工面作为第一划线位置。这是为了保证有足够的加工余量，经加工后便于达到设计要求。

（3）应尽量选定复杂面上需要划线较多的一个位置作为第一划线位置，以便于全面了解和校正，并能划出大部分的加工线。

（4）应尽量选定工件上平行于划线平板工作面的加工线作为第一划线位置，这样可提高划线质量和简化划线过程。

3. 答：大型工件划线时，选择安置基面的原则是：当第一划线位置确定后，应选择大而平直的面作为安置基面，以保证划线时安置平稳、安全可靠。

4. 答：大型工件划线时，为调整方便，一般采用三点支撑，并注意以下情况：

（1）三个支撑点应尽可能分散，以保证工件的重心落在三个支撑点所构成的三角形的中心部位，使各个支撑点承受的载荷基本接近。

（2）为确保安全，便于调整，应先用枕木或楔铁支撑，然后用千斤顶支顶并调整。

（3）对偏重或形状特殊的大型工件，除尽可能采用三点支撑外，在必要的地方增加几处辅助支撑，以分散重量，保证安全。

（4）对某些大型工件，若需要划线操作者进入工件内部划线，应采用方箱支撑工件，在确保工件安置平稳可靠后，方可进入工件内划线。

5．答：为了保证大型工件划线的质量、效率和安全，在划线过程中，必须注意以下工艺要点：

（1）正确选择尺寸基准，以减少尺寸误差和换算步骤。

（2）合理选定第一划线位置，提高划线质量和简化划线过程。

（3）正确选定工件安置基面，以保证划线时安置平稳，安全可靠。

（4）正确借料，以减少和避免坯料报废，同时提高外观质量。

（5）合理选择支撑点，确保工件安置平稳，安全可靠，调整方便。

6．答：采用拼凑大型平面的划线原理划大型工件时，常用方法有工件移位法、平板接长法和条形垫铁与平尺调整法三种。

7．答：畸形工件划线的工艺要点有：

（1）划线的尺寸基准应与设计基准一致，否则会影响划线质量和效率。

（2）工件安置基面应与设计基准面一致，这样可提高划线质量和效率。

（3）正确借料，可减少和避免工件报废，同时可提高外观质量。

（4）合理选择支撑点，确保工件安置平稳，安全可靠，调整方便。

8．答：群钻与麻花钻相比，其优点是：

（1）高生产率。钻削相同的孔，群钻的进给力、切削转矩均比麻花钻小，切削时间短。相同的钻床设备，群钻的进给量比麻花钻大得多，因而钻削效率大大提高。

（2）高精度。群钻是经过多种合理修磨的新钻型，被加工的孔具有较高的尺寸与形位精度，较小的表面粗糙度数值。

（3）适应性强。能对不同材料、大小不一的孔进行加工，且能满足工艺结构不同的孔加工要求（如薄板、斜面等的钻孔）。

（4）使用寿命长。群钻的寿命比麻花钻提高2～3倍。

9．答：钻小孔时必须掌握以下几点：

（1）选用精度较高的钻床，钻头装夹后与钻床主轴的同轴度误差要小。选用小型的钻夹头，同轴度要求很高。

（2）选用较高的转速，高速钢麻花钻钻削中、高碳钢的最佳切削速度范围为20～25 m/min。钻床主轴的旋转精度高、刚度大、抗振性强。

（3）开始时进给量小，以防钻头折断。通常采用钻模钻孔，也可先钻中心孔，再钻削。

（4）需退钻排屑，并在空气中冷却或注入切削液。

10．答：钻头的轴线与斜平面不垂直，钻孔时钻头单面受力，使钻头偏向一侧而弯曲，导致不能钻进工件，甚至折断。钻斜孔的方法如下：

（1）将斜面放置成水平面，对准孔的中心钻一浅坑，然后逐渐加大倾斜，相应地钻深浅坑，最后斜面到达所需倾斜角时，将孔钻好。

（2）先用中心钻钻出锥孔，再用钻头钻成位置正确的孔。

（3）在斜面上铣出一个平面，然后换上钻头进行钻孔。

11．答：在相同的测量条件下，对同一个被测量进行多次重复测量时，误差的大小与方向（即正负）保持不变，或当条件变化时，误差按某一确定的规律变化，这种测量误差称为系统误差。产生系统误差的原因：

（1）量具、量仪的设计原理误差。

（2）量具、量仪的制造、装配误差。

（3）标准量具的误差。

（4）环境温度的误差。

12．答：在相同的测量条件下，对同一个被测量物体进行多次重复测量时，误差的大小和方向无规律地变化且无法预知，这种测量误差称为随机误差。产生随机误差的原因：

（1）量具、量仪零部件的配合不稳定。

（2）测量力变化。

（3）读数误差。

13．答：使用水平仪时应注意以下要点：

（1）使用前应检查水平仪的零位是否正确。

（2）测量表面和被测表面必须清洁无尘。

（3）减小温度变化的影响。

（4）测量过程中，保持横向水准器的气泡居中，水平仪的工作面紧贴被测表面。

14．答：滚动轴承的装配要求：

（1）标有型号的端面应装在可见部位，便于将来更换。

（2）轴颈或壳体孔台肩处的圆弧半径应小于轴承的圆弧半径。

（3）同轴的两个轴承中，必须有一个轴承的外圈（或内圈）可以在热胀时产生轴向移动，以免轴或轴承产生附加应力，甚至使轴承咬住。

（4）轴承的固定装置必须完好可靠，紧定适中，防松可靠。

（5）轴承外圈与轴承座的配合，轴承内圈与轴的配合，必须符合图样要求。

（6）油毡、油封等密封装置必须严密，在沟式或迷宫式密封装置内应填入干油。

（7）在装配轴承过程中，应严格保持清洁，防止杂物进入轴承内。

（8）装配后，轴承运转灵活、无噪声，工作温升不超过50℃。

15．答：滚动轴承的间隙分径向间隙和轴向间隙两种。径向间隙是指内外圆座圈之间在直径方向上的最大相对游动量。轴向间隙是指内外圆座圈在轴线方向上的最大相对游动量。其调整方法有：

（1）用垫片调整。通过改变轴承盖处的垫片厚度，调整轴承的轴向间隙。

（2）用调整螺钉调整。

16. 答：其注意事项有：

（1）轴与齿轮孔配合要适当，不得有偏心和歪斜。

（2）中心距与齿侧间隙要正确，间隙过小，齿轮转动不灵活，甚至卡齿，增加齿面磨损；间隙过大，换向空程大，会产生冲击。

（3）相互啮合的两齿要有一定的接触面积和正确的接触部位。

（4）对转速高的大齿轮，装配到轴上后要进行平衡检查。

17. 答：装配时的要求为：

（1）蜗杆轴线与蜗轮轴线必须互相垂直，蜗杆的轴线应在蜗轮轮齿的对称平面内。

（2）蜗轮与蜗杆间的中心距要正确，以保证有适当的啮合侧隙和正确的接触斑点。

（3）转动灵活，蜗轮在任意位置旋转蜗杆手感相同，无卡住现象。

18. 答：模具的调试通常包括以下内容：

（1）将模具安装在适当的压力机上，用指定的坯料进行试冲。

（2）根据试冲时出现的质量缺陷，分析产生的原因，并设法解决，直至最后冲压出合格的制件。

（3）排除各种影响安全生产、质量稳定和操作方便的因素。

19. 答：常采用压印修锉法，即按划线和样板精加工好一个模子（如凹模），作为压印基准件，然后将已半精加工并留有一定余量的凸模放在凹模上。用压床或锤子锤击施加压力，使凸模上多余的金属被凹模挤出，在凸模上出现凹模的印模，再根据印痕将多余的金属锉去。

20. 答：级进模也称连续模或步跳模，它是一种当材料按顺序连续送进模具时，每移动一个步距，材料即能在模具不同位置上完成两个或几个冲压工序的模具。

21. 答：冲裁模装配应达到的要求：

（1）装配好冲裁模，其闭合高度及各种零件间的相对位置应符合图样规定的要求。

（2）凸模与凹模的配合间隙应合理均匀，符合图样要求。

（3）导柱与导套之间导向良好，移动平稳均匀，无歪斜和阻滞现象。

（4）模柄的圆柱形部分应与上模座上平面垂直。

（5）模具应在生产的条件下试冲，冲出的零件应符合图样要求。

22. 答：组合夹具的组成元件有基础件、定位件、支撑件、导向件、夹紧件、紧固件、其他件及合件共八个大类。

23. 答：按一定要求和步骤组合成能满足工件加工要求夹具的过程，称为组合夹具的组装。组合夹具组装的基本特点为：

（1）各类元件之间的配合全部采用无过盈配合。

（2）元件之间用螺钉、螺栓和键连接。

（3）元件之间的位置是可以调整的。

24. 答：工具钳工在夹具零件制造中的主要工作有以下几点：

（1）刮削夹具体的基面与定位表面。

（2）研磨支撑面及钻套内孔。

（3）倒毛刺，钻攻螺孔。

（4）在精密钻床上对钻模板、分度盘上的孔进行钻、铰等工序加工，对分度销进行修研加工。

（5）夹具的整体装配、检测等。

25. 答：夹具的装配一般包括装配前的准备阶段、预装配、最后装配及检验等步骤。

夹具的预装配阶段是根据夹具的装配总图，将各零件按其相互位置进行连接，而大部分主要零件只考虑其相互位置，而不考虑夹具的精度和技术要求。

夹具的最后装配是调整及修配各零部件，以保证达到夹具装配的技术要求，并加以固定。修、刮、研夹具的基准面，检验各个基准尺寸精度，平衡各旋转夹具，喷漆，加防锈油等。

26. 答：表面粗糙度在工厂里常用的测量方法有：

（1）样板比较法。

（2）针描法。

技能操作试题与评分标准

一、制作斜台换位对配

1. 考件图样（见题图 3）

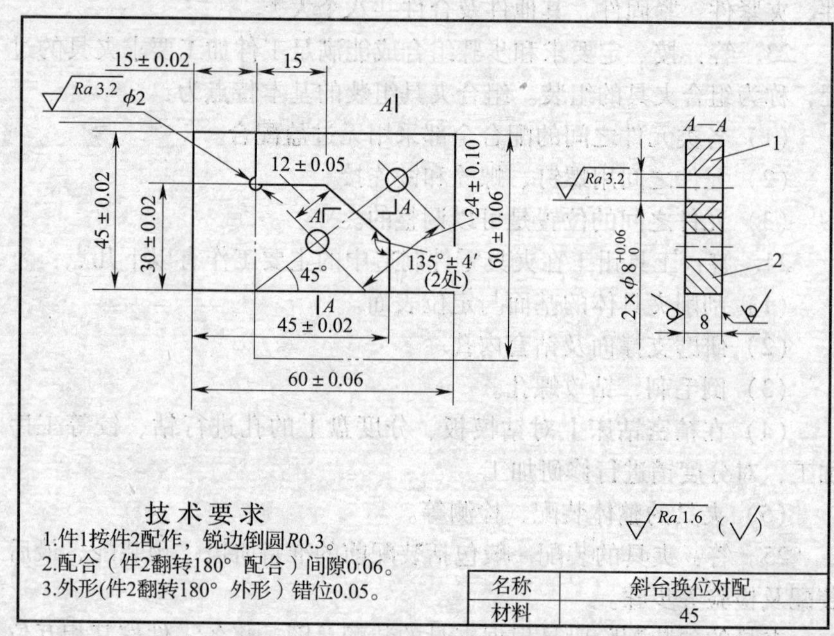

题图 3

2. 考核要求

（1）考核内容

1）尺寸公差及表面粗糙度值应达到图样要求。

2）不准用砂布打光加工表面。

3）配合间隙不大于 0. 06 mm。

（2）工时定额：240 min。

（3）安全文明生产。安全操作；合理使用工具、辅具、量具；工作环境整洁。

3. 评分表（见题表1）

题表1　　　　制作斜台换位对配评分表　　　　mm

考核项目	考核内容	考核要求	配分	评分标准	扣分	得分
主要项目	45尺寸精度（2处）	45 ±0.02	12	每处超差扣6分		
		*Ra*1.6 μm	4	每处超差扣2分		
	15尺寸精度	15 ±0.02	6	超差不得分		
		*Ra*1.6 μm	2	超差不得分		
	135°角度精度（2处）	135° ±4′	10	每处超差扣5分		
		*Ra*1.6 μm	2	每处超差扣1分		
	12尺寸精度	12 ±0.05	4	超差不得分		
		*Ra*1.6 μm	2	超差不得分		
	60尺寸精度（2处）	60 ±0.06	12	每处超差扣6分		
		*Ra*1.6 μm	2	每处超差扣1分		
	24尺寸精度	24 ±0.10	8	超差不得分		
	配合间隙	≤0.06	16	每处超差扣4分		
	外形错位	≤0.05	8	每处错位扣1分		
一般项目	孔 ϕ8（2处）	$\phi 8^{+0.06}_{0}$	4	每处超差扣2分		
		*Ra*3.2 μm	2	每处超差扣1分		
	30尺寸精度	30 ±0.02	6	超差不得分		
安全文明生产	1. 国家颁布的安全生产法规或行业（企业）的规定	1. 达到有关规定的标准		1. 按违反有关规定程度扣1~5分		
	2. 企业有关文明生产规定	2. 周围场地整洁；工具、量具、夹具、零件摆放合理		2. 按不整洁和不合理程度扣1~5分		

续表

考核项目	考核内容	考核要求	配分	评分标准	扣分	得分
工时定额	240 min			超过定额 10 min 以内扣 4 分；超过 10 ~ 30 min 扣 10 分；超过 30 min 不计分		

二、制作圆柱六角体

1. 考件图样（见题图 4）

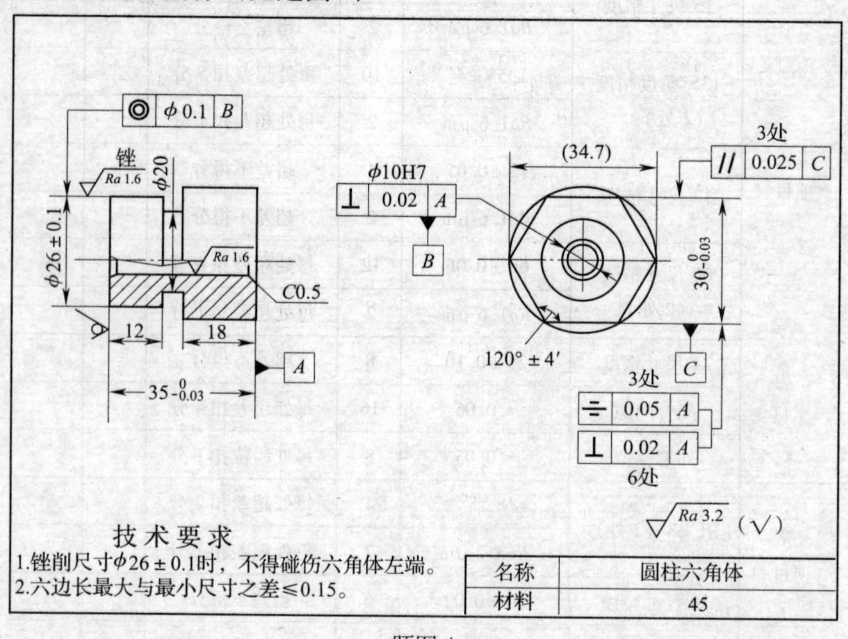

题图 4

2. 考核要求

（1）考核内容

1）尺寸公差、形位公差及表面粗糙度值应达到图样要求。

2）不准用砂布打光加工表面。

（2）工时定额：200 min。

（3）安全文明生产。安全操作；合理使用工具、辅具、量具；

工作环境整洁。

3. 评分表（见题表2）

题表2　　制作圆柱六角体评分表　　mm

考核项目	考核内容	考核要求	配分	评分标准	扣分	得分
主要项目	锉削	$30_{-0.03}^{0}$（3处）	18	每处超差扣6分		
		120°±4′（6处）	12	每处超差扣2分		
		*Ra*3.2 μm	6	每处超差扣1分		
	位置公差	垂直度公差0.02（6处）	12	每处超差扣2分		
		平行度公差0.025（3处）	9	每处超差扣3分		
		对称度公差0.05（3处）	6	每处超差扣2分		
		同轴度公差 ϕ0.10	3	超差不得分		
	锉销外圆	ϕ26±0.1	6	超差不得分		
		*Ra*1.6 μm	4	超差不得分		
一般项目	长度尺寸	$35_{-0.03}^{0}$	6	超差不得分		
	六边长尺寸之差	≤0.15	5	超差不得分		
	钻铰孔	ϕ10H7	5	超差不得分		
		垂直度公差0.02	4	超差不得分		
		*Ra*1.6 μm	4	超差不得分		
安全文明生产	1. 国家颁布的安全生产法规或行业（企业）的规定	1. 达到有关规定的标准		1. 按违反有关规定程度扣1～5分		
	2. 企业有关文明生产规定	2. 周围场地整洁；工具、量具、夹具、零件摆放合理		2. 按不整洁和不合理程度扣1～5分		
工时定额	200 min			超过定额10 min以内扣4分；超过10～30 min扣10分；超过30 min不计分		

三、制作单槽角度对配

1. 考件图样（见题图 5）

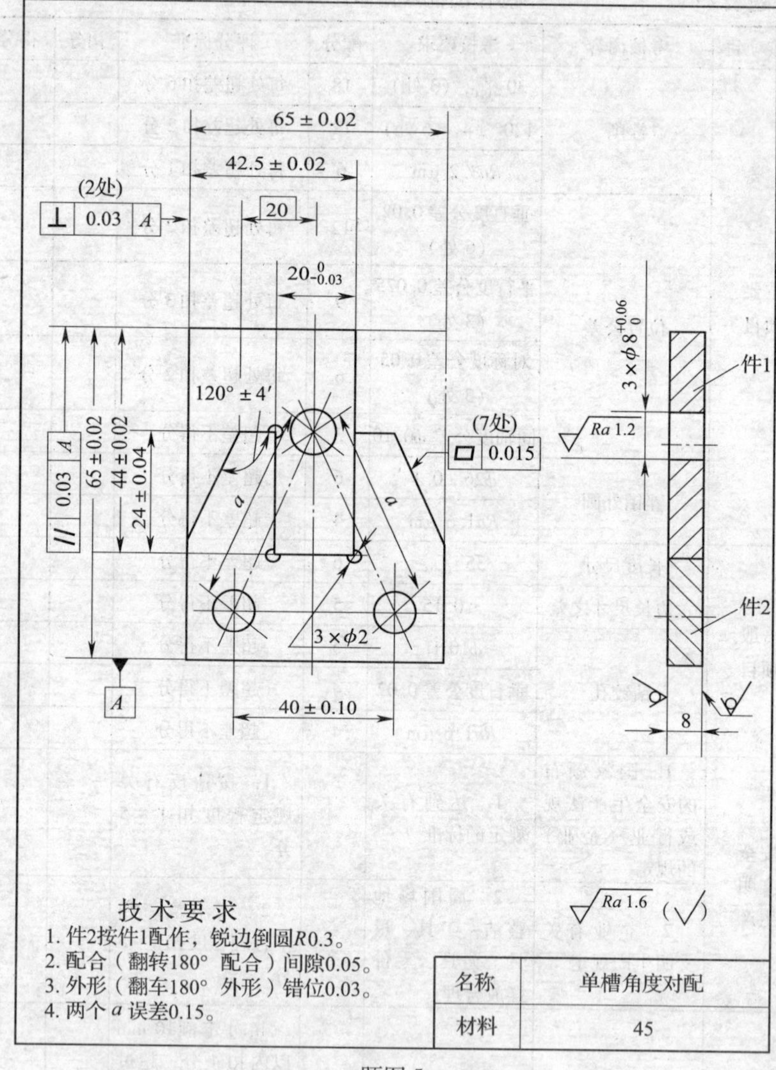

题图 5

2. 考核要求

（1）考核内容

1）尺寸公差、形位公差及表面粗糙度值应达到图样要求。

2）不准用砂布打光加工表面。

3）配合间隙不大于0.05 mm。

（2）工时定额：240 min。

（3）安全文明生产。安全操作；合理使用工具、辅具、量具；工作环境整洁。

3. 评分表（见题表3）

题表3 **制作单槽角度对配评分表** mm

考核项目	考核内容	考核要求	配分	评分标准	扣分	得分
主要项目	65尺寸精度（2处）	65 ±0.02	8	超差不得分		
		$Ra1.6$ μm	4	超差不得分		
	42.5尺寸精度	42.5 ±0.02	4	超差不得分		
		$Ra1.6$ μm	2	超差不得分		
	20尺寸精度	$20_{-0.03}^{0}$	4	超差不得分		
		$Ra1.6$ μm	1	超差不得分		
	44尺寸精度	44 ±0.02	3	超差不得分		
		$Ra1.6$ μm	1	超差不得分		
	24尺寸精度	24 ±0.04	4	超差不得分		
	120°角度精度（2处）	120° ±4′	4	超差不得分		
		$Ra1.6$ μm	2	超差不得分		
	配合间隙	≤0.05	20	每处超差扣4分		
	外形错位	≤0.03	6	每处错位扣1分		
一般项目	40尺寸精度	40 ±0.10	3	超差不得分		
	孔 $\phi8$（3处）	$\phi8_{0}^{+0.06}$	6	每处超差扣2分		
		$Ra3.2$ μm	3	每处超差扣1分		
	平行度公差	0.03	4	超差不得分		
	垂直度公差（2处）	0.03	6	每处超差扣3分		
	平面度公差（7处）	0.03	7	每处超差扣1分		
	两个 a（2处）	两个 a 误差0.15	6	每处超差扣3分		

续表

考核项目	考核内容	考核要求	配分	评分标准	扣分	得分
安全文明生产	1. 国家颁布的安全生产法规或行业（企业）的规定	1. 达到有关规定的标准		1. 按违反有关规定程度扣 1 ~ 5 分		
	2. 企业有关文明生产规定	2. 周围场地整洁；工具、量具、夹具、零件摆放合理		2. 按不整洁和不合理程度扣 1 ~ 5 分		
工时定额	240 min			超过定额 10 min 以内扣 4 分；超过 10 ~ 30 min 扣 10 分；超过 30 min 不计分		